作者简介

刁其玉，博士，中国农业科学院饲料研究所博士研究生导师，反刍动物营养与饲料专家，享受国务院政府特殊津贴专家，中国农业科学院"反刍动物饲料"创新团队首席科学家，农业部公益性行业科研专项首席科学家，北京奶牛营养学重点实验室主任，动物营养学分会反刍动物专业组主任，国家草食动物健康生产创新联盟理事长，全国农业先进工作者。长期在牛、羊等反刍动物营养与饲料研究领域开展工作。

自2008年起，任国家肉羊产业技术体系饲料与营养功能研究室主任，带领团队系统开展了我国肉用羊营养需要与饲料数据库的建立工作，基于大量的试验研究结果，制定出我国肉用羊的营养素需要量，建立了反刍动物饲料数据库，为肉营养饲料的科学配制提供了依据。先后获得国家科学技术进步奖二等奖、北京市科学技术发明奖一等奖、全国农牧渔业丰收奖一等奖、大北农科技奖动物营养奖、中国发明协会发明创业成果奖一等奖、中国农业科学院农业科技成果奖等奖项。获得发明专利22项，其中犊牛代乳品等3项获得中国专利优秀奖。获得计算机软件著作权32项。发表中外科技文章300余篇，出版图书10余部。

内容简介

　　本书为我国第一部综合性肉羊营养需要研究专著，基于国内外最新的科学理论和技术方法，在开展大量试验研究的基础上，归纳总结的我国肉用绵羊营养需要量参数，具有广泛的可应用性和指导意义，主要面向我国科研、教学及广大肉羊产业工作者，服务于我国肉羊产业的发展，其内容如下：

　　第一章为中国羊业概述，主要介绍我国肉羊养殖、肉羊品种资源、世界肉羊养殖业发展趋势与特点及我国肉羊产业发展要点等。第二章为肉羊的消化生理及生物学特性，着重介绍了肉羊消化道器官特点，尤其是瘤胃功能及其对营养物质的吸收和利用。第三章是肉羊能量代谢与需要，论述了目前肉羊能量研究进展，以及我国杜寒杂交肉用绵羊能量需要量参数。第四章是肉羊蛋白质营养与需要，给出了目前肉羊蛋白质研究进展，以及我国杜寒杂交肉用绵羊蛋白质需要量参数。第五章是肉羊矿物质营养与需要，主要给出了杜寒杂交肉羊对于钙、磷、钠、钾、镁等常量元素，以及铜、铁、锌、锰等微量元素的需要量。第六章是肉羊纤维素营养与需要，提出了杜寒杂交肉羊不同生产阶段的适宜中性洗涤纤维水平。第七章是繁殖母羊的营养需要，重点介绍了杜寒杂交母羊妊娠期、泌乳期和空怀期对能量和蛋白质的需要量。第八章和第九章分别是肉羊饲料能值和蛋白质代谢的估测模型，为营养需要参数的具体应用提供了依据。第十章是肉羊常用饲料营养价值数据库的建立，主要对肉羊常用饲料营养价值及其营养成分估测方法进行介绍。

彩图1　绵羊的复胃

A.瘤胃　B.网胃　C.瓣胃　D.皱胃

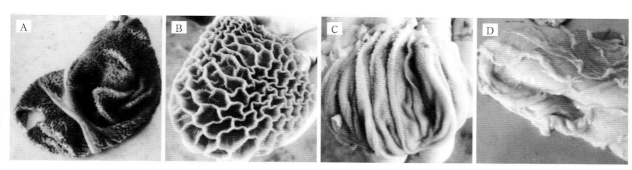

彩图2　绵羊复胃的内表面黏膜

A.瘤胃　B.网胃　C.瓣胃　D.皱胃

彩图3　羊用代谢笼整合的开路式呼吸气体代谢头箱（A）和开路式呼吸代谢室（B）

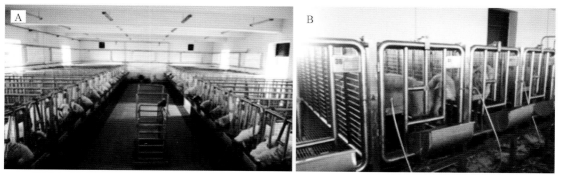

彩图4　试验用圈舍（A）和配备料槽、自动碗式饮水器和漏缝地板的栏圈（B）

彩图5　比较屠宰试验的胴体剖分（A）、分割（B）及胴体骨骼、肌肉和脂肪（C）

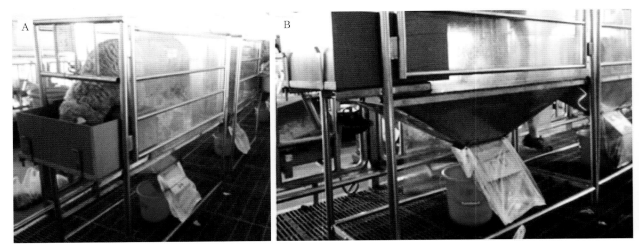

彩图6　消化代谢试验的代谢笼（A）及其承粪板和粪尿分离器（B）

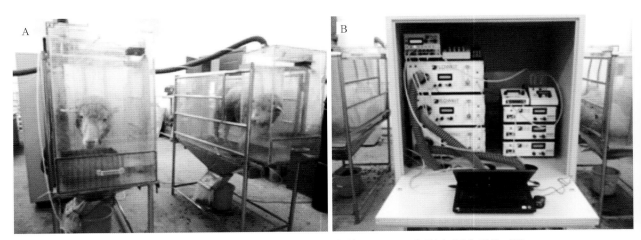

彩图7　气体代谢试验的羊用头箱（A）和气体（O_2、CO_2和CH_4）测定系统（B）

国家出版基金项目
NATIONAL PUBLICATION FOUNDATION

"十三五"国家重点图书出版规划项目
当代动物营养与饲料科学精品专著

中国肉用绵羊营养需要

刁其玉 ◎ 著

中国农业出版社
北　京

丛书编委会

主任委员

  李德发（院　士，中国农业大学动物科学技术学院）

副主任委员

  印遇龙（院　士，中国科学院亚热带农业生态研究所）

  麦康森（院　士，中国海洋大学水产学院）

  杨振海（站　长，全国畜牧总站）

  　　　　（秘书长，中国饲料工业协会）

委　员（以姓氏笔画为序）

  刁其玉（研究员，中国农业科学院饲料研究所）

  马秋刚（教　授，中国农业大学动物科学技术学院）

  王　恬（教　授，南京农业大学动物科技学院）

  王卫国（教　授，河南工业大学生物工程学院）

  王中华（教　授，山东农业大学动物科技学院动物医学院）

  王加启（研究员，中国农业科学院北京畜牧兽医研究所）

  王成章（教　授，河南农业大学牧医工程学院）

  王军军（教　授，中国农业大学动物科学技术学院）

  王红英（教　授，中国农业大学工学院）

  王宝维（教　授，青岛农业大学食品科学与工程学院）

  王建华（研究员，中国农业科学院饲料研究所）

  方热军（教　授，湖南农业大学动物科学技术学院）

  尹靖东（教　授，中国农业大学动物科学技术学院）

  冯定远（教　授，华南农业大学动物科学学院）

  朱伟云（教　授，南京农业大学动物科技学院）

  刘作华（研究员，重庆市畜牧科学院）

  刘国华（研究员，中国农业科学院饲料研究所）

  刘建新（教　授，浙江大学动物科学学院）

  齐广海（研究员，中国农业科学院饲料研究所）

  孙海洲（研究员，内蒙古自治区农牧业科学院动物营养与饲料研究所）

  杨　琳（教　授，华南农业大学动物科学学院）

杨在宾（教　授，山东农业大学动物科技学院动物医学院）

李光玉（研究员，中国农业科学院特产研究所）

李军国（研究员，中国农业科学院饲料研究所）

李胜利（教　授，中国农业大学动物科学技术学院）

李爱科（研究员，国家粮食和物资储备局科学研究院粮食品质营养研究所）

吴　德（教　授，四川农业大学动物营养研究所）

呙于明（教　授，中国农业大学动物科学技术学院）

佟建明（研究员，中国农业科学院北京畜牧兽医研究所）

汪以真（教　授，浙江大学动物科学学院）

张日俊（教　授，中国农业大学动物科学技术学院）

张宏福（研究员，中国农业科学院北京畜牧兽医研究所）

陈代文（教　授，四川农业大学动物营养研究所）

林　海（教　授，山东农业大学动物科技学院动物医学院）

罗　军（教　授，西北农林科技大学动物科技学院）

罗绪刚（研究员，中国农业科学院北京畜牧兽医研究所）

周志刚（研究员，中国农业科学院饲料研究所）

单安山（教　授，东北农业大学动物科学技术学院）

孟庆翔（教　授，中国农业大学动物科学技术学院）

侯水生（研究员，中国农业科学院北京畜牧兽医研究所）

侯永清（教　授，武汉轻工大学动物科学与营养工程学院）

姚　斌（研究员，中国农业科学院饲料研究所）

姚军虎（教　授，西北农林科技大学动物科技学院）

秦贵信（教　授，吉林农业大学动物科学技术学院）

高秀华（研究员，中国农业科学院饲料研究所）

曹兵海（教　授，中国农业大学动物科学技术学院）

彭　健（教　授，华中农业大学动物科学技术学院动物医学院）

蒋宗勇（研究员，广东省农业科学院动物科学研究所）

蔡辉益（研究员，中国农业科学院饲料研究所）

谭支良（研究员，中国科学院亚热带农业生态研究所）

谯仕彦（教　授，中国农业大学动物科学技术学院）

薛　敏（研究员，中国农业科学院饲料研究所）

瞿明仁（教　授，江西农业大学动物科学技术学院）

审稿专家

卢德勋（研究员，内蒙古自治区农牧业科学院动物营养研究所）

计　成（教　授，中国农业大学动物科学技术学院）

杨振海（站　长，全国畜牧总站）

　　　　（秘书长，中国饲料工业协会）

丛书序

　　经过近 40 年的发展，我国畜牧业取得了举世瞩目的成就，不仅是我国农业领域中集约化程度较高的产业，更成为国民经济的基础性产业之一。我国畜牧业现代化进程的飞速发展得益于畜牧科技事业的巨大进步，畜牧科技的发展已成为我国畜牧业进一步发展的强大推动力。作为畜牧科学体系中的重要学科，动物营养和饲料科学也取得了突出的成绩，为推动我国畜牧业现代化进程做出了历史性的重要贡献。

　　畜牧业的传统养殖理念重点放在不断提高家畜生产性能上，现在情况发生了重大变化：对畜牧业的要求不仅是要能满足日益增长的畜产品消费数量的要求，而且对畜产品的品质和安全提出了越来越严格的要求；畜禽养殖从业者越来越认识到养殖效益和动物健康之间相互密切的关系。畜牧业中抗生素的大量使用、饲料原料重金属超标、饲料霉变等问题，使一些有毒有害物质蓄积于畜产品内，直接危害人类健康。这些情况集中到一点，即畜牧业的传统养殖理念必须彻底改变，这是实现我国畜牧业现代化首先要解决的一个最根本的问题。否则，就会出现一系列的问题，如畜牧业的可持续发展受到阻碍、饲料中的非法添加屡禁不止、"人畜争粮"矛盾凸显、食品安全问题受到质疑。

　　我国最大的国情就是在相当长的时期内处于社会主义初级阶段，我国养殖业生产方式由粗放型向集约化型的根本转变是一个相当长的历史过程。从这样的国情出发，发展我国动物营养学理论和技术，既具有中国特色，对制定我国养殖业长期发展战略有指导性意义；同时也对世界养殖业，特别是对发展中国家养殖业发展具有示范性意义。因此，我们必须清醒地意识到，作为畜牧业发展中的重要学科——动物营养学正处在一个关键的历史发展时期。这一发展趋势绝不是动物营养学理论和技术体系的局部性创新，而是一个涉及动物营养学整体学科思维方式、研究范围和内容，乃至研究方法和技术手段更新的全局性战略转变。在此期间，养殖业内部不同程度的集约化水平长期存在。这就要求动物营养学理论不仅能适应高度集约化的养殖业，而且也要能适应中等或初级集约化水平长期存在的需求。近年来，我国学者在动物营养和饲料科学方面作了大量研究，取得了丰硕成果，这些研究成果对我国畜牧业"食品的有效供给和质量安全，事关养殖业绿色发展和竞争力提升。从生产发展看，饲料工业是联结种植业和养殖业的中轴产业，而饲料产品又占养殖产品成本的70%。当前，我国粮食库存压力很大，大力发展饲料工业，既是国家粮食去库存的重要渠道，也是实现降低生产成本、提高养殖效益的现实选择。从质量安全看，随着人口的增加和消费的提升，城乡居民对保障"舌尖上的安全"提出了新的更高的要求。饲料作为动物产品质量安全的源头和基础，要保障其安全放心，必须从饲料产业链条的每一个环节抓起，特别是在提质增效和保障质量安全方面，把科技进步放在更加突出的位置，支撑安全发展。从绿色发展看，当前我国畜牧业已走过了追求数量和保障质量的阶段，开始迈入绿色可持续发展的新阶段。畜牧业发展决不能"穿新鞋走老路"，继续高投入、高消耗、高污染，而应在源头上控制投入、减量增效，在过程中实施清洁生产、循环利用，在产品上保障绿色安全、引领消费；推介饲料资源高效利用、精准配方、氮磷和矿物元素源头减排、抗菌药物减量使用、微生物发酵等先进技术，促进形成畜牧业绿色发展新局面。

动物营养与饲料科学的理论与技术在保障国家粮食安全、保障食品安全、保障动物健康、提高动物生产水平、改善畜产品质量、降低生产成本、保护生态环境及推动饲料工业发展等方面具有不可替代的重要作用。当代动物营养与饲料科学精品专著，是我国动物营养和饲料科技界首次推出的大型理论研究与实际应用相结合的科技类应用型专著丛书，对于传播现代动物营养与饲料科学的创新成果、推动畜牧业的绿色发展有重要理论和现实指导意义。

李德发

2018.9.26

前　言

2016 年我国绵羊和山羊存栏数总计 3.01 亿只，羊肉产量总计 459.4 万 t。根据联合国粮农组织提供的数据，我国早在 2000 年羊只存栏量已达到世界首位，可以说是名副其实的世界第一养羊大国。然而，我国针对反刍动物的营养研究起步晚于猪、鸡等单胃动物，而对羊的研究又落后于奶牛，其中主要体现在我国尚未建立配套的肉羊饲养标准，也缺少常规饲料营养价值的参数，用户只能套用或参照国外的标准制定配方或指导生产，严重影响了肉羊饲料配制的科学性和饲料资源利用的合理性。

2009 年我国建立了国家肉羊产业技术体系，该体系下设的营养与饲料研究室共有 6 位岗位科学家，各岗位专家在"十二五"期间集中大量的人力、物力和财力，围绕制定肉用绵羊营养需要量标准开展了一系列动物试验；同时，在"十二五"期间开展了大量饲料营养价值评定工作，初步建立了我国第一个肉羊专用饲料营养数据库。"十三五"以来，大规模验证使饲养标准直接与产业发展对接，极具实用性。现将相关研究成果进行深度挖掘、归纳总结，整理编写了《中国肉用绵羊营养需要》。马涛博士和邓凯东博士既是项目成果的主要参加人，也对本书的写作做了大量工作。

本书重点介绍了肉用绵羊营养需要量，包括不同体重（20～50 kg）和不同生理阶段（育肥、空怀、妊娠、哺乳）肉用绵羊对净能、代谢能、净蛋白质、粗纤维、矿物元素等关键营养素的需要量参数；运用饲料参数及饲料营养价值评定技术，包括建立预测/回归模型的方法，将饲料营养价值，如代谢能、代谢蛋白质等与肉羊营养需要量对接，更好地服务于实际生产。本书的出版发行将改变我国肉羊饲养依靠国外标准的现状，从根本上提高我国肉羊养殖技术水平，加快我国向世界一流养羊强国迈进的步伐。

本著作基于中国农业科学院反刍动物饲料创新团队（以下简称"中农科

反刍动物团队")2009 年以来 30 多名硕士研究生、博士研究生、博士后的试验结果，在撰写中受益于国内外众多学者的研究成果；同时，本著作的出版也得益于国家出版基金的支持，在此一并表示衷心的感谢！

著　者

2019 年 1 月

目 录

06 第六章　肉羊纤维素营养与需要

07 第七章　繁殖母羊的营养需要

08 第八章　肉羊饲料能值的估测模型

09 第九章 肉羊饲料蛋白质代谢的估测模型

10 第十章 肉羊常用饲料营养价值数据库的建立

第一章
中国羊业概述

我国养羊历史悠久，绵山羊品种资源丰富，养羊业以产肉或肉毛兼用为主。近年来，肉羊产业保持了较快的发展势头，肉羊存栏量、羊肉产量均有较大幅度的增长，已成为世界上绵羊、山羊年饲养量、出栏量、羊肉产量最多的国家。肉羊养殖在全国各地都有分布，特别是在草原牧区占有十分重要的地位，是当地难以替代的支柱产业，是农牧民收入的主要来源。肉羊产业在我国的经济、社会和生态环境中具有举足轻重的地位。

第一节　我国肉羊养殖概况

一、养羊业的简单回顾

（一）悠久的养羊历史与产业发展方向的转变

我国养羊业历史悠久，早在新石器晚期就已经有了羊被驯化的遗迹。经过漫长的历史发展，羊的数量和群体结构都有了很大的提高，并形成了许多优良的品种。随着长期的驯化与饲养及人类定居生活的扩展，以游牧为主的养羊范围逐渐扩大，从牧区、半农半牧区到农区，从北方到南方，从高原到沿海都有羊的足迹。山羊分布更为广泛，绵羊则仍然以高原和寒冷半寒冷地带分布为主。

我国的养羊技术曾一度领先于世界，人们长期的生产实践已逐步形成了饲养放牧、繁殖、选育、疾病防治等生产技术。但世界工业革命开始后，尤其在近代，内忧外患致使我国养羊业步入衰落期。中华人民共和国成立后至今，我国养羊业开始复苏，进入一个全新的高速发展阶段，不仅养羊规模大幅度增加，羊品种资源更加丰富，而且羊肉品质也得到较大改善。一大批养羊科研成果的取得，为我国的养羊业进入现代规模化生产提供了可靠的机遇，为我国养羊产业发展提供了巨大动力来源。

在市场需求的拉动下，从 20 世纪 60 年代起，国际养羊业的主导方向发生了变化，由以毛用为主转向肉毛兼用、到以肉用为主的发展趋势。特别是近年来世界范围内食品消费结构的调整，使得羊肉类健康食品的消费需求不断增长。在此背景下，伴随着我国经济的快速发展和居民生活水平的提高，居民肉类消费结构发生了很大的变化，羊肉凭其高蛋白质、低胆固醇等特性深受消费者的青睐。

（二）肉羊产业的快速发展

20 世纪 90 年代以来，在羊毛市场疲软、羊肉需求量猛增的情况下，我国肉羊产业保持了较快的发展趋势，羊的存栏量和羊肉产量都有较大幅度的增长。在肉羊产业全面增长的基础上，我国畜牧兽医科研等事业也得到国家的大力扶持和发展，肉羊生产力不断提高，肉羊营养及饲料工业发展迅速。与此同时，我国肉羊优良品种的选育与推广迅速开展，良种覆盖率也有了大幅度的增长。肉羊出栏率、屠宰率和良种覆盖率的提高标志着我国肉羊生产和管理水平迈上了一个新的台阶。这不仅促进了肉羊产业的发展和整个产业的效益提升，而且农牧民的养殖收入也在不断增加。肉羊产业已经逐步成为我国畜牧业经济的支柱产业，成为农牧民增收和就业的主渠道之一。

（三）羊肉价格不断上涨

随着国内居民羊肉消费量的增加，羊肉价格快速上涨。2000—2016 年我国羊肉市场价格上涨幅度达 276%；其中，2005—2014 年羊肉市场价格涨幅最大，带骨羊肉市场价格从 17.97 元/kg 上涨至 65.40 元/kg，涨幅达 264%（刘星月，2017）。羊肉价格在一年中的波动也较大，存在季节性波动特征，羊肉价格的快速上涨无疑对快速增长的羊肉消费产生巨大影响。但从供给方看，羊肉价格上涨对提高农牧民和肉羊养殖企业的效益具有一定的促进作用（丁存振，2016）。

（四）促进肉羊产业发展的政策

我国在 2003 年出台了《肉牛肉羊优势区域发展规划（2003—2007 年）》，在此基础上，专门针对肉羊产业发展作出了规划，根据不同区域的特点明确了肉羊在各区域的定位和主攻方向，于 2008 年制定了《全国肉羊优势区域布局规划（2008—2015 年）》，覆盖全国 21 个省（自治区、直辖市）的 153 个优势县（旗），并由中央财政现代农业生产发展项目对肉羊生产优势县（旗）进行支持。农业部 2011 年 9 月 7 日印发的《全国畜牧业发展第十二个五年规划（2011—2015 年）》中，对于肉羊发展提出了"大力发展舍饲、半舍饲养殖方式，引导发展现代生态家庭牧场，积极推进良种化、规模化、标准化养殖"的方针。政府通过良种补贴、投资育种、繁育、饲料、圈舍设计、育肥、防疫等相关技术，以及建设标准化规模示范场等措施来促进肉羊规模经营发展。从 2011 年起，在退牧还草工程基础上，中央财政投入 134 亿元资金，在内蒙古自治区等 8 个主要草原牧区省（自治区）建立草原生态保护补助奖励机制，缓解农牧民对草地的依赖及其引起的资源过度利用的负担（薛建良，2012）。这些规划引导肉羊产业向具有一定资源禀赋、市场基础、产业基础的区域集中，发挥了肉羊生产的区域比较优势，提升了产业竞争力。

二、我国肉羊生产的基本概况

（一）羊只存栏量

2016 年，我国羊只存栏量 3.01 亿只，其中绵羊存栏量 1.61 亿只，山羊存栏量 1.40 亿只。2000—2016 年，我国肉羊生产保持了良好的发展势头（表 1-1 和图 1-1）。

表 1 - 1　2000—2016 年我国羊只年末存栏量及羊肉产量

年　份	羊存栏总量 （亿只）	绵羊存栏量 （亿只）	山羊存栏量 （亿只）	羊肉产量 （万 t）
2000	2.79	1.3	1.49	264.1
2001	2.76	1.3	1.46	271.8
2002	2.82	1.34	1.48	283.5
2003	2.93	1.43	1.5	308.7
2004	3.04	1.52	1.52	332.9
2005	2.98	1.51	1.47	350.1
2006	2.94	1.46	1.38	363.8
2007	2.86	1.37	1.49	382.6
2008	2.81	1.29	1.52	380.4
2009	2.85	1.34	1.51	389.4
2010	2.81	1.39	1.42	398.9
2011	2.82	1.39	1.43	393.1
2012	2.85	1.44	1.41	401.0
2013	2.9	1.5	1.4	408.1
2014	3.03	1.58	1.45	428.2
2015	3.11	1.62	1.49	440.8
2016	3.01	1.61	1.4	459.4

资料来源：根据国家统计局数据整理。下同。

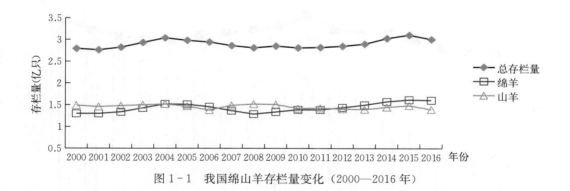

图 1 - 1　我国绵山羊存栏量变化（2000—2016 年）

（二）羊肉总产量

随着国家良种培育与推广应用政策的实施，以及规模化、标准化养殖技术的推广，我国肉羊生产水平有了较大的提升，羊肉总产量逐年上升（表 1 - 2 和图 1 - 2）。2016年羊肉总产量达 459.4 万 t，相比 2000 年羊肉总产量增加了 194.5 万 t。在我国的肉类产品结构中，羊肉所占比例较低，但需求不断增长。2000—2016 年，羊肉在肉类中所占比例由 4.4% 增至 5.4%。

表 1-2 羊肉产量及羊肉占肉类的比重

年 份	羊肉总产量 （万 t）	肉类总产量 （万 t）	羊肉占肉类比重 （%）
2000	264.1	6 013.9	4.4
2001	271.8	6 105.8	4.5
2002	283.5	6 234.3	4.5
2003	308.7	6 443.3	4.8
2004	332.9	6 608.7	5.0
2005	350.1	6 938.9	5.0
2006	363.8	7 089.0	5.1
2007	382.6	6 865.7	5.6
2008	380.4	7 278.7	5.2
2009	389.4	7 649.8	5.1
2010	398.9	7 925.8	5.0
2011	393.1	7 965.1	4.9
2012	401.0	8 387.2	4.8
2013	408.1	8 535.0	4.8
2014	428.2	8 706.7	4.9
2015	440.8	8 625.0	5.1
2016	459.4	8 537.8	5.4

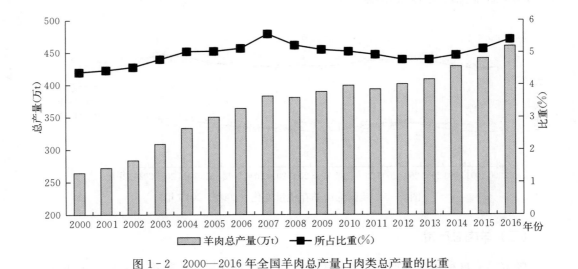

图 1-2 2000—2016 年全国羊肉总产量占肉类总产量的比重

（三）肉羊生产区域分布

我国各地均有肉羊分布。我国绵羊养殖地区主要集中在内蒙古、新疆、甘肃、青海和西藏五大牧区，五大牧区绵羊存栏总量占全国绵羊总存栏量的比重一直在 65% 以上，是我国绵羊肉的主产区。我国山羊养殖地区主要集中在河南、山东、内蒙古、四川及江苏等省（自治区）。国家相关政策的出台，对我国肉羊产业的发展起到了重要的推动作用，使得我国肉羊产业逐步向优势产区集聚（表1-3）。自2000年以来，我国羊肉生产的四大优势产区是羊肉生产的主力军，羊肉总产量占全国的比重长期保持在90%左右。其中，中原优势区和中东部农牧交错区是肉羊生产的两大优势区，这两大优势区的羊肉总产量占全国的比例一直保持在58%左右，发展速度保持领先地位。我国肉羊生产已逐步向自然条件适宜、农村经济发展水平较低、非农产业发展相对落后的地区转移和集中。

表1-3　中国主要优势产区羊肉生产情况（万 t）

年　份		2000	2005	2010	2012	2013	2014	2015	2016
全　国		274.0	435.5	398.9	401.0	408.1	428.2	440.8	459.4
中原优势区	河北	24.6	33.7	29.3	28.7	29.1	30.4	31.7	32.4
	山东	24.8	36.4	32.7	33.1	33.7	36.0	37.1	38.4
	河南	32.0	46.7	25.2	24.8	24.8	25.4	25.9	26.4
	湖北	3.0	6.0	8.1	8.2	8.2	8.6	8.8	8.9
	江苏	15.8	17.9	7.4	7.6	7.8	8.0	8.1	8.3
	安徽	11.2	16.4	14.2	14.6	15.0	15.5	16.6	17.4
	占比（%）	40.7	36.1	29.3	29.2	29.0	29.0	28.1	27.0
中东部农牧交错带优势区	山西	7.0	7.4	5.6	5.9	6.2	6.7	6.9	7.4
	内蒙古	31.8	72.4	89.2	88.6	88.8	93.3	92.6	99.0
	辽宁	3.4	7.1	7.9	7.9	8.1	8.9	8.5	8.7
	吉林	3.2	4.2	3.8	4.1	4.2	4.5	4.8	4.8
	黑龙江	3.5	10.7	12.1	12.1	11.8	11.9	12.3	12.8
	占比（%）	17.9	23.4	29.7	29.6	29.2	29.3	28.4	28.9
西北优势区	新疆	37.5	59.9	47.0	48.0	49.7	53.6	55.4	58.3
	甘肃	7.5	12.5	15.6	15.9	16.6	17.7	19.6	21.1
	陕西	5.4	9.3	7.3	6.9	7.0	7.5	7.8	8.0
	宁夏	3.3	6.4	7.3	8.5	9.0	9.5	10.1	10.5
	占比（%）	19.6	20.2	19.4	19.8	20.2	20.7	21.1	21.3
西南优势区	四川	16.2	20.0	24.8	24.0	24.6	25.3	26.4	26.9
	重庆	1.9	3.6	2.4	2.8	3.0	3.4	3.8	4.1
	云南	5.8	10.1	12.9	13.6	14.0	14.6	15.0	15.1
	湖南	6.1	11.6	10.6	10.3	10.7	11.1	11.6	12.0
	贵州	4.2	5.5	3.4	3.5	3.5	3.8	4.2	4.5
	占比（%）	12.5	11.7	13.6	13.5	13.7	13.6	13.8	13.6
合计	占比（%）	90.6	91.3	92.0	92.0	92.1	92.5	91.4	90.8

（四）肉羊养殖规模化程度

与发达国家相比，我国肉羊养殖方式仍然较为传统和落后，饲养仍以散养为主，养殖规模基本仍表现为"小规模、大群体"。然而随着国家禁牧休牧等政策的出台及对生态环境保护力度的加大，农牧区肉羊的饲养方式正逐步由放牧转变为舍饲和半舍饲。这不仅充分利用了农区丰富的秸秆资源和闲置劳动力，缓解了肉羊对草地和生态环境的压力，更重要的是推进了肉羊产业向规模化、标准化的方向发展。总体看来，虽然肉羊散养所占的比重逐步下降，但是规模化养殖的比重不断上升（表1-4）。

表1-4 2003—2015年我国肉羊养殖规模场（户）数情况

| 年　份 | 场（户）数（万户） | | | | |
	年出栏1～29（只）	年出栏30～99（只）	年出栏100～499（只）	年出栏500～999（只）	年出栏1000及以上只
2003	2680.64	162.55	15.87	1.14	0.18
2004	—	157.09	18.45	0.82	0.12
2005	—	163.73	22.10	1.37	0.22
2007	2393.44	159.96	23.35	1.68	0.25
2008	2119.53	152.76	23.73	1.37	0.24
2009	1970.71	166.32	24.25	1.49	0.28
2010	1979.52	160.20	24.63	1.74	0.37
2011	1887.83	164.49	25.93	2.20	0.48
2012	1755.83	170.70	28.43	2.41	0.60
2013	1623.65	170.18	31.75	2.93	0.81
2014	1518.69	169.55	34.29	3.49	0.96
2015	1453.49	162.46	44.94	3.57	1.03

注："—"指未统计。

资料来源：《中国畜牧业年鉴》（2004年至2013年）；《中国畜牧兽医年鉴》（2014年至2016年）。

从统计数据可以看出，自2009年开始，全国规模化养羊场数量迅速增加。2009年，全国年出栏肉羊100～499只、500～999只和1000只以上的场户数分别是24.25万户、1.49万户和0.28万户；2015年，全国年出栏肉羊100～499只的场户数为44.94万户，其中100～199只的31.55万户、200～499只的13.39万户，年出栏500～999只的3.57万户、1000～2999只的0.90万户、3000只以上的0.13万户。

规模化养殖，不仅有助于从源头上控制羊肉产品质量安全，而且可以促进肉羊良种、动物营养等先进生产技术的推广和普及，提高肉羊产业的整体生产能力。

第二节　我国绵山羊品种资源概况

中国绵山羊品种资源极为丰富，从高海拔的青藏高原到地势较低的东部地区均有绵山羊分布。根据地理分布和遗传关系，我国绵羊可划分为蒙古系绵羊、哈萨克系绵羊、藏系绵羊三大谱系。蒙古系绵羊是由分布在中亚山脉地区的野生原羊衍化而来，同羊、小尾寒羊、湖羊、滩羊等品种是其亚种。哈萨克系绵羊是独立于蒙古羊的古代西域肥臀羊，通常认为其与哈萨克斯坦的肥臀羊同源。在我国西藏、甘肃、新疆、青海等地广泛分布的盘羊是藏系家绵羊的祖先，古羌人将盘羊驯养成短瘦尾的古羌羊。随着民族的迁徙和融合扩散到四方，古羌羊形成了如今的藏系绵羊。与绵羊相比，我国是世界上山羊饲养量最多的国家。山羊品种资源丰富，有地方山羊品种 43 个、培育品种 4 个。山羊分布广泛，生态类型多样。由于我国气候条件差异较大，因此山羊在经过数千年来的驯养和选育后，形成了能适应不同生态类型的品种、品系及类群，在生产性能上各具特色，可以满足消费者和生产者的不同需求（旭日干，2015）。

一、我国肉用绵羊品种资源

经过长期的驯化和选育，我国培育出了丰富多样的绵羊品种，形成了生产类型多样化的中国绵羊，如风味浓郁的肉脂型兼用同羊和阿勒泰羊等，具有高繁殖力特性的小尾寒羊和湖羊等。这些绵羊品种均能较好地适应当地的自然环境，具有耐粗饲、抗逆性和抗病力强等特点，在肉、毛、皮或繁殖力、肉质等方面有各自独特的优良性状，构成了中国丰富的绵羊基因库。据畜禽遗传资源调查，绵羊品种有 64 个。根据主要生产途径，中国绵羊品种可划分为六大类型，具体为：①肉脂兼用羊，如呼伦贝尔羊等。②裘皮羊，如滩羊等。③羔皮羊，如湖羊、卡拉库尔羊等。④细毛羊，包括毛用细毛羊，如中国美利奴羊、新吉细毛羊等；毛肉兼用细毛羊，如新疆细毛羊等；肉毛兼用细毛羊，如东北细毛羊等。⑤半细毛羊，包括毛肉兼用半细毛羊，如凉山半细毛羊、云南半细毛羊等；肉毛兼用半细毛羊，如巴美羊。⑥粗毛羊，如西藏羊、蒙古羊、哈萨克羊等。另外，随着调查的深入，一些新的、有价值的遗传资源也逐渐被发现，如兰坪乌骨绵羊、石屏青绵羊、宁蒗黑绵羊等。

（一）三大古老绵羊品种资源

1. 蒙古羊　蒙古羊（Mongolian sheep）既是我国三大粗毛绵羊品种之一，又是我国分布地域最广的古老品种，数量最多，是我国绵羊业的基础品种。蒙古羊产于蒙古高原，中心产区位于内蒙古自治区锡林郭勒盟、呼伦贝尔市、赤峰市、乌兰察布市、巴彦淖尔市等。在内蒙古自治区，蒙古羊从东北向西南体型依次由大变小。苏尼特左旗成年羊平均体重公羊 99.7 kg、母羊 54.2 kg；乌兰察布市成年羊平均体重公羊 49 kg、母羊 38 kg；阿拉善左旗成年羊平均体重公羊 47 kg、母羊 32 kg。蒙古羊产肉性能较好，质量高，成年羊屠宰率可达 47%～53%。5～7 月龄羔羊胴体重可达 13～18 kg，屠宰率在 40% 以上。蒙古羊初配年龄公羊 18 月龄、母羊 8～12 月龄。母羊为季节性发情，多集中在 9—11 月；发情周期 18.1 d，妊娠期 147.1 d；年平均产羔率 103%。蒙古羊耐粗饲、易放牧、适应性强，在北方肉羊生产中具有良好的养殖价值。蒙古羊母羊母性强。利用蒙古羊母羊作为受体母羊，所产羔羊出生体重大。蒙古羊群体种群大，变异多，分布广，也没有经历过其他品种有目的、有计划的人工选择，是动物遗传学研究的理想动物资源。

2. 哈萨克羊 哈萨克羊（Kazakh sheep）是我国三大粗毛绵羊品种之一，属肉脂兼用粗毛型绵羊地方品种。主要分布在新疆天山北麓、阿尔泰山南麓和塔城等地，甘肃、青海、新疆三省（自治区）交界处也有少量分布。哈萨克羊成年羊平均体重公羊60.34 kg、母羊45.80 kg。性成熟一般在6～8月龄，初配年龄1.5岁左右，配种大多在11月上旬开始，翌年4—5月产羔，妊娠期150 d左右。平均产羔率初产母羊101.57%、经产母羊104.34%，产双羔率很低。哈萨克羊体质结实，善于爬山游牧，极适应当地的气候环境。引进优质萨福克羊和小尾寒羊以改良塔城地区的哈萨克羊的结果显示，杂交后代具有显著的杂种优势。

3. 藏羊 藏羊（Tibetan sheep），又称西藏羊、藏系羊，是我国三大粗毛绵羊的另一个品种，属粗毛型绵羊地方品种，主要有高原型（草地型）和山谷型两大类。藏羊原产于青藏高原，分布于西藏、青海、甘肃的甘南藏族自治州，以及四川省的甘孜藏族自治州、阿坝藏族自治州、凉山彝族自治州、云贵高原地区。高原型藏羊成年羯羊宰前平均体重48.5 kg、胴体重22.3 kg、屠宰率46%；成年母羊相应指标为42.8 kg、19.4 kg、45.5%。母羊一般年产一胎，一胎一羔，产双羔者很少。藏羊肉质蛋白质高而脂肪少，胆固醇含量低，矿物质和维生素含量丰富，风味独特。肉品中氨基酸种类齐全，酸性氨基酸含量高。在育种方面，西藏羊作为母系品种，曾参与青海细毛羊、青海高原毛肉兼用半细毛羊、凉山半细毛羊、云南半细毛羊和澎波半细毛羊等新品种的育成。

（二）具有高繁殖特性的绵羊品种

1. 小尾寒羊 小尾寒羊（Thin-Tailed han sheep）是我国著名的肉裘兼用型地方绵羊品种，主产区在鲁西南。小尾寒羊是中国的"国宝"，是"世界超级绵羊品种"，其生长发育和繁殖率不亚于世界著名的兰德瑞斯羊和罗曼诺夫羊。小尾寒羊生长发育快，周岁羊体重公羊63.92 kg、母羊50.10 kg；成年羊体重公羊80.50 kg、母羊57.30 kg。母羊初次发情在167.19日龄，初次妊娠在178.56日龄。产羔率为255.31%。小尾寒羊全年都能发情配种，但在春、秋季节比较集中，受胎率也比较高。小尾寒羊生长发育快、体格高大；性成熟早、繁殖力强、全年发情；适宜分散饲养、以舍饲为主，是农区优良绵羊品种。但小尾寒羊四肢较高，前胸不发达，体躯狭窄，肋骨开张不够，后躯不丰满，肉用体型欠佳；羊肉颜色偏白，口感和风味也不理想，引入其他地区的小尾寒羊可出现不同程度的早产、流产、羔羊死亡率高、生长发育受阻等情况。

2. 湖羊 湖羊（Hu sheep）主要分布在浙江省的湖州、桐乡、嘉兴、长兴、德清、余杭、海宁、杭州市郊，江苏省的泰州、吴江等县市，以及上海的部分郊区县市。周岁时体重公羊61.66 kg、母羊47.23 kg。母羊4～5月龄性成熟。公羊一般在8月龄、母羊在6月龄可配种。母羊母性好，泌乳量高。可一年产两胎或两年产三胎，产羔率平均为229%。湖羊生长发育快、成熟早，可四季发情，多胎多产，能适应潮湿、多雨的亚热带气候和常年舍饲的饲养管理方式，是我国皮肉兼用地方品种，也是培育现代专用肉羊新品种的优秀母本品种。

（三）风味浓郁的肉脂型羊

1. 同羊 同羊（Tong sheep），又名同州羊，主要分布在陕西省渭南、咸阳两市北部各县，延安市南部和秦岭山区也有少量分布。饲养方式多为半放牧半舍饲。目前，同羊数量急剧减少，已处于濒危状态。成年羊平均体重公羊 44.0 kg、母羊 36.2 kg。屠宰率周岁羯羊 51.57%、成年羯羊 57.64%，净肉率 41.11%。同羊 6～7 月龄即达性成熟，1.5 岁配种。全年可多次发情、配种，一般两年产三胎。

2. 阿勒泰羊　阿勒泰羊（Altay sheep），又名阿勒泰大尾羊，是新疆维吾尔自治区的优良肉脂兼用型粗毛羊品种。阿勒泰羊在纯放牧条件下，5 月龄羯羊屠宰前平均活重 36.35 kg，屠宰率达到 51%。出生重公羔 4.5～5.0 kg、母羔 4.0～4.5 kg。繁殖率初产母羊 103%、经产母羊 110%。阿勒泰羊具有耐粗饲、抗严寒、善跋涉、体质结实、早熟、抗逆性强、适于放牧等生物学特性，在终年放牧、四季转移牧场条件下，仍有较强的抓膘能力。

（四）具有独特价值的绵羊品种

1. 兰坪乌骨绵羊　兰坪乌骨绵羊（Lanping black‐bone sheep）是以产肉为主的地方绵羊品种，是云南省兰坪县特有的、世界上唯一呈乌骨乌肉特征的哺乳动物，是一种十分珍稀的动物遗传资源。兰坪乌骨绵羊成年公羊体重 47.0 kg、体高 66.5 cm；成年母羊相应指标为 37.0 kg、62.7 cm。性成熟时间公羊 8 月龄、母羊 7 月龄。初配年龄公羊 13 月龄、母羊 12 月龄。发情周期为 15～19 d。繁殖季节多在秋季，妊娠期 5 个月。大部分母羊两年产三胎。羔羊出生重约 2.5 kg，成活率约 95%。

2. 石屏青绵羊　石屏青绵羊（Shiping gray sheep）分布于云南省石屏县北部山区，主产于龙武镇、哨冲镇、龙朋镇。石屏青绵羊是长期自然选择和当地彝族群众饲养驯化形成的肉毛兼用型地方品种。石屏青绵羊成年公羊体重 35.8 kg、胴体重 13.21 kg、净肉重 9.67 kg、屠宰率 36.9%、净肉率 27%；成年母羊相应指标为 33.8 kg、11.81 kg、8.15 kg、34.9% 和 24.1%。公羊 7 月龄进入初情期、12 月龄达到性成熟、18 月龄用于配种；母羊相应指标为 8 月龄、12 月龄、16 月龄。利用年限公羊 3～4 年、母羊 6～8 年。发情以春季较为集中，一般年产一胎，产羔率 95.8%。石屏青绵羊四肢细长，蹄质坚硬结实，行动灵活，善爬坡攀岩，一年四季均以放牧为主，极少补饲，遗传性能稳定，性情温驯、耐寒、耐粗饲，适应性和抗病力均强。

（五）我国培育的主要肉用绵羊品种

1. 巴美肉羊　巴美肉羊（Bamei mutton sheep）属于肉毛兼用型品种，是根据内蒙古巴彦淖尔市自然条件、社会经济基础和市场发展需求，由内蒙古巴彦淖尔市家畜改良工作站等单位的广大畜牧科技人员和农牧民，经过 40 多年的不懈努力和精心培育而成的、体型外貌一致、遗传性能稳定的肉羊新品种，2007 年通过国家畜禽遗传资源委员会审定。巴美肉羊成年羊平均体重公羊 101.2 kg、母羊 60.5 kg；育成羊平均体重公羊 71.2 kg、母羊 50.8 kg。6 月龄羔羊平均日增重 230 g 以上，胴体重 24.95 kg，屠宰率 51.13%。巴美肉羊具有较强的抗逆性和良好的适应性，耐粗饲，觅食能力强，采食范围广，适合农牧区舍饲半舍饲饲养。羔羊育肥快，是生产高档羊肉产品的优质羔羊，近年来以其肉质鲜嫩、无膻味、口感好而深受加工企业和消费者青睐。

2. 昭乌达肉羊　昭乌达肉羊（Zhaowuda mutton sheep）是我国第一个草原型肉羊

品种，在内蒙古赤峰市育成，于2012年2月正式通过农业部审定。昭乌达肉羊是以德国肉用美利奴羊为父本、当地改良细毛羊为母本培育而成的，目前存栏55万余只。昭乌达肉羊羔羊出生重公羔5 kg、母羔4.2 kg；断奶重公羔25.2 kg、母羔23.0 kg；育成羊体重公羊72.1 kg、母羊47.6 kg；成年羊体重公羊95.7 kg、母羊55.7 kg。昭乌达肉羊性成熟早，在加强补饲情况下可以实现两年产三胎。昭乌达肉羊体格较大，生长速度快，适应性强，胴体净肉率高，肉质鲜美，具有鲜而不腻、嫩而不膻、肥美多汁、爽滑绵软的特点，是低脂肪、高蛋白质健康食品，具有天然纯正的草原风味。

3. 察哈尔羊 察哈尔羊（Chahaer sheep）是2014年经过国家畜禽遗传资源委员会审定，被正式命名的新品种，育种区位于内蒙古锡林郭勒盟南部镶黄旗、正镶白旗、正蓝旗。察哈尔羊是在内蒙古自治区锡林郭勒盟南部细毛羊养殖区，为适应当地自然、资源条件和市场需求，从20世纪90年代初开始，经过广大畜牧科技人员和牧民的不懈努力，运用杂交育种的方法，以内蒙古细毛羊为母本、德国肉用美利奴羊为父本杂交育种、横交固定和选育提高，培育而成的一个优质肉毛兼用羊新品种。该品种体型外貌基本一致、抗逆性强、肉用性能良好、繁殖率高、遗传性能稳定。察哈尔羊成年种公羊平均体重91.87 kg、平均产毛量6.4 kg；成年母羊相应指标为65.26 kg、4.7 kg。繁殖率147.2%。育成种公羊平均体重70.04 kg、平均产毛量4.7 kg；育成母羊相应指标为55.34 kg、4.2 kg。羔羊平均出生重公羔4.36 kg、母羔4.12 kg；6月龄羔羊平均体重公羔38.76 kg、母羔35.53 kg。

4. 鲁西黑头羊 鲁西黑头羊（Luxi black head sheep）是以黑头杜泊公羊为父本、小尾寒羊为母本，采用常规动物育种技术与分子标记辅助选择相结合的方法，选择杂种二、三代中符合育种目标要求的公、母羊横交固定、闭锁选育而成，含黑头杜泊羊血80%左右、小尾寒羊血20%左右。该品种具有早熟、繁殖率高、生长发育快、育肥性能好、肉质品质好、耐粗饲、适应性强，能适合我国北方农区气候条件和舍饲圈养条件等特点，2018年1月获得国家新品种证书［（农03）新品种证字第16号］。

鲁西黑头羊主要产于山东省聊城市东昌府区、临清市、阳谷县、冠县、茌平县等县区。头颈部被毛黑色，体躯被毛白色。头清秀，鼻梁隆起，耳大稍下垂，颈背部结合良好。胸宽深，背腰平直，后躯丰满，四肢较高且粗壮，蹄质坚实，体躯呈桶状结构。公、母羊均无角，瘦尾。3月龄断奶体重公羔32.6 kg、母羔30.8 kg；6月龄体重公羔49.4 kg、母羔46.3 kg；成年羊体重公羊102.8 kg、母羊81.0 kg。公羊8月龄性成熟，初配年龄10月龄，成年公羊平均射精量1.3 mL。母羊6月龄性成熟，常年发情，发情周期18 d，发情持续期29 h，初配年龄8月龄，妊娠期147 d。两年产三胎。初产母羊平均产羔率150%以上，经产母羊产羔率220%以上。

（六）兼用型肉羊品种

滩羊（Tan sheep）是我国独特的裘皮用绵羊品种。主产于宁夏回族自治区盐池等县，分布于宁夏及宁夏毗邻的甘肃、内蒙古、陕西等地。滩羊成年羊体重公羊47.0 kg、母羊35.0 kg；成年羊屠宰率羯羊45.0%、母羊40%。滩羊7～8月龄性成熟，每年8—9月为发情配种旺季。一般年产一胎，产双羔者很少，产羔率101.0%～103.0%。滩羊耐粗放管理，遗传性能稳定，对产区严酷的自然条件有良好的适应性，是优良的地方品种。

二、我国肉用山羊品种资源

山羊具有采食广、耐粗饲和抗逆性强等特点，是适应性最强和地理分布最广泛的家畜品种。我国山羊品种分布遍及全国，北自黑龙江省、南至海南省、东到黄海边、西达青藏高原都有山羊分布。我国地域辽阔，各地区自然条件相差悬殊，再加上多年的自然选择和人工选择，因此逐步形成了各地区具有不同遗传特点、体型、外貌特征和生产性能的山羊品种。

据畜禽遗传资源调查，列入 2011 年出版的国家级品种遗传资源志的山羊品种有 66 个。根据主要生产途径，可将我国山羊品种划分为八大类型，具体为：①普通山羊，也称土种山羊，数量最多、分布最广，具有强大的适应性和生活力，能在恶劣的生活条件下生长繁殖，但绒、毛、肉、乳、板皮的产量和品质均不突出，如西藏山羊、新疆山羊等。②肉用山羊，除培育品种南江黄羊外，我国许多地方品种山羊屠宰率高、肉质细嫩，具有良好的肉用性能。③毛用山羊，以引进、风土驯化的安哥拉山羊为代表，我国长江三角洲白山羊以生产笔料毛著名。④乳用山羊，以关中奶山羊、崂山奶山羊和新培育的文登奶山羊为代表，具有产奶量高、性情温和等特点。⑤绒用山羊，是我国特殊的山羊遗传资源，以辽宁绒山羊、内蒙古绒山羊为代表，具有产绒量高、羊绒综合品质好、耐粗饲、适应性强、遗传性能稳定等特点。⑥裘皮山羊，中卫山羊是世界上唯一的裘皮山羊品种。⑦羔皮山羊，以济宁青山羊所产青猾皮色泽美观、皮毛光润，且其产羔率达 283%。⑧板皮山羊，以黄淮山羊、板角山羊、马头山羊、成都麻羊等为代表，是我国优良的地方山羊品种，具有板皮弹性好、质地均匀、面积大、抗张力强等特点，目前此类地方品种多向肉用方向选育。

（一）我国主要的地方山羊品种

1. 西藏山羊　西藏山羊（Tibetan goat）主要分布在西藏自治区，青海省，四川省阿坝州、甘孜州，甘肃省南部。西藏山羊成年羊平均体重公羊 24.2 kg、母羊 21.4 kg；成年羊屠宰率羯羊 48.31%、母羊 43.78%。西藏山羊发育较慢，周岁体重相当于成年羊的 51%。性成熟较晚，初配年龄为 1～1.5 岁。一年一胎，多在秋季配种，产羔率110%～135%。西藏山羊被毛由长而粗的粗毛和细而柔软的绒毛组成。该品种羊对高寒牧区的生态环境条件有较强的适应能力，具有耐粗放、抗逆性强、羊绒细长柔软、肉质鲜美等特点，是我国宝贵的畜禽遗传资源。

2. 马头山羊　马头山羊（Matou goat）是我国著名的地方肉用山羊品种，主要分布在湖北省的十堰市、丹江口市，湖南省常德市、怀化市，以及湘西土家族苗族自治州各县。马头山羊有较好的肉用特征。成年羊体重公羊 43.83 kg、母羊 35.27 kg。马头山羊性成熟较早，母羔 3～5 月龄、公羔 4～6 月龄达性成熟。一年产两胎或两年产三胎，平均产羔率 190%～200%。马头山羊具有适应性强、活泼机灵、耐粗饲、多胎多产、早熟易肥、产肉率高、肉味鲜美、板皮优等特性。但杂交时由于引入了波尔山羊、南江黄羊等品种，因此对马头山羊造成一定的混杂。建议在马头山羊主产区进行合理规划，建立保种区和保种场，加强品种选育和保护，同时在保护区内禁止混血杂交。

3. 成都麻羊 成都麻羊（Chengdu brown goat）属于优良肉皮兼用型山羊品种，分布于成都市的大邑县、双流县、邛崃市、崇州市、新津县、龙泉驿区、青白江区、都江堰市、彭州市及阿坝州的汶川县。成都麻羊成年羊平均体重公羊 43.3 kg、母羊 39.1 kg。成年公羊胴体重 18.8 kg、净肉重 15.5 kg、屠宰率 46.4％、净肉率 38.3％；成年母羊相应指标为 19.1 kg、15.8 kg、47.0％和 39.0％。成都麻羊性成熟早，常年发情，初配年龄公、母羊均为 8 月龄左右。成都麻羊体型较大，生长快，繁殖性能高，耐湿热、耐粗饲，食性广，适应性和抗病能力强，板皮品质优良，遗传性能稳定，肉质细嫩，营养丰富。

4. 贵州黑山羊 贵州黑山羊（Guizhou black goat）主产于威宁、赫章、水城、盘县等县，分布在贵州西部的毕节、六盘水、黔西南、黔南和安顺 5 个地、州（直辖市）所属的 30 余个县（直辖市）。贵州黑山羊成年公羊体高 59.08 cm、体长 61.94 cm、胸围 72.81 cm、管围 8.24 cm、体重 43.30 kg；成年母羊相应指标为 56.11 cm、59.70 cm、69.86 cm、6.97 cm、35.13 kg。周岁公羊胴体重 8.51 kg、屠宰率 43.88％、净肉率 30.80％。公羊 4.5 月龄性成熟，7 月龄初配；母羊相应指标为 6.5 月龄、9 月龄。

5. 雷州山羊 雷州山羊（Leizhou goat）主要分布在广东省的雷州半岛和海南省，中心产区为广东省徐闻县、雷州市。雷州山羊按体型可分为高脚和矮脚两个类型。高脚型体高，多产单羔；矮脚型体矮，骨细，腹大，多产双羔。雷州山羊周岁羊体重公羊 31.7 kg、母羊 28.6 kg；成年羊体重公羊 54.1 kg、母羊 47.7 kg；成年羊宰前体重公羊 34.1 kg、母羊 33.36 kg；成年羊胴体重公羊 16.51 kg、母羊 14.23 kg；屠宰率公羊 52.8％、母羊 50.45％；胴体净肉率公羊 80.47％、母羊 76.27％。雷州山羊性成熟早，5～8 月龄配种，部分羊周岁即可产羔。多数母羊一年产两胎，少数两年产三胎，产奶量较高，产羔率 150％～200％。雷州山羊是我国热带地区的肉用山羊品种，成熟早、生长发育快、繁殖力强、耐粗饲、耐湿热，是我国羊产业中极为宝贵的种质资源。

6. 黄淮山羊 黄淮山羊（Huanghuai goat）原产于黄淮平原的广大地区，中心产区是河南省周口市的沈丘县、淮阳县、项城市、郸城县和安徽省阜阳市等地，故又名徐淮白山羊、安徽白山羊和河南淮山羊。由于产区农民素有养羊习惯，加上丰富的农副产品资源，因此经过长期选育形成了现在优良的皮肉兼用型地方山羊品种。黄淮山羊成年羊体重公羊 41.4 kg、母羊 26.8 kg。12 月龄羊宰前体重公羊 29.03 kg、母羊 19.07 kg；胴体重公羊 14.66 kg、母羊 8.77 kg；屠宰率（含内脏脂肪）公羊 53.7％、母羊 48.1％；净肉率公羊 38.5％、母羊 35.2％。黄淮山羊性成熟早，初配年龄一般为 4～5 月龄。母羊常年发情，一年产两胎或两年产三胎，产羔率平均为 238.66％。黄淮山羊对不同生态环境有较强的适应性，板皮品质优良，生长发育快，性成熟早，繁殖力强。

（二）我国培育的主要肉用山羊品种

1. 南江黄羊 南江黄羊（Nanjiang yellow goat）是以努比亚山羊、成都麻羊、金堂黑山羊为父本，南江县本地山羊为母本，采用复杂育成杂交方法培育而成的，其间曾导入吐根堡奶山羊血统。主产于巴中市南江县、通江县。1998 年，农业部批准该品种羊为肉羊新品种。南江黄羊周岁重公羊 37.72 kg、母羊 30.75 kg；成年羊体重公羊 67.07 kg、母羊 45.60 kg；周岁羊胴体重公羊 14.32 kg、母羊 13.46 kg；屠宰率公羊 47.62%、母羊 48.26%；净肉率公羊 37.65%、母羊 37.40%。南江黄羊性成熟较早，在放牧条件下母羊可常年发情。初配年龄公羊 12 月龄、母羊 8 月龄。产羔率初产羊 154.17%、经产羊 205.35%，平均产羔率 194.67%。南江黄羊产肉性能好，肉质细嫩，适口性好，体格高大，生长发育快，繁殖力高，耐寒、耐粗饲，采食力与抗逆力强，适应范围广。不仅能适应我国南方亚热带农区，也适应亚热带向北温带过渡的暖温带湿润、半湿润北方生态类型区。

2. 简阳大耳羊 简阳大耳羊（Jianyang big-eared goat）是努比山羊与简阳本地麻羊经过 50 余年，在海拔 300～1 050 m 的亚热带湿润气候环境下通过杂交、横交固定和系统选育形成的。主产区位于四川盆地西部、龙泉山东麓、沱江中游。简阳大耳羊成年公羊体重 73.92 kg、体高 79.31 cm；成年母羊相应指标 47.53 kg、67.03 cm，呈大型群体。6～8 月龄胴体重 14.10 kg，屠宰率 49.62%；周岁羊胴体重 16.01 kg，屠宰率 48.09%。简阳大耳羊初配期公羊 8～9 月龄、母羊 6～7 月龄；产羔率 200% 左右。简阳大耳羊是四川省优良地方品种之一，被推广到海拔 260～3 200 m、气温 −8～42 ℃ 的自然区域后，仍生长良好，繁殖正常。

（三）我国具有特色性状的山羊品种

1. 湖北乌羊 湖北乌羊（Hubei black goat）是我国特有的地方品种，因皮肤、肉色、骨色为乌色而闻名于世。湖北乌羊又称乌骨山羊，是一种食性广、耐粗饲、中等体型、有角、黑头白身的珍稀地方羊种资源，具有一定的药用价值，市场潜力巨大。湖北乌羊出生重公羔 1.83 kg、母羔 1.60 kg；3 月龄断奶重公羔 9.50 kg、母羔 8.75 kg；哺乳至 3 月龄平均日增重公羔 85.78 g、母羔 79.44 g。成年湖北乌羊屠宰活重 27.3 kg、胴体重 14.1 kg、屠宰率 51.65%、净肉重 8.7 kg、胴体净肉率 61.7%。湖北乌羊性成熟比较早，适配年龄公羊 7 月龄、母羊 8 月龄。通常一年产两胎，初产母羊多产单羔，经产母羊多产双羔。

2. 济宁青山羊 济宁青山羊（Jining gray goat）是经鲁西南人民长期培育而成的优良的羔皮用山羊品种，所产羔皮叫猾子皮，原产于山东省西南部的菏泽和济宁两市的 20 多个县。济宁青山羊有"四青一黑"的外形特征。济宁青山羊体格较小，体高公羊 55～60 cm、母羊 50 cm。体重公羊 30 kg、母羊 26 kg。繁殖力高是该品种的重要特征。4 月龄即可配种，母羊常年发情，一年产两胎或两年产三胎，平均产羔率 293.65%。屠宰率为 42.5%。济宁青山羊是我国优异的种质资源，全年发情、多胎高产、羔皮品质好、肉羊早期生长快、遗传性稳定、耐粗饲、抗病力强。近几十年来，青猾子皮市场的下滑和肉羊产业的兴起，以及各地盲目引入其他品种进行改良，致使该品种的纯种数量急剧下降。

3. 长江三角洲白山羊 长江三角洲白山羊（Yangtze River Delta white goat）是国内外唯一以生产优质笔料毛为特征的肉、皮、毛兼用山羊品种。原产于我国长江三角洲,主要分布在江苏省的南通、苏州、扬州、镇江,浙江省的嘉兴、杭州、宁波、绍兴和上海市郊区县。长江三角洲白山羊成年羊体重公羊 28.58 kg、母羊 18.43 kg。屠宰率（带皮）周岁羊 49% 以上、2 岁羊 51.7%。该品种繁殖能力强,性成熟早。两年产三胎,年产羔率达 228.5%。长江三角洲白山羊所产羊肉膻味小,肉质肥嫩鲜美,适口性好;繁殖力强,产羔多;耐高温高湿,耐粗饲,适应性强。

4. 弥勒红骨山羊 弥勒红骨山羊（Mile red bone goat）是肉用型地方品种,主要分布于云南省弥勒县东山镇,在圭山山脉一带均有零星分布。弥勒红骨山羊成年羊体重公羊 37.51 kg、母羊 30.81 kg;成年公羊胴体重 13.34 kg、净肉重 9.65 kg、屠宰率 51.25%、净肉率 36.03%,成年母羊相应指标为 14.1 kg、10.5 kg、49.4%、35.5%。公羊 6 月龄性成熟,8 月龄开始配种,利用年限一般为 4 年。母羊 8 月龄性成熟,12 月龄初配,常年发情,秋季较为集中。一年产一胎,初产母羊为产羔率 90%,经产母羊产羔率为 160%。弥勒红骨山羊以牙齿、牙龈呈粉红,全身骨骼呈现红色为特征,性情温驯,耐寒、耐粗饲,适应性和抗病力均强。

第三节　世界肉羊业发展趋势与特点

养羊业一直与人类生活息息相关,但随着时代的发展,人类对养羊业的要求已经发生了相应的变化。16—17 世纪,西班牙美利奴羊的出现及其在世界各地的传播和 18 世纪初人们对高档毛料的追求,使养羊业注重羊毛生产,因此培育了大量的毛用羊特别是细毛羊,形成了以细毛羊为主的世界养羊业。至 19 世纪,在世界范围内基本形成了具有区域经济特征、适应区域自然资源特点、体现民族特色的羊毛生产体系,并由此推动了毛用羊产业的形成。例如,澳大利亚细毛羊养羊业始于 18 世纪后期,19 世纪已发展为该国农业中的主要产业,20 世纪绵羊的数量和羊毛产量多年居世界第一位,号称"绵羊王国"。18—19 世纪,肉羊生产开始兴起。20 世纪 60 年代,养羊业开始向多极化发展,肉羊业在大洋洲、美洲、欧洲和一些非洲国家得到迅猛发展,世界羊肉的生产和消费显著增长,并且许多国家羊肉由数量型增长转向质量型增长,注重生产瘦肉量高、脂肪含量少的优质羊肉,特别是羔羊肉,并开展了相关育种工作。

2012 年世界绵山羊存栏量 21.65 亿只,其中绵羊 11.69 亿只、山羊 9.96 亿只。中国绵山羊存栏量约占世界绵山羊存栏量的 14%,居世界第一。其他羊存栏量排名前几位的国家分别是:印度 2.35 亿只,苏丹 0.965 亿只,尼日利亚 0.961 亿只。2012 年,世界羊肉总产量达 1 361.1 万 t,中国羊肉产量约占世界羊肉总产量的 29%,居世界第一位。其他主要国家分别为:印度 89.7 万 t,澳大利亚 60.8 万 t,伊朗 53.8 万 t,新西兰 44.9 万 t,巴基斯坦 45 万 t。2012 年,世界人均羊肉占有量是 1.97 kg(李海涛,2016)。

据联合国粮农组织资料,1961—1991 年,全世界绵羊数量净增 18.5%,山羊数量净增 59.9%,原毛产量净增 19.8%,羊肉产量净增 48.3%。1990—2010 年,全世界羊毛产量减少 38.92%,而羊肉产量却增长了 41.49%。山羊发展速度快于绵羊,羊肉增长量高于羊毛。这是 50 多年来养羊生产的显著特点和发展的基本定势。

近年来，国际市场对羊肉需求量的增加和羊肉价格的提高，使得羊肉产量持续增长。据联合国粮农组织统计，1969—1970 年，全世界生产羊肉 727.2 万 t，1985 年达 854.7 万 t，1990 年达 941.7 万 t，2003 年达 1 231.4 万 t，2010 年达 1 371.5 万 t。全球市场羊肉需求量一直保持了持续上升的态势。为顺应日益增长的国际市场需求，英国、法国、美国、新西兰等养羊大国现今的养羊业主体已变为肉用羊的生产；历来以产毛为主的澳大利亚、苏联、阿根廷等国，其肉羊生产也居重要地位（李秉龙，2011）。

一、世界肉羊业发展趋势

（一）绵羊逐渐由毛用、毛肉兼用转向肉用或肉毛兼用

20 世纪 50 年代以后，随着对羊肉需求量增长及羊肉价格的提高，单纯生产羊毛而忽视羊肉的生产在经济上是不合算的。因而绵羊的发展方向逐渐由毛用、毛肉兼用，转向肉用或肉毛兼用，并由生产成年羊肉转向生产羔羊肉。羔羊出生后最初几个月生长快、饲料报酬高、生长成本较低，同时羔羊肉具有瘦肉多、脂肪少、鲜嫩、多汁、易消化、膻味轻等优点，因此备受国内市场和国际市场的欢迎。在美国、英国每年上市的羊肉中，羔羊肉的产量在 90% 以上；在新西兰、澳大利亚和法国，羔羊肉的产量占羊肉产量的 70%。欧美、中东各国羔羊肉的需求量很大，仅中东地区每年就进口活羊 1 500 万只以上。一些养羊比较发达的国家都开始进行肥羔生产，并已发展到专业化生产程度。

近 10 年来，随着冷藏工业的迅速发展，羊肉特别是肥羔羊肉需求量大，羊肉价格提高，因此饲养兼用品种尤其是肉毛兼用品种，比单纯饲养毛用型品种更为经济合算。法国、美国和新西兰等国均扩大了肉毛兼用品种的饲养量，新西兰肉毛兼用羊占绵羊总数的 98%；美、法等国均超过 50%，形成了"肉主毛从"的绵羊生产特点。就连以生产优质细毛垄断国际市场的澳大利亚，目前饲养兼用品种的数量也占其绵羊总数的 35% 左右。

（二）肉羊生产专业化

一些养羊业发达的国家，在繁育早熟肉用品种的基础上，通过杂交手段，进行规模化饲养，实行肥羔的专业化生产，肥羔羊肉产量增长很快。由于肥羔生产周转快、成本低、产品率高、经济效益好，因此肥羔生产呈发展趋势。新西兰利用人工草场放牧育肥，羔羊于 4～5 月龄屠宰，体重达 36～40 kg；美国每年上市肥羔羊肉占整个羊肉量的 94%。

（三）饲养方式发生变化

一些养羊发达国家，建立了人工草场和改良天然草场，最大限度地提高载畜量和产品率。饲草饲料的种植、收割和加工全部实行机械化，羊喂饲、饮水、剪毛、药浴等生产过程也都靠机械来完成。

由于育种、畜牧机械、草原改良及配合饲料工业等方面的技术进步，养羊饲养方式由过去靠天养畜的粗放经营逐渐被集约化经营生产所取代，从而大大提高了劳动生产率。中东一些国家或地区在发展养羊产业中，在肉用专用品种培育、经济杂交优势、现代化羊肉生产加工，以及改良天然草场、建立人工草地等方面具有成功的经验和模式。

（四）山羊的发展越来越受到重视

山羊活泼，个体小，生产周期短，繁殖快，饲料利用率和消化率高，适应性特别强，在很多家畜无法生存的地方，甚至在半饥饿的条件下，仍能为人类提供宝贵的畜产品。山羊是人和贫瘠环境的相互依存者、是不发达地区人民重要的生产和生活资料。山羊的饲养量增长较快，2018 年全世界山羊养殖量为 10.46 亿只，比 1990 年增长了 77%。其中，亚洲的山羊数量占世界山羊总数的近 60%，非洲的占 30%。

二、肉用羊发展特点

（一）羔羊肉生产量增加

全世界出栏羊数、羊肉产量、人均占有羊肉量逐年增加。羊肉生产的增加不仅表现在产量上，同时反映在羊肉生产的结构上，即肥羔羊肉比例增加，如法国的羔羊肉占该国羊肉总产量的 75%、澳大利亚的占 70%、英国和美国的占 94%、新西兰的占 80%。

国外羊肉产量较高的国家，如英国、法国、俄罗斯、美国、巴西、墨西哥、巴基斯坦等，充分利用本国条件，采用高新技术、集约化的饲养方式，建立了本国的羊肉生产体系，肥羔生产趋于良种化、规模化、专业化和集约化。

（二）注重多胎肉羊的培育工作

羊肉在人们肉类消费中的不断上升，不仅刺激了绵羊生产方向的变化，而且使羊肉生产向集约化、工厂化方向转变，引起了人们对多胎绵羊品种的重视，利用途径主要集中在：利用芬兰羊、罗曼诺夫等品种资源培育新的生产性能更高的多胎品种；利用多胎品种进行广泛的经济杂交生产肥羔，并向多元杂交发展。例如，澳大利亚国家根据市场发展需求，利用美利奴×边区莱斯特×肉用短毛羊（如无角道赛特）三元杂交方式生产肥羔。

三、发展肉羊业所采用的主要技术措施

（一）培育适宜本国羊肉生产的绵山羊品种

主要是采用三四个品种间的多元杂交，根据品种特点，利用科学手段，在短时间内培育或引进肉用羊品种，形成产业化、专门化的肉用种羊体系；同时，利用各种先进的繁殖技术和手段，不断提高品种的利用价值。近些年来，肉羊育种的主要目标集中追求母羊性成熟早、全年发情、产羔率高、泌乳力强、羔羊生长发育快、饲料报酬高、肉用性能好，并注意把羊肉与产毛性状结合起来。例如，南非培育出了世界上唯一一个肉用山羊专门化品种——波尔山羊，该品种被引入世界几十个国家。

常规育种技术仍是畜禽遗传改良的主要手段，但分子生物技术及基因工程技术的发展将为羊遗传改良提供新的途径和方法。自阐明了 Booroola 多产基因（*FecB*）的性质以来，识别和分析主基因的工作已成为绵羊育种研究的重要特征。影响排卵率的类似基因也已报道，而且已经尝试这种变异的机制并使其渗入到其他品种和羊群中，对影响羊免疫功能、羊肉品质遗传基础的进一步认识，将使羊育种不再停留在单纯地提高个体生

产性能层面上，品质育种、抗病育种将成为羊育种的重要内容。

（二）选择体大、早熟、多胎和肉用性能好的亲本广泛开展经济杂交

世界肉羊业的发展将逐步走向广泛利用经济杂交，以最大限度地利用杂种优势生产羊肉。实践证明，根据本国不同地区的自然资源和羊的品种资源情况，选择成熟早、生长快、体型大的羊为父系品种，选择分布广泛、繁殖力高、母性强、泌乳能力好、适应性好的本地品种作为母系品种，建立经济杂交模式，通过杂交生产出综合性能高的羔羊，能取得较好的肉羊生产效益。例如，英国选用的母本品种是固有的山地种，建立了低地、平原和山地肉羊生产体系；澳大利亚利用美利奴母羊作母本，由边区莱斯特羊和无角道赛特羊分别作为第一、第二父本，建立了二元和三元杂交体系；美国用萨福克羊、汉普夏羊、南丘羊作为父本，以美利奴羊、芬兰羊等作为母本进行杂交；新西兰以无角道赛特羊和萨福克羊作终端父本、以纯种罗姆尼羊和考力代羊等为母本进行经济杂交。

（三）制定肉羊的营养需要量标准和常用饲料参数

饲养标准对于肉羊的科学养殖至关重要，是肉羊养殖者合理养殖肉羊、科学配制日粮的依据，将常用饲料营养参数和饲养标准匹配使用，可以收到良好的效果。发达国家都已经完成肉羊饲养标准的制定工作，美国、英国、澳大利亚和法国的标准委员会在近几年推出了新制定的标准，为肉羊的发展起到了积极作用。

第四节　我国肉羊产业的发展

一、养殖方式的转变

（一）肉羊养殖区域由牧区转为农区

1980 年，羊肉产量排在前五位的分别是新疆、内蒙古、西藏、青海和甘肃五大牧区省（自治区），这五大省（自治区）的羊肉产量占到全国羊肉总产量的 49％，但 2012 年已下降到 30％左右。目前，除新疆和内蒙古的羊肉产量在国内仍位居前列以外，河南、河北、四川、江苏、安徽、山东等几大农区省份的羊肉生产均已大大超过了其他几个牧区省份。我国的肉羊养殖逐渐由牧区转向农区。

（二）养殖方式由个体养殖逐渐转为规模化舍饲养殖

以往我国传统牧区养羊主要是以草原放牧为主，很少进行补饲和后期精饲料育肥，这种饲养方式的优点是生产成本低廉。但随着草地载畜量的逐年增加，该饲养方式很容易对草地资源造成破坏；同时，这种饲养方式周期较长，羊肉肉质较粗糙，且肌间脂肪沉积量较少，口感较差，要求的烹制时间较长，经济效益也较差。目前部分养殖条件较好的农区，对肉羊进行后期育肥或全程育肥的饲养方式越来越普遍，舍饲既是发展优质高档羊肉的有效措施，也是保护草原生态环境、加快肉羊业发展的重要途径，千家万户的分散饲养

正在向相对集中方向转变。在农村特别是在中原和东北，羊的饲养规模已经出现了逐步增大的趋势，饲养规模在百头以上的养殖大户和养殖小区的数量也有了较大幅度的增加。

现代畜牧业的发展要求是养殖专业化、经营集约化、管理企业化、服务社会化。与传统畜牧业相比，舍饲以其固有的特点更有利于先进技术的推广和应用、有利于生产管理水平的全面提升、有利于资金的集中投入使用。因此，发展舍饲肉羊产业是今后我国养羊业的主流。

二、舍饲或规模化饲养的必要性

在舍饲肉羊生产过程中，不仅要保证饲料种类的丰富和贮量的充足，而且应根据肉羊的营养需要和饲料的营养成分配制全价日粮。在目前的养羊生产中，饲料供应不仅无法保障、饲料利用率低，而且饲料种类过于单一、饲草品质差、日粮配合不科学等现象，严重制约了我国舍饲肉羊产业的发展。肉羊营养需要量参数和饲养标准既是进行饲料配方设计的理论依据，也是配制肉羊饲料的指导性文件。中国对肉羊营养需要量的研究起步较晚，多年来肉羊的饲养标准大多参照美国国家研究委员会（National Research Council，NRC），以及英国农业和食品研究委员会（Agricultural Food Research Council，AFRC）的推荐标准。但中国土地面积辽阔，绵山羊品种众多，饲料种类丰富，全面套用国外的饲养标准缺乏科学性和实用性（刁其玉，2015）。事实证明，一个国家能否拿出一套国际上认可的畜禽饲养标准，不仅反映了该国农业科技的发展水平及农业现代化的程度，同时也涉及畜产品能否进入国际市场及在国际市场中的声誉和地位。

我国是世界养羊大国，羊只存栏量和羊肉产量均稳居世界第一位。但是，与我国这样一个养羊大国不相适应的是，迄今为止仍然缺乏国家层面和系统研究基础上得出的肉羊饲养标准，这是导致我国养羊业大而不强的关键因素之一。因此，在系统研究的基础上获得肉羊的营养需要量，制定符合我国肉羊产业发展实际的饲养标准对合理利用饲料、充分发挥肉羊生产性能、降低饲养成本、提高养羊业经济效益具有重要意义。

三、营养需要的研究方法

关于肉羊营养需要的研究，经典的方法主要有饲养试验、消化代谢试验、气体代谢试验、绝食代谢试验、比较屠宰试验、呼吸测热试验、碳氮平衡试验等。这些试验方法各有优缺点，但是将饲养试验、消化代谢试验、比较屠宰试验、气体代谢试验和绝食代谢试验相结合，开展营养需要量的研究，是集各种方法的优点、进行综合系统分析的理想方法之一，也是目前应用最广泛的研究方法（楼灿，2014）。

（一）饲养试验

饲养试验亦即生长试验，是用已知营养物质含量的饲粮饲喂实验动物，通过对其日增重、饲料转化效率等指标的测定，确定动物对养分的需要量。生长试验是动物营养需要量研究中应用最广泛、使用最多的研究方法，但由于影响试验结果的因素太多，因此试验条件难以控制，试验的准确性较差。例如，体重的变化不能准确提供存留的估测值，因为体重变化代表的可能只是肠道或膀胱内容物的变化；另外，骨骼、肌肉、脂肪之间比例的不同，而组织真正获得的能量大小会在很大范围内变化。因此，单独的生长试验不能充分反映出动物对各种营养物质的需要量和全面评价饲料的营养价值，必须借助于其他试验。

（二）消化代谢试验

消化代谢试验是在消化试验的基础上来研究营养物质的代谢规律，也是动物营养需要量研究中比较常用的方法。通过消化代谢试验，既可以得出生长动物对消化能和代谢能的需要量，也可以测定出日粮中所含有的消化能和代谢能。饲料被动物采食后，经过消化吸收才能被动物机体利用，不同饲料的同一种营养物质的消化率不同，因此饲料被动物消化利用的程度能直接反映饲料的质量。

消化试验主要分为体内法和体外法。体内法是通过收集实验动物的粪便或食糜来测定养分经过动物消化道后的消化率，包括全收粪法和指示剂法。代谢试验是在消化试验的基础上收集尿样，测定尿中的营养物质。体外法最大的优点就是不需要饲养实验动物，节约了大量的人力和物力，操作方便简单。但由于忽略了大肠内微生物的消化作用，因此体外法的准确度低于体内法。

（三）比较屠宰试验

比较屠宰法是间接测热法的一种。比较屠宰试验是通过动物在适应期结束后抽样屠宰并测定机体营养物质含量，作为与处理组进行比照的基础，其余的动物经过一段时间的处理同样被屠宰，测定机体营养物质含量，与对照组进行比较，用以估测在整个饲养阶段机体营养成分的沉积量。在比较屠宰法中，将动物分为若干组，在试验开始时屠宰一组（屠宰样本组）。屠宰了的动物的能量用氧弹式测热仪测定，所用的样本取自整个机体，或切碎的机体，或剖分后的机体组织。

屠宰试验可以得到特定饲养期内实验动物体内营养物质的沉积量。动物机体内不同组织（如骨骼、肌肉、脂肪）的重量或体内沉积的营养物质（能量、蛋白质、脂肪、水分、灰分）的量与动物体重（或空腹体重、胴体重）之间存在的异速生长关系，可用下式表示：

$$\log_{10} Y = a + b \times \log_{10} X$$

式中，Y 指组织重量或营养物质含量；X 指整体的重量；b 指生长系数；a 指方程的截距。

应用该方程，可以体重为预测因子确定营养物质在机体内的含量及动物的生长代谢能需要量。

相较于其他方法，比较屠宰试验得到的结果为实测数据，代表了实验动物在试验期内的饲养水平、放牧活动，以及所遭受自然环境变化的综合结果，代表了畜牧业生产的实际条件，其结果具有相当的可靠性。但是比较屠宰法也有其缺点，比如动物只能使用一次，而且成本较高，因此适用于中小畜禽和其他小动物或用于校准其他相对廉价的技术。

（四）呼吸测热试验

反刍动物瘤胃微生物在发酵饲料过程中会产生一些气体，这些气体主要是 CH_4，其能量可达饲料总能的 $3\%\sim10\%$ 。因此，反刍动物 CH_4 的测定及其能量含量的确定是确定动物能量需要量，以及饲料营养价值评定的关键环节之一。从目前国内外的报道情况来看，CH_4 产生量的测定主要有呼吸代谢室、呼吸测热头箱、呼吸面罩和六氟化硫（SF_6）示踪法等手段。

（五）碳氮平衡试验

碳氮平衡试验的基本原理是：生长期和育肥期的反刍动物体内贮存能量的最重要方式是蛋白质和脂肪，而以碳水化合物形式贮存的能量很少。应用碳氮平衡法测定反刍动物体脂肪和体蛋白质沉积量时，要进行消化代谢试验，以确定动物的碳氮采食量及粪尿中碳氮排放量；同时，要进行呼吸试验确定 CH_4 和 CO_2 的排放量。如果已知动物食入物质、吸收物质、失去的与存留的体组织和燃烧热，便可利用简单的方法计算出产热量。

本 章 小 结

我国是一个传统农业大国，改革开放以来，随着国力的不断强盛，农业作为第一产业，在科技进步的推动下，从种植业到畜牧业都有了长足的发展。我国有着悠久的肉羊养殖历史，尤其是进入 20 世纪 90 年代以来，我国羊只存栏达到 3.03 亿只左右，居世界首位。一方面，肉羊产业的发展极大地满足了我国人民物质生活的需要。但是另一方面，我国长期以来的肉羊养殖方式存在饲喂模式粗放、羊饲草转化率较低、饲喂成本较高等问题。相比较而言，养羊业发达的国家地区，如澳大利亚、新西兰及欧洲等国家和地区都非常重视肉羊营养需要量的研究，并将研究结果广泛用于生产实际，极大地促进了本国肉羊产业的发展。但是我国对于肉羊营养需要量的精准研究还不够透彻，上述发达国家肉羊养殖的成功经验值得我们借鉴。对肉羊营养需要量开展深入研究，将有力推动我国肉羊产业的进一步发展，力助我国早日迈入肉羊养殖强国的行列。

➡ 参考文献

刁其玉，2015. 肉羊饲养实用技术 [M]. 北京：中国农业科学技术出版社.

丁存振，肖海峰，2017. 我国羊肉供需现状及趋势分析 [J]. 农业经济与管理（3）：86-96.

李秉龙，2011. 中国肉羊产业发展动力机制研究 [M]. 北京：中国农业科学技术出版社.

李海涛，马友记，李杰，2014. 世界养羊业现状及发展措施 [C]. 第十一届（2014）中国羊业发展大会论文集.

刘星月，肖洪安，2017. 基于供求关系的我国羊肉价格波动实证分析 [J]. 价格月刊（10）：40-46.

楼灿，2014. 杜寒杂交肉用绵羊妊娠期和哺乳期能量和蛋白质需要量的研究 [D]. 北京：中国农业科学院.

夏晓平，李秉龙，2012. 中国肉羊产业发展特征、矛盾及对策 [J]. 农业经济与管理（1）：54-63.

旭日干，2015. 专家与成功养殖者共谈现代高效肉羊养殖实战方案 [M]. 北京：金盾出版社.

薛建良，李秉龙，2012. 中国草原肉羊产业的发展历程、现状和特征 [J]. 农业部管理干部学院学报，4：29-35.

第二章
肉羊的消化生理及生物学特性

第一节　肉羊的生活习性

羊的生物学特性是羊的外部形态、内部结构，以及正常的生物学行为在一定生态条件下的表现。探讨羊的生物学特性，对于正确组织养羊业生产、发挥养羊业的经济效益具有十分重要的意义。

羊食性广，适应性强，在高山、平原、森林、沙漠、沿海或内陆都有分布。羊对水的利用率高，能够较好地适应沙漠地区高温、缺水的生活环境。羊的觅食能力极强，能够利用大家畜不能利用的植物，对各种牧草、灌木枝叶、农作物秸秆、食品加工副产品等均可利用，其采食植物的种类远多于其他家畜。羊具有较强的择食性，可根据机体需要选择采食不同种类牧草或同种牧草的不同部位，不同时期所采食的牧草或树叶种类也有所变化。

一、羊的生活习性

（一）喜群居

绵羊胆小，缺乏自卫能力，遇敌不抵抗，只是窜逃或不动。羊的合群性强于其他家畜。在牧场放牧时，绵羊喜欢与其他羊只一起采食，即便是饲草密度较低的草地，也要保持小群一起牧食。不论是出圈、入圈、过桥、饮水和转移草场，只要有"头羊"先行，其他羊就会跟其行动。但绵羊的群居性有品种间的差异，地方羊品种比培育品种的合群性强，毛用羊品种比肉毛兼用品种的合群性强，粗毛羊品种合群性最强。

山羊亦喜欢群居。大群放牧的羊群只要有一只训练有素的"头羊"带领，就较容易放牧。"头羊"一般由羊群中年龄大、后代多、身体强壮的母羊担任，可以根据饲养员的口令，带领羊群向指定地点移动。羊群中掉队的多是病、老、弱的羊只。一旦掉队失群时，则鸣叫不断，寻找同伴。

（二）喜干燥、清洁的生活环境

绵羊常常喜欢在地势较高的干燥处站立或休息，若长期生活在潮湿低洼的环境，往往易感染肺炎、蹄炎及寄生虫病。从不同品种看，粗毛羊能耐寒，细毛羊喜欢温暖、干旱、半干旱的气候条件，而肉用和肉毛兼用绵羊则喜欢温暖、湿润、全年温差不大的气候。在南方广大的养羊地区，羊舍应建在地势高、排水畅通、背风向阳的地方，最好在羊舍内建羊床（距地面 10～30 cm），供羊只休息，以防潮湿。相对而言，山羊对湿润的耐受能力强于绵羊。

羊喜欢洁净，一般在采食前，总要先用鼻子嗅一嗅，往往宁可忍饥挨饿也不愿采食被污染、践踏、霉烂变质、有异味的草料及饮用不洁净的水。因此，对于舍饲的羊群应在羊舍内设置水槽、食槽和草料架，便于羊只采食洁净的饲草料和饮水，同时也可以减少浪费；对于放牧羊群，应根据草场面积、羊群数量，有计划地进行轮牧。

（三）采食能力强

羊有长、尖而灵活的薄唇，下切齿稍向外弓而锐利，上颚平整坚硬，上唇中央有一纵沟，故能采食低矮牧草、灌木枝叶和落叶枝条，利用草场比较充分。在马、牛放牧过的牧场上，只要不过度放牧，还可用来放羊；马、牛不能放牧的短草草场上，羊能自由食草。羊能利用多种植物性饲料，对粗纤维（crude fiber，CF）的利用率可达 50％～80％，因此适应在各种牧地上放牧。

与绵羊相比，山羊的采食更广、更杂，具有根据其身体需要采食不同种类牧草或同种牧草不同部位的能力。山羊可采食 600 余种植物，占供采食植物种类的 88％。山羊特别喜欢采食树叶、嫩枝，可用以代替粗饲料需要量的一半以上。山羊尤其喜欢采食灌木枝叶，不适于绵羊放牧的灌木丛生的山区丘陵可供山羊放牧。利用这一特点，养殖山羊能有效防止灌木的过分生长，具有生物调节的功能。有些林区为了森林防火，常饲养山羊，让山羊采食林间野草。另外，山羊 90％的时间在采食灌木和枝叶，只有 10％的时间在采食地表的草；同时，由于山羊放牧时喜欢选吃某些种类的草或草的特定部位，因此不致影响草的再生和扩繁，不会严重破坏植被。

（四）适应性强

羊对自然环境具有良好的适应能力，在极端恶劣的条件下，具有顽强的生命力，尤其是山羊。在我国，从南到北、由沿海到内地甚至高海拔的山区都有山羊分布。在热带、亚热带和干旱的荒漠及半荒漠地区等严酷的自然环境下，山羊依然可以生存并繁殖后代。

（五）耐寒怕热

绵羊汗腺不发达，散热机能差，耐热性不及山羊，炎热夏季放牧时常出现多只绵羊相互借腹蔽日、低头拥挤、驱赶不散的现象。

（六）其他特性

绵羊母仔之间主要靠嗅觉相互辨认，即使在大群中母羊也能准确找到自己所生的羔羊，腹股沟腺的分泌物是羔羊识别母羊的主要依据。在生产中常根据这一生物学特点寄养羔羊，在被寄养的孤羔身上涂抹保姆羊的羊水，寄养大多获得成功。

绵羊胆小懦弱，易受惊，受惊后就不易上膘。突然受到惊吓时常出现"炸群"现

象，羊只表现为漫无目标地四处乱跑。

与其他家畜相比，羊的抗病力强，在较好的饲养管理条件下很少发病；同时，对疾病没有其他家畜敏感，具有较强的耐受力。山羊的寄生虫病较多且发病初期不易发现，因此应随时留心观察，发现异常现象时及时查找原因，并进行有效防治。

（七）我国湖羊与小尾寒羊的特点

1. 湖羊　湖羊是我国特有的裘用绵羊品种，主要产于浙江嘉兴和太湖地区，也是我国一级保护地方畜禽品种。湖羊是早期北方移民携带蒙古羊南下，在南方缺乏天然牧场的条件下，改为圈养，多以青草辅以桑叶的办法进行舍饲而形成的。在终年舍饲的环境下，经过多年人工选育，羊只逐渐适应了南方高温、高湿的气候条件，形成当今的湖羊品种。因此，湖羊适于舍饲的特性有利于工厂化生产肥羔。此外，湖羊还有以下生活习性：

（1）叫声求食　湖羊的长期舍饲形成了"草来张口、无草则叫"的习性。在无外界干扰情况下，若听到羊群发出"咩咩"的叫声，则大多因饥饿引起，应及时饲喂。

（2）喜夜食草　湖羊在夜间安静、干扰少时，食草量大（约占日食草量的2/3）。

（3）母性较强　产羔母羊不仅喜爱亲生羔羊，而且喜欢非亲生之羔羊。尤其是丧子后的母羊神态不安，如遇其他羊分娩时，站立一旁静观，待小羔落地就会上前嗅闻并舐干其身上黏液，让羔吮乳。这种特性有利于羔羊寄养时寻找"保姆羊"。

（4）性喜安静　湖羊喜欢安静，尤其是妊娠母羊，如遇噪声易引起流产。

（5）喜干燥、清洁的生活环境　湖羊怕湿、怕蚊蝇，故羊舍应清洁、干燥、卫生，防止蚊蝇侵扰。湖羊怕光，尤其是怕强烈的阳光，因此羊舍应有遮蔽设施。

2. 小尾寒羊　小尾寒羊是我国肉裘兼用型绵羊品种，具有生长发育快、早熟、繁殖力强、适应性强等特点，被誉为中国的"国宝"。小尾寒羊的祖先虽是蒙古羊，但在鲁西南地区经过长期驯养，已适应舍饲圈养条件。小尾寒羊有如下生活习性：

（1）喜干燥、清洁的生活环境　潮湿的环境易发寄生虫病和腐蹄病。

（2）喜食干净食物和喜饮洁净水　小尾寒羊对于各种牧草和秸秆都可采食，但宁吃粗、不吃污，拒食被粪尿污染的饲草和饮水或是践踏过的饲草，要求净水、净料、净草。

（3）公羊善斗、母羊胆小易惊　小尾寒羊公羊喜欢抵斗，在放牧时应将公羊单独隔开；母羊喜安静，温驯、胆小、易受惊，如遇刺激性噪声袭扰，则采食和生长都会受到影响，故有"一惊三不食，三惊久不长"之说，特别是临产母羊产羔易受嘈杂环境的不利影响。

二、羊的生长发育特点

（一）生长发育的阶段性

按照生理阶段，可将羊的生长发育划分为哺乳期、幼年期、青年期和成年期4个阶段。

（1）哺乳期　一般指羊从出生到断奶这一阶段，通常为0～3月龄。羔羊出生后2 d内体重变化不大，但在随后的1个月内生长速度较快。从出生到断奶的哺乳期内，羔羊生长发育迅速，所需要的营养物质特别是优质蛋白质相应较多。肉用品种羔羊日增重可达 200 g 以上。

哺乳期是羊一生中生长发育的重要阶段，也是定向培育的关键时期。在整个哺乳期，体重随年龄而迅速增长，从 2.5 kg 左右的出生重增长到 20 kg 左右，相对生长率可达 814%（表 2-1 和图 2-1；柴建民等，2015）。出生时公羔通常较母羔重 10%，断奶时重 19.7%，整个哺乳期内公羔较母羔重 14.2%。不仅如此，饲喂方法对羔羊断奶体重及其生长发育影响也很大。

表 2-1   不同日龄羔羊体重与出生重、成年体重的倍数关系

项　目	出　生	20 日龄	40 日龄	60 日龄	80 日龄	90 日龄	成　年
	2.5	5.5	8.1	13.4	18.3	20.6	50.0
初生重倍数	—	2.19	3.20	5.29	7.23	8.14	20.0
成年重倍数	0.05	0.11	0.16	0.27	0.37	0.41	—

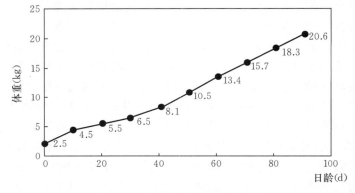

图 2-1   羔羊出生后的体重变化

哺乳期羔羊的一些调节机能尚不健全，如出生 1～2 周内羔羊调节体温的机能发育不完善，神经反射迟钝，皮肤保护机能差，特别是消化道容易受到细菌侵袭而发生消化道疾病。羔羊在哺乳期可塑性强，外界条件的影响能引起机体相应的变化，这对羔羊的定向培育具有重要的意义。

（2）幼年期　一般指羊从断奶到配种这一阶段，通常为 4～12 月龄。有些人则将幼年期并入到青年期。幼年期体重占成年期体重的 72% 左右。这一阶段由于性发育已经成熟，羊发情影响了食欲和增重，因此相对增重仅占 44% 左右。其增重的顺序是生殖器官→内脏→肌肉→骨骼→脂肪。

（3）青年期　一般指 13～24 月龄的阶段，青年羊体重达到成年体重的 85% 左右。在这个时期，羊的生长发育接近于生理成熟，体型基本定型，生殖器官发育成熟，绝对增重达最高峰，即这时出现生长发育的"拐点"，以后则增重不大，其相应增重的次序是肌肉→脂肪→骨骼→生殖器官→内脏。若在这一阶段，母羊配种后怀孕，则随着怀孕时间和怀羔数的变化，母羊体重还会有大的增加。一般而言，怀羔数越多，体重增加越大。

（4）成年期　一般指 24 月龄以后。在这一阶段的前期，体重还会缓慢上升，48 月龄以后则有所下降。产奶较少或空怀的羊脂肪沉积较少，而其他组织器官则呈现负增长现象。

（二）不同组织的生长发育特点

在生长期内，机体中骨骼、肌肉和脂肪的比例有很大变化。骨骼是个体发育最早的部分。羔羊出生时，骨骼系统的性状及比例大小基本与成年羊相似，出生后的生长只是长度和宽度上的增加。头骨发育较早，肋骨发育相对较晚。骨重占活重的比例，出生时为 17％～18％、10 月龄时为 5％～6％。骨骼重量基础在羊出生前已经形成，出生后的增长率小于肌肉。

肌肉生长强度与不同部位的功能有关。腿部肌肉的生长强度大于其他部位的肌肉；胃肌在羔羊采食后才有较快的生长速度；头部肌肉、颈部肌肉比背腰部肌肉生长要早。总体来看，羔羊体重达到出生重 4 倍时，主要肌肉的生长过程已超过 30％。断奶时羔羊各部位的肌肉分布也近似于成年羊，所不同的只是绝对量小，肌肉占躯体重的比例约为 30％。在羔羊生长时期，肌肉生长速度最快，大胴体的肌肉比例高于小胴体。

脂肪分布于机体的不同部位，包括皮下脂肪、肌肉间脂肪、肌肉内脂肪和脏器脂肪等。皮下脂肪紧贴皮肤、覆盖胴体，含水少而不利于细菌生长，起到保护和防止水分遗失的作用。肌肉间脂肪分布在肌纤维束层之间，占肌肉重的 10％～15％。肌肉内脂肪一般分布在血管和神经周围，起到保护和缓冲作用。脏器脂肪分布在肾、乳房等脏器周围。脂肪沉积的顺序大致为出生后先形成肾脂肪、肠脂肪，再生成肌肉脂肪，最后生成皮下脂肪。一般来说，肉用品种的脂肪生成于肌肉之间，皮下脂肪生成于腰部。肥臀羊的脂肪主要集聚在臀部，瘦尾粗毛羊的脂肪以胃肠脂肪为主。在羔羊阶段，脂肪重量的增长呈平稳上升趋势，但胴体重超过 10 kg 时，脂肪沉积速度明显加快。

第二节　消化道器官及其特点

消化系统的主要功能是摄食、消化、吸收和排粪，以保证机体新陈代谢的正常进行。机体从外界环境摄取食物，这些大分子、结构复杂的物质经过物理、化学和微生物的作用，被分解成可吸收的小分子、结构简单的物质（即消化）；继而消化管内结构简单的营养物质通过管壁进入血液和淋巴液（即吸收），变成机体的养分；最后把代谢废物（粪便）排出体外。

羊的消化系统包括两部分，即消化管和消化腺。消化管由口腔、咽、食管、胃、小肠（十二指肠、空肠和回肠）、大肠（盲肠、结肠和直肠）和肛门组成。消化腺因其所在的部位不同，分为壁内腺和壁外腺。前者位于消化管壁内，如胃腺、肠腺和黏膜下腺等；后者位于消化管壁之外，有导管通消化管，如肝、胰和唾液腺等。消化液中有多种酶，在消化过程中起催化作用。

一、口腔

口腔是消化管的起始部，有采食、吸吮、咀嚼、尝味、吞咽和泌涎等功能。口腔的前壁为唇，两侧为颊，背侧壁是硬腭，底面有舌附着。口腔前端经口裂与外界相通，后端与咽相接。唇、颊与齿（齿弓）、齿龈之间称为口腔前庭，齿弓以内的部分称为固有口腔。口腔内表面有黏膜被覆，口腔黏膜由上皮及薄层结缔组织构成。口腔黏膜光滑，湿润，呈粉红色。

（一）唇

唇分上唇和下唇。上下唇的游离缘共同围成口裂，口裂两端会合为口角。黏膜深层有唇腺，腺管直接开口于唇黏膜表面。口唇有神经末梢，较敏感。羊的口唇薄而灵活，为采食器官。上唇中间有明显的纵沟，在鼻孔间形成鼻镜。

（二）颊

颊位于口腔两侧，主要是颊肌，外被皮肤，内衬黏膜，黏膜上有许多尖端向后的锥状乳头。在颊黏膜下和颊肌内有颊腺分布，腺管直接开口于黏膜表面。

（三）硬腭

硬腭构成固有口腔的顶壁，向后延续为软腭。硬腭黏膜层厚而坚实，黏膜下层有丰富的静脉丛。硬腭正中有一条腭缝，腭缝两侧有多条横行腭褶，前部的腭褶高而明显，向后逐渐变低而消失。腭褶上有角质化的锯齿状乳头，这些结构有利于磨碎食物。在腭缝前端有一突起，称为切齿乳头。羊的硬腭前端无切齿，该处黏膜形成厚而致密的角质层，称为齿枕或齿板。

（四）口腔底和舌

（1）口腔底　大部分被舌占据。口腔底的前部、舌尖下面有一对突出物，称为舌下肉阜，为下颌腺管的开口处。

（2）舌　由舌骨、舌肌和舌黏膜构成，可分舌尖、舌体和舌根三部分。舌尖为舌前端游离的部分，向后延续为舌体。在舌尖和舌体交界处的腹侧，有两条连于口腔底的黏膜褶，称为舌系带。舌体为舌系带至腭舌弓与两侧臼齿之间、附着于口腔底的部分。舌根为腭舌弓之后附着于舌骨的部分。舌黏膜的上皮为高度角质化复层扁平上皮，黏膜表面具有形态不同的舌乳头。丝状乳头和锥状乳头（牛）起机械作用，轮廓乳头、菌状乳头和叶状乳头为味觉乳头。乳头内的味觉感受器——味蕾，可以辨别食物的味道。舌肌属横纹肌，由固有肌和外来肌组成。固有肌由3种走向不同的横肌、纵肌和垂直肌互相交错而成。起止点均在舌内，收缩时可改变舌的形态。外来肌起于舌骨和下颌骨，止于舌内，有茎突舌肌、舌骨舌肌和颏舌肌等，收缩时可改变舌的位置。舌的运动十分灵活，参与采食、吸吮、咀嚼、吞咽等活动，并有触觉和味觉功能。

（五）齿和齿龈

齿是体内最坚硬的器官，位于切齿骨、上颌骨和下颌骨的齿槽内。由于齿排列成弓状，故分别称为上齿弓和下齿弓。齿具有切断、撕裂和磨碎食物的作用。

（1）齿　根据齿的形态、位置和机能特征，可将齿分为切齿、犬齿和颊齿（臼齿）三种。切齿位于齿弓前部，与唇相对，由内向外依次称为门齿、中间齿和隅齿。臼齿位于齿弓后部，与颊相对，又可分为前臼齿和后臼齿。

齿在羊出生前和出生后逐个长出，除后臼齿外，其余齿到一定年龄按一定顺序更换一次。更换前的齿为乳齿，到一定年龄，除犬齿及臼齿外，切齿及前臼齿均先后脱换为恒齿或永久齿。乳齿一般较小，磨损快，颜色较白。

齿通常分为齿冠、齿颈和齿根三部分。齿冠为露在齿龈以外的部分，随着年龄的增长，逐渐从齿槽内长出。齿颈为齿龈包围的部分。齿根为埋于齿槽内的部分，在切齿只有1个，臼齿有2～6个。齿主要由齿质、釉质和黏合质构成。齿质为齿的主体成分，呈黄白色。齿冠部分的齿质外面覆着的光滑而坚硬的乳白色釉质，对齿起保护作用。当釉质被破坏时，微生物才容易侵入，使齿发生蛀孔。在齿根的齿质表面被有黏合质，其表面粗糙。齿根的末端有孔通齿腔，齿腔内的血管、神经与结缔组织一起称为齿髓。羊的臼齿齿冠长，除了露在外面的一部分外，还有一部分埋在齿槽内。齿冠可随磨损而不断向外生长，称为长冠齿。在齿冠的磨面上，可见釉质形成大小不同的嵴状褶。黏合质除分布于质根外，还包在齿冠釉质的外面，并折入齿冠磨面的齿坎内，致使磨面凹凸不平，这样有助于草类食物被磨碎。长冠齿不断磨损时，磨面上也出现齿星。

（2）齿龈　齿龈是包裹在齿颈周围和邻近骨上的黏膜及结缔组织，与口腔黏膜相延续，呈粉红色。齿龈随齿伸入齿槽内，移行为齿槽骨膜，将齿固着于齿槽内。

（六）口腔腺

口腔腺为分泌唾液的腺体，除一些小的壁内腺（如唇腺、颊腺、腭腺和舌腺等）外，还有腮腺、下颌腺和舌下腺3对大的壁外腺。唾液具有浸润饲料、利于咀嚼、便于吞咽、清洁口腔和参与消化等作用。

（1）腮腺　位于下颌骨后方，淡红褐色，为不规则四边形。腮腺管起于腺体深面，伴随颌外静脉沿咬肌的腹侧缘及前缘延伸，开口于颊黏膜上的颊黏膜乳头。

（2）下颌腺　比腮腺大，淡黄色，长而弯曲，一部分被腮腺所覆盖。下颌腺管起于腺体前缘的中部，向前伸延横过二腹肌前肌腹的表面，开口于舌下阜。

（3）舌下腺　舌下腺较小，位于舌体和下颌骨之间的黏膜下，淡黄色，可分为上、下两部分。上部以许多小管开口于口腔底，下部以一条总导管与下颌腺管伴行，开口于舌下阜。

二、咽和软腭

（一）咽

咽是消化管和呼吸道的公共通道，位于口腔和鼻腔后方、喉和食管的上方，可分为鼻咽部、口咽部和喉咽部。

（1）鼻咽部　位于软腭背侧，为鼻腔向后的直接延续，前方有两个鼻后孔通鼻腔，两侧壁上各有一个咽鼓管咽口，经咽鼓管与中耳相通。

（2）口咽部　又称咽峡，为口腔向后的延续，位于软腭和舌根之间。前方由软腭、腭舌弓（由软腭到舌根两侧的黏膜褶）和舌根构成的咽口与口腔相通，后方与喉咽部相通。其侧壁黏膜上有扁桃体窦以容纳扁桃体，腭扁桃体位于舌根与腭舌弓交界处，为免疫器官。

（3）喉咽部　为咽的后部，位于喉口背侧，上有食管口通食管，下有喉口通喉。咽是消化管和呼吸道的交叉通道。吞咽时，软腭提起，关闭鼻咽部，同时会厌翻转盖封喉口，食物由口腔经咽入食管；呼吸时，软腭下垂，空气经咽到喉或鼻腔。

（二）软腭

软腭为位于鼻咽部和口咽部之间的黏膜褶，内含肌肉和腺体。其前缘附着于腭骨水平部上；后缘凹，为游离缘，称为腭弓，包围在会厌之前。软腭两侧与舌根相连的黏膜褶称为腭舌弓；软腭向后与咽壁相连的黏膜褶称为咽腭弓。软腭的腹侧面与口腔硬腭黏膜相连，被覆复层扁平上皮；背侧面与鼻腔黏膜相连，被覆假复层纤毛柱状上皮。两层黏膜之间夹有肌肉和一层发达的腭腺，腺体以许多小孔开口于软腭腹侧黏膜的表面。软腭在吞咽过程中起活瓣作用。

三、食管和胃

（一）食管

食管是食物的通道，连于咽和胃之间的肌质管，可分为颈、胸、腹三部分。起自咽的后部、喉口背侧。牛、马的食管在颈部起始段位于喉和气管的背侧，向后方延伸，逐渐转到气管的左侧，到胸前口处又重新转到气管背侧进入胸腔。食管入胸腔后，在纵隔内后行，经膈的食管裂孔进入腹腔，沿肝的背缘与胃的贲门相接。食管壁由黏膜、黏膜下组织、肌层和外膜四层组成。黏膜平时收缩集拢成纵褶，当食物通过时，管腔扩大，纵褶展平。黏膜上皮为复层扁平上皮。黏膜下组织很发达，内的食管腺能分泌黏液，润滑食管，有利于食团通过。肌层分为内环外纵两层。外膜在颈部为疏松结缔组织，在胸、腹部为浆膜。

（二）胃

胃位于腹腔内、膈和肝的后方，是消化管道中的膨大部分，前端以贲门接食管，后端经幽门与十二指肠相通。羊的胃为复胃或多室胃，由瘤胃（第 1 胃）、网胃（第 2 胃）、瓣胃（第 3 胃）和皱胃（第 4 胃）组成（彩图 1）。前三个又称为前胃，黏膜内无腺体；仅皱胃为有腺胃，也称真胃。

反刍动物刚出生时，瘤胃体积很小，随着生长发育的进行，瘤胃也快速发育。据 Lyford（1988）报道，16 月龄绵羊的瘤胃体积为 3.96 L，29 月龄绵羊的瘤胃体积为 4.796 L。

成年绵羊 4 个胃的总容积约为 30 L，其中瘤胃体积最大，约占整个胃总容积的 80%。其功能是容纳临时贮存采食的饲草，以便羊在休息时再进行反刍。瘤胃也是瘤胃微生物存在的场所。由于瘤胃微生物的发酵作用及动物自身组织的产热代谢，因此瘤胃内的温度一般在 38～40 ℃。流入的唾液含有碳酸氢盐/磷酸盐缓冲液，能调节瘤胃内的 pH，使之维持在 6～7，但具体值因动物的日粮类型和饲喂频率而有所变化。网胃和瓣胃，其消化生理作用与瘤胃基本相似，具有物理消化作用和生物消化作用。绵山羊各胃容积比例见表 2-2。

表 2-2 绵山羊各胃容积比例（%）

种类	瘤胃	网胃	瓣胃	皱胃
绵羊	78.7	8.6	1.7	11
山羊	86.7	3.5	1.2	8.6

（1）瘤胃 瘤胃是成年羊容积最大的一个胃，位于腹腔左侧，呈前后稍长、左、右略扁的椭圆形。左侧面贴腹壁称为壁面，右面与其他内脏相邻称为脏面。瘤胃表面有明显的前沟、后沟和不太明显的左纵沟和右纵沟。此外，尚有左副沟和右副沟。纵沟将瘤胃分成背囊和腹囊，由于前沟和后沟很深，故形成瘤胃房（前囊）及瘤胃隐窝（腹囊前端）、后背盲囊及后腹盲囊。由于胃的表面有后背冠状沟和后腹冠状沟，因此使得后背盲囊与背囊、后腹盲囊与腹囊的界限更加明显。羊的瘤胃后背盲囊短而后腹盲囊长。在瘤胃胃壁的黏膜面，有与其外表各沟相对应的肉柱，如左纵柱等。肉柱由瘤胃胃壁环形肌束集中形成，在瘤胃运动中起重要作用。

瘤胃黏膜为棕黑色，表面密布大小不等的叶状、棒状乳头（彩图 2A），瘤胃腹囊及盲囊中的乳头密而大。肉柱上无乳头，黏膜层无腺体。瘤胃是一个微生物发酵器官，具有贮存食物和微生物消化等功能。

（2）网胃 网胃容积最小，成年羊的网胃约占复胃总容积的 5%，大体呈球形，位于瘤胃的前下方，内表面有许多规则凸起物，貌似蜂窝状（彩图 2B）。壁面（前面）凸，与膈、肝接触；脏面（后面）平，与瘤胃房相贴。瘤网胃口是由瘤胃房前部黏膜形成的褶状突起构成（瘤网褶），可作为瘤胃和网胃的分界；网瓣胃口位于瘤网胃口的右下方，与瓣胃相通。在该口周缘的黏膜面上有数枚爪状乳头，这些乳头常常极度角质化，呈棕黄色。

食管沟由两个隆起的黏膜厚褶组成，后者称为食管沟唇，起于瘤胃贲门，沿瘤胃及网胃右侧壁下行，达网瓣胃口。两唇稍呈交叉状，当幼畜吸吮乳汁或水时，通过食管沟两唇闭合后形成的管道，经瓣胃底直达皱胃。随着年龄的增大、饲料性质的改变，食管沟闭合的机能逐渐减退。网胃黏膜面有蜂窝状褶，褶上密布波浪乳头。网胃最重要的功能是其表面的触觉感受器受到粗糙食物颗粒的刺激而引发反刍，另外网胃也对饲料继续进行微生物消化。

（3）瓣胃 成年羊的瓣胃占复胃总容积的 7%～8%，为卵圆形，位于腹腔右肋部的下部、瘤胃和网胃的右侧，与第 9～10 肋骨相对。瓣胃内壁有许多纵列分布的褶膜，称为瓣叶（彩图 2C），瓣叶表面粗糙，密布小乳头。根据瓣叶的宽度，可将其分为大叶、中叶、小叶和最小叶四级。各级瓣叶有规律地相间排列，共百余片。瓣叶游离缘呈弓形凹入，凹缘朝向小弯。瓣叶的附着缘与胃壁黏膜层相延续。在网瓣胃口与瓣皱胃之间的胃壁部分又称为瓣胃底或瓣胃沟，后者一端通网胃和食管沟，另一端通皱胃。瓣胃对饲料的研磨功能很强，能使食糜变得更加细碎；此外，瓣胃还有吸收水分、氨和挥发性脂肪酸等功能。

（4）皱胃 皱胃为有腺体的真胃，外形长而弯曲，呈前大后小的葫芦形，可分为胃底部、胃体部和幽门部三部分。胃底部在剑状软骨部稍偏右，邻接网胃并部分地与网胃相附着，胃体部沿瘤胃腹囊与瓣胃之间向右后方伸延，幽门部沿瓣胃后缘（大弯）斜向背后方连接十二指肠。皱胃腹缘称为大弯，背缘称为小弯，皱胃与十二指肠的通口称为幽门。

皱胃黏膜形成 12～14 条与皱胃长轴平行的黏膜褶（彩图 2D），由此增加了黏膜的内表面积。黏膜内有大量胃腺存在，其中主要是胃底腺，而贲门腺（靠近瓣皱胃口附近）和幽门腺都很少，分泌的胃液（包括 HCl 和溶菌酶）可对食糜进行化学性消化。食物在胃液的作用下，进行化学性消化。皱胃功能与非反刍动物的胃相似，因此是反刍动物的真胃。

初生羔羊各胃室的大小与成年羊不同。羔羊在 8 周龄时，前胃约等于皱胃的一半；10～12 周龄后，瘤胃发育较快，约相当于皱胃容积的 2 倍。这时，瓣胃因无机能活动，仍然很小；16 日龄后，随着消化植物性饲料能力的出现，前胃迅速增大，瘤胃和网胃的总容积约为瓣胃和皱胃总容积的 4 倍；1 岁左右，瓣胃和皱胃的容积几乎相等，这时 4 个胃的容积已达到成年胃的比例。

四、肠

肠管可分为小肠和大肠两部分。小肠为细长的管道，前端起于皱胃幽门部，后端止于盲肠，可分为十二指肠、空肠和回肠三部分。它们在腹腔内形成许多半环状盘曲，因其系膜较长（十二指肠除外），所以在腹腔内的活动范围较大。大肠位于腹腔右侧和骨盆腔，可分为盲肠、结肠和直肠。大肠在外观上与小肠明显不同，管径明显增粗或有许多囊状膨隆。

（一）小肠

（1）十二指肠 十二指肠位于右侧肋区和肋壁区。起于幽门，后接空肠，全长约 1 m，向背侧走，靠近肝的脏面形成乙状弯曲，进而转向后行，到右侧髋结节位置折转向前内侧，重新回到肝的脏面，延接空肠。其主要特点是系膜短，肠管平直，位置比较固定。它在起始部形成乙状弯曲，十二指肠与小结肠起始部之间有短的浆膜褶相连，该浆膜褶称为十二指肠（小）结肠韧带，该韧带可作为十二指肠与空肠的分界标志。

（2）空肠 空肠是小肠中最长的一段，大部分位于右季肋区、右腹外侧区和右腹股沟区。形成许多肠圈，由短的空肠系膜悬挂于结肠盘上，形似花环，位置较为固定。空肠外侧和腹侧隔着大网膜与腹壁相邻，内侧也隔着大网膜与瘤胃腹囊相贴，背侧为大肠，前方为瓣胃和皱胃，后部的肠圈因系膜较长而游离性较大，常绕到瘤胃后方至左侧。

（3）回肠　回肠较短，全长 40～60 cm，自空肠的最后肠圈起。在肠系膜中，盲肠的腹侧几乎呈直线地向前上方伸延，开口于回肠口，此处黏膜形成一隆起的回肠乳头。在回肠与盲肠底之间有回盲韧带，常作为回肠与空肠的分界标志。

小肠是消化吸收的主要部位。由于小肠长，因而接触食糜的内表面积大。小肠内消化腺丰富，可以分泌多种消化液，内含有多种消化酶，加上随食糜带进的许多消化酶，因此能把食糜中大分子的营养物质分解成可吸收的小分子物质。这些小分子物质通过过滤、扩散、渗透和主动转运等不同形式又能被小肠吸收，从而进入血液或淋巴。同时，小肠通过运动把食糜中未被吸收的部分输送到大肠。

（二）大肠

（1）盲肠　盲肠长 50～70 cm，呈圆筒状，位于右腹外侧区。前端起自回盲结口，后端（盲端）沿右腹壁向后伸至骨盆前口的右侧；背侧以短的盲结褶与结肠近袢相连，腹侧以回盲褶与回肠相连。盲肠在回肠口直接转为结肠。

（2）结肠　结肠长 6～9 m，起始部的口径与盲肠相似，向后逐渐变细。结肠可分为升结肠、横结肠和降结肠。升结肠特别长，借总肠系膜悬挂于腹腔顶壁，在总肠系膜中盘曲成一圆形肠盘（结肠圆盘），肠盘的中央为大肠，周缘为小肠。羊的结肠较细，无纵带及肠袋，盘曲成一椭圆形盘状。可人为地将结肠分为初袢、旋袢和终袢。羊的向心回、离心回各 3 圈。羊的离心回最后一圈靠近空肠肠袢，肠管内已形成粪球。终袢约在十二指肠末端位置转为直肠。

（3）直肠　直肠长 30～40 cm，位于盆腔荐骨的腹面，直肠前段肠管较细，外面有浆膜被覆；后部膨大称直肠壶腹，该段后部无浆膜被覆，借助疏松结缔组织和肌肉连于盆腔背侧壁。

五、附属消化器官

（一）肝

肝是体内最大的腺体，略呈长方形，淡褐色或深红褐色，大部分位于右季肋部。右上端位置最高，与右肾前端接触，形成右肾压迹。壁面隆凸，与膈的右侧部相贴；脏面凹，与网胃、瓣胃、皱胃、十二指肠和胰等接触，并形成相应器官的压迹。脏面中央有门静脉、肝动脉、神经、淋巴管和肝管出入肝，该处称为肝门。肝的背缘厚，右侧有后腔静脉通过，静脉壁与肝组织连在一起，其中多条大小不等的肝静脉支直接开口于后腔静脉；肝的腹缘较薄。由左、右冠状韧带及镰状韧带和左、右三角韧带将肝牢牢地固定在膈的腹腔面上。羊肝分叶不明显，但可通过发达的胆囊和圆韧带将肝分成不明显的左叶、中叶、右叶。胆囊位于肝脏面方叶上，呈梨形，以胆囊管与肝总管，汇合形成胆总管，开口于十二指肠乙状袢的第二曲。胆囊的主要功能是贮存和浓缩胆汁。肝总管在肝门的腹侧部由左、右肝管汇合而成，行经十二指肠系膜内，在距幽门 12～15 cm 处，同胰管一起斜穿十二指肠壁，开口于肝胰壶腹（十二指肠憩室）。

肝是羊体内最大的腺体，功能复杂，能分泌胆汁，同时具有解毒、防御、物质代谢、造血、贮血等作用。胆汁由肝细胞分泌后，通过肝管输出，再经胆囊管贮存于胆囊，经胆管排至十二指肠。胆汁具有促进脂肪的消化、促进脂肪酸和脂溶性维生素的吸收等作用。在胎儿时期，肝是造血器官，可制造红细胞、白细胞等。

（二）胰

胰为不规则四边形，呈淡至深的黄褐色，柔软而分叶明显，位于右季肋区和胁襞区。胰脏外被薄层结缔组织包裹，有明显的小叶结构。胰可分为中叶、左叶和右叶。羊的胰常有一条胰管，从右叶通出，开口于十二指肠。羊的胰管和胆管合成一条胆总管，开口于十二指肠的乙状弯曲处。

胰是羊体内重要的消化腺，由占腺体绝大部分的外分泌部和分散存在于消化腺之间的内分泌部组成。前者分泌胰液，内含多种消化酶，对淀粉、脂肪和蛋白质产生化学性消化作用；后者称为胰岛，分泌胰岛素和胰高血糖素等，在碳水化合物的代谢中发挥关键的作用。

第三节　瘤胃功能

羊属于反刍动物，有瘤胃、网胃、瓣胃、皱胃4个胃室。瘤胃、网胃、瓣胃没有消化腺，不能分泌胃液；皱胃是能分泌胃液的真胃。瘤胃内含大量有助于分解食物与合成营养物质的微生物。

学者们将瘤胃形容为一个庞大的密闭发酵罐，在反刍动物的整个消化过程中起着重要的作用。反刍动物之所以能够利用纤维素和非蛋白氮，就是由于其具有独特的瘤胃。饲料在瘤胃中经微生物发酵降解为挥发性脂肪酸（volatile fatty acid，VFA）、肽类、氨基酸及氨等成分，同时利用氮源、能源等合成微生物蛋白质及B族维生素等，调控反刍动物消化代谢过程，目标是使有利的发酵方面达到最佳水平，发酵损失最少，从而提高饲料利用率。瘤胃内的pH、NH_3-N及VFA的浓度等指标，基本反映了瘤胃的内环境状况及饲料在瘤胃内的发酵过程和模式。

一、瘤胃内的微生物区系

瘤胃微生物主要包括原虫、细菌和真菌。据测定，每毫升瘤胃液中含有细菌100亿～150亿个、纤毛虫20万～200万个、真菌80万个。

瘤胃内各种微生物分布有序，各有其相对固定的栖居点或生态位点，按分布情况可分为三大群落：①生活于瘤胃液中的细菌。瘤胃液相内容物流动性大，它们生长和繁殖的速度，很大程度上取决于瘤胃液的更新速率（即"瘤胃稀释率"）。②以食糜颗粒或食糜团粒深部为栖居点的微生物。它们多属分解纤维素和发酵糖类的微生物群。③定植于瘤胃上皮细胞层的菌群。它们从动物幼龄阶段开始就出现于瘤胃内容物中。

瘤胃微生物的作用主要是分解纤维素及合成各种B族维生素。瘤胃微生物产生的纤维素酶是复合酶，都能断开 β-1,4-糖苷键而降解纤维素。除木质素以外的植物壁成分不断被降解至单糖后，大部分随即被利用糖类的微生物进一步发酵为 VFA 及 CH_4 和 CO_2 等。VFA 被瘤胃壁吸收后被宿主动物加工利用，CH_4 和 CO_2 等气体则随嗳气排出。另一部分单糖可被微生物吸收，转变为糖原并贮藏于细胞内。在合成 B 族维生素方面，大部分的硫胺素和 40％以上的生物素、泛酸和吡哆醇均存在于瘤胃液中，被瘤胃吸收。留在微生物细胞内的叶酸、核黄素、烟酰胺和维生素 B_{12}，则需在皱胃当微生物细胞解体后释出，被吸收利用。

（一）细菌

瘤胃内的多种细菌在降解饲料的有效成分时起很大的作用，细菌之间的相互作用及与其他微生物的相互作用有助于 VFA 和微生物蛋白质的生成。对于饲喂以粗饲料为主的日粮，瘤胃内细菌的特性是：①多数细菌为革兰氏阴性菌，在高能量日粮条件下革兰氏阳性菌有增加的趋势；②大多数细菌为专性厌氧菌，一些细菌对氧气非常敏感，如果暴露在氧气中则很快死亡；少量细菌要求非常低的氧化还原电位（为了保证高度厌氧的环境），它们生长的环境氧化还原电位低于 $-350\ mV$；③瘤胃细菌生长的最适 pH 为 6.0～6.9、最适温度为 39 ℃；④细菌可以耐受较高的有机酸而不影响它们正常的代谢。

目前已分离出的瘤胃细菌约 200 种，按它们利用底物及发酵产物进行分类，可分为 11 类：①纤维素分解菌，是瘤胃中数量最大的一类细菌，能产生纤维素酶，但不能发酵单糖；②半纤维素分解菌；③淀粉分解菌；④利用糖的细菌；⑤利用酸的细菌；⑥蛋白质分解菌；⑦产氨的细菌；⑧产甲烷菌；⑨果胶分解菌；⑩脂肪分解菌；⑪尿素分解菌。

约 70％的瘤胃细菌黏附在饲料颗粒上，通常黏附于植物的气孔、皮孔或饲料的破损边缘；29％的瘤胃细菌在瘤胃液中自由游动；1％的瘤胃细菌附着在瘤胃黏膜层上；少数瘤胃细菌黏附在其他细菌或原虫上。

瘤胃细菌可存在于唾液、粪样、空气中，新生羔羊与上述媒介直接接触后可从中获得瘤胃细菌。但是，至今尚未发现瘤胃细菌可通过空气、水和载体（如饲养员的衣服）进行远距离传播。

（二）原虫

瘤胃原虫主要是纤毛虫，还有数量不多的鞭毛虫。牛瘤胃内常见的纤毛虫分属原生动物门、纤毛亚门之下的全毛亚纲和旋毛亚纲中的 9 个属。瘤胃内的纤毛虫根据其形态特征被分为两种：全毛虫和内毛虫；或者根据其利用不同的营养物质进行分类，如利用可溶性糖的原虫、降解淀粉的原虫及降解纤维素的原虫。全毛虫可以分泌淀粉酶、蔗糖酶、果胶酶和多聚半乳糖醛酸酶，以降解大量的淀粉、蛋白质和可溶性糖作为能源。全毛虫分泌的酶也可以降解纤维素和半纤维素，但其降解的水平远低于内毛虫。瘤胃纤毛虫的繁殖速度非常快，在正常的反刍动物瘤胃内，每天能增加 2 倍，并以相同的数量流到后面的皱胃和小肠，作为蛋白质的营养源被宿主消化吸收。原虫数量虽然显著少于细菌，但因其细胞体积远大于细菌，因而就菌体体积而论，两者几乎各占 1/2。

（三）真菌

真菌的分类主要是基于菌体的形态特征。目前人们从瘤胃中分离得到的真菌共计 5 个属 10 余个种，并将其划分为两个类型，即单中心类型真菌和多中心类型真菌。单中心类型真菌的生活史均为游走孢子和植物性菌体阶段交替发生，并产生孢子囊；多中心类型真菌的生活史较为复杂，相关的研究报道甚少。

真菌在瘤胃内以两种形态存在：一种是可以自由运动的游动孢子，其数量可在短期内发生很大的变化；另一种是植物性菌体形态，其附着于纤维碎片上，数量和生物量在瘤胃食糜内有很大的差异。这就造成真菌与瘤胃液中其他微生物及通过物理化学手段从食糜颗粒上分离出来的微生物种类有很大区别。其他微生物均可以采用合适的培养基进行培养和计数，而自由运动的游动孢子及分离的孢子囊必须用适当的培养基进行稀释和培养，并对单个菌落进行计数。目前常用的计数方法主要是以植物组织作为固体生长底物，运用最大可能计数法估计真菌的生物量。

相对于细菌和原虫来讲，瘤胃真菌的浓度是很低的，但其拥有能水解植物细胞壁的多种酶。电子显微镜扫描发现，这些真菌附着在植物的木质化组织上。瘤胃真菌有很强的穿透能力和降解纤维素的能力，可以穿透牧草角质层屏障，降低植物纤维组织的内部张力，使其变得疏松而易于被瘤胃微生物降解，因而可以降解无法被细胞和纤毛虫降解的木质素纤维物质，能部分降解或削弱更多的抗性组织。真菌降解纤维的实质是物理降解和化学降解的综合过程。厌氧真菌对瘤胃纤维物质的降解起着重要作用，与好氧真菌和细菌一样，也需要内切 β-1，4-葡聚糖酶、纤维二糖水解酶（外切 β-1，4-葡聚糖酶）和 β-葡萄糖苷酶。另外，真菌还具有降解蛋白质和淀粉的能力，其能产生 α-淀粉酶及淀粉葡萄糖苷酶。瘤胃真菌能分泌蛋白酶（具有氨基酶的活性）和淀粉酶。瘤胃真菌蛋白含有较高的谷氨酸、天冬氨酸及丙氨酸，所含的精氨酸、组氨酸、缬氨酸及异亮氨酸等必需氨基酸显著高于其他真菌。瘤胃真菌细胞壁中的几丁质成分能够抗瘤胃蛋白酶降解，被小肠内蛋白酶降解。因此，如果通过大规模的厌氧发酵，浓缩处理高效瘤胃真菌的发酵液，把这一复合酶作为饲料添加剂添加到饲料中，能成为良好的饲料蛋白质来源。

二、瘤胃内环境

（一）温度

瘤胃内的温度为 38～40 ℃，略高于体温。瘤胃微生物在这一恒定温度下才能有最好的生长和繁殖状态，瘤胃原虫在高于 40 ℃的环境中难以存活。瘤胃温度是影响饲料在瘤胃中发酵的重要条件，受很多因素的影响。当反刍动物采食或饮水、瘤胃内容物达到相对稳定的状态后，瘤胃内容物的温度为 38～41 ℃，平均为 39 ℃。羊的正常体温为 38.5 ℃，正常情况下非常稳定。进行体外人工瘤胃发酵，一般采用 38 ℃或 39 ℃作为恒温水浴的目标控制温度。

影响瘤胃内温度的因素主要有饲料种类和饮水温度两个方面。三叶草、苜蓿干草发酵时可使瘤胃温度高达 41 ℃（高于直肠温度）。一年四季外界气温存在很大的变异，同时也影响反刍动物的饮水温度。特别是在寒冷的冬季，饮水温度可低至 5～10 ℃，这对于反刍动物的瘤胃发酵有很大的影响。例如，反刍动物饮用温度为 25 ℃ 的水时，可使瘤胃内容物的温度下降 5～10 ℃，而后大约需要 2 h 才能使瘤胃温度恢复到正常水平。另外，瘤胃温度还受测定位置的影响，从瘤胃的腹囊到背囊温度有所升高。

（二）pH

反刍动物采食的饲料在瘤胃中要被微生物发酵。饲料中的碳水化合物在瘤胃中可被发酵产生大量的 VFA，使 pH 下降。瘤胃内容物的 pH 是食糜中 VFA 与唾液中缓冲盐相互作用，以及瘤胃上皮对 VFA 吸收及随食糜流出等因素综合作用的结果。这些因素的作用使瘤胃 pH 的范围一般为 6～7，最佳为 6.2～6.8。这个酸度恰好是瘤胃微生物存活的最佳条件，同时对酸性洗涤纤维或中性洗涤纤维的消化降解及 VFA 的形成有促进作用。只有在这个范围内，才能保证反刍动物有最高的采食量和最佳的消化率。瘤胃中产生乳酸的淀粉分解菌耐受 pH 不得超过 5.5，但纤维分解菌在 pH 低于 6.0 以下无法存活，而最适纤维分解菌作用的条件则是 pH 为 6.4 时。可见 pH 的高低严重影响瘤胃内不同微生物种群的数量和比例，进而影响瘤胃发酵的发酵功能和饲料的消化率。

影响瘤胃内容物 pH 的因素主要包括：

（1）采食与反刍时间　在采食与反刍过程中，反刍动物会产生大量的唾液。唾液流入瘤胃对 VFA 进行缓冲，使 VFA 的酸度得以中和。另外，瘤胃中的 VFA 还可以通过瘤胃上皮被吸收进入血液。瘤胃是吸收 VFA 的主要器官。瘤胃上皮对 VFA 的吸收能力很强，总吸收量可达 75% 以上。没有被瘤胃上皮吸收的 VFA 随着瘤胃食糜流入后部消化道，到达真胃与小肠。真胃对 VFA 的吸收量约为 20%，小肠对 VFA 的吸收量仅 5% 左右。一般情况下，不连续饲喂的反刍动物采食后瘤胃 pH 下降，而后逐渐升高，其瘤胃 pH 呈波动变化。这是因为，动物采食饲料后，碳水化合物在瘤胃中被发酵产生 VFA 的速度较快、数量较多，而瘤胃上皮对 VFA 的吸收及流出慢于产生的速度，所以瘤胃中 VFA 的浓度逐渐升高，导致 pH 下降。而随着碳水化合物发酵产生的 VFA 的浓度下降，瘤胃上皮对 VFA 的吸收及流出的速度相对加快，瘤胃中 VFA 的浓度下降，导致 pH 上升。

（2）饲粮精粗比例　饲粮中粗饲料比例较高时，瘤胃 pH 较高。这是因为，粗饲料中的纤维素、半纤维素等难以被发酵的碳水化合物较多，而淀粉、可溶性糖等易被发酵的碳水化合物较少，产生的 VFA 数量也较少。饲粮中精饲料比例提高时，瘤胃的 pH 下降。这是因为，精饲料中碳水化合物，如淀粉、可溶性糖含量较多，容易被快速发酵，使瘤胃发酵产生 VFA 的速度较快、产生的数量较多。

（3）饲粮颗粒大小　饲粮颗粒大小对瘤胃 pH 的影响比较复杂。一方面，饲料颗粒缩小，可使微生物与饲料接触面积增加，使饲料的发酵速度加快，也使发酵更为完全，瘤胃 pH 下降；但另一方面，饲料颗粒缩小会导致饲料在瘤胃中停留的时间缩短，使瘤胃微生物对饲料消化的时间缩短，导致 VFA 产量减少。因此，饲料加工细度对瘤胃 pH 的作用取决于这两方面的相互作用。

（三）酸碱缓冲能力

羊的唾液中含有大量的盐类，呈弱碱性。碳酸盐和磷酸盐是唾液中的主要盐类。唾液不断地流入瘤胃中，与碳水化合物发酵产生的 VFA 相互作用，使瘤胃内容物呈弱酸性。羊的唾液产生量取决于采食和反刍的时间。采食和反刍的时间越长，则唾液的分泌量就越多。而采食和反刍的时间受饲料物理结构和饲料种类的影响。饲料的纤维素、半纤维素含量越高，饲料的结构越粗糙，羊采食和反刍的时间就越长，唾液的分泌量也就越大。

当大量的唾液不断地流入瘤胃中时，大量的缓冲盐类也不断流入瘤胃中。唾液中含有大量的缓冲盐类，这些缓冲盐到达瘤胃后，对饲料中的酸、碱物质有一定的缓冲能力。当饲料的 pH 为 6.8～7.8 时，瘤胃内容物可对其进行很好的缓冲，使瘤胃内容物的 pH 保持在正常范围之内。饲料的 pH 超出 6～7 这一范围，如对于强酸 HCl 和强碱 NaOH，瘤胃内容物就不能对其进行很好的缓冲。反刍动物采食饲料的时间、饲料组成、饲料特性及饮水量等，对瘤胃内容物的酸碱缓冲能力都有很大影响。另外，瘤胃内容物的缓冲能力还受唾液的质和量、瘤胃中 VFA 与 CO_2 的产量、瘤胃上皮对瘤胃内容物中 VFA 的吸收、瘤胃内容物的外流等因素的影响。生产中配制反刍动物的饲粮时，应该考虑饲粮的酸碱性质，特别是一些饲料添加剂的酸碱性质。给牛、羊饲喂酸度或碱度较强的饲料，对于保持瘤胃的正常消化功能及饲料的消化利用是极为不利的。反刍动物的矿物质添加剂主要由一些矿物盐类组成，在设计这些添加剂的配方时应该考虑其对瘤胃缓冲能力的影响。

（四）渗透压

渗透压以渗透压摩尔浓度来表示。一个渗透压摩尔浓度（mOsmol）含有 $6×10^{23}$ 个溶解离子。渗透压来自离子对水分子的吸引力，通常用溶液冰点降低的程度来表示。由于溶液渗透压等于冰点下降数除以 1.86，因此冰点下降 1.86 ℃时，溶液的渗透压是 1 000 mOsmol/L。正常情况下，瘤胃内容物的渗透压为 260～340 mOsmol/L，平均为 280 mOsmol/L。

对于不连续采食的反刍动物，瘤胃液渗透压通常呈波动变化。反刍动物采食饲料前，瘤胃液渗透压通常较低；而动物采食饲料后，瘤胃液渗透压则逐渐升高，而后逐渐恢复至采食前的水平。这是因为，动物采食饲料后，饲料的营养成分被瘤胃微生物逐渐降解，产生各种离子和分子，使瘤胃液中的离子或分子的浓度逐渐升高，导致瘤胃液渗透压升高。而这些离子或分子一方面可以通过瘤胃上皮被吸收进入血液；另一方面可以随着瘤胃食糜流入后部消化道，使瘤胃液中离子或分子的浓度下降，结果造成瘤胃液渗透压的下降。

羊饮水对瘤胃液渗透压具有不同的影响。大量饮水可导致瘤胃液中分子和离子的浓度显著下降，结果造成瘤胃液渗透压下降；而随着瘤胃中水分被瘤胃上皮吸收及流入后部消化道，瘤胃液渗透压又稳定上升。

羊饲料的精粗比对瘤胃液渗透压也有影响。羊的饲粮中精饲料比例提高，可使瘤胃液渗透压升高。这是因为，精饲料中的营养成分在瘤胃中容易被降解。其中，碳水化合物容易被发酵为 VFA，蛋白质被降解为肽类、氨基酸和氨，使瘤胃液中的离子或分子浓度提高，造成瘤胃液渗透压升高。

三、瘤胃内气体

瘤胃中的气体来源于空气及饲料中的碳水化合物在瘤胃中可以被瘤胃微生物发酵产

生的 VFA 及大量的 CO_2 和 CH_4。瘤胃气体中，CO_2 占 65.5%，CH_4 占 28.8%，另外有少量的 N_2、O_2 和 H_2，O_2 一般占气体总量的 $0.1\%\sim0.5\%$。N_2、O_2 是反刍动物在采食和饮水过程中进入瘤胃的。

（一）CH_4 产生的原理

反刍动物排放 CH_4 和其特有的消化方式有关（赵一广等，2011；丁静美等，2016）。饲料被摄入后首先在瘤胃中进行厌氧发酵，瘤胃中的微生物把碳水化合物和其他植物纤维发酵成可继续分解和消化利用的物质（包括乙酸、丙酸和丁酸等），与此同时产生 CH_4。瘤胃内 82% 的 CH_4 是通过甲烷短杆菌以 CO_2 和 H_2 为底物经还原反应产生的。CO_2 和 H_2 主要来自糖降解中丙酮酸转变为乙酸和丁酸的过程，而丙酸可利用 H_2 生成糖。因此，CH_4 的产量与乙酸、乙酸/丙酸呈正相关、与丙酸呈负相关。瘤胃内还可通过甲酸、乙酸和甲醇的分解产生 CH_4，但以这 3 种方式生成的 CH_4 较少。

（二）CH_4 排放的测定方法

CH_4 的测定方法分为直接测定法和间接测定法（赵一广等，2011）。直接测定法主要有呼吸代谢箱法、呼吸头箱法、呼吸面罩法、六氟化硫（SF_6）示踪法等。呼吸代谢箱法的基本原理是把动物置于密闭的呼吸箱内，通过测定一定时间内呼吸箱中 CH_4 浓度的变化计算 CH_4 的排放量。该法能测定瘤胃和肠道发酵产生的 CH_4，且技术较为成熟，结果较为精确，但成本较高，重要的是动物要经过一定时间的训练。呼吸头箱法和呼吸面罩法的原理与呼吸代谢箱法相似。用头箱测定时，动物整个头部固定于头箱内；用面罩测定时，动物只有口和鼻被面罩罩住。头箱和面罩的使用成本比代谢箱成本低，操作也较简单，但戴上面罩后，会影响动物的自由采食和饮水，因此无法实现 24 h 连续检测，只能间断测定。SF_6 示踪法的优点是可以在生产条件下直接测定群体动物的 CH_4 排放量，缺点是在有风的环境中无法应用。SF_6 物理性质与 CH_4 类似，可以一起通过嗳气排出。通过测定 SF_6 的排放速度和 SF_6 与 CH_4 的浓度，即可推算出 CH_4 的排放量。但 SF_6 示踪法比呼吸代谢箱法所测结果偏高，且两种方法之间没有显著相关关系。由于担心 SF_6 在肉、奶中残留，美国已经限制用 SF_6 示踪技术测定 CH_4 的排放量，另外 SF_6 也是比 CH_4 的效应强 1 000 多倍的温室气体。

间接测定法主要有人工瘤胃法和体外产气法等，这些方法通过人为模拟厌氧环境来反映瘤胃的各项生理指标。通过对 SF_6 示踪技术、人工瘤胃法和体外产气法的比较发现，人工瘤胃法所测得的 CH_4 排放量比 SF_6 示踪法测得的值低，而体外产气法与 SF_6 示踪法所测结果十分接近。因此，可以采用体外产气法建立不同饲粮类型 CH_4 排放的数据库。间接测定具有成本低、省时和操作简便的特点，但是否有效且可以重复，需要与直接测定（呼吸代谢室法）进行比较。

（三）CH_4 排放的营养调控

现有研究表明，CH_4 排放的营养调控主要包括调节饲粮营养水平，向饲粮中添加脂肪、脂肪酸、天然植物及植物提取物、化学制剂、微生物及其代谢物等（赵一广等，2011）。

1. 饲粮营养水平 许多研究证明，干物质采食量与 CH_4 排放量呈正相关。然而，随着采食量的不断增加，单位采食量的 CH_4 排放却呈下降趋势。这可能是由于进食量大导致食物在瘤胃中的通过率高，降低了养分在瘤胃中的停留时间，从而减少产甲烷菌发酵生成 CH_4 的时间。Kumar 等（2009）认为，高采食量会使营养物质更多地在小肠内消化而不是在瘤胃中发酵。而且无论饲粮精粗比如何，采食量增加均会降低单位采食量的 CH_4 生成。

随着饲粮精饲料水平的提高，瘤胃中乙酸降低，丙酸含量升高。适当提高精饲料水平可以降低 CH_4 的产量，提高饲料利用率和动物生产性能。

不同碳水化合物类型通过影响瘤胃 pH 及微生物发酵模式来影响 CH_4 的产生。高纤维含量的细胞壁发酵产生高乙酸/丙酸，伴随较高的 CH_4 损失；而可溶性碳水化合物发酵，CH_4 的损失则相对较低。Eckard 等（2010）认为，提高牧草质量，饲喂含可溶性碳水化合物高、含纤维素少的牧草，或者饲喂鲜嫩的牧草都可以降低 CH_4 的排放量。单位纤维素发酵 CH_4 的产量是半纤维素的 3 倍，而每单位非结构性碳水化合物 CH_4 的产量低于半纤维素。饲粮中高淀粉和蔗糖含量降低了瘤胃 pH，而纤维降解菌和产甲烷菌对低 pH 极其敏感，从而抑制纤维素发酵和 CH_4 的产量。相比之下，蔗糖比淀粉更易产生 CH_4，蔗糖发酵优先产生丁酸并降低丙酸含量，同时在瘤胃中的降解率更高。

此外，适当添加能量和蛋白质饲料，可提高饲料利用率，降低瘤胃内养分降解速度，抑制瘤胃发酵，从而提高肠道对养分的吸收。Moss 等（2002）在牧草青贮中添加不同比例的黄豆饲喂羯羊发现，饲粮添加蛋白质有降低 CH_4 排放的作用。添加过瘤胃蛋白也可以降低 CH_4 的产量，蛋白质在瘤胃中分解为氨基酸后按碳水化合物分解方式代谢，从而产生 CH_4。而让蛋白质直接到达小肠内消化则不会产生 CH_4。在反刍动物饲养中推行全混合饲粮及采用青贮发酵饲料同样可以降低 CH_4 的产量，改变饲喂程序和增加饲喂次数也可以减少 CH_4 的产量。若将精粗饲料分开饲喂，则先粗后精的饲喂顺序可以使更多的能量通过瘤胃，从而减少 CH_4 的排放。而少量多次的饲喂方式降低了瘤胃 pH 和乙酸/丙酸，增加过瘤胃物质的数量，也可减少 CH_4 的产量。

2. 添加脂肪及脂肪酸 饲粮中添加适量动植物脂肪及高级脂肪酸可抑制 CH_4 的产量，改变瘤胃 VFA 的比例，提高饲粮能量水平，改善动物生产性能。脂肪对瘤胃原虫具有毒害作用，而大多数产甲烷菌附着于原虫上，与原虫有互利共生关系。产甲烷菌通过与原虫的种间氢传递将 H_2 转化成 CH_4，因此驱除原虫可间接减少 CH_4 的产量。长链脂肪酸可以降低纤维消化率，在奶牛饲粮中添加经加工的富含长链脂肪酸的油料种子（葵花籽、亚麻籽和油菜籽）可以有效降低 CH_4 的产生。其中，添加葵花籽和亚麻籽降低了饲粮消化率，而添加油菜籽既可以降低 CH_4 产量又对饲粮消化率和产奶量无负面影响。不饱和脂肪酸可以通过生物氢化作用，竞争利用生成 CH_4 的底物 H_2，从而降低 CH_4 的产生。通过各种研究发现，脂肪及脂肪酸抑制 CH_4 的生成大概有 5 种可能：①抑制瘤胃原虫；②抑制产甲烷菌（主要是中链脂肪酸）；③降低纤维消化率（主要是长链脂肪酸）；④竞争利用生成 CH_4 的底物 H_2（主要是不饱和脂肪酸）；⑤降低干物质（dry matter，DM）采食量（饲粮中脂肪含量超过 7%）。然而，脂肪及脂肪酸的添加一定要适度，过量会降低瘤胃纤维降解率，影响反刍动物对粗饲料的利用率；同时，也会在消化道内形成钙皂，影响钙的吸收。

3. 添加天然植物及植物提取物 一些天然植物及其提取物具有抑制 CH_4 生成的作用，因此可以用于调控瘤胃内 CH_4 的产量。

（1）单宁 单宁通过对产甲烷菌的直接毒害作用可以降低 $13\%\sim16\%$ 的 CH_4，然而过高的添加浓度会降低饲料采食量和消化率。Huang 等（2010）通过体外发酵试验证明，饲粮添加 $20\sim40$ mg/g DM 的缩合单宁可显著降低 CH_4 的产量。Jayanegara 等（2009）在牧草中分别添加 17 种富含不同单宁的植物，体外发酵试验证明 CH_4 与植物中的单宁含量呈负相关。Animut 等（2008）发现，在西班牙羯羊饲粮中添加富含单宁的胡枝子，可以直接影响产甲烷菌的活性，从而降低 CH_4 的产量。单宁抑制 CH_4 可能有两种模式：抑制产甲烷菌；降低饲料降解率，减少生成 CH_4 的底物 H_2。然而，饲粮添加较低浓度的单宁，在降低 CH_4 生成的同时并不会对其他代谢活动（如蛋白质的消化）带来负面影响。目前，单宁多用于体外发酵试验，通过饲粮直接饲喂动物的研究较少，今后可以通过动物饲养试验进一步验证其抑制 CH_4 排放的效果。

（2）皂苷和皂苷类似物 这类物质可以通过杀灭原虫、改变瘤胃发酵类型而降低 CH_4 的生成。茶皂素是从茶科植物中提取的一种五环三萜皂苷，是由多种配基、糖体和有机酸组成的结构复杂的混合物。它不仅是一种天然的表面活性剂，而且具有广泛的生理活性。Mao 等（2010）发现，与对照组相比，湖羊饲料中添加 3 g/d 茶皂素时 CH_4 的产量降低 27.7%。胡伟莲（2005）证明，茶皂素可以促进瘤胃液体外发酵，降低 $NH_3\text{-}N$ 浓度，抑制 CH_4 的生成，同时抑杀瘤胃原虫，提高微生物蛋白的产量。丝兰提取物的主要成分是甾类皂苷、自由皂苷和糖类复合物。其特殊的生理结构对 CH_4 有很强的吸附能力，同时还影响消化道内环境，降低乙酸浓度，提高丙酸浓度，并有强烈的抗原虫能力。Xu 等（2010）采用体外发酵试验证实，在不同精粗比饲粮中添加丝兰提取物均显著降低了 CH_4 产量。Wang 等（2009）以绵羊为实验动物，饲粮中添加 170 mg/d 的丝兰提取物发现，单位可消化有机物和单位中性洗涤纤维的 CH_4 产量分别降低了 3.3 g/kg 和 12.0 g/kg。然而，皂苷对纤维降解有一定的负面影响，有引起胀气的危险，因此其抑制 CH_4 的作用还需全面研究和评价。

4. 添加化学制剂 某些化学制剂也具有抑制 CH_4 生成的作用，因此可以用于调控瘤胃内 CH_4 的产量。

（1）离子载体 离子载体是由放线菌产生的一种抗生素，它们能改变通过微生物生物膜的离子流量，从而改变微生物代谢活动，通过抑制瘤胃原虫和纤维分解菌而间接降低 CH_4 的产生。同时，还有利于产琥珀酸菌和丙酸菌生长，增加丙酸产量，提高饲料利用率。莫能菌素是应用最为广泛的抑制 CH_4 生成的离子载体类抗生素，已被证实在奶牛饲粮中添加时能有效抑制 CH_4 的生成。

（2）丙酸前体物 许多研究证明，CH_4 产量的降低往往伴随丙酸含量的升高，饲粮中添加丙酸前体物质可以促进瘤胃往丙酸型发酵转变。丙酸前体物质主要包括富马酸（又称反丁烯二酸、延胡索酸）和苹果酸。它们提供了新的电子转移途径，并且与产甲烷菌竞争利用 H_2，抑制 CH_4 生成。Foley 等（2009）研究表明，肉牛饲粮中添加 7.5% 苹果酸，CH_4 排放量可降低 16%，肉牛采食量降低 9%，乙酸、丁酸减少，丙酸增加。瘤胃 pH 呈上升趋势，原虫数减少。由于苹果酸会导致动物采食量下降，影响生产性能，因此其适宜添加量仍待深入研究。Wood 等（2009）采集绵羊瘤胃液进行体外发酵试验证明，富马酸可降低 19% 的 CH_4 产量。随后对生长期羔羊进行体内试验发现，饲粮中添加 100 g/kg DM 的富马酸后，CH_4 由 24.6 L/d 降至 9.6 L/d。体外批次培养试验证明，富马酸对高粗饲料型饲粮 CH_4 抑制作用更强。另外，还可增加糖原合成，提高产奶量。然而大剂量饲喂会导致酸中毒、纤维分解和动物采食量的下降。

（3）电子受体　　CH_4 的生成是消耗电子、维持较低氢分压的主要途径，但瘤胃中还存在其他电子受体，如硝酸盐和硝基化合物。硝酸盐可以替代生成 CH_4 的底物 CO_2，在瘤胃中竞争 H_2 生成氨。硝基化合物可以抑制氢化酶和甲酸盐脱氢酶的活性，减少产甲烷菌的底物。Anderson 等（2010）通过体外发酵试验发现，在瘤胃液中添加硝基化合物降低了 92% 的 CH_4，然而瘤胃发酵效率并没有受影响。Saengkerdsub 等（2006）在体外发酵试验中比较了硝基乙烷、硝基乙醇和 2-硝基丙醇对 CH_4 的抑制作用发现，硝基乙烷的抑制作用最强。给绵羊口服硝基乙烷和 2-硝基丙醇，同样证实硝基乙烷有更强的抑制作用。然而，硝酸盐和硝基化合物在代谢过程中产生的亚硝酸盐和乙胺具有潜在的毒副作用，这或许会限制其在生产实际中的应用。

5. 微生物及其制剂　　一些微生物及其制剂可以用于调控瘤胃内 CH_4 的产量。

（1）乙酸生成菌　　乙酸生成菌可以利用 H_2 和 CO_2 生成乙酸，并作为能源物质被机体利用。如果瘤胃中的 CH_4 可以全部转换成乙酸，则会使动物额外获得 4%～15% 的能量。然而 CO_2 还原生成 CH_4 比生成乙酸在热力学上更有优势，产甲烷菌竞争 H_2 的能力远超过乙酸菌。体外发酵试验证实，在产甲烷菌受到抑制时，添加乙酸生成菌可以增加乙酸产量，降低 CH_4 产量。然而在正常环境下，即使乙酸菌数量更多却依然无法与产甲烷菌竞争 H_2。因此，解决问题的关键是设计一种具有高 H_2 亲和力的乙酸生成菌，使其在正常瘤胃环境中即可与产甲烷菌有效竞争，或者将乙酸生成基因转移到已在瘤胃中定植的微生物上。

（2）酵母菌　　酵母菌能够产生一些促进瘤胃微生物生长的物质，如苹果酸、生物素、对氨基苯酸和氨基酸。但对 CH_4 产量的影响，研究结果不尽一致。Chaucheyras 等（1996）报道，酿酒酵母的培养物可以促进产乙酸菌利用 H_2 生成乙酸，进而间接降低 CH_4 的产量。乔国华和单安山（2005）采用短期人工瘤胃发酵的方法发现，酿酒酵母和扣囊酵母显著提高了 CH_4 产量，而热带假丝酵母则显著降低了 CH_4 产量。各种酵母菌降低 CH_4 生成的作用机理尚不明确，其抑制效果还需进一步验证。

（3）细菌素　　细菌素是细菌分泌的小肽或蛋白质复合物，具有作为 CH_4 抑制剂的潜力。Callaway 等（1997）认为，乳酸链球菌素可以作为莫能菌素的替代物，体外研究发现其提高了丙酸产量，降低了 36% 的 CH_4。Lee 等（2002）通过体外试验发现，牛链球菌 HC5 产生的细菌素 bovicin 可以降低 50% 的 CH_4 产量，而且产甲烷菌对已发现的细菌素未显示适应性。但目前的研究多集中在体外试验，细菌素的化学本质是小肽或蛋白质复合物，在体内易被消化降解，活体动物试验时是否可以发挥作用还需进一步研究。

6. 酶制剂　　将以纤维素酶和半纤维素酶为代表的酶制剂添加到饲粮中，可以提高瘤胃纤维降解率和动物生产效率，并且在体内试验中分别降低了 28% 和 9% 的 CH_4 产量。其作用机制可能是降低了乙酸/丙酸，使瘤胃转变为丙酸型发酵，从而降低 CH_4 的生成。酶制剂目前已广泛应用于各种化工领域，可以实现大批量、低成本的生产。因此，未来的研究目标可以集中在筛选既可以提高生产效率、又有显著 CH_4 抑制作用的酶制剂上。

第四节 消化生理

一、反刍

反刍是指反刍动物在食物消化前把食团经瘤胃逆蠕动到口腔中，经再咀嚼和再咽下的过程。反刍包括逆呕、再咀嚼、再混合唾液和再吞咽四个过程。反刍活动对于粗饲料的消化发挥了重要作用，也是临床上诊断反刍动物消化机能正常与否的常用指标。反刍时，羊先将食团逆呕到口腔内，反复咀嚼 70～80 次后再咽入腹中，如此逐一反复进行。羊每天反刍次数为 8 次左右，逆呕食团约 500 个，每天反刍持续 40～60 min，有时可达 1.5～2 h。反刍可对饲料进行进一步磨碎，同时使瘤胃内环境有利于瘤胃微生物的繁殖和进行消化活动。反刍次数及持续时间与草料种类、品质、调制方法及羊的体况有关，饲料中 CF 含量越高反刍时间越长。过度疲劳或受外界强烈刺激时，反刍会发生紊乱或停止，对羊的健康造成不利影响。反刍是羊的重要消化生理特点，停止反刍则是疾病的征兆。

羔羊出生后，约 2 周龄开始出现反刍行为。在哺乳期，早期补饲容易消化的植物性饲料，能刺激前胃的发育，可提早出现反刍行为。吃草之后，稍有休息，羊便开始反刍，反刍中也可随时转入吃草。反刍姿势多为侧卧式，少数为站立。反刍时间与采食牧草时间的值为（0.5～1.0）：1。

不同动物采食和反刍特点有一定差异。Domingue 等（1991）比较了自由采食苜蓿干草的绵羊和山羊的咀嚼及反刍特点发现，绵羊和山羊每天的采食时间分别为 3.7 h 和 6.8 h，反刍时间分别为 8.3 h 和 6.1 h；山羊的采食时间显著长于绵羊的采食时间，而绵羊的反刍时间又显著长于山羊。绵羊和山羊的采食和反刍时间相加，分别为 12.0 h 和 12.9 h，两种动物之间差异不显著，可见绵山羊每天都有一半的时间用于采食和反刍。表 2-3 列出了不同反刍动物对饲料的采食时间和反刍时间。

表 2-3 不同反刍动物的采食时间与反刍时间

项 目	牛	绵 羊	山 羊
采食（min/d）	330	240	254
反刍（min/d）	465	491	446
反刍（min/kg，中性洗涤纤维）	84	850	830
每天的咀嚼次数	49912	35482	40094
每个食团的咀嚼次数	52	71	78

二、饲料的消化过程

反刍动物对饲料的消化不同于非反刍动物，羊对食物的消化可以分为口腔消化、前胃消化、皱胃消化、小肠消化和大肠消化。

1. 口腔消化　羊在采食后首先对食物进行咀嚼。咀嚼是指食物在口腔内被切短和磨碎，食物与唾液充分混合，形成食团便于吞咽。羊在采食后通过反刍再次咀嚼食团，将饲料进一步磨碎。

羊的唾液中淀粉酶含量虽然极少，但含有麦芽糖酶、过氧化物酶、脂肪酶和磷酸酶等。羊唾液中也含有 $NaHCO_3$ 和磷酸盐，对维持瘤胃适宜酸度具有较强的缓冲作用。唾液分泌量对维持瘤胃稳定的流质容积也起重要作用。

2. 前胃消化　羊的前胃包括瘤胃、网胃和瓣胃，以微生物消化为主，主要在瘤胃内进行，也进行较强的物理性消化。

羊瘤胃中的微生物可利用饲料纤维物质和非蛋白氮（nonprotein nitrogen，NPN）。瘤胃中的大量微生物可将饲料中的营养物质发酵为 VFA、肽类、氨基酸、氨等产物，并利用这些发酵产物合成微生物蛋白质（microbial protein，MCP）、脂肪和 B 族维生素等。这个过程有些对羊是有利的，有些对羊是不利的。单胃动物不能利用的纤维素和非蛋白氮在微生物作用下可以被羊体所利用。同时，由于瘤胃微生物的作用，其他单胃动物可利用的蛋白氮和糖类也会发生变化，尤其是蛋白质和能量的损失又影响了羊对营养物质的吸收利用。瘤胃微生物发酵对反刍动物蛋白质的供给具有双向调节作用，既能改善劣质饲料的蛋白质品质，同时也会降低优质饲料蛋白质的生物学价值。

瘤胃微生物可以分泌脲酶而水解尿素，并利用生成的氨合成羊生长所需的优质微生物蛋白质（图 2-2）。饲粮中添加尿素在牛、羊养殖中被广泛应用，若饲喂恰当，则是反刍动物很好的氮源。但尿素溶解度很高，在瘤胃中能迅速转化成氨，若大剂量饲喂，在瘤胃中可能积聚大量的氨而引起致命性的氨中毒。

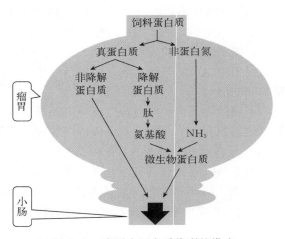

图 2-2　瘤胃内蛋白质代谢的模式

瘤胃微生物合成的蛋白质是羊的必需氨基酸的重要来源（图 2-2）。瘤胃微生物蛋白质的品质一般略低于优质的动物蛋白质，但与豆饼和苜蓿叶蛋白大致相当，而优于大多数谷物蛋白。瘤胃微生物提供的蛋氨酸相对较少，此氨基酸可能是反刍动物的主要限制性氨基酸。

反刍动物对饲料中碳水化合物的消化和吸收是以在瘤胃内生成 VFA 为主，主要是乙酸、丙酸和丁酸（图 2-3），再透过瘤胃壁吸收而被反刍动物利用。饲料中未被瘤胃微生物降解的少量可溶性碳水化合物则在小肠被消化，生成葡萄糖而被小肠吸收。因此，饲料碳水化合物消化的部位以瘤胃为主、小肠为辅。

前胃碳水化合物发酵既有利也有弊，其好处是对宿主动物有显著的供能作用，微生物发酵产生的 VFA 总量的 65%～80% 由碳水化合物产生。植物细胞壁组分经微生物分解后，不但纤维物质变得可用，而且使植物细胞内利用价值高的营养素也得到充分利用。但发酵过程中存在碳水化合物的能量损失，宿主体内代谢需要的葡萄糖大部分由发

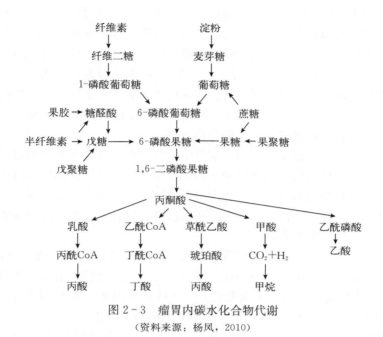

图 2-3 瘤胃内碳水化合物代谢

（资料来源：杨凤，2010）

酵产物经糖原异生供给，使碳水化合物供给葡萄糖的效率显著低于非反刍动物。与非反刍动物不同，反刍动物不能从消化道大量吸收葡萄糖，但反刍动物自身的诸多代谢途径仍需以葡萄糖为主要前体，葡萄糖对于反刍动物仍然具有非常重要的生理作用。反刍动物所需的大部分葡萄糖由瘤胃发酵生成的丙酸通过糖原异生而来。

瘤胃乙酸、丁酸发酵中产生的氢被产甲烷菌利用合成 CH_4，通过嗳气排出体外，以 CH_4 形式损失的能量约占反刍动物饲料总能的 7%，控制 CH_4 的生成是瘤胃发酵调控的重要内容之一。一般来说，饲粮中粗饲料比例越高，瘤胃中乙酸比例越高，CH_4 的产量也相应越高，饲料能量利用效率则越低。而丙酸发酵时可利用氢气，所以当丙酸比例高时，饲料的能量利用效率也相应提高。不过当丙酸比例很高而乙酸比例很低时，乳用反刍动物的乳脂率会下降。

纤维是反刍动物的一种必需营养素，淀粉和中性洗涤纤维（neutral detergent fiber，NDF）是瘤胃微生物生成 VFA 的主要底物。淀粉在瘤胃内的发酵比 NDF 更快、更充分，若饲粮中纤维水平过低，则淀粉迅速发酵，大量产酸，将迅速降低瘤胃液 pH，抑制纤维分解菌活性，严重时可导致酸中毒。适宜的饲粮纤维水平对消除大量进食精饲料所引起的采食量下降、纤维消化率降低、防止酸中毒是必不可缺的。饲粮纤维在瘤胃中发酵所产生的 VFA 是反刍动物主要的能源物质，VFA 能为反刍动物提供能量需要的 70%～80%，可见饲粮纤维发酵对反刍动物能量代谢的重要意义。

经迷走神经和交感神经控制，前胃不停地进行着原发性收缩和继发性收缩，液态食糜直接由瓣胃沟进入皱胃；而固态食糜由瘤网胃初步消化后被挤入瓣胃的叶片之间，由瓣胃收缩将食糜研磨，瓣胃体的收缩使其内的压力升高，网瓣口关闭而瓣皱口开放，瓣胃内部分食糜被推送到皱胃。

3. 皱胃消化 食糜在皱胃中主要进行胃液的化学性消化和胃壁肌肉运动的机械性

消化。皱胃黏膜中有两类分泌腺：一类是外分泌腺，包括贲门腺、泌酸腺和幽门腺；另一类是内分泌腺，散布在胃黏膜中。贲门腺为黏液腺，分泌黏液。泌酸腺由壁细胞、主细胞、黏液颈细胞组成，分别分泌盐酸、胃蛋白酶原、内因子和黏液。幽门腺分泌碱性黏液。胃黏膜中的 G 细胞分泌胃泌素、D 细胞分泌生长抑素、肥大细胞分泌组胺等。胃液的主要成分是这些分泌物的混合物。哺乳期羔羊的主细胞还分泌凝乳酶。纯净的胃液为无色透明的液体，pH 为 0.5~1.5。胃液中无机物包括盐酸、钠离子、钾离子、碳酸氢根等，有机物包括黏蛋白、消化酶和糖蛋白。

盐酸在皱胃消化中具有重要作用。前胃中大量的微生物进入皱胃内遇到盐酸形成的高酸度而被杀灭，菌体蛋白被胃蛋白酶所消化分解。盐酸可以使饲料蛋白质变性而易于消化，还可以激活胃蛋白酶原，使之成为具有生物活性的胃蛋白酶，并且为胃蛋白酶提供适宜的酸性条件。在小肠内，盐酸可以促进胰液、胆汁、小肠液的分泌和胰泌素的释放，也可以促进矿物质的吸收。

皱胃上皮主细胞分泌的无活性的胃蛋白酶原经盐酸或已经被激活的胃蛋白酶激活，即转变为有活性的胃蛋白酶。蛋白酶仅在酸性条件下具有活性，哺乳动物胃蛋白酶的最适 pH 为 2，其活性随 pH 的升高而降低，当 pH 高于 6 时，酶即发生不可逆的变性。胃蛋白酶为内切酶，能够水解蛋白质，另外还有凝乳的作用。

皱胃黏液由表面上皮细胞、黏液颈细胞、贲门腺和幽门腺共同分泌。一般认为黏液的分泌是一种自发的、持续性的。在胃黏膜表面覆盖着约 0.5 mm 厚的黏液层，黏液层和碳酸氢盐组成黏液-碳酸氢盐屏障，在胃液的强酸和蛋白酶的环境下，保护皱胃黏膜不被消化。

皱胃的运动包括容受性舒张、紧张性收缩和蠕动。容受性舒张使胃的容量增加，能够容纳大量的食物；紧张性收缩能使胃维持一定的形状，维持和提高胃内的压力，促使胃液与食糜充分混合，有利于化学性消化；蠕动自胃大弯开始有节律地向幽门方向传播，其意义在于混合食糜，使食物与胃液充分混合，有利于胃液进行化学性消化，并推动食糜向小肠方向运动。

4. 小肠消化　小肠内的消化是营养物质消化过程中最重要的阶段，食糜中大分子营养物质受到胰液、胆汁和肠液的化学性消化，以及小肠运动的机械性消化，被分解成可吸收和利用的小分子物质。

胰腺具有外分泌和内分泌功能，其外分泌物为胰液，由腺泡细胞和导管上皮细胞分泌，经胰腺导管进入十二指肠，这是所有消化液中最重要的一种。胰液为无色透明的液体，pH 为 7.8~8.4，渗透压与血浆相等，胰液中含有水分、电解质和有机物。胰液中最重要的阴离子是碳酸氢根离子，由胰腺小导管上皮细胞分泌，主要作用是中和随食糜进入十二指肠的胃酸，保护肠黏膜免受胃酸的侵蚀，同时也为小肠内的消化酶提供适宜的碱性环境。胰液中的有机成分主要是蛋白质，由胰腺的腺泡细胞分泌，它们是营养物质的最重要消化酶，尤其是蛋白质和脂肪的消化，如果胰液分泌不足，蛋白质和脂肪的消化就不完全。

胰液中分解蛋白质的酶类有肽链内切酶，主要是胰蛋白酶、糜蛋白酶和胰弹性蛋白酶。胰弹性蛋白酶又称胰肽酶，是唯一能够水解硬蛋白质的酶，另外还有肽链端水解酶，如羧肽酶 A 和羧肽酶 B。这些酶均以无活性的酶原形式存在，当胰蛋白酶原受小肠液中的肠致活酶激活时则成为有活性的胰蛋白酶。此外，胃酸、胰蛋白酶本身，以及组织液也能使胰蛋白酶原和其他蛋白酶原激活。胰蛋白酶与糜蛋白酶作用极为相似，都能分解蛋白质。胰蛋白酶、糜蛋白酶和弹性蛋白酶的共同作用可将蛋白质分解为多肽和氨基酸。正常情况下，胰液中的蛋白水解酶并不消化胰腺本身，是因为胰腺中胰蛋白水解酶均以酶原的形式存在。此外，在腺细胞分泌水解蛋白酶时，还分泌少量的胰蛋白酶抑制物，可以和等量分子的胰蛋白酶结合形成无活性的化合物，从而防止由于少量胰蛋白酶原在胰腺内被激活而发生自身消化。

　　胆汁由肝细胞合成并持续分泌，在消化期先经肝管排出，再经胆总管进入十二指肠的胆汁称为肝胆汁。在消化间期由肝管转入胆囊管，进入胆囊，进行浓缩贮存，消化时再由胆囊排到十二指肠的胆汁称为胆囊胆汁。胆汁是具有苦味的有色液体，由水、无机盐、胆汁酸、胆固醇、胆色素、脂肪酸、卵磷脂等组成。胆汁是一种消化液，有乳化脂肪的作用，但不含消化酶。胆汁对脂肪的消化和吸收具有重要作用。胆汁中的胆盐、胆固醇和卵磷脂等可降低脂肪的表面张力，将脂肪乳化成微滴，利于脂肪酶对脂肪的消化；另外，胆盐还可与脂肪酸、甘油一酯等结合，形成水溶性复合物，促进脂肪消化产物的吸收，并能促进脂溶性维生素的吸收。

　　小肠液是由小肠黏膜中的小肠腺分泌，呈弱碱性，pH 为 8～9。小肠液边分泌边吸收，这种液体的交流为小肠内营养物质的吸收提供了媒介。小肠液中除水和电解质外，还含有黏液、免疫蛋白质和两种酶，即肠激酶（激活胰蛋白酶原）和小肠淀粉酶。过去认为小肠液中还含有其他各种消化酶，但现已证明其他各种消化酶并非小肠腺的分泌物，而是存在于小肠黏膜上皮细胞内。它们是将多肽分解为氨基酸的几种肽酶，以及是将双糖分解为单糖的几种单糖酶。当营养物质被吸收入上皮细胞以后，这些酶继续对营养物质进行消化。随着绒毛顶端的上皮细胞脱落，这些消化酶则进入小肠液中。

　　小肠液的作用主要有两个：一是消化食物，即肠激酶和肠淀粉酶的作用；二是保护作用，即弱碱性的黏液能保护肠黏膜免受机械性损伤和胃酸的侵蚀，以及免疫蛋白能抵抗进入肠腔的有害抗原。

　　小肠的物理性消化通过运动方式来实现，小肠运动形式主要有：①紧张性收缩。这是小肠其他运动形式的基础，当小肠紧张性降低时，肠壁给予小肠内容物的压力小，食糜与消化液混合不充分，食糜的推进也慢。反之，当小肠紧张性升高时，食糜与消化液混合充分，食糜的推进也快。它使小肠保持一定的形状和位置，并使肠腔内保持一定压力，有利于消化和吸收。②分节运动。这是一种以环行肌为主的节律性收缩和舒张的运动，主要发生在食糜所在的一段肠管上。进食后，有食糜的肠管上若干处的环行肌同时收缩，将肠管内的食糜分割成若干节段；随后，原来收缩处舒张、原来舒张处收缩，使原来每个节段的食糜分为两半，相邻的两半又各自合拢形成若干新的节段，如此反复进行。分节运动的意义在于使食糜与消化液充分混合，并增加食糜与肠壁的接触，为消化和吸收创造有利条件。此外，分节运动还能挤压肠壁，有助于血液和淋巴的回流。③蠕动。小肠的蠕动通常重叠在节律性分节运动之上，两者经常并存。蠕动的意义在于使分节运动作用后的食糜向前推进，到达一个新肠段，再开始分节运动。小肠蠕动的速度很慢，为 1～2 cm/s，每个蠕动波只把食糜推进约数厘米后即消失。此外，小肠还有一种传播速度很快、传播距离较远的蠕动，称为蠕动冲。它可把食糜从小肠始端一直推送到小肠末端，有时还可至大肠，其速度为 2～25 cm/s。在十二指肠与回肠末端常常出现与蠕动方向相反的逆蠕动。食糜在这两段内来回移动，有利于充分消化和吸收。

经过小肠进一步的物理作用和化学作用，饲料中大部分的可利用营养物质被消化吸收，未被消化的部分则随着小肠的运动被推送到大肠进一步消化。

5. **大肠消化**　大肠的主要功能是进一步吸收食糜中的水分、电解质和其他物质（如氨、胆汁酸等），形成、贮存和排泄粪便；同时，还有一定的分泌功能，如杯状细胞分泌的黏液蛋白，能保护黏膜和润滑粪便，使粪便易于下行，保护肠壁，防止其受到机械损伤，并免遭细菌侵蚀。反刍动物的盲肠和结肠内可以消化的纤维素占饲料总量的 $15\%\sim20\%$，其终产物 VFA 可经肠壁被吸收利用，未被小肠消化的蛋白质和糖也可以被细菌进一步分解，分解蛋白质、氨基酸所产生的氨被吸收后生成尿素，一部分再由血液扩散到瘤胃，被瘤胃微生物重新利用而合成蛋白质。因此，大肠对氨的利用很重要，是反刍动物消化的一个重要方面。

动物对饲料的消化虽然是在各消化器官中分别进行的，但在整体条件下，各消化器官的机能密切相关，消化机能与机体的其他机能系统相互协调，因此动物的消化是一个有序的、整体性的生理过程。

第五节　营养物质的吸收与利用

羊对营养物质的需求与其他反刍动物一样，主要包括蛋白质、碳水化合物、脂肪、矿物质和维生素等。

一、蛋白质

与单胃动物相比，除正在生长发育的幼羊和繁殖的母羊对饲粮中必需氨基酸的需求较严格外，其他生长阶段的羊对蛋白质的要求不甚严格。瘤胃微生物可同时利用蛋白氮和 NPN 合成 MCP。瘤胃微生物分泌的酶能将饲料中的蛋白质水解为肽、氨基酸和氨，也可将饲料中的 NPN（如尿素）水解为氨。在一定条件下，微生物可以利用这些分解产物（肽、氨基酸和氨）合成微生物蛋白，即瘤胃微生物可将生物学价值较低的植物性蛋白质和几乎无生物学价值的 NPN 转化为生物学价值较高的微生物蛋白。饲料中的可消化蛋白质约有 70% 在瘤胃中被水解，其余则进入小肠被消化吸收。饲料蛋白质在瘤胃中被消化的数量主要取决于降解率和通过瘤胃的速度。NPN（如尿素）等在瘤胃中分解的速度相当快，几乎全部在瘤胃中分解。影响瘤胃 MCP 合成量的主要因素是饲料中总氮含量、蛋白质含量，以及可发酵能的浓度、硫、一些微量元素。在放牧吃青草时，羊一般不缺乏必需氨基酸。在枯草期的冬、春季节，当饲草料中蛋白质含量低时，可能会缺乏氨基酸，因此应注意给羊补充蛋白质饲料。

二、碳水化合物

饲料中的碳水化合物是供羊维持和生产的主要能源物质。当碳水化合物摄入不足时，就要运用体内的脂肪甚至蛋白质来供应热能，此时羊表现为体况消瘦，不能正常生产和繁殖；反之，当碳水化合物过剩时，就以脂肪的形式蓄积于体内，此时羊表现为增肥。一般情况下，80%～85%的可消化碳水化合物在瘤胃中被分解。虽然 CF 的营养价值很低，但对羊却极其重要，羊对纤维素的消化能力比其他家畜强，这也是羊在荒漠、半荒漠、灌木丛生的山区等环境中可得以生存和生产的主要原因。中农科反刍动物团队的研究表明，25～35 kg 肉用绵羊日粮中最适宜 NDF 水平为 33%（张立涛等，2013a），35～50 kg 肉用绵羊日粮中最适宜 NDF 水平为 42%（张立涛等，2013b）。

三、脂肪

饲料中的脂肪也是供给羊热能的一个来源。羊的主要饲草是牧草，但牧草所含脂肪大部分是不饱和脂肪酸，而羊体内脂肪大多由饱和脂肪酸构成，且相当数量是反式异构体和支链脂肪酸。羊的瘤胃能够使不饱和脂肪酸氢化形成饱和脂肪酸，并且是将顺式结构的脂肪酸转化为反式结构的脂肪酸的主要部位。合理搭配精粗比例的饲粮中一般不缺乏脂肪。

四、矿物质

在诸多矿物质元素中，动物对钙、磷的需要量最大。特别需要指出的是，硫元素是构成山羊绒、毛不可缺少的物质，足量的硫对于提高绒毛产品和质量具有重要作用。缺硫时，可发生流涎、虚弱、食欲不振、消瘦、绒毛枯黄等现象。每日补充 5～7 g 的 0.5%硫酸铜（混于食盐中饲喂）可以满足羊对硫的需求。钴是羊瘤胃微生物合成维生素 B_{12} 的原料，正常情况下每日需钴 0.1～1 mg。

五、维生素

瘤胃微生物在发酵过程中可以合成维生素 B_1、维生素 B_2 和维生素 K。成年羊一般不会缺乏这几种维生素。影响瘤胃维生素合成 B 族维生素的主要因素是饲料中的氮、碳水化合物和钴的含量。饲料中氮含量高则 B 族维生素的合成量也多，但是氮来源不同时不同 B 族维生素的合成情况也不同。碳水化合物中淀粉的比例增加，可提高 B 族维生素的合成量。给羊补饲钴，可增加维生素 B_{12} 的合成量。一般情况下，瘤胃微生物合成的 B 族维生素可以满足羊在不同生理状况下的需要。

通常羊饲养标准中只列出了维生素 A、维生素 D 和维生素 E 的需要量。生产实践中，饲喂足量青干草、青贮饲料或青绿饲料时，成年羊所需要的各种维生素基本能得到满足。初生至断奶阶段羔羊的瘤胃发育尚不完全，瘤胃发酵功能不完善，对维生素的需要则与单胃动物相似。研究表明，维生素 A 和维生素 E 缺乏均可导致舍饲羊发生异食癖，影响瘤胃正常发酵，并降低采食量、日增重和饲料转化率（眭丹，2014）。维生素 A、维生素 D 和维生素 E 还与母羊繁殖性能和胚胎发育密切相关，可通过调节细胞分化和增殖或调节特定基因的转录而直接影响胚胎发育（罗海玲和葛素云，2010）。另外，维生素 A 还能提高妊娠母羊的免疫机能和羔羊出生重，以及断奶羔羊的免疫机能（王平，2011）。

本　章　小　结

与其他家畜相比，羊有合群的特点，以及喜清洁、干燥环境等习性。了解羊的这些生活习性是高效养殖肉羊的基础。另外，作为反刍家畜，羊在消化生理上的最大特点就是有一个体积庞大的瘤胃。瘤胃相当于一个微生物发酵罐，其中的微生物对羊所摄入饲粮中的碳水化合物、蛋白质、脂肪等有机物进行降解，与此同时微生物也利用降解产物合成微生物蛋白质和脂类等，从而导致羊从小肠消化和吸收的营养物质的数量和质量与其所采食的饲粮中的营养物质完全不同。了解这些消化生理特点，是实现羊的日粮科学配制、充分满足羊对能量和各种营养物质的需要、充分发挥羊的生产潜力的前提。

⏩ 参考文献

柴建民，王海超，刁其玉，等，2015. 断奶时间对羔羊生长性能和器官发育及血清学指标的影响 [J]. 中国农业科学，48（24）：4979-4988.

丁静美，邓凯东，成述儒，等，2016. 反刍动物饲粮纤维组分与甲烷排放的研究进展 [J]. 家畜生态学报，37（11）：1-5.

冯仰廉，2004. 反刍动物营养学 [M]. 北京：科学出版社.

胡伟莲，2005. 皂苷对瘤胃发酵与甲烷产量及动物生产性能影响的研究 [D]. 杭州：浙江大学.

罗海玲，葛素云，2010. 羊营养对繁殖机能的影响研究进展 [C]//饲料营养研究进展，中国畜牧兽医学会动物营养学分会专题资料汇编.

乔国华，单安山，2005. 不同酵母培养物对奶牛瘤胃发酵产气的影响 [J]. 饲料博览（8）：4-6.

睢丹，2014. 矿物质与维生素缺乏引起舍饲滩羊异食癖发生机理的研究 [D]. 银川：宁夏大学.

王平，2011. 维生素 A 对不同生理阶段济宁青山羊生产性能和血液指标影响的研究 [D]. 泰安：山东农业大学.

杨凤，2010. 动物营养学 [M]. 2 版. 北京：中国农业出版社.

岳喜新，2011. 蛋白水平及饲喂量对早期断奶羔羊生长性能及消化代谢的影响 [D]. 阿拉尔：塔里木大学.

张立涛，李艳玲，王金文，等，2013a. 不同中性洗涤纤维水平饲粮对肉羊生长性能和营养成分表观消化率的影响 [J]. 动物营养学报，25（2）：433-440.

张立涛，王金文，李艳玲，等，2013b. 35～50 kg 黑头杜泊羊×小尾寒羊 F_1 代杂交羊饲粮中适宜 NFC/NDF 比例研究 [J]. 中国农业科学，46（21）：4620-4632.

赵一广，刁其玉，邓凯东，等，2011. 反刍动物甲烷排放的测定及调控技术研究进展 [J]. 动物营养学报，23（5）：726-734.

Anderson R C, Huwe J K, Smith D J, et al, 2010. Effect of nitroethane, dimethyl - 2 - nitroglutarate and 2 - nitro - methyl - propionate on ruminal methane production and hydrogen balance *in vitro* [J]. Bioresource Technology, 101（14）：5345-5349.

Animut G, Puchala R, Goetsch A L, et al, 2008. Methane emission by goats consuming diets with different levels of condensed tannins from lespedeza [J]. Animal Feed Science and Technology, 144 (3/4): 212 - 227.

Beijer W H, 1952. Methane fermentation in the rumen of cattle [J]. Nature, 170: 576 - 577.

Berg M M, Yeoman C J, Chia N, et al, 2012. Phage - bacteria relationships and CRISPR elements revealed by a metagenomic survey of the rumen microbiome [J]. Environmental Microbiology, 14 (1): 207 - 227.

Callaway T, Carneiro D M A, Russell J, 1997. The effect of nisin and monensin on ruminal fermentation *in vitro* [J]. Current Microbiology, 35 (2): 90 - 96.

Chaucheyras F, Fonty G, Gouet P, et al, 1996. Effects of a strain of *Saccharomyces cerevisiae* (Levucell® SC), a microbial additive for ruminants, on lactate metabolism *in vitro* [J]. Canadian Journal of Microbiology, 42 (9): 927 - 933.

Domingue B M F, Dellow D W, Wilson P R, et al, 1991. Comparative digestion in deer, goats, and sheep [J]. New Zealand Journal of Agricultural Research, 34 (1): 45 - 53.

Eckard R J, Grainger C, de Klein C A M, 2010. Options for the abatement of methane and nitrous oxide from ruminant production: a review [J]. Livestock Science, 130 (1/3): 47 - 56.

Foley P A, Kenny D A, Callan J J, et al, 2009. Effect of DL - malic acid supplementation on feed intake, methane emission, and rumen fermentation in beef cattle [J]. Journal of Animal Science, 87 (3): 1048 - 1057.

Hobson P N, Stewart C S, 1997. The rumen microbial ecosystem [M]. 2nd ed. New York: Blackie Academic and Professional.

Huang X D, Liang J B, Tan H Y, et al, 2010. Molecular weight and protein binding affinity of Leucaena condensed tannins and their effects on *in vitro* fermentation parameters [J]. Animal Feed Science and Technology, 159 (3/4): 81 - 87.

Jami E, Israel A, Kotser A, et al, 2013. Exploring the bovine rumen bacterial community from birth to adulthood [J]. ISME Journal, 7 (6): 1069 - 1079.

Janssen P H, Kirs M, 2008. Structure of the archaeal community of the rumen [J]. Applied and Environmental Microbiology, 74 (12): 3619 - 3625.

Jayanegara A, Togtokhbayar N, Makkar H P S, et al, 2009. Tannins determined by various methods as predictors of methane production reduction potential of plants by an *in vitro* rumen fermentation system [J]. Animal Feed Science and Technology, 150 (3/4): 230 - 237.

Kim M, Morrison M, Yu Z, 2011. Status of the phylogenetic diversity census of ruminal microbiomes [J]. FEMS Microbiology Ecology, 76 (1): 49 - 63.

Kirschke S, Bousquet P, Ciais P, et al, 2013. Three decades of global methane sources and sinks [J]. Nature Geoscience, 6 (10): 813 - 823.

Krause D O, Nagaraja T G, Wright A D, et al, 2013. Board - invited review: rumen microbiology: leading the way in microbial ecology [J]. Journal of Animal Science, 91 (1): 331 - 341.

Kumar S, Puniya A, Puniya M, et al, 2009. Factors affecting rumen methanogens and methane mitigation strategies [J]. World Journal of Microbiology and Biotechnology, 25 (9): 1557 - 1566.

Lee S, Hsu J, Mantovani H, 2002. The effect of bovicin HC5, a bacteriocin from *Streptococcus bovis* HC5, on ruminal methane production *in vitro* [J]. FEMS Microbiology Letters, 217 (1): 51 - 55.

Lyford S J, 1988. Growth and development of the ruminant digestive system [J]. The ruminant animal: digestive physiology and nutrition (DC Church, ed.) . Prentice Hall, Inc. Englewood Cliffs, New Jersey: 44 - 63.

Mao H, Wang J, Zhou Y, et al, 2010. Effects of addition of tea saponins and soybean oil on methane production, fermentation and microbial population in the rumen of growing lambs [J]. Livestock Science, 129 (1/3): 56 - 62.

Mosoni P, Martin C, Forano E, et al, 2011. Long - term defaunation increases the abundance of cellulolytic ruminococci and methanogens but does not affect the bacterial and methanogen diversity in the rumen of sheep [J]. Journal of Animal Science, 89 (3): 783 - 791.

Moss A R, Givens D I, 2002. The effect of supplementing grass silage with soya bean meal on digestibility, *in sacco* degradability, rumen fermentation and methane production in sheep [J]. Animal Feed Science and Technology, 97 (3/4): 127 - 143.

Ozkose E, Thomas B J, Davies D R, et al, 2001. *Cyllamycesaberensis gen. nov.* sp. *nov.* , a new anaerobic gut fungus with branched sporangiophores isolated from cattle [J]. Canadian Journal of Botany - Revue Canadienne de Botanique, 79 (6): 666 - 673.

Russell J B, Rychlik J L, 2001. Factors that alter rumen microbial ecology [J]. Science, 292 (5519): 1119 - 1122.

Saengkerdsub S, Kim W, Anderson R C, et al, 2006. Effects of nitrocompounds and feedstuffs on *in vitro* methane production in chicken cecal contents and rumen fluid [J]. Anaerobe, 12 (2): 85 - 92.

Wang C J, Wang S P, Zhou H, 2009. Influences of flavomycin, ropadiar, and saponin on nutrient digestibility, rumen fermentation, and methane emission from sheep [J]. Animal Feed Science and Technology, 148 (2/4): 157 - 166.

Wood T A, Wallace R J, Rowe A, et al, 2009. Encapsulated fumaric acid as a feed ingredient to decrease ruminal methane emissions [J]. Animal Feed Science and Technology, 152 (1/2): 62 - 71.

Xu M, Rinker M, McLeod K R, et al, 2010. Yucca schidigera extract decreases *in vitro* methane production in a variety of forages and diets [J]. Animal Feed Science and Technology, 159 (1/2): 18 - 26.

第三章

肉羊能量代谢与需要

第一节 概 述

能量定义为做功的能力。动物维持、生长、繁殖和生产等所有生命活动都需要能量驱动，因此能量对于动物而言是最重要的营养因素。各种动物的营养需要标准均先以能量为基础，再考虑蛋白质或氨基酸、必需脂肪酸、维生素和矿物质的需要量。

动物可利用贮存于饲料有机营养物质（葡萄糖、脂肪或氨基酸）化学键中的化学能，化学键断裂时所释放的能量在动物体内转化为热能或机械能（肌肉活动），也可以蛋白质和脂肪的形式沉积在体内或产品中。饲料中的能量不能完全被动物利用，在动物体内的代谢过程中不可避免地会有损失，其中可被动物利用的能量称为有效能。动物生产的最终目的是使家畜以最高效率将摄取的能量贮存于机体有机营养物质（蛋白质、脂肪和碳水化合物）中。

饲料能量在动物体内的代谢遵循能量守恒定律（热力学第一定律），即能量在转化的过程中总量保持不变，只是从一种形式转化为其他形式。能量守恒定律是评定饲料有效能及研究动物对饲料能量的利用和动物对有效能需要量的基本理论依据。

饲料能量是根据养分在氧化过程中所释放的热量而得以测定，并以能量单位表示。能量的国际单位为"焦耳"（Joule，简写为 J），常用千焦耳（kJ）或兆焦耳（MJ）表示；能量的传统热量单位为"卡路里"（calorie，简写为 cal），常用千卡（kcal）或兆卡（Mcal）。两者的换算关系为：1 cal≈4.184 J。

饲料能量在动物体内经过一系列的代谢转化，不可避免地在营养物质的采食、消化、吸收和代谢过程中产生损失，因此饲料营养物质所含的化学能并不能完全转化为动物可利用的有效能。根据代谢过程，可将饲料能量划分为总能、消化能、代谢能和净能（图 3-1）。

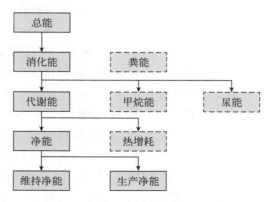

图 3-1 饲料能量在动物体内的转化

一、总能

饲料中有机物完全氧化燃烧所释放的能量为总能（gross energy，GE），是饲料中碳水化合物、蛋白质和脂肪的能量总和，这三种有机营养物质的能值为：碳水化合物 17.50 MJ/kg、蛋白质 23.64 MJ/kg、脂肪 39.54 MJ/kg。因此，饲料 GE 取决于碳水化合物、蛋白质和脂肪的含量及比例。常见饲料原料的 GE 值见表 3-1。

表 3-1　常见饲料原料的总能（MJ/kg DM）

玉米	麦麸	豆粕	羊草	豆秸秆	稻草秸秆	玉米秸秆	小麦秸秆	玉米秸青贮
18.4	18.8	23.0	18.3	18.1	16.0	17.0	17.2	17.5

饲料的 GE 取决于其氧化的程度，即碳加氢与氧的比率。所有的碳水化合物都有相似的比率，因此具有相似的 GE（约为 17.5 MJ/kg DM）；而甘油三酯含有相对少的氧，因此 GE（约为 39 MJ/kg DM）远高于碳水化合物；各种脂肪酸因碳链的长度不同而在 GE 上有所差异，短链脂肪酸的能值含量较低。蛋白质含有额外的可氧化的元素——氮（有的蛋白质中还含有硫），因此蛋白质的能值高于碳水化合物。甲烷能值很高是因为其完全由碳和氢组成。

GE 仅反映饲料中贮存的化学能总量，而与动物无关，不能反映动物对能量的利用情况。例如，燕麦秸秆和玉米具有相同的 GE，但二者对动物的营养价值却相差巨大。因此，GE 不能准确反映动物对饲料能量的利用情况，但却是评定饲料有效能的基础。

二、消化能

动物摄入饲料 GE 后，一部分被吸收，其余未消化的能量由粪便排出体外。消化能（digestible energy，DE）是饲料可消化养分所含的能量，即动物摄入饲料的总能与粪能（fecal energy，FE）之差。此时计算的消化能称为表观消化能。实际上，粪中的消化道微生物及其代谢产物、消化道分泌物和经消化道排泄的代谢产物、消化道黏膜脱落细胞均为含能物质，这三者所含的能量称为代谢粪能（metabolizable fecal energy，MFE），从 FE 中减去 MFE 后为饲料的真消化能。真消化能所反映的饲料能值比表观消化能更为准确，但难以测定，故营养学研究中多用表观消化能。

通常 FE 是饲料 GE 最大的损失途径，损失比例因动物种类和饲料类型不同而异。绵羊，采食高精饲料饲粮时，FE 占饲料 GE 比例为 20%～30%，采食粗饲料时则为 40%～50%，而采食劣质粗饲料时可达 60%。肉用绵羊的研究表明，预测 FE 的最准确单一变量为饲粮（NDF）的含量（刘洁等，2012）：

$$FE（MJ/kg\ DM）=1.546+0.116×NDF\ (r^2=0.948)$$

随着反刍动物采食量的增加，饲料在瘤胃的停留时间缩短，通过消化道的流通速度增加。因此，FE 往往会随采食量的提高而增加，但 DE 降低。

三、代谢能

代谢能（metabolizable energy，ME）是指饲料 DE 减扣尿能（energy in urine，UE）及甲烷能（methane energy，CH_4 - E）后剩余的能量，即

$$ME=DE-(UE+CH_4 - E)=GE-FE-UE-CH_4 - E$$

UE 和 CH_4 - E 可准确预测，因此通常可以由饲料 DE 预测 ME，即 $ME=a×DE$，a 为 0.81～0.86，即 14%～19% 的 DE 经尿和 CH_4 而损失。除高精饲料饲粮外，其他饲粮均可用 a 为 0.81 或 0.82，如英国农业和食品研究委员会（AFRC，1993）用 $DE×0.81$ 预测 ME，而美国国家科学研究委员会（NRC，2007）则用 $DE×0.82$ 预测 ME。

1. 尿能 尿能（urinary energy，UE）是尿中的能量总量，主要来自机体蛋白质的代谢产物，如尿素、尿酸、肌酐等。反刍动物尿中主要的含氮有机物为尿素，每克尿氮的能值为 31 kJ。反刍动物 UE 的损失量比较稳定，占 GE 摄入量的 4%～5%。我国肉用杂交绵羊在自由采食精粗比为 45：55（精饲料为玉米、豆粕；粗饲料为羊草）的全混合饲粮时，UE 占 GE 摄入量的含量为 2.8%～3.2%（Deng 等，2013，2014；Xu 等，2015；Ma 等，2016）。当肉用杂交绵羊限饲精粗比变化范围为 0：100 至 88：12 的全混合饲粮时，UE 占 GE 摄入量的含量为 2.7%～5.0%（刘洁等，2012）。

影响 UE 损失的因素主要是饲料组分，特别是蛋白质水平、氨基酸平衡状况及抗营养因子含量。饲料蛋白质水平增高、氨基酸不平衡、氨基酸过量或能量不足导致氨基酸脱氨供能增加，均可提高尿氮排泄量，从而增加 UE 损失、降低 ME。若饲料含有芳香油，动物吸收后经代谢脱毒产生马尿酸，并从尿中排出，也会增加 UE 损失。对我国肉用杂交绵羊的研究发现，UE 与饲粮中蛋白质含量高度相关，且预测 UE 的最准确单一变量为饲粮中粗蛋白质（crude protein，CP）含量（刘洁等，2012）：UE（MJ/kg DM）$=0.172+0.030×CP$（$r^2=0.772$）。

UE 的测定需要使用代谢笼。羊用代谢笼由笼体、饲槽、水槽、承粪板和粪尿分离装置组成。动物排泄的粪、尿先经笼体底部的漏缝落入承粪板，再经粪尿分离器将粪和尿进行分离，从而可以分别收集粪、尿，避免粪、尿的相互污染，实现粪、尿能值和营养成分的准确测定。

2. 甲烷能 反刍动物产生的 CH_4 是由瘤胃微生物发酵经呼吸和肛门排出，其能值为 39.54 kJ/L。反刍动物排出的 CH_4 造成了饲料能量的损失。绵羊 CH_4 产量的常用活体测定方法包括开路式呼吸代谢面罩法（Fernández 等，2012；López 和 Fernández，2013）、开路式呼吸代谢头箱法（Deng 等，2012，2013，2014；刘洁等，2012；赵一广等，2012；Xu 等，2015；Ma 等，2016；彩图 3A）和开路式呼吸代谢室法（陈丹丹等，2014a，2014b；楼灿等，2014；彩图 3B）。

呼吸代谢室法的基本原理是将动物置于密闭的呼吸室内，通过测定由呼吸室中排出到空气中的 CH_4 浓度和排出空气的流量计算 CH_4 的排放量。该法可收集和测定动物经口、鼻和肛门排出的 CH_4，但测定的准确性与排出空气流量和呼吸室内空气的置换率密切相关，且测定成本较高。呼吸代谢头箱法和面罩法的原理与呼吸代谢室法相同，但成本较低，操作较简便。用呼吸代谢头箱法测定时，用颈枷或类似装置将动物头部固定

于头箱内，可收集和测定经动物口、鼻排出的 CH_4；但倘若动物未经充分训练，或头部固定装置不适宜，则易导致动物应激而影响 CH_4 测定的准确性。采用面罩法时，动物口、鼻只有被面罩罩住，才可收集和测定动物经口、鼻排出的 CH_4。但此法影响动物的自由采食和饮水，因而无法实现 CH_4 的全天连续测定。绵羊的 CH_4 产率并不恒定，通常在饲喂后出现 CH_4 排放高峰（Pinares-Patiño 等，2011），结果面罩法测定的 CH_4 产量误差较大。相比而言，开路式呼吸代谢头箱法和呼吸代谢室法可实现 CH_4 的全天连续测定，因此相对较准确。

同位素示踪技术研究表明，绵羊瘤胃和大肠内微生物发酵生成的 CH_4 分别约占 CH_4 总产量的 90% 和 10%（Murray 等，1976）。瘤胃内生成的 CH_4 最终通过嗳气经口、鼻排出体外；大肠内生成的 CH_4 约有 89% 先经肠道被吸收入血，再由肺经呼吸排出体外，其余的 11% 经肛门排出体外。因此，绵羊消化道内生成的 CH_4 约有 99% 经口、鼻排出，仅有 1% 经肛门排出（Murray 等，1976）。以呼吸代谢头箱法测定的从口、鼻排出的 CH_4 产量与以呼吸代谢室法同时收集从呼吸和肛门排出的 CH_4 产量非常相近，对饲粮 ME 评定的影响亦可忽略不计（Deng 等，2014）。

我国生长期肉用杂交绵羊在自由采食精粗比为 45:55（精饲料为玉米、豆粕；粗饲料为羊草）的全混合饲粮时，体重 20~35 kg 阶段以呼吸代谢头箱法测定的 CH_4 产量为 52.6~60.2 L/d，CH_4-E 占 GE 摄入量的 7.5%~8.9%（Xu 等，2015；Ma 等，2016）；体重 35~50 kg 阶段，CH_4 产量为 63.2~74.2 L/d，CH_4-E 占 GE 摄入量的 8.1%~8.6%（Deng 等，2013，2014）。另外，成年肉用杂交绵羊限制饲喂（日采食 1.2 kg 风干物）以玉米、豆粕和羊草为主，精粗比变化范围为 8:92 至 64:36 的全混合饲粮时，CH_4 产量为 23.8~29.0 L/d，CH_4-E 占 GE 摄入量的 4.7%~6.0%（赵一广等，2012）。

反刍动物的 CH_4 产量主要与饲养水平及饲料特性有关（Hristov 等，2013；Ramin 和 Huhtanen，2013；赵一广等，2011），包括采食量、饲粮粗饲料含量和脂肪含量等因素。

（1）采食量 许多研究表明，CH_4 排放与干物质采食量（dry matter intake，DMI）呈正相关。然而，随着采食量的增加，单位采食量的 CH_4 排放却呈下降趋势。这可能是由于采食量高而导致瘤胃食糜通过率高，降低了养分在瘤胃内的停留时间，从而减少了产甲烷菌发酵生成 CH_4 的时间。另外，CH_4-E 占 GE 比例随动物采食量增加而下降。例如，在生长肉用绵羊中，当采食量由维持水平分别提高至自由采食水平的 70% 和 100% 时，CH_4-E 占 GE 摄入量的比例由 8.8% 分别降至 7.6% 和 7.5%（Xu 等，2015；Ma 等，2016）。当不能直接测定 CH_4 产量时，通常可以用 GE 摄入量的 8% 估测。Blaxter 和 Clapperton（1965）总结了 48 种饲料的研究结果，提出了通过总能采食量（gross energy intake，GEI）和饲料消化率预测反刍动物 CH_4 产量的公式：

$$CH_4 = 1.30 + (0.112 \times D) - L \times (2.37 - 0.050 \times D)$$

式中，D 为维持饲喂水平的 GE 消化率，L 为实际 DE 采食水平相对于维持饲喂水平 DE 的倍数。

（2）饲粮粗饲料含量 饲粮中粗饲料含量高，则 CH_4 产量较高，CH_4-E/GE 摄入量的值亦较高。奶牛的 CH_4 排放与可消化中性洗涤可溶物、半纤维素及纤维素显著相关（Moe 等，1979）。肉牛的甲烷排放则与瘤胃内 NDF 和酸性洗涤纤维（acid detergent fiber，ADF）降解量呈显著线性相关（韩继福等，1997）。对肉用杂交绵羊的研究也表明，CH_4 排放与饲粮中 NDF 和 ADF 的相关性最强（赵一广等，2012）。李春华等（2010）提出，粗纤维（crude fiber，CF）对 CH_4 排放的贡献占排放总量的 60%，无氮浸出物和 CP 分别占 30% 和 10%，而 CF 对于 CH_4 产量的影响主要是由于高纤维饲粮加强了产甲烷菌的共生关系。高纤维含量的细胞壁发酵乙酸/丙酸提高，伴随较高的甲烷能损失；而可溶性碳水化合物发酵，CH_4 能损失则相对较低。相反，提高饲粮精饲料含量，瘤胃发酵中乙酸的比例降低，丙酸比例升高，从而降低了 CH_4 的排放和 $CH_4 - E$ 占 GEI 的比值。

（3）饲粮脂肪含量　饲粮中添加动植物脂肪及高级脂肪酸可改变瘤胃内 VFA 的比例，抑制 CH_4 的产生。脂肪对瘤胃原虫具有抑制作用，而多数产甲烷菌附着于原虫细胞表面，与原虫存在互利共生关系。产甲烷菌通过与原虫的种间氢传递将 H_2 还原为 CH_4，因此抑制原虫生长可间接减少 CH_4 的产生。一些中链脂肪酸则通过直接抑制产甲烷菌而降低 CH_4 的生成。长链脂肪酸可以降低纤维物质消化率，在奶牛饲粮中添加富含长链脂肪酸的葵花籽、亚麻籽和油菜籽等可有效降低甲烷产量。饲粮中不饱和脂肪酸在瘤胃内的生物氢化过程中，也可竞争利用生成甲烷的底物 H_2，从而降低甲烷的产生。

四、净能

净能（net energy，NE）是饲料中用于动物维持生命和生产产品的能量，即饲料 ME 减扣饲料在体内的热增耗（heat increment，HI）后剩余的能量：$NE = ME - HI = GE - DE - UE - CH_4 - E - HI$。

HI 又称为特殊动力作用或食后增热，是指动物在采食、消化、吸收和代谢营养物质的过程中消耗能量后的产热量，最终以热的形式散失。HI 主要源于消化道运动、消化液分泌、营养物质代谢、肾脏排泄活动和肝脏的合成代谢等。

根据体内的代谢和作用，NE 可分为维持净能（NE_m）（net energy for maintenance，NE_m）和生产净能（net energy for production，NE_p）。NE_m 指用于维持生命活动、随意运动和维持体温恒定的能量；NE_m 最终以热的形式散失，因此动物的产热量（heat production，HP）即为 HI 和 NE_m 之和。饲料提供的 NE 超出维持需要的部分即 NE_p，用于不同形式的生产，如增重、产奶和产毛等。动物生长（产）所需要的能量主要用于脂肪、蛋白质和乳糖的合成，而合成这些物质的效率各不相同。幼龄动物主要是在新生的组织蛋白中贮存能量，而成年动物则在脂肪中沉积能量，泌乳动物则将饲料能量转化成乳成分中的能量，其他形式的生产还包括羊毛的形成等。

第二节　肉羊能量研究及进展

一、现行能量体系

能量体系是反映动物能量摄入量与动物生产性能之间关系的一整套规则，主要包括饲料能值、动物对能量的需要量，以及二者之间的相互转换关系。由于饲料资源及肉羊绵羊品种的差异，因此世界各国采用的能量体系也不尽相同。根据能量在动物体内代谢过程中的不同去路，饲料能量被剖分为 GE、DE、ME 和 NE。在确定饲料能量对动物的营养价值时，ME 比 DE 更准确，因为其不仅考虑了 UE 损失，也考虑了饲料在消化过程中产生的甲烷能。在理论上，反映动物能量需要量的最准确指标是 NE，但是 NE 的测定需要准确测量动物机体 HP，所需仪器设备成本较高，技术难度大。

鉴于 NE 可以更准确地反映能量在动物体内的代谢去向，既可以用来计算动物达到某种生产水平时所需要的能量，也可以预测动物摄入不同能量时所能达到的生产水平，因此 NE 体系是评定动物能量需要量最准确的方法。但因为在很多情况下，ME 较 NE 更易测定，所以一些国家仍然普遍采用 ME 体系。

国外对肉用绵羊的营养物质代谢规律及营养需要进行了大量细致的研究。1953 年 NRC 首次推出绵羊营养需要量，1965 年 AFRC 进一步完善了绵羊饲喂标准。此后，畜牧业发达国家相继制定了本国的营养需要量标准，并随着研究的深入不断修订和完善，如美国、英国、法国、澳大利亚等。这些需要量标准均针对本国的绵山羊品种、饲料资源及生态环境特点，提出了不同生理阶段、不同管理条件、不同生产水平下动物对能量、蛋白质、矿物质和维生素的需要量。

国内外现行的绵羊能量需要量指标见表 3-2。英国于 1965 年最早采用 ME 作为反刍动物的能量需要量指标，目前英国和澳大利亚均以 ME 作为绵羊能量需要量的唯一指标。法国则以 NE 作为绵羊能量需要量的指标，是以饲料单位表示的。美国同时将 ME 和 NE 列为绵羊能量需要量的指标，另外还包括总可消化养分。在 NRC 中，NE 需要量被进一步剖分为 NE_m 和生长净能（net energy for grouth，NE_g）需要量。2004 年我国颁布了农业行业标准《中国肉羊饲养标准》（NY/T 816—2004），提出了绵羊和山羊对饲粮 DMI、DE、ME、CP、维生素、矿物质元素的需要量。该标准采用了 DE 和 ME 为能量指标，但未包括 NE。

表 3-2 绵羊能量需要量的指标

营养需要体系	能量指标
INRA（1989）	NE
AFRC（1993）	ME
CSIRO（2007）	ME
NRC（2007）	ME、NE、TDN
中国肉羊饲养标准（NY/T 816—2004）	DE、ME

注：INRA 指法国农业科学研究院（Institut National de la Recherche Agronomique）；CSIRO 指澳大利亚联邦科学与工业研究组织（Commonwealth Scientific and Industrial Research Organisation）；TDN 指总可消化养分（total digestible nutrient）。

饲料 ME 的利用效率随 ME 浓度与消耗 ME 的不同功用而变化，如维持利用效率（k_m）、生长利用效率（k_g）、产奶利用效率（k_1）和妊娠利用效率（k_f）等。通常 k_m 高于 k_g 和 k_1，而 k_f 最低。由于 k_m、k_g 随饲粮 ME 浓度而变化，因此针对不同生产目的，同种饲料有不同的 NE；相反，饲料只有单一 ME 值，并更易于对诸如干物质消化率、有机物消化率等消化代谢指标进行预测。

　　饲料中所含的能量最终被动物用于维持生命的生理功能及不同的生产目的（如生长、妊娠、产奶和产毛等），因此 NE 是最准确描述饲料能量价值和动物能量需要量的参数。然而，饲料的 NE 不易直接测定，而 ME 可通过消化代谢试验和呼吸代谢试验而被准确测定，即饲料 GE 除去 FE、UE 和 $CH_4 - E$ 后的差值即为 ME，因此现行四种绵羊营养需要量标准均先以 ME 作为饲料能值评定的基本指标，再用 ME 与其利用效率相乘计算饲料的 NE。

　　不论采用 NE 或 ME 能量体系，现行绵羊营养需要量均以析因法计算能量需要量，即 NE 或 ME 需要剖分为维持需要和生产（增重、产毛、妊娠和产奶）需要。

二、能量需要量的研究方法

　　动物的能量需要可通过饲养试验、绝食代谢试验、比较屠宰试验和碳氮平衡试验等方法确定，这些方法各有优缺点。将比较屠宰试验、消化代谢试验、气体代谢试验相结合，对肉用绵山羊能量需要量进行系统性、综合性研究，是当前应用最广泛的研究方法。

（一）饲养试验

　　维持能量需要可以通过长期的饲养试验进行测定。在饲养试验中，用已知营养物质含量的饲粮饲喂动物，使动物的能量摄入量只使其体重保持恒定的水平，通过测定能量采食量和体重，即可估测动物的维持能量需要。显然，此方法不适用于生长、妊娠和泌乳动物。

　　饲养试验的设计和执行难度不高，因此往往是研究动物能量需要量最简便的方法，但由于体重等关键测定指标的不确定性，因此试验的准确性较差。例如，体重的变化不能准确反映机体内能量沉积。首先，体重常受到消化道或膀胱内容物的影响；其次，在体重恒定的情况下，仍然无法确保机体内水分、蛋白质、脂肪和矿物质的沉积与分解处于动态平衡之中，因此体内能量沉积有可能会在很大范围内变化。

（二）绝食代谢试验

　　由于动物的基础代谢只有在理想条件下（空腹、绝对安静、静卧及放松状态等）才能准确测定，因此在实际条件下，通常以动物的绝食代谢代替基础代谢。绝食代谢是指动物绝食一定时间，达到空腹条件时所测得的能量代谢。

　　绝食产热量通常以间接测热法，即根据呼吸熵（respiratory quotient，RQ）的原理进行测定。因为碳水化合物和脂肪在体内氧化产热与它们二者共同的 RQ 有一定的函数关系，所以不管碳水化合物和脂肪各自氧化的比例如何，只要测得 O_2 的消耗量和 CO_2 排出量的体积，即可计算 RQ（CO_2/O_2）。RQ 在某一水平时，消耗单位体积的 O_2 或生成单位体积或质量的 CO_2 均对应一个产热量常数。反刍动物 O_2 消耗量与 CO_2、CH_4 产量可通过呼吸代谢装置测定，机体蛋白质分解的产热可从尿氮生成量推算。实际应用时，一般通过解方程组分别求得每消耗 1 L O_2 和每产生 1 L CO_2 各自的产热量，并考

虑 CH_4 的产热量和扣除蛋白质氧化不完全的尿氮损失，以下式估计动物的绝食产热量 (fasting heat production, FHP)：FHP（kJ）$= 16.18 \times O_2$ （L）$\times CO_2$ （L）$+ 2.17 \times CH_4$ （L）$- 5.99 \times N$ （g）。英国 AFRC（1993）通过绝食代谢方法提出了绵羊的 NE_m 需要量由两部分构成：一部分是绝食代谢（fasting metabolism, FM），$FM = 1.08 \times FHP$；另一部分是随意活动能量需要量，绵羊每千克体重按 0.010 6 MJ 计算。

用于绝食代谢试验的动物需经过训练以适应呼吸气体代谢测定装置。进行绝食代谢试验时，环境温度应维持在动物的适温区范围内，动物先绝食 3～4 d（但不断水），当 RQ 降至约 0.70、CH_4 产量不超过 0.5 L/d 后，开始测定 O_2 消耗量、CO_2 和 CH_4 产量、尿氮排出量。由于动物绝食产热量受绝食前动物饲喂水平的影响，因此在绝食代谢试验开始前 3 周内，动物应在维持水平饲喂（CSIRO，2007）。

（三）比较屠宰试验

屠宰试验是研究动物能量平衡的手段之一，即研究动物能量摄入量与能量沉积量间的数量关系，目的是明确动物机体内以蛋白质和脂肪形式沉积的能量总量，而动物总能采食量（gross energy intake，GEI）与沉积能（energy retention，RE）之差即为 HP：$HP = GEI - RE$。比较屠宰试验与消化代谢相结合，即可通过 GEI、RE 和 HP 间的数量关系，通过回归关系推导出动物的 NE_m 和维持代谢能（metabolizable energy for maintenace，ME_m）需要量。

比较屠宰试验中需使用至少两组动物：一组为初始屠宰组，另一组进行饲养试验，在试验结束时屠宰（即末期屠宰组）。初始屠宰组的动物在试验开始时即屠宰，测定机体 GE 值，以代表末期屠宰组动物体能量的初始值；末期屠宰组在饲养试验结束时屠宰，同样测定其体能量总量，两次测定的体能量之差，即为试验期内动物的能量沉积量。条件允许时，还应设置中期屠宰组，以提高对能量代谢测定的准确性。

比较屠宰试验中，不同能量水平的饲喂处理可以通过两种途径设置：一是配制三种不同精粗比饲粮，投喂相应处理组的动物，任其自由采食；二是配制一种饲粮，按维持水平、自由采食水平的 70% 左右和 100% 进行饲喂。前者可以满足动物对采食量的需求，但饲粮配制和饲喂时工作量大，操作疏忽易发生饲粮误投；后者则相反，饲粮配制和饲喂管理简便易行，但限制饲喂的动物可能会出现过量饮水、食毛和啃栏等异常行为。因此，应根据实际条件，确定采用何种方式实现不同能量水平的饲喂。

相较于其他能量平衡研究方法，比较屠宰试验不仅可以测定动物体内的能量沉积量，还可以明确动物体内水分、蛋白质、脂肪和矿物质含量的变化规律，可充分了解动物体内能量和营养物质的代谢规律，有助于阐明动物能量和物质代谢的机理。因此，比较屠宰试验具有其他能量代谢研究方法无可比拟的优势，是研究肉用羊能量和营养物质需要量及其代谢规律的关键研究手段。与上述独特优点相伴的是比较屠宰方法的缺点：屠宰动物、清洗消化道、分割屠体（骨骼、肌肉、脂肪、皮、毛等）和制备样品等过程工作量大，费时、费工，成本高。

（四）碳氮平衡试验

碳氮平衡试验是研究动物能量平衡的另一种手段。碳氮平衡试验的目的是根据食入饲料碳、氮的去路，先计算动物体内沉积的蛋白质和脂肪数量，从而明确 RE；再根据 GEI、RE 和 HP 间数量关系，推导 NE_m 和 ME_m 需要量。

碳氮平衡试验的优点是结合消化代谢试验和气体代谢试验，即可明确动物体内的能量沉积，无需屠宰动物，省时、省力、操作简便。但该方法只能明确动物体内蛋白质和脂肪沉积规律，无法了解动物体内水分、矿物质等营养物质的沉积规律。

1. 研究方法 通过消化代谢和呼吸代谢测定饲粮中碳、氮含量，粪和尿中碳、氮含量，CH_4 和 CO_2 中碳含量，分别计算沉积碳和沉积氮（nitrogen retention，NR）。由于动物机体以沉积脂肪和蛋白质的形式沉积能量，蛋白质平均含碳 52%、含氮 16%，能值为 23.8 MJ/kg；而脂肪平均含碳 76.7%、含氮为 0，能值为 39.7 MJ/kg。因此，根据 NR 即可先计算蛋白质沉积量，再计算所沉积蛋白质的碳含量，机体沉积碳总量与蛋白质含碳量之差，即为沉积脂肪的含碳量，最后换算为脂肪沉积量。沉积的蛋白质和脂肪乘以各自能值，即可计算动物体内的 ER。

2. 试验方法 碳氮平衡试验首先需进行消化代谢试验，测定羊采食量和粪、尿排泄量，以确定羊的碳、氮采食量，以及粪、尿中的碳、氮排放量；同时还需进行呼吸气体代谢试验，测定 CH_4 和 CO_2 排放量，以确定两种气体中的含碳量。

3. 维持能量需要参数的计算 计算方法与比较屠宰试验相同。中国农业科学院反刍动物营养创新团队采用碳氮平衡试验方法，系统研究了妊娠母羊和泌乳母羊的能量及蛋白质需要量，并取得了各项需要量参数（楼灿等，2015，2016）。

三、维持能量需要

维持的能量需要是指动物用于维持基础代谢（如呼吸、血液循环、泌尿、细胞活动等）、随意活动和体温调节的能量总量。当动物的能量供应量保持在维持水平时，动物体内的能量沉积为零。维持的 NE 和 ME 需要量以 NE_m 或 ME_m 表示，二者比值即为 ME 的维持利用效率 k_m。

（一）维持能量需要的估测

1. NE_m 和 ME_m 需要量 英国 AFRC（1993）通过 FHP 计算 ME_m：
$$ME_m = NE_m / k_m$$
式中，NE_m 为绝食代谢和随意活动能量需要之和，k_m 为 ME_m 的利用效率。

对于未满 1 周岁的舍饲羔羊，AFRC（1993）预测 NE_m 的公式为
$$NE_m \ (MJ/d) = C \times [0.25 \times (BW/1.08)^{0.75}] + 0.006\,7 \times BW$$
式中，BW 为体重（body weight，kg）。若为公羊，C 则为 1.15；若为母羊或羯羊，C 为 1.0。

AFRC（1993）提出的计算 k_m 的公式为
$$k_m = 0.35 \times q_m + 0.503$$
式中，q_m 为饲粮 GE 的代谢率（ME/GE）。

类似，澳大利亚 CSIRO（2007）也采用了包含年龄、性别、放牧活动和冷应激等校正系数的公式，以 FHP 预测绵羊的 ME_m。

美国 NRC（2007）则采用康奈尔净碳水化合物和蛋白质体系的方法预测生长和育肥绵羊的 ME_m 需要量，再用 ME_m 需要量与 k_m（常数 0.644）的乘积预测 NE_m 需要量。该方法使用了包含年龄、随意活动、机体发育成熟度和代谢能采食量（metabolic energy intake，MEI）作为校正因子的公式，以体重为预测因子计算 ME_m 需要量。由于绝食动物的内脏产热量低于自由采食的动物，因此对特定体重的绵羊，英国 AFRC（1993）预测的 ME_m 需要量低于美国 NRC（2007）的预测值。

2. k_m 英国 AFRC（1993）以绵羊饲粮的 GE 代谢率（q_m，ME/GE）预测 k_m：

$$k_m = 0.35 \times q_m + 0.503$$

法国 INRA（1989）也通过与绵羊饲粮 q_m 建立的一元一次回归方程计算 k_m：

$$k_m = 0.287 \times q_m + 0.554$$

澳大利亚 CSIRO（2007）则沿用 AFRC（1993）的预测公式，但将预测因子由 ME/GE 转换为饲粮 ME 含量：

$$饲粮\ ME\ 含量（MJ/kg\ DM）= (0.02 \times ME + 0.5) \times k_m$$

相反，NRC（2007）则赋予绵羊 ME 的维持利用效率 k_m 一个常数（0.644）。

（二）维持能量需要的影响因素

根据机体不同组织耗氧量判断，消化道和肝脏在营养物质的消化、吸收和代谢过程中，消耗了动物维持能量需要的 1/2，皮肤、肾脏和神经系统消耗了维持能量需要的 1/3，其余由肌肉活动消耗。因此，影响上述生理机能的因素，均影响动物的维持能量需要。这些因素主要包括品种、年龄、性别、生理状态、饲喂水平等。

1. 品种 不同品种肉用绵羊的维持能量需要亦不尽相同。美国 NRC（2007）报道的绵羊 ME_m 需要量变化范围为 $305 \sim 460$ kJ/kg $BW^{0.75}$。近年来的研究表明，国外绵羊 ME_m 需要量为 $310 \sim 470$ kJ/kg $BW^{0.75}$（Ramírez 等，1995；Dawson 和 Steen，1998；Silva 等，2003；RegadasFilho 等，2013；Kamalzadeh 和 Shabani，2007）。近年来我国的研究表明，生长肉用杂交绵羊（杜泊×小尾寒羊、杜泊×湖羊、陶赛特×小尾寒羊、萨福克×阿勒泰羊）的 ME_m 需要量为 $335 \sim 469$ kJ/kg $BW^{0.75}$（王鹏等，2011；聂海涛等，2012a，2012b；Deng 等，2013，2014；Xu 等，2015；Ma 等，2016）。在家畜中，生产潜力较高的品种，通常 ME_m 亦较高，而这一点尚未在绵羊中得到证实。因此，专用肉用绵羊品种与我国本地品种及二者与它们杂交后代维持能量需要的差异尚待深入研究。

2. 年龄、性别和生理阶段 动物绝食代谢随年龄增长而下降，生长动物通常每年下降 8%，直至 6 岁后不再变化（CSIRO，2007）。美国 NRC（2007）提出，在 6 岁前动物的 NE_m 或 ME_m 需要量随年龄增长而呈指数下降。另外，公羊的 ME_m 需要量通常较母羊或羯羊高 10%～15%，这可能与公羊体内蛋白质含量较高和机体发育成熟程度的差异有关（INRA，1989；NRC，2007）。哺乳羔羊的 NE_m 需要量较断奶羔羊高约 25%，提高的幅度随乳在营养物质总摄入量的比例不同而异（NRC，2007）。

3. 饲喂水平 动物的维持能量需要与饲喂水平密切相关。饲喂水平可以改变动物组织器官的大小和代谢率、肝脏血液流量和耗氧量、消化道营养物质的转运和蛋白质周转等关键生理过程，从而影响维持能量需要（CSIRO，2007）。随着采食量的增加，内脏器官（特别是肝脏）重量增加，代谢活动增强。肝脏和消化道通常占动物体重的

10%，但二者的能量消耗量占动物维持能量需要的 40%～50%（Ferrell，1988）。因此，饲喂水平通过影响肝脏、消化道等内脏器官的代谢活动及其产热量而影响动物的维持能量需要。

四、生长能量需要

超过维持需要的 NE 被动物用于生产，如生长、泌乳、产毛等，其中生长需要能量即为动物体内沉积的蛋白质和脂肪的能值总和。无论是以比较屠宰试验或碳氮平衡试验完成的动物能量平衡测定，均可测定特定饲养期内动物体内能量和营养物质的沉积量。ARC（1980）提出，动物机体内不同组织（如骨骼、肌肉、脂肪）或能量和营养物质（蛋白质、脂肪、水分、灰分）的沉积量与动物体重之间存在异速回归关系，可用下式表示：

$$\log_{10}Y=a+b\times\log_{10}X$$

式中，Y 为组织、能量或营养物质含量，X 为动物体重，b 为生长系数，a 为常数（不同品种此值不同）。应用该方程，将体重作为预测因子，即可估测营养物质在动物体内的含量及能量沉积量（即 NE_g）。

（一）生长能量需要的估测

1. NE_g 和 ME_g 需要量 AFRC（1993）、CSIRO（2007）和 NRC（2007）均通过体重和日增重计算绵羊的 NE_g。AFRC（1993）针对公羊、母羊和羯羊的不同，预测单位日增重的能量值（energy value for growth，EV_g）：

公羊的 EV_g（MJ/kg）$=2.5+0.35\times BW$（kg）

母羊的 EV_g（MJ/kg）$=2.1+0.45\times BW$（kg）

羯羊的 EV_g（MJ/kg）$=4.4+0.32\times BW$（kg）

上述 EV_g 与日增重之积即为 NE_g（MJ/d）。

NRC（2007）预测 NE_g 的公式为：

$$NE_g\ (\text{Mcal}^*/d)=ADG\ (\text{kg})\times EV_g\times 0.92$$

式中，ADG 为日增重（average daily gain），EV_g（Mcal/kg 净体重）$=1.6+4.85/\{1+\exp[-6\times(P-0.4)]\}\times0.239$，$P$ 为体重指数。

与上述方法不同，法国 INRA（1989）是通过绵羊体蛋白和体脂肪的沉积量计算 NE_g。

2. k_g 绵羊的 k_g 实际上是体内沉积蛋白质的 ME 利用效率（k_{gp}）和沉积脂肪的 ME 利用效率（k_{gf}）的综合结果。由于体内蛋白质的周转代谢造成了能量利用率偏低，因此 k_{gp} 仅为 0.2～0.47，远低于 k_{gf} 的 0.75～0.79，k_g 将随体内蛋白质和脂肪的沉积总量不同而变化。随着动物生长和机体发育的成熟，单位体增重中脂肪的沉积量逐步增加，因此 k_g 随动物的生长将提高（CSIRO，2007）。例如，羔羊 k_g 从 2 月龄的 0.52 提高至 10 月龄的 0.55（Graham，1980）；生长羯羊在体重为 20～26 kg 和 26～45 kg 的两个阶段，单位体增重的脂肪比例由 19% 增加至 55%，蛋白质比例由 13% 降至 10%，k_g 则由 0.44 提高至 0.53（Graham，1991）。

---

* 非法定计量单位。1 cal≈4.184 J。——编者注。

AFRC（1993）和 INRA（1989）均通过与绵羊饲粮的 q_m 建立的一元一次回归方程预测 k_g：

$$k_g = 0.78 \times q_m + 0.006$$

NRC（2007）和 CSIRO（2007）则以饲粮 ME 浓度为预测因子，预测绵羊的 k_g，NRC（2007）的公式为：

$$k_g = [(1.42 \times ME) - (0.174 \times ME^2) + (0.012\ 2 \times ME^3) - 1.65] / ME$$

式中，ME 的单位为 Mcal/kg DM。

CSIRO（2007）的公式为：

$$k_g = 0.043 \times ME$$

式中，ME 的单位为 MJ/kg DM。

（二）生长能量需要的影响因素

1. 饲粮　饲粮能够直接影响 k_g，与精饲料饲粮相比，饲喂粗饲料饲粮的动物具有较低的 k_g。这是由于精饲料饲粮在瘤胃发酵中的丙酸/乙酸较高，而丙酸可以通过糖原异生转化为葡萄糖、合成为脂肪，以及节约氨基酸被用于合成葡萄糖等途径提高 ME 的代谢效率。另外，精饲料饲粮在消化、吸收过程中，消化道和肝脏等内脏器官的产热量亦较低（NRC，2007）。

2. 机体增重组分、生理阶段、日增重和采食量　生长动物的机体增重组分是决定 ME_g 和 k_g 的关键因素，因此影响机体增重组分的因素均会影响生长的能量需要量和能量利用效率。从能量利用效率的角度分析，由于体内蛋白质合成后又不断被分解，这种蛋白质的周转导致沉积蛋白质的能量利用效率低于脂肪沉积。但是伴随着单位质量的蛋白质沉积而沉积的水量高于脂肪，因此从体增重方面看，沉积蛋白质的效率高于脂肪。随着日增重和采食量的增加，增重组分中的脂肪含量上升、蛋白质含量下降，在体成熟前，体增重的能值将随体重以曲线方式增加，因此 ME_g 需要量也会提高（AFRC，1993；NRC，2007）。

第三节　肉用绵羊的能量需要量研究

2009 年 2 月"国家现代肉羊产业技术体系"项目启动。该产业技术体系下设 5 个功能实验室，其中饲料与营养功能实验室集中了 6 位岗位科学家，他们带领的 6 个研究团队采用一致的研究方案、技术路线和试验方法，对我国杜泊×小尾寒羊、杜泊×湖羊、陶赛特×小尾寒羊、萨福克×阿勒泰羊等杂交肉用绵羊的营养需要参数开展了系统研究，目前已取得阶段性成果。

本节主要总结了中农科反刍动物团队对杜泊×小尾寒羊杂交肉用生长绵羊能量需要量的研究成果。该研究团队采用比较屠宰试验、消化代谢试验和呼吸气体代谢试验等研究方法，系统研究了杜泊×小尾寒羊杂交肉用绵羊公羊和母羊在体重 20～35 kg 和 35～50 kg 阶段的 NE_m 和 ME_m 需要量、NE_g 和 ME_g 需要量，并提出了公、母羊在不同生长阶段的 k_m 和 k_g，明确了杜泊×小尾寒羊杂交肉用绵羊的生长性能、屠宰性能、组织器官发育、机体组分及能量代谢规律，并已在 *Journal of Animal Science* 和 *Livestock Science* 等国际学术期刊发表相关研究结果。

一、研究方法

比较屠宰试验是首先根据消化代谢试验和呼吸气体代谢试验，测定饲粮的 GE、FE、UE 和 $CH_4 - E$，评定所饲喂饲粮的 ME，此值用于计算比较屠宰试验中动物的 MEI；其次，根据比较屠宰试验的屠体能值测定结果，计算动物 RE 和 HP，再依据 HP 与 MEI 间半对数线性回归关系，推算 NE_m 和 ME_m；依据体能值和体重的对数线性回归关系，推算 NE_g（图 3 - 2）。

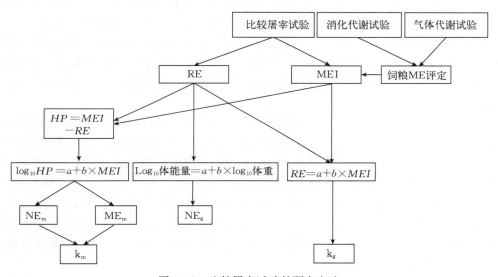

图 3 - 2　比较屠宰试验的研究方法

（一）试验方法

本研究系统测定了杜泊×小尾寒羊杂交育肥公羊和母羊分别在 20～35 kg 和 35～50 kg 体重阶段的能量需要量参数，因此共进行了四期动物试验（Deng 等，2012，2014；Xu 等，2015；Ma 等，2016）。每期试验选用试验羊 35 只，口服驱虫剂（伊维菌素 0.2 mg/kg BW）后，每只羊置于配备料槽和碗式自动饮水器的栏圈内（彩图 4），随后进入 10 d 的预饲期。在预饲期内，所有羊均自由采食同一种精粗比为 45∶55 的全混合饲粮（total mixed ration，TMR）。TMR 根据 NRC（2007）推荐值配制，每日于 8:00 饲喂一次，自由饮水。

1. 比较屠宰试验　当预饲期结束时，随机选取 7 只羊禁食 16 h 后屠宰，完成试验开始时的初始屠宰测定，用于分析试验羊的初始体成分含量。将剩余的 28 只羊中的 21 只随机分为 3 组（每组 7 只），分别按自由采食、自由采食量的 70%、自由食量的 50% 三个饲喂水平投喂 TMR（最后一个处理组的目标日增重为 0 g）。每日晨饲前清除每只羊饲槽内剩料并称重，保证自由采食组剩料约为饲喂量的 10%，并根据自由采食组的采食量，确定其他两个限饲组试验羊每天的饲喂量。

上述21只试验羊分为7个屠宰组，每组3只（分别来自3个饲喂处理组）。当任一屠宰组中的自由采食试验羊体重达到目标体重（35 kg或50 kg）时，该屠宰组的3只羊均禁食16 h后屠宰，即试验结束时的末期屠宰测定。28只试验羊中剩余的7只羊亦单圈独饲，自由采食同种TMR，当其体重达到28 kg或43 kg时，禁食16 h后屠宰，完成试验的中期屠宰测定。

屠宰测定时，试验羊在屠宰前16 h称重，然后禁食、禁水；屠宰前再次称重后，经呼吸面罩吸入CO_2致晕，然后由颈静脉放血屠宰。分别称取并记录血液重量、内脏重量（心、肝、肺、肾、脾、生殖系统）、洗净后的消化道重量（瘤胃、网胃、瓣胃、皱胃、小肠、大肠），以及腹脂、羊皮、头、蹄、胴体重量。消化道在清除内容物前后均称重。清洗各部分消化道时，先去除内容物，再用自来水洗净，用手挤干水分后称重。宰前重与消化道内容物重之差，即为空腹体重（empty body weight，EBW）。

胴体沿背中线剖为左右两半，将右侧胴体手工剥离脂肪、肌肉和骨骼并称重；头亦沿中线剖开，将右侧头手工剥离羊皮、肌肉和骨骼并称重；将右侧前后蹄手工剥离羊皮和骨骼（彩图5）。用电动羊毛剪沿皮肤表面将羊毛从羊皮上剃下，分别称取羊皮、羊毛重量。

将每只羊右侧头、右侧胴体的肌肉合并，再用电动绞肉机绞碎，混匀后采样500 g冷冻保存；将每只羊一半的腹脂与右侧胴体脂肪合并，再用电动绞肉机绞碎，混匀后采样500 g冷冻保存；将每只羊右侧头、右侧胴体和右侧前后蹄的骨骼合并，再用筛网直径8 mm的强力破骨机粉碎，重复粉碎3次，混匀后采样500 g冷冻保存；将每只羊的血液、内脏和洗净消化道合并，再用强力破骨机粉碎，混匀后采样500 g冷冻保存；沿整张羊皮的两条对角线分别剪取宽5 cm的皮条，再剪碎后混匀，采样500 g冷冻保存；采集300 g羊毛密封常温保存。最终每只动物采集骨骼、肌肉、脂肪、内脏加血液、皮、毛6个屠体样品（图3-3）。

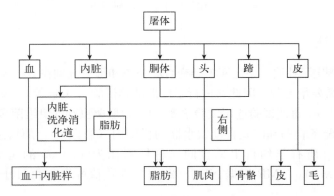

图3-3　比较屠宰试验的屠体分割和样品采集方案

2. 消化代谢试验　消化代谢试验与比较屠宰试验平行进行，确保两个试验中的动物年龄、性别、体重一致。消化代谢试验的目的是测定不同能量水平饲粮的ME，该ME将用于计算比较屠宰试验个体的MEI（Deng等，2012，2014；Xu等，2015；Ma等，2016）。

在每期比较屠宰试验开始时，另外选用与比较屠宰试验用羊来源相同的15只试验羊，驱虫（伊维菌素 0.2 mg/kg BW）后，群饲并自由采食与比较屠宰试验相同的 TMR。当 15 只羊的平均体重达到 28 kg 或 43 kg 时，移入代谢笼内（彩图 6），随机分为 3 组（每组 5 只），分别给予与比较屠宰试验相同的饲喂处理，即按自由采食、自由采食量的 70%、自由采食量的 50% 共 3 个饲喂水平投喂 TMR，7 d 预饲期后开始为期 10 d 的消化代谢试验。在消化代谢试验开始前的时期，使待试羊轮流适应呼吸测热头箱。

在消化代谢试验的第 1、3、5、7、9 天，分 5 批（3 只羊/批，每个处理 1 只）将羊移入 3 个带头箱的代谢笼内，24 h 后测定随后 24 h 的 CH_4 产量（彩图 7），用于计算日粮 ME。因此，每只羊均经历 8 d 消化代谢测定和 2 d CH_4 测定。

在每只羊 8 d 的消化代谢期内，每天记录 TMR 饲喂量和剩料量，并采用全收粪尿法收集粪、尿。每天按 10% 采集每只羊饲料和剩料样品；每天称取并记录每只羊的排粪量后按 10% 取样，将每只羊 8 d 的粪样混合冷冻保存；用盛有 100 mL 10%（v/v）H_2SO_4 的塑料桶收集尿液，每天记录尿液容积后按 10% 取样，将每只羊 8 d 的尿样混合冷冻保存，消化代谢试验结束后称重。

在每只羊 2 d 的呼吸测热期内，于最后一天同样全收粪尿，各样品的采集方法同消化代谢期。每只羊进入和离开呼吸测热代谢笼时均称重，平均值作为试验羊的测热体重。呼吸测热系统由 3 个配备有机玻璃头箱的代谢笼和 1 套开路式呼吸测热组件（Sable Systems International，Las Vegas，NV，USA）构成，可同时测定 3 只动物的氧气消耗量、二氧化碳产量与甲烷产量。在 24 h 连续测定中，以 30 min 为 1 个周期，每周期包括 3 min 外界空气气体基准测定、24 min 头箱循环 4 次测定（2 min/头箱×3 个头箱，循环 4 次）、3 min 外界空气气体基准测定。每次测定前，氧气分析仪（FC‐10，Sable Systems International，Las Vegas，NV，USA）、二氧化碳分析仪（CA‐10，Sable Systems International，Las Vegas，NV，USA）和甲烷分析仪（MA‐10，Sable Systems International，Las Vegas，NV，USA）均用高纯氮气（99.999%，北京氦普北分气体工业有限公司）调零，并使用标准混合气体（甲烷 0.3%、二氧化碳 0.5%、氧气 21%，平衡气为氮气，北京氦普北分气体工业有限公司）校准。在乙醇燃烧试验中，如呼吸测热系统对乙醇燃烧产生的二氧化碳的回收率为 98.6%，则证实该系统测定的准确性可靠。

除羊毛外，比较屠宰试验的屠体样品冻干 72 h 后制备为风干样。所有屠体样品分为两份：一份测定 GE，另一份测定 DM、粗灰分、氮和粗脂肪。饲料样品测定 GE、DM、粗灰分、氮、粗脂肪、NDF 和 ADF。消化代谢试验的饲料、剩料、粪、尿样品测定 GE、氮，饲料、剩料和粪样还需测定 DM 和粗灰分。

（二）维持能量需要参数的计算

根据 Lofgreen 和 Garrett（1968）提出的方法及比较屠宰试验结果，建立机体 HP 与 MEI 间的半对数回归关系，外推法确定当 MEI 为零时的 HP，即为 NE_m 需要量；当 MEI 等于 HP 时，此 MEI 即为 ME_m 需要量。计算步骤如下：

（1）根据消化代谢试验和气体代谢试验结果，计算饲料 ME。

$$ME = GE - (FE + UE + CH_4 - E)$$

（2）根据比较屠宰试验结果，计算 RE，即血与内脏、脂肪、肌肉、骨骼、皮和毛的能值总和。

（3）计算 HP。

$$HP = MEI - RE$$

（4）建立 $\log_{10}(HP)$ 与 MEI 间线性回归关系。

$$\log_{10}(HP) = a + b \times MEI$$

式中，截距 a 的反对数即为 NE_m。

（5）对 $\log_{10}(HP) = a + b \times MEI$ 进行迭代计算，直至 $MEI = HP$ 时的 MEI，即为 ME_m。

（6）计算 ME 的维持利用效率。

$$k_m = NE_m / ME_m$$

（三）生长能量需要量的计算

（1）根据能量平衡试验的结果，建立动物机体能量值与体重（BW）的异速回归关系，即 $\log_{10} E = a + b \times \log_{10} BW$。由此关系反推不同体重时的体能量 $E = b \times 10^a \times (BW)^{(b-1)}$，即可计算不同日增重对应的 NE_g 需要量。

例如，体重 20 kg 的动物日增重为 200 g 的 NE_g 即为体重 20.2 kg 与体重 20.0 kg 的体能量差值。

（2）建立 RE 和用于生长的 MEI（MEI_g）间的线性回归关系，即 $RE = a + b \times MEI_g$，斜率 b 即为 ME 的生长利用效率（k_g）。

（3）生长 ME 需要量（ME_g）的计算公式，即 $ME_g = NE_g / k_g$。

（4）根据析因法，ME 总需要量为 ME_m 与 ME_g 之和。

二、能量需要参数

（一）维持能量需要参数

1. NE_m 需要量 体重 20～35 kg 杜泊×小尾寒羊杂交公羊 NE_m 和母羊 NE_m 需要量分别为 231 kJ/kg $BW^{0.75}$ 和 225 kJ/kg $BW^{0.75}$；35～50 kg 杜泊×小尾寒羊杂交公羊 NE_m 和母羊 NE_m 需要量分别为 263 kJ/kg $BW^{0.75}$ 和 280 kJ/kg $BW^{0.75}$。上述数据表明，NE_m 需要量随肉用绵羊的生长而增加。

在体重 20～35 kg 的生长阶段，杜泊×小尾寒羊杂交公羊 NE_m 需要量与陶赛特×小尾寒羊杂交公羊的 NE_m 需要量相近（240 kJ/kg $BW^{0.75}$；王鹏等，2011），但高于杜泊×湖羊杂交公羊 NE_m 需要量约 19%（194 kJ/kg $BW^{0.75}$；聂海涛等，2012a）。同时，杜泊×小尾寒羊杂交公羊 NE_m 需要量略高于 RegadasFilho 等（2013）报道的 Santa Ines 公羊 NE_m 需要量（218 kJ/kg $BW^{0.75}$），但远低于 Silva 等（2003）报道的 Ideal×Ile de France 和 Santa Ines 羯羊 NE_m 需要量（312 kJ/kg $BW^{0.75}$）。此外，根据 AFRC（1993）预测方程计算的 20～35 kg 杜泊×小尾寒羊杂交公羊 NE_m 和母羊 NE_m 需要量分别为 304 kJ/kg $BW^{0.75}$ 和 266 kJ/kg $BW^{0.75}$，高于公羊和母羊实测值约 31% 和 18%。

在体重 35～50 kg 的生长阶段，杜泊×小尾寒羊杂交公羊 NE_m 需要量（263 kJ/kg $BW^{0.75}$）略低于杜泊×湖羊杂交公羊的测定值（272 kJ/kg $BW^{0.75}$）（聂海涛等，2012b）。

另外，根据 AFRC（1993）预测方程计算的 $35\sim50$ kg 杜泊×小尾寒羊杂交公羊 NE_m 和母羊 NE_m 需要量分别为 289 kJ/kg $BW^{0.75}$ 和 253 kJ/kg $BW^{0.75}$，高于公羊的实测值约 9%，但低于母羊的实测值约 11%。而根据 NRC（2007）预测方程计算的 $35\sim50$ kg 杜泊×小尾寒羊杂交母羊 NE_m 需要量为 309 kJ/kg $BW^{0.75}$，高于母羊的实测值约 9%。上述结果表明，AFRC（1993）和 NRC（2007）未能准确预测我国杂交肉用绵羊的 NE_m，尤其是生长早期的维持需要量。

2. ME_m 需要量 体重 $20\sim35$ kg 杜泊×小尾寒羊杂交公羊 NE_m 和母羊 ME_m 需要量分别为 345 kJ/kg $BW^{0.75}$ 和 352 kJ/kg $BW^{0.75}$；$35\sim50$ kg 杜泊×小尾寒羊杂交公羊和母羊 ME_m 需要量分别为 381 kJ/kg $BW^{0.75}$ 和 418 kJ/kg $BW^{0.75}$。与 NE_m 类似，ME_m 需要量也随着肉用绵羊的生长而增加。

在体重 $20\sim35$ kg 的生长阶段，杜泊×小尾寒羊杂交公羊 ME_m 需要量与王鹏等（2011）取得的陶赛特×小尾寒羊杂交公羊 ME_m 需要量（335 kJ/kg $BW^{0.75}$）相近，但低于杜泊×湖羊杂交公羊 ME_m 需要量（469 kJ/kg $BW^{0.75}$）约 26%（聂海涛等，2012a）。在体重 $35\sim50$ kg 的生长阶段，杜泊×小尾寒羊杂交公羊 ME_m 需要量（381 kJ/kg $BW^{0.75}$）低于聂海涛等（2012b）所报道的杜泊×湖羊杂交公羊 ME_m 需要量（414 kJ/kg $BW^{0.75}$）。国内肉用绵羊 ME_m 与国外的研究报道亦不尽一致（表 3-3）。国内外报道的生长绵羊 ME_m 需要量的变异较大，可见 ME_m 需要量随不同区域绵羊的品种类型而异。

表 3-3 国外绵羊品种的维持代谢能（ME_m）需要量（kJ/kg $BW^{0.75}$）

品 种	体重（kg）	性 别	ME_m	资料来源
Santa Ines	$15\sim30$	公羊	310	RegadasFilho 等（2013）
Baluchi	$35\sim53$	公羊	342	Kamalzadeh 和 Shabani（2007）
Rambouillet×Pelibuey	$14\sim29$	羯羊、母羊	359	Ramírez 等（1995）
Blackface，Suffolk，Texel	$23\sim53$	公羊、母羊	460	Dawsont 和 Steen（1998）
Ideal×Ile de France F_1，Santa Ines	$20\sim35$	羯羊	470	Silva 等（2003）

体重 $20\sim35$ kg 杜泊×小尾寒羊杂交公羊 k_m 和母羊 k_m 分别为 0.67 和 0.64；$35\sim50$ kg 杜泊×小尾寒羊杂交公羊 k_m 和母羊 k_m 分别为 0.69 和 0.67。在 $20\sim35$ kg 的体重阶段，杜泊×小尾寒羊杂交公羊 k_m 略高于杜泊×湖羊杂交公羊 k_m 值 0.66（聂海涛等，2012a），但低于陶赛特×小尾寒羊杂交公羊 k_m 值 0.72（王鹏，2011）。在体重 $35\sim50$ kg 的生长阶段，杜泊×小尾寒羊杂交公羊 k_m 高于聂海涛等（2012b）报道的杜泊×湖羊杂交公羊 k_m 值 0.65。国外绵羊的 k_m（表 3-4）与杜泊×小尾寒羊杂交绵羊的测定值亦不尽相同。

根据 AFRC（1993）的预测方程计算的 $20\sim35$ kg 杜泊×小尾寒羊杂交公羊 k_m 母羊 k_m 均为 0.673，与公羊的实测值 0.67 基本吻合，但高于母羊的实测值 0.64。在体重 $35\sim50$ kg 阶段，AFRC（1993）、INRA（1989）和 CSIRO（2007）预测的杜泊×小尾寒羊杂交公羊 k_m 分别为 0.68、0.70 和 0.68，与公羊的实测值 0.69 相近。但是，NRC（2007）提出的 k_m 测定值 0.644 则较公羊和母羊的实测值分别低 7% 和 4%，因此采用

NRC（2007）的 k_m 预测值将高估杜泊×小尾寒羊杂交绵羊的 ME_m 需要量。

表 3-4 国外绵羊品种的代谢能维持利用效率

品　种	体重（kg）	性　别	k_m	资料来源
Texel	16～25	公羊	0.64	Galvani 等（2008）
Ideal×Ile de France F_1，Santa Ines	20～35	羯羊	0.66	Silva 等（2003）
Santa Ines	15～30	公羊	0.71	RegadasFilho 等（2013）

国内外报道的众多绵羊维持需要和 k_m 不尽相同，除了与品种、年龄、性别、生长/理阶段等因素有关外（AFRC，1993；CSIRO，2007；NRC，2007），还有一个重要原因是环境、温度不一致。上述的绵羊维持需要研究均在生产实际条件下完成，各研究的环境温度各异，而并未采用统一的适温区温度。动物处于适温区以外的温度条件下，不论是冷应激还是热应激，均可导致调节体温的能量消耗量增加，从而提高维持能量需要。因此，国内外报道的绵羊维持需要参数大多难以进行比较，也难以归纳出一个准确、合理的代表值（Deng 等，2012）。统一在适温区内研究绵羊的维持需要，以及确定在不同环境温度下绵羊维持需要的变化规律，是今后绵羊能量代谢研究需要解决的问题。

（二）生长能量需要参数

在体重 20～35 kg 阶段，杜泊×小尾寒羊杂交公羊和母羊日增重为 100～350 g 的 NE_g 需要量分别为 1.10～5.04 MJ 和 1.18～5.18 MJ。在体重 35～50 kg 阶段，杜泊×小尾寒羊杂交公羊日增重 100～400 g 的 NE_g 需要量为 1.12～5.31 MJ/d，母羊日增重 100～250 g 的 NE_g 需要量为 1.37～3.94 MJ。杜泊×小尾寒羊杂交公羊 NE_g 需要量高于聂海涛等（2012b）报道的 35～50 kg 杜泊×湖羊杂交公羊日增重 100～350 g 的 NE_g（0.81～3.12 MJ）。另外，根据 AFRC（1993）预测公式计算的 35～50 kg 杜泊×小尾寒羊杂交公羊日增重 100～400 g 的 NE_g 需要量（1.48～5.90 MJ）高出实测值约 24%，而 NRC（2007）预测的上述公羊 NE_g 需要量（1.82～7.29 MJ）高出实测值约 38%。类似的，根据 AFRC（1993）预测公式计算的 35～50 kg 杜泊×小尾寒羊杂交母羊日增重 100～250 g 的 NE_g 需要量（1.79～4.46 MJ）高出实测值约 23%，而 NRC（2007）预测的上述母羊 NE_g 则高出实测值约 33%。因此，AFRC（1993）和 NRC（2007）均高估了我国肉用杂交绵羊的 NE_g，特别是 NRC 的预测值偏离程度更甚。

无论是 20～35 kg 体重阶段还是 35～50 kg 体重阶段，杜泊×小尾寒羊杂交母羊 NE_g 需要量均高于公羊。这主要是由于在相同体重和日增重条件下，母羊体内沉积了更多的脂肪所致。无论公羊或母羊，随着体重的增加，机体内水分含量降低，蛋白质和矿物质含量基本保持稳定；但脂肪含量将增加，且母羊体内脂肪沉积速度更高于公羊（Deng 等，2014）。这说明母羊先于公羊达到体成熟，也先于公羊开始在体内沉积更多的脂肪。由于脂肪能值高于蛋白质能值，在相同体重情况下，母羊机体能量含量高于公羊（Deng 等，2014），因此母羊体内脂肪含量高于公羊是导致母羊 NE_g 需要量高于公羊的主要因素。

在体重 20～35 kg 阶段杜泊×小尾寒羊杂交公羊和母羊 k_g 分别为 0.45 和 0.44；35～

50 kg 杜泊×小尾寒羊杂交公羊和母羊 k_g 分别为 0.46 和 0.44。在体重 20～35 kg 阶段，杜泊×小尾寒羊杂交公羊 k_g 高于陶赛特×小尾寒羊杂交公羊 k_g（0.42）（王鹏，2011），但低于特克塞尔杂交公羊 k_g（0.47）（Galvani 等，2008）。

在体重 35～50 kg 阶段，杜泊×小尾寒羊杂交公羊 k_g 低于杜泊×湖羊杂交公羊 k_g 值（0.55）（聂海涛等，2012b）。此外，利用 AFRC（1993）、CSIRO（2007）和 NRC（2007）预测公式计算的杜泊×小尾寒羊杂交公羊 k_g 分别为 0.39、0.39 和 0.34，较实测值分别低 18%、18% 和 35%；利用 AFRC（1993）、CSIRO（2007）和 NRC（2007）预测公式计算的杜泊×小尾寒羊杂交母羊 k_g 分别为 0.41、0.41 和 0.36，较实测值分别低 7%、7% 和 22%。因此，采用 AFRC（1993）、CSIRO（2007）和 NRC（2007）的 k_g 预测值将高估杜泊×小尾寒羊杂交绵羊的 ME_g 需要量。

三、能量需要参数表

根据杜泊×小尾寒羊杂交肉用绵羊的能量代谢研究结果，体重 20～50 kg 肉用公绵羊的生长育肥能量需要量见表 3-5。

表 3-5 肉用公绵羊生长育肥的能量需要量

体重（kg）	日增重（g）	能量需要量（MJ/d）		
		NE_m	NE_g	ME
20	100	2.19	1.10	5.69
	200	2.19	2.19	8.09
	300	2.19	3.29	10.5
	350	2.19	3.84	11.7
25	100	2.58	1.22	6.55
	200	2.58	2.44	9.25
	300	2.58	3.66	11.9
	350	2.58	4.27	13.3
30	100	2.96	1.33	7.36
	200	2.96	2.67	10.3
	300	2.96	4.00	13.3
	350	2.96	4.67	14.7
35	100	3.58	1.28	8.06
	200	3.58	2.56	10.9
	300	3.58	3.85	13.7
	350	3.58	4.49	15.1
40	100	4.21	1.19	8.69
	200	4.21	2.39	11.3
	300	4.21	3.59	13.9
	400	4.21	4.78	16.5

（续）

体重（kg）	日增重（g）	能量需要量（MJ/d）		
		NE$_m$	NE$_g$	ME
45	100	4.58	1.26	9.38
	200	4.58	2.53	12.1
	300	4.58	3.79	14.9
	400	4.58	5.06	17.6
50	100	4.94	1.33	10.0
	200	4.94	2.65	12.9
	300	4.94	3.98	15.8
	400	4.94	5.31	18.7

资料来源：Deng 等（2012）和 Xu 等（2015）。

根据杜泊×小尾寒羊杂交肉用绵羊的能量代谢研究结果，体重为 20～50 kg 的肉用母绵羊的生长育肥能量需要量见表 3-6。

表 3-6　肉用母绵羊生长育肥的能量需要量

体重（kg）	日增重（g）	能量需要量（MJ/d）		
		NE$_m$	NE$_g$	ME
20	100	2.13	1.18	6.01
	200	2.13	2.37	8.70
	300	2.13	3.56	11.4
	350	2.13	4.16	12.7
25	100	2.53	1.29	6.86
	200	2.53	2.59	9.79
	300	2.53	3.89	12.7
	350	2.53	4.54	14.2
30	100	2.89	1.39	7.65
	200	2.89	2.78	10.8
	300	2.89	4.18	14.0
	350	2.89	4.87	15.5
35	100	3.67	1.43	8.81
	150	3.67	2.14	10.4
	200	3.67	2.85	12.0
	250	3.67	3.56	13.7
40	100	4.52	1.44	10.0
	150	4.52	2.17	11.7
	200	4.52	2.89	13.3
	250	4.52	3.61	14.9

（续）

体重（kg）	日增重（g）	能量需要量（MJ/d）		
		NE_m	NE_g	ME
45	100	4.94	1.51	10.8
	150	4.94	2.27	12.5
	200	4.94	3.02	14.2
	250	4.94	3.78	15.9
50	100	5.34	1.57	11.6
	150	5.34	2.36	13.3
	200	5.34	3.15	15.1
	250	5.34	3.94	16.9

资料来源：Deng 等（2014）和 Ma 等（2016）。

由以上结果可知，杜泊×小尾寒羊杂交肉羊在体重 20～50 kg 的育肥阶段，NE_m 和 ME_m 需要量均随体重增加而增加。公羊的 k_m 为 0.68，母羊的 k_m 为 0.64。公羊 NE_m 需要量由体重 20 kg 时的 2.19 MJ/d 增加至 50 kg 时的 4.94 MJ/d，母羊则由 2.13 MJ/d 增加至 5.34 MJ/d。相同体重情况下，由于母羊在体内沉积更多的脂肪，因此母羊的 NE_g 需要量高于公羊；而公羊 k_g 与母羊的 k_g 相近，平均为 0.45。公羊的 ME 总需要量由体重 20 kg、日增重 100 g 时的 5.69 MJ 增加至体重 50 kg、日增重为 400 g 时的 18.7 MJ；母羊的 ME 总需要量则由体重 20 kg、日增重 100 g 时的 6.01 MJ 增加至体重 50 kg、日增重为 250 g 时的 16.9 MJ。

本 章 小 结

能量是反刍动物的第一限制性营养素，也是影响肉羊充分发挥生产性能的重要限制性因素，饲料作为肉羊能量的唯一来源，其在肉羊体内代谢过程中存在不同去路，主要以代谢能和净能为主要供能形式。动物机体中碳水化合物较少，而且含量稳定，因此动物体内的能量含量主要是同蛋白质和脂肪体现的。随着空腹体重的增加，蛋白质占空腹体重的比例逐渐下降，但脂肪的含量快速增加。由于脂肪的能值大于蛋白质的能值，因此脂肪的快速沉积是机体内能量含量迅速增加的主要因素。本研究中采用的杜寒杂交羔羊为大型肉羊品种，加之屠宰时尚未达到体成熟，分配给器官生长和骨骼发育的营养物质较多，而用于脂肪生长的营养物质较少，因此其体内蛋白质含量多，瘦肉率高，而脂肪的沉积率较少，因此其生长的能量推荐量与国外品种相比有较大的差距，这也从侧面说明针对我国肉羊品种开展营养需要量研究的必要性。

➡ **参考文献**

陈丹丹，屠焰，马涛，等，2014. 桑叶黄酮和白藜芦醇对肉羊气体代谢及甲烷排放的影响 [J]. 动物营养学报，26（5）：1221-1228.

陈丹丹，屠焰，马涛，等，2014a. 大蒜素和茶皂素对肉羊气体代谢及甲烷排放的影响［J］. 中国畜牧杂志，50（11）：57-61.

韩继福，冯仰廉，张晓明，等，1997. 阉牛不同日粮的纤维消化、瘤胃内 VFA 对甲烷产生量的影响［J］. 中国兽医学报，17（3）：278-280.

李春华，高艳霞，曹玉凤，等，2010. 影响反刍动物瘤胃甲烷产生的因素及调控措施［J］. 黑龙江畜牧兽医，8：33-34.

刘洁，刁其玉，赵一广，等，2012. 肉用绵羊饲料养分消化率和有效能预测模型的研究［J］. 畜牧兽医学报，43（8）：1230-1238.

楼灿，姜成钢，马涛，等，2014b. 饲养水平对肉用绵羊妊娠期消化代谢的影响［J］. 动物营养学报，26（1）：134-143.

聂海涛，施彬彬，王子玉，等，2012a. 杜泊羊和湖羊杂交 F_1 代公羊能量及蛋白质的需要量［J］. 江苏农业学报，28（2）：344-350.

聂海涛，游济豪，王昌龙，等，2012b. 育肥中后期杜泊羊湖羊杂交 F_1 代公羊能量需要量参数［J］. 中国农业科学，45（20）：4269-4278.

王鹏，2011. 肉用公羔生长期（20～35kg）能量和蛋白质需要量研究［D］. 保定：河北农业大学.

赵一广，刁其玉，邓凯东，等，2011. 反刍动物甲烷排放的测定及调控技术研究进展［J］. 动物营养学报，23（5）：726-734.

赵一广，刁其玉，刘洁，等，2012. 肉羊甲烷排放测定与模型估测［J］. 中国农业科学，45（13）：2718-2727.

AFRC, 1993. Energy and protein requirements of ruminants［M］// An advisory manual prepared by the AFRC Technical Committee on Responses to Nutrients. Wallingford, UK: CAB International.

Blaxter K L, Clapperton J L, 1965. Prediction of the amount of methane produced by ruminants［J］. British Journal of Nutrition, 19: 511-522.

CSIRO, 2007. Nutrient requirements of domesticated ruminants［M］. Collingwood: CSIRO Publishing.

Dawson L E R, Steen R W J, 1998. Estimation of maintenance energy requirements of beef cattle and sheep［J］. Journal of Agricultural Science, 131: 477-485.

Deng K D, Diao Q Y, Jiang C G, et al, 2012. Energy requirements for maintenance and growth of Dorper crossbred ram lambs［J］. Livestock Science, 150: 102-110.

Deng K D, Diao Q Y, Jiang C G, et al, 2013. Energy requirements for maintenance and growth of German mutton Merino crossbred lambs［J］. Journal of Integrative Agriculture, 12: 670-677.

Deng K D, Jiang C G, Tu Y, et al, 2014. Energy requirements of Dorper crossbred ewe lambs［J］. Journal of Animal Science, 92: 2161-2169.

Fernández C, López M C, Lachica M, 2012. Heat production determined by the RQ and CN methods, fasting heat production and effect of the energy intake on substrates oxidation of indigenous Manchega sheep［J］. Animal Feed Science and Technology, 178: 115-119.

Ferrell C L, 1988. Contribution of visceral organs to animal energy expenditures［J］. Journal Animal Science, 66: 23-34.

Galvani D B, Pires C C, Kozloski G V, et al, 2008. Energy requirements of texel crossbred lambs［J］. Journal of Animal Science, 86: 3480-3490.

Graham N M, Searle T W, Margan D E, et al, 1991. Physiological state of sheep before and during fattening［J］. Journal of Agricultural Science, 117: 371-379.

Graham N，1980. Variation in energy and nitrogen utilization by sheep between weaning and maturity [J]. Australian Journal of Agricultural Research，31：335 – 345.

Hristov A N，Oh J，Firkins J L，et al，2013. Special topics – Mitigation of methane and nitrous oxide emissions from animal operations：I. A review of enteric methane mitigation options [J]. Journal of Animal Science，91：5045 – 5069.

INRA，1989. Ruminant nutrition：Recommended allowances and feed tables [M]. France：John Libbey & Co. Ltd.

Kamalzadeh A，Shabani A，2007. Maintenance and growth requirements for energy and nitrogen of Baluchi sheep [J]. International Journal of Agriculture and Biology，9：535 – 539.

Lofgreen G P，Garrett W N，1968. A system for expressing net energy requirements and feed values for growing and finishing beef cattle [J]. Journal of Animal Science，27：793 – 806.

López M C，Fernández C，2013. Changes in heat production by sheep of Guirra breed after increase in quantity of barley grain on the diet [J]. Small Ruminant Research，109：113 – 118.

Ma T，Xu G S，Deng K D，et al，2016. Energy requirements of early – weaned Dorper cross – bred female lambs [J]. Journal of Animal Physiology and Animal Nutrition，100：1081 – 1089.

Moe P W，Tyrrell H F，1979. Methane production in dairy cows [J]. Journal of Dairy Science，62：1583 – 1586.

Murray R M，Bryant A M，Leng R A，1976. Rates of production of methane in the rumen and large intestine of sheep [J]. British Journal of Nutrition，36：1 – 14.

NRC，2007. Nutrient requirements of small ruminants：sheep, goats, cervids, and New World camelids [M]. Washington，DC：National Academy Press.

Pinares – Patiño C S，McEwan J C，Dodds K G，et al，2011. Repeatability of methane emissions from sheep [J]. Animal Feed Science and Technology，166：210 – 218.

Ramin M，Huhtanen P，2013. Development of equations for predicting methane emissions from ruminants [J]. Journal of Dairy Science，96：2476 – 2493.

Ramírez R G，Huerta J，Kawas J R，et al，1995. Performance of lambs grazing in a buffelgrass (*Cenchrus ciliaris*) pasture and estimation of their maintenance and energy requirements for growth [J]. Small Ruminant Research，17：117 – 121.

RegadasFilho J G L，Pereira E S，Pimentel P G，et al，2013. Body composition and net energy requirements for Santa Ines lambs [J]. Small Ruminant Research，109：107 – 112.

Silva A M A，da Silva Sobrinho A G，Trindade I A C M，et al，2003. Net requirements of protein and energy for maintenance of wool and hair lambs in a tropical region [J]. Small Ruminant Research，49：165 – 171.

Xu G S，Ma T，Ji S K，et al，2015. Energy requirements for maintenance and growth of early – weaned Dorper crossbred male lambs [J]. Livestock Science，177：71 – 78.

第四章
肉羊蛋白质营养与需要

第一节　蛋白质概述

　　蛋白质是一类复杂的高分子有机化合物，是生命活动的物质基础。"蛋白质"一词，源于希腊语"Proteios"，其意是"最初的""第一重要的"，彰显出其在生命活动中的重要地位。蛋白质是细胞的重要组成成分，涉及动物代谢的大部分与生命攸关的化学反应。不同种类动物都有自己特定的、多种不同的蛋白质。在器官、体液和其他组织中，没有两种蛋白质的生理功能是完全一样的。这些差异是由于组成蛋白质的氨基酸种类、数量和结合方式不同的必然结果。多种氨基酸按照不同次序以肽键构成了各种各样的（真）蛋白质。把食物中的含氮化合物转变为机体蛋白质是一个重要的营养过程。

　　当饲粮中缺乏蛋白质时，动物出现氮的负平衡，主要表现为：肝脏、肌肉蛋白质大量损失，3-甲基组氨酸由尿中排出，肝功能、肌肉运动功能减弱；血红蛋白、血浆蛋白减少，造成贫血；代谢酶减少，出现得早、减少得多的酶是黄嘌呤氧化酶、谷氨酸脱氢酶等，造成代谢障碍；胶原蛋白合成量减少，羟脯氨酸排出量增多；抗体合成量减少，动物抗病力下降，出现生殖障碍。

　　饲粮中蛋白质过多，不仅造成浪费，而且多余的氨基酸在肝脏中脱氨基，合成尿素到肾并随尿排出，加重肝肾代谢负担，严重时引起肝、肾疾病，夏季还会加剧热应激。

　　因此，合理的蛋白质供应对于动物的健康和生产性能的发挥及节约蛋白质饲料资源具有重要意义。

一、蛋白质体系

（一）粗蛋白质

　　动物所需的氮大部分被用于合成蛋白质，大部分饲料氮也以蛋白质形式存在，于是几乎动物所需的所有氮和饲料中的氮都是通过蛋白质来表述。化学中，饲料中含氮量是通过经典的凯氏定氮法测定，然后根据 N×6.25 计算饲料中的粗蛋白质（CP），这个数据包含了大部分形式的氮。但从氮中计算 CP 是基于"所有的饲料氮都以蛋白质形式存在"和"每千克饲料蛋白质含 160 g 氮"两个假设。但实际上，这两个假设都不可靠

（Mcdonald，2002），因为反刍动物的大多数饲料中含有较大比例的 NPN，且 16％的因数仅适合于"平均的"CP，大多数饲料 CP 的含氮量高于或低于该值。

（二）可消化粗蛋白质

1979 年以前，英国的动物营养界曾认为可消化粗蛋白质（digestible crude protein，DCP）是表示反刍动物蛋白质需要量的最好指标，美国、苏联、日本等国都使用该指标，我国也不例外。但是，随着对反刍动物氮代谢研究的深入，现已清楚发现，无论是 CP 还是 DCP 评定饲料蛋白质营养价值都是不精确的。不宜用 DCP 衡量蛋白质需要量的理由在于：该指标不承认蛋白质需要量同总能采食量（GEI）或所喂饲粮的能量浓度有关；瘤胃微生物在合成蛋白质过程中，改变了饲料蛋白质的特性，其消化特性也随之发生改变，变化的程度因饲粮 CP 降解率与瘤胃其他状况而有所不同；DCP 测定的模式视微生物粪氮对动物无价值，实际上微生物氮代表已被利用满足微生物群体所需要的氮，也是构成动物所需氮的一部分；未区分从消化道吸收的氨基酸和自肠道消失的无用形式的氮（如氨氮）。另外，采用 DCP 参数未考虑瘤胃内微生物蛋白质（MCP）的形成，也未体现瘤胃微生物在氨基酸、氨和其他氨基酸氮代谢中所起的作用和影响，无法将饲粮瘤胃非降解蛋白质（undergradable protein，UDP）和 MCP 区分开。因此，用 DCP 来评价，既不能反映降解产物合成 MCP 的效率及产量，也不能反映进入小肠的 UDP 和 MCP 的数量及其消化率（李元晓和赵广永，2006）。

（三）可代谢蛋白质

饲料中的蛋白质经过瘤胃微生物的作用后，到达真胃及小肠的部分称为小肠可代谢蛋白质（metabolic protein，MP），主要包括 MCP、UDP 和极少量的内源蛋白质。MCP 是瘤胃微生物利用饲粮蛋白降解产生的氨、肽、氨基酸作为氮源，利用碳水化合物发酵产生的挥发性脂肪酸（VFA）、CO_2、糖，以及 ATP 作为碳链和能量合成的蛋白质，可以满足动物机体 40％～80％的氨基酸需要，是反刍动物蛋白质的主要来源之一。UDP 是指在瘤胃中未能被降解，通过网胃和瓣胃到达真胃及小肠的饲料蛋白质，也称为过瘤胃蛋白质。内源蛋白质主要来源于唾液、脱落上皮细胞和瘤胃微生物裂解残物，其数量很少，可以忽略不计。因此，一般将 MCP 和 UDP 认为是小肠蛋白质，然后再乘以小肠蛋白质的消化率即为 MP。

与传统的 CP 和 DCP 体系比较，MP 体系更能反映肉用羊蛋白质消化代谢的特殊性，采用 MP 体系能较好地评价饲料的潜在蛋白质价值、预测饲料间的配合效果、易于计算非蛋白氮的用量和评估饲料加工调制造成的影响，从而提高蛋白质利用率，充分发挥肉用羊的生长潜力。目前我国肉羊的饲料营养成分表里大多采用 CP 或 DCP 来表示，MP 的数据还很缺乏，这影响了肉用羊生产性能的发挥和饲料利用率的提高，因此很有必要深入研究我国肉羊饲料中的 MP 和动物对于 MP 的需要，从而更好地指导生产实践。自 1977 年以来，世界上已有 9 个国家和地区先后提出并应用以 MP 为核心的反刍动物蛋白质新体系，其中比较有代表性的包括以下几个体系。

1. 英国的可降解蛋白质/非降解蛋白质体系 英国 ARC 总结了大量反刍动物利用蛋白质的研究结果，于 1980 年提出了可降解蛋白质/非降解蛋白质体系，并在 1984 年进行了修订。该体系认为，反刍动物能量的采食量对蛋白质的利用起决定性作用，进入十二指肠的蛋白质由 MCP 和 UDP 两部分组成，是动物真正可以利用的、能满足动物需要的部分。AFRC（1993）在对 ARC（1980）和 ARC（1984）进行分析的基础上，提出了修改意见，并提出了 MP 体系。修改的内容主要包括：按可发酵代谢能预测 MCP 的合成量；考虑到每单位可发酵物质的 MCP 产量与饲养水平有密切的关系，提出在维持、生长的牛与绵羊（2 倍维持）、泌乳的牛与绵羊（3 倍维持）分别采用 9 g MCP/MJ、10 g MCP/MJ 和 11 g MCP/MJ；否定了 ARC（1980）和 ARC（1984）在关于氮限制微生物生长的一切情况下，瘤胃微生物捕获饲料可降解蛋白质（rumen degraded protein，RDP）的净效率都是 1.0 与尿素及其他非蛋白氮（NPN）作氮源时的净效率均为 0.8 的设定，并建议微生物真蛋白质与微生物蛋白质的比值为 0.75。新的蛋白质体系应用之后，能确保瘤胃内能量与蛋白质平衡，提高饲料的利用效率。

2. 美国的可代谢蛋白质体系 Burroughs 等（1975）提出了 MP 体系（或可代谢氨基酸体系），NRC（1978）正式公布了这个体系。该体系包括了对反刍动物的 MP 和可代谢氨基酸需要量的测定，以及饲料中 MP、可代谢氨基酸含量的评定和饲料尿素发酵潜力的计算。MP 是指饲料的 UDP 和 MCP 在小肠中被吸收的数量，它与小肠可消化蛋白质概念基本相同，只是考虑了蛋白质在小肠中的吸收率。

3. 法国的小肠内可消化蛋白质体系 该体系于 1978 年由法国农业科学院（INRA）公布，随后进行了修订（INRA，1989），小肠内可消化蛋白质（protein truly digested in the intestine，PDI）是指小肠内可消化的蛋白质，显然该体系估算的是小肠中真正吸收的 α-氨基氮（N×6.25）的数量（内源分泌部分除外），并同时考虑了通过瘤胃的饲粮蛋白质和发酵产生的微生物蛋白质的作用。该体系的要点为到达反刍动物小肠的 PDI 包括两部分：一是瘤胃中饲粮 UDP 在小肠中可被消化的部分；二是 MCP 在小肠中被消化的部分。

这些新蛋白质体系及本章内未提及的其他新体系，克服了可消化粗蛋白质体系固有的缺点，比较理想地体现出了反刍动物消化和代谢的特点，在某种程度上克服了传统的粗蛋白质或可消化粗蛋白质指标的表观性。其共同的基本原理在于都考虑了瘤胃微生物在反刍动物蛋白质消化代谢中的贡献，均认识到必须分别评价微生物和宿主动物对蛋白质的需要量；认为饲粮中 RDP 的数量和能量浓度是制约瘤胃 MCP 合成的基本因素，并根据这两个因素计算瘤胃微生物产量；均认为进入小肠段的蛋白质和氨基酸是实际可供牛、羊消化和利用的；各体系均把合理、充分发挥反刍动物利用 NPN 的能力作为一个重要的内容，认为只有采用新体系才能预测 NPN 的利用及其效果。

但最近的研究结果也表明，饲料来源的过瘤胃肽和吸收肽数量较大，不可忽视。现行新蛋白质体系未考虑过瘤胃肽和瘤胃吸收肽的贡献，反映出它们在理论上存在的不完善性和指标上某种程度的表观性。可见，通过肽的营养研究带动反刍动物蛋白质体系的创新和完善，是今后将肽营养研究成果深化和实用化的一项急迫任务（冯仰廉，2004）。

我国现行羊的饲养标准中蛋白质需要量采用的是 CP 或 DCP 指标，这种体系自身存在的缺点和弊端有：一是该体系没有区分饲粮蛋白质在瘤胃中的降解部分和非降解部分；二是未能反映出饲粮 RDP 转化为 MCP 的效率及 MCP 的合成量；三是没有反映进入小肠的饲粮 UDP 和 MCP 的量、氨基酸的量及其真消化率。

二、肉羊蛋白质需要量的研究进展

蛋白质需要量历来是动物营养学研究的热点，也是各国饲养标准中最为核心的指标之一。近年来国外对肉羊蛋白质需要的研究多采用比较屠宰试验，通过结合饲养试验中得出的蛋白质（氮）采食量与屠宰试验中氮沉积的数据，得到维持的净蛋白质（net protein，NP）需要量，并通过探析体重与机体蛋白质（氮）的关系，建立不同体重阶段机体氮含量的析因模型，通过外推法计算得到不同体重阶段、不同日增重时蛋白质需要量。Galvani 等（2009）以 15 kg 左右的特克赛尔杂交羔羊为实验动物，利用比较屠宰试验确定了氮的沉积量，结合消化代谢试验确定了饲粮的消化率和 MCP 的合成量，将机体蛋白质需要分为生长需要和产毛需要两个方面，得出了该杂交肉羊维持和生长的蛋白质需要量，结果显示内源氮的损失为 243 mg/kg SBW$^{0.75}$（SBW 为宰前活体重，shrunk body weight），在 15 kg 和 35 kg 体重阶段日增重为 250 g 时，生长的 NP 需要量和产毛的 NP 需要量分别为 28.7 g 和 27.3 g、3.8 g 和 5.3 g，得出了特克赛尔杂交肉羊蛋白质需要量低于大多数营养体系的结论。Fernandes 等（2007）采用比较屠宰和消化代谢试验相结合的方法，对波尔杂交山羊的 NP 需要量进行了研究，认为肉用山羊生长NP（NP$_g$）需要量超过了先前公布的奶山羊的需要量，而且高于确立的推荐量。

国内学者对绵羊、山羊蛋白质需要量的研究起步较晚。杨诗兴等（1988）通过饲养试验、消化代谢试验和比较屠宰试验相结合的方法，得到了湖羊不同生理阶段的蛋白质需要量。杨维仁等（2002）研究了大尾寒羊哺乳羔羊蛋白质的代谢规律和需要量，得到了全哺乳期和补料期羔羊对 CP、DCP 的维持需要量和生长需要量；该团队随后又对 4 月龄杜寒杂交一代羔羊的蛋白质需要量进行了研究，得到了维持 NP 的需要量，认为肉羊 DCP 和 CP 的需要量计算公式是：$DCP=2.59W^{0.75}+374.98\Delta W$ 和 $CP=3.88W^{0.75}+560\Delta W$（杨维仁等，2004）。杜京（2004）认为，杂交母羊在哺乳期的适宜蛋白质进食量应为 13.59 g/kg BW$^{0.75}$。杨在宾等（2004）以大样本大尾寒羊为实验动物，通过结合不同试验方法，获得了 13 个蛋白质需要量的析因模型，并以此为基础推导出了大尾寒羊 CP 和 DCP 的需要量。赵玉民等（2005）研究了中国美利奴羊育成母羊的蛋白质需要量，得到了维持蛋白质需要量和生长蛋白质需要量的回归方程，认为在体重 20～40 kg 阶段，日增重 50～150 g 时 CP 需要量为 72.89～130.20 g。聂海涛等（2012）以杜泊羊和湖羊杂交 F$_1$ 代为实验动物，通过比较屠宰试验、消化代谢试验和饲养试验，得出了 20～35 kg 杜湖杂交羔羊的维持 NP（NP$_m$）需要量为 1.0 g/kg BW$^{0.75}$、日增重在 300 g 时NP$_g$ 为 111～129 g 的结论。

从研究方法来看，国内外学者在前期的研究中多采用饲养试验和消化代谢试验相结合的方法，通过不同 CP、DCP 摄入量与日增重的回归关系，计算得到 CP 和 DCP 的需要量。因此，世界各国长期以来均采用 CP 或 DCP 体系（冯仰廉，2004）。但随着动物营养研究技术的发展和对反刍家畜营养研究的不断深入发现，CP 体系既不能反映饲料 CP 在瘤胃中的降解率，也不能反映 MCP 的合成量，无法了解进入小肠的总蛋白质或氨基酸。因此，CP 体系和 DCP 体系不能准确指导不同生产水平的饲养活动，造成饲料蛋白质供应不足，不能最大限度发挥动物的生产潜能或蛋白质供应过量导致蛋白质饲料资源的浪费。

本节主要总结了中农科反刍动物团队对杜泊×小尾寒羊杂交绵羊蛋白质需要量的研究成果。该研究团队采用比较屠宰试验、消化代谢试验等研究方法，结合食糜流量标记物和微生物标记物技术，系统研究了杜泊×小尾寒羊杂交肉用绵羊公羊和肉用绵羊母羊在体重分别为 20~35 kg 和 35~50 kg 阶段 NP_m 和 MP_m、NP_g 和 MP_g 需要量，并提出了公羊、母羊在不同生长阶段 MP 用于维持（k_{pm}）和生长（k_{pg}）的效率。

三、肉羊蛋白质需要量的研究方法

肉羊的蛋白质需要量采用比较屠宰试验，主要步骤如下：

1. 试验羊初始氮含量及氮沉积量的确定 通过凯氏定氮法，可以测定出每只羊各屠体样品（肌肉、骨骼、血＋内脏、脂肪、皮和毛）的氮或粗蛋白质含量，结合比较屠宰试验的数据，可以计算各羊只机体的总氮含量。试验羊体内沉积的氮是由试验结束时机体的氮含量与试验开始时机体氮含量的差值确定的。但是，屠宰试验只能确定试验结束时各试验羊的机体氮含量，而试验开始时的氮含量是由首次屠宰羊（以此为基准组，base line，BL）的数据进行回归估测的。

根据首次屠宰羊的数据，建立空腹体重（EBW）与 SBW、体重与 SBW、空体氮与空腹体重之间的回归方程，运用这些方程可以估测中期屠宰羊只及末期屠宰羊只的初始机体氮含量。机体内沉积的氮（NR）为试验末期与试验初期机体氮含量之差。由首次屠宰羊得到的体重与宰前活重、体重与空腹体重及能量含量与空腹体重之间的估测方程。

2. NP_m 需要量 将 NR 与 NI 进行回归，用以估测净蛋白质的维持需要量，该方程的截距即代表了内源氮和代谢氮的损失，乘以 6.25 后即可得到 NP_m。

3. MP_m 需要量 采用与比较屠宰试验相同品种的实验动物、相同的日粮和饲喂水平，测定尿中尿囊素、尿酸、黄嘌呤和次黄嘌呤的含量，并根据尿嘌呤衍生物总量估测 MCP 产量，通过尼龙袋法计算得出 UDP。结合每只羊有机物采食量（organic matter intake，OMI）、粗蛋白质采食量（crude protein intake，CPI），可得到 3 个饲喂水平下日粮微生物蛋白质和非降解蛋白质的含量。根据析因法，可代谢蛋白质为微生物蛋白质和非降解蛋白质之和。据此，可求出除首次屠宰组外其他试验阶段羊的 MP 摄入量（metabolizable protein intake，MPI）。

根据比较屠宰试验 N 平衡的结果，建立 NR 与 MPI 之间的线性回归关系，当外推至 NR＝0 时，可计算得到肉羊的维持 MP（metabolizable protein for maintenance，MP_m）需要量。由 NP_m 和 MP_m 可计算得到肉羊 MP 的维持利用效率。

4. NP_g 需要量 根据比较屠宰试验自由采食羊只的数据，建立 NR 与 EBW 的异速回归关系，空腹体重由自由采食羊只的体重和宰前活重回归得到，由体重之间的关系及空腹体重与机体蛋白质含量的关系反推不同体重的蛋白质沉积量，所得的值即为该体重水平的 NP_g。

5. MP_g 需要量 生长 MP（MP_g）需要量是由 MP 的生长利用效率（k_{pg}）计算而得到。k_{pg} 是根据 NR 和用于生长的可代谢蛋白质摄入量（$MPI_g＝MPI－MPI_m$）之间的回归关系推算的，回归方程的斜率即为 k_{pg}。根据 $k_{pg}＝NP_g÷MP_g$，可求得不同体重阶段肉羊在日增重分别为 100 g、200 g、300 g、350 g 时的 MP_g。

6. 蛋白质总需要量　根据析因法原理，蛋白质的需要量可分为维持和生长两个部分，即：NP 总需要量 $= NP_m + NP_g$；MP 总需要量 $= MP_m + MP_g$，由此可计算出不同体重阶段肉羊 NP 和 MP 总需要量。

第二节　维持需要

一、试验羊初始氮含量及氮沉积量的确定

通过凯氏定氮法，可以测定出每只羊各屠体样品（肌肉、骨骼、血、内脏、脂肪、皮和毛）的氮或蛋白质含量；结合比较屠宰试验的数据，可以计算各羊只机体的总氮含量。试验羊体内沉积氮是由试验结束时机体的氮含量与试验开始时机体氮含量的差值确定的。但是，屠宰试验只能确定出试验结束时各试验羊的机体氮含量，而试验开始时的氮含量是由首次屠宰 7 只羊的数据进行回归估测的。

根据初始屠宰 7 只羊的数据，建立 EBW 与 SBW、体重与 SBW、空体氮与 EBW 之间的回归方程，运用这些方程可以估测出中期屠宰及末期屠宰羊只的初始机体氮含量。机体内沉积的氮为试验末期与试验初期机体氮含量之差。由首次屠宰 7 只羊得到的体重与宰前活重、体重与空腹体重及体内初始蛋白质含量与 EBW 之间的估测方程 20～35 kg 公羔见表 4-1、母羔见 4-2；35～50 kg 公羔见表 4-3、母羔见 4-4。

表 4-1　20～35 kg 杜寒杂交公羔空腹体重及初始氮的预测方程

方　程	R^2
EBW (kg) $= 2.069$ (± 1.672) $+ [0.721$ (± 0.084) $\times SBW$, kg]	0.95
SBW (kg) $= 0.571$ (± 1.457) $+ [0.915$ (± 0.069) $\times BW$, kg]	0.97
$\log_{10}$ (N, g) $= 1.5364$ (± 0.174) $+ [0.9574 \pm$ (0.1439) $\times \log_{10} EBW$, kg]	0.98

表 4-2　20～35 kg 杜寒杂交母羔空腹体重及初始氮的预测方程

方　程	R^2
EBW (kg) $= -1.232$ (± 1.400) $+ [0.921$ (± 0.118) $\times SBW$, kg]	0.95
SBW (kg) $= -1.653$ (± 1.019) $+ [1.009$ (± 0.047) $\times BW$, kg]	0.99
$\log_{10}$ (N, g) $= 1.9528$ (± 0.070) $+ [0.6132$ (± 0.0576) $\times \log_{10} EBW$, kg]	0.97

表 4-3　35～50 kg 杜寒杂交公羔空腹体重及初始蛋白质的预测方程

方　程	R^2
EBW (kg) $= [0.790$ (± 0.005) $\times BW$, kg]	0.99
EBW (kg) $= [0.831$ (± 0.008) $\times SBW$, kg]	0.99
$\log_{10}$ ($protein$, g) $= 2.30$ (± 0.071) $+ [0.975$ (± 0.046) $\times \log_{10} EBW$, kg]	0.96

表 4－4 35～50 kg 杜寒杂交母羔空腹体重及初始蛋白质的预测方程

方　程	R^2
$EBW\ (\mathrm{kg})=[0.771\times(\pm0.006)\times BW,\ \mathrm{kg}]$	0.99
$EBW\ (\mathrm{kg})=-2.98\times(\pm1.18)+[0.888\times(\pm0.029)\times SBW,\ \mathrm{kg}]$	0.98
$\log_{10}(protein,\ \mathrm{g})=2.28\times(\pm0.088)+[0.973\times(\pm0.058)\times\log_{10}EBW,\ \mathrm{kg}]$	0.94

二、维持蛋白质需要量

（一）NP_m

将 NR 与 NI 进行回归，用以估测 NP_m 需要量，该方程的截距即代表了内源氮和代谢氮的损失，乘以 6.25 后即可得到 NP_m（g/kg $SBW^{0.75}$）。20～35 kg、35～50 kg 公羔和母羔 NR 与 NI 的相关关系分别见图 4－1 至图 4－4。

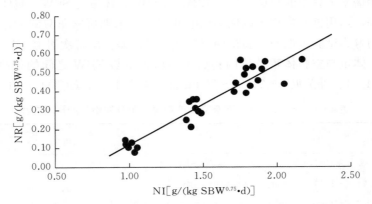

图 4－1 20～35 kg 体重杜寒杂交公羔 NR 和 NI 的关系

注：$NR=-0.303\times(\pm0.046)+0.422\times(\pm0.040)\times NI$（$r^2=0.89$，$n=28$）。

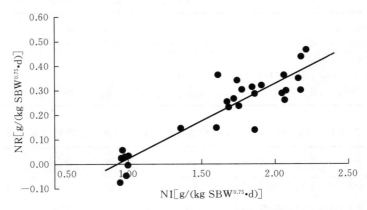

图 4－2 20～35 kg 体重杜寒杂交母羔 NR 和 NI 的关系

注：$NR=-0.303\times(\pm0.046)+0.422\times(\pm0.040)\times NI$（$r^2=0.82$，$n=28$）。

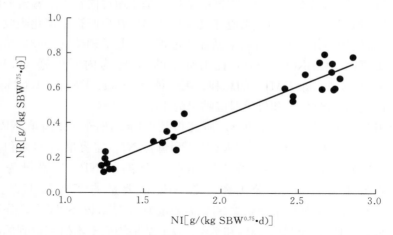

图 4-3　35～50 kg 体重杜寒杂交公羔 NR 和 NI 的关系

注：$NR = -0.262 \times (\pm 0.043) + 0.349 \times (\pm 0.020) \times NI$（$r^2 = 0.92$，$n = 27$）。

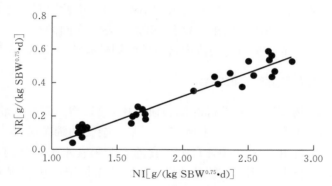

图 4-4　35～50 kg 体重杜寒杂交母羔 NR 和 NI 的关系

注：$NR = -0.250 \times (\pm 0.028) + 0.285 \times (\pm 0.014) \times NI$（$r^2 = 0.94$，$n = 27$）。

可见，20～35 kg 公羔和母羔维持净氮的需要量分别为 303 mg/kg SBW$^{0.75}$ 和 280 mg/kg SBW$^{0.75}$，换算为 NP$_m$ 分别为 1.89 g/kg SBW$^{0.75}$ 和 1.75 g/kg SBW$^{0.75}$（1.72 g/kg BW$^{0.75}$ 和 1.68 g/kg BW$^{0.75}$）；35～50 kg 公羔和母羔维持净氮的需要量分别为 262 mg/kg SBW$^{0.75}$ 和 250 mg/kg SBW$^{0.75}$，换算为 NP$_m$ 分别为 1.64 g/kg SBW$^{0.75}$ 和 1.56 g/kg SBW$^{0.75}$（1.56 g/kg BW$^{0.75}$ 和 1.52 g/kg BW$^{0.75}$）。

ARC（1984）认为，NP$_m$ 属于不可避免的氮损失，包括内源尿氮和代谢粪氮及消化道黏膜脱落细胞和泌出的消化酶等。杨在宾等（1997）研究了小尾寒羊 NI 和 FN 及 UN 排出量的关系后发现，NI 与 FN 和 UN 均呈显著性相关关系，通过氮的采食量估测粪氮和尿氮的回归方程为：$FN = 0.28 \times NI + 0.131\,2$（$r = 0.79$）；$UN = 0.09 \times NI + 0.134\,5$（$r = 0.80$）。本研究将试验羊每天的 NR 与 NI 进行回归，当 NI 为零时，回归方程的负截距即代表了 NP$_m$。从本研究结果看，无论是公羔还是母羔，NP$_m$ 均低于 AFRC（1993）报道的数据（350 mg/kg SBW$^{0.75}$）。造成两个研究结果出现差异的原因很多，但主要是研究方法的区别。本研究中，内源氮的损失是通过氮沉积量和氮采食量进行回归计算的，但 AFRC（1993）报道的结果是基于通过向胃中灌输营养物质的方法取得的。相比较而言，本研究的结果更能真实反映出氮在胃肠道中消化吸收的过程，也充分考虑到了微生物的作用及瘤胃氮素循环的过程，这是 AFRC（1993）结果高于本研究结果的主要原因。CSIRO（2007）提出绵羊的 NP_m 为内源尿氮（$0.147 \times BW + 3.375$）和粪氮（$15.2\,g/kg\,DMI$）的总和，因此体重 28 kg、DMI 为 1.02 kg 的 NP_m 为 23.0 g，分别高于本研究公羔和母羔对应结果的 10%。

在相似的研究中，Silva 等（2003）研究得到 20 kg 法国杂交肉羊 NP_m 需要量为 1.56 g/kg $SBW^{0.75}$，分别低于 20～35 kg 公羔和母羔 NP_m 需要量的 21% 和 12%。Galvani 等（2009）研究得到 20 kg 特克赛尔杂交公羊 NP_m 需要量为 243 mg/kg $SBW^{0.75}$，分别低于 20～35 kg 公羔和母羔 NP_m 需要量的 27% 和 17%。聂海涛等（2012）报道，20～35 kg 杜湖杂交羔羊 NP_m 需要量为 1.63 g/kg $SBW^{0.75}$，分别低于 20～35 kg 公羔和母羔 NP_m 需要量的 16% 和 7%。以上结果均低于本研究得到的杜寒杂交羔羊的结果。但是 Neto 等（2005）对细毛羊的研究结果（2.07 g/kg $SBW^{0.75}$）高出本研究中 20～35 kg 公羔和母羔结果的 10% 和 18%。Costa 等（2013）对 Morada Nova 羊的研究结果与本研究结果相差不多（1.83 g/kg $SBW^{0.75}$）。由此可见，不同学者采用不同的实验动物得到了不一致的研究结果。这种 NP_m 需要量之间的可变性，除了试验羊只的品种、饲养方式外，主要是与动物体内蛋白质的周转有关（Galvani 等，2009）。

（二）维持可代谢蛋白质（MPm）

在中农科反刍动物团队同期进行的试验研究中，Ma 等（2016）将 12 只平均体重为（41.3±2.8）kg 杜泊羊（♂）×小尾寒羊（♀）杂交的绵羊公羔，随机分为 3 组，按照自由采食、70% 自由采食和 40% 自由采食的 3 个采食水平饲喂与本研究相同饲料配方的试验饲粮，结合十二指肠食糜流量测定和同位素标记物法实测 MCP，得出肉羊 MPI（表 4-5）。

表 4-5　瘤胃和十二指肠氮代谢参数

项　目	自由采食	70%自由采食	50%自由采食
DMI（g/d）	1.62[a]	1.16[b]	0.81[c]
OMI（g/d）	1.47[a]	1.02[b]	0.74[c]
CPI（g/d）	195[a]	137[b]	100[c]
十二指肠氮流量（g/d）	28.3[a]	23.5[b]	17.2[c]
粪氮（g/d）	11.9[a]	8.07[b]	5.16[c]
后肠氮表观消化率	60.0[c]	64.0[b]	71.4[a]
MPI（g/d）	102[a]	91[b]	75[c]
MP/OMI（g/kg）	69.4[c]	88.9[b]	102.4[a]
MP/CPI（g/g）	0.52[c]	0.65[b]	0.76[a]

由表 4-5 的基本参数可计算得到，在采用与本研究相同品种的实验动物、相同的饲粮和饲喂水平下，自由采食组、70% 自由采食组和 50% 自由采食组每千克 OMI 的供

应量分别为 69.4 g/d、88.9 g/d 和 102.4 g/d。根据此表得到的基本数据，结合本研究中羊只的 OMI，即可推算出 MPI。

根据比较屠宰试验氮平衡的结果，分别建立了 20～35 kg、35～50 kg 公羔和母羔 NR 与 MPI 之间的线性回归关系（图 4-5 至图 4-8）。

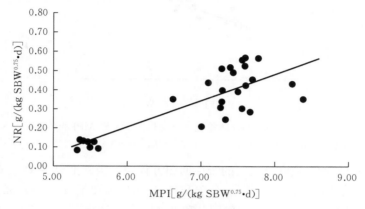

图 4-5　20～35 kg 体重杜寒杂交公羔 NR 和 MPI 的关系

注：$NR=-0.628\times(\pm0.138)+0.139\times(\pm0.020)\times MPI$（$r^2=0.70$，$RMSE=0.096$，$n=28$）。

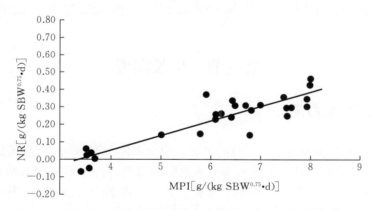

图 4-6　20～35 kg 体重杜寒杂交母羔 NR 和 MPI 的关系

注：$NR=-0.282\times(\pm0.047)+0.083\times(\pm0.007)\times MPI$（$r^2=0.83$，$RMSE=0.063$，$n=28$）。

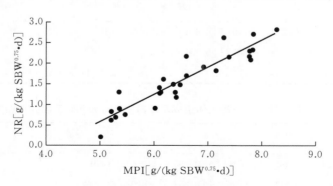

图 4-7　35～50 kg 体重杜寒杂交公羔 NR 和 MPI 的关系

注：$NR=-0.465\times(\pm0.071)+0.119\times(\pm0.010)\times MPI$（$r^2=0.84$，$n=27$）。

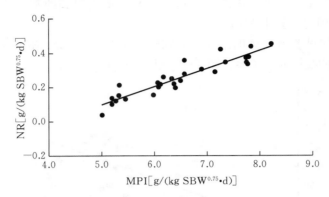

图 4-8　35～50 kg 体重杜寒杂交母羔 NR 和 MPI 的关系

注：$NR = -0.430 \times (\pm 0.052) + 0.105 \times (\pm 0.008) \times MPI$ ($r^2 = 0.87$, $n = 28$)。

在以上 NR 与 MPI 采食量之间的线性回归方程中，当外推至 NR＝0 时，可计算得到 20～35 kg 公羔和母羔、35～50 kg 公羔和母羔 MP_m 需要量分别为 4.52 g/kg $SBW^{0.75}$ 和 3.37 g/kg $SBW^{0.75}$（4.37 g/kg $BW^{0.75}$ 和 3.24 g/kg $BW^{0.75}$）、3.89 g/kg $SBW^{0.75}$ 和 4.09 g/kg $SBW^{0.75}$（3.69 g/kg $BW^{0.75}$ 和 3.98 g/kg $BW^{0.75}$）。由 NP_m 和 MP_m 需要量计算可知，20～35 kg 公羔和母羔、35～50 kg 公羔和母羔 k_{pm} 分别为 0.42 和 0.52、0.42 和 0.38。

第三节　生长需要

一、生长净蛋白质

根据比较屠宰试验自由采食羊只的数据，建立 NR 与 EBW 的异速回归关系，空腹体重由 21 只自由采食羊只的体重和宰前活重回归得到，公羔 BW、SBW 和 EBW 的关系及机体蛋白质含量与 EBW 之间的关系见表 4-6，母羔的回归方程见表 4-7。

表 4-6　预测杜寒杂交公羔体组成及蛋白质（protein）沉积的回归方程

项 目	方 程	R^2
EBW	EBW (kg)＝1.753×(±0.779)＋[0.681×(±0.025)×BW]	0.97
EBW	EBW (kg)＝0.620×(±0.804)＋[0.781×(±0.028)×SBW]	0.98
protein	$\log_{10}$ (*protein*, kg)＝−0.652×(±0.060)＋[0.947×(±0.044)×$\log_{10}$ (*EBW*, kg)]	0.96

表 4-7　预测杜寒杂交母羔体组成及蛋白质（protein）沉积的回归方程

项 目	方 程	R^2
EBW	EBW (kg)＝−0.395×(±0.109)＋[0.795×(±0.033)×BW]	0.97
EBW	EBW (kg)＝−0.411×(±0.290)＋[0.857×(±0.028)×SBW]	0.98
protein	$\log_{10}$ (*protein*, kg)＝−0.506×(±0.062)＋[0.814×(±0.046)×$\log_{10}$ (*EBW*, kg)]	0.94

由体重之间的关系及空腹体重与机体蛋白质含量的关系反推不同体重羊的蛋白质沉积量，即为该体重水平的 NP_g 需要量。例如，25 kg 体重、日增重 350 g 的羔羊 NP_g 需要量可由 25.35 kg 与 25.00 kg 体重下蛋白质沉积的差值得到。25～50 kg 羔羊不同日增重条件下的 NP_g 需要量分别见表 4-8 至表 4-11。

表 4-8 20～35 kg 杜寒杂交公羔生长净蛋白质需要量

日增重（g）	体重（kg）			
	20	25	30	35
100	12.4	12.3	12.2	12.1
200	24.9	24.6	24.4	24.2
300	37.3	36.9	36.6	36.3
350	43.5	43.0	42.7	42.3

表 4-9 20～35 kg 杜寒杂交母羔生长净蛋白质需要量

日增重（g）	体重（kg）			
	20	25	30	35
100	12.1	11.6	11.2	10.9
200	24.2	23.2	22.4	21.8
300	36.3	34.8	33.6	32.7
350	42.4	40.6	39.2	38.1

表 4-10 35～50 kg 杜寒杂交公羔生长净蛋白质需要量

日增重（g）	体重（kg）			
	35	40	45	50
100	14.5	14.5	14.4	14.4
200	29.0	28.9	28.8	28.7
300	43.5	43.4	43.2	43.1
400	58.0	57.8	57.6	57.5

表 4-11 35～50 kg 杜寒杂交母羔生长净蛋白质需要量

日增重（g）	体重（kg）			
	35	40	45	50
100	12.1	11.6	11.2	10.9
150	24.2	23.2	22.4	21.8
200	36.3	34.8	33.6	32.7
250	42.4	40.6	39.2	38.1

本研究中，杜寒杂交羔羊 NP_g 需要量是通过对自由采食组羔羊氮沉积量和体重之间的回归关系反推计算得到的。从目前国内外报道的数据来看，各研究者对不同肉羊或杂交肉羊研究的结果不一致。以 20 kg 日增重 200 g 为例，Galvani 等（2009）将特克赛

尔杂交羔羊 NP_g 需要量分为增重需要量和产毛需要量，二者分别为 22.6 g 和 3.5 g，总需要量为 26.1 g；Fernandes 等（2007）认为，萨能山羊 NP_g 需要量的估测方程为 $155.6 \times EBW^{0.052}$；聂海涛等（2012）认为，杜湖杂交公羔在 20 kg 体重日增重 200 g 时需要 74 g CP；王鹏（2011）得出陶寒杂交肉用公羔 NP_g 需要量回归方程为：$\log_{10}(NR) = 2.261 + \log_{10}(EBW)$（$r^2 = 0.95$）。AFRC（1993）在 ARC（1980）推荐值的基础上，建议采用估测 NP_g 的公式是：NP_g（g/d）$= ADG \times (160.4 - 1.22 \times BW + 0.010\,5 \times BW^2)$。运用该方程，可计算得到本研究中公羔在 20 kg、日增重 100 g，以及 35 kg、日增重 350 g 两个极端值时 NP_g 需要量分别为 14.93 g 和 45.70 g，高出本研究中 20～35 kg 公羔实际结果的 20.1% 和 7.9%，高于相同情况下母羔的实测值 23% 和 19.9%。造成各研究结果出现差异的原因很多，如试验羊的品种、性别、年龄，以及试验方法、成熟度等；除此之外，体重与空腹体重之间的转换系数也会影响到 NP_g。

二、生长可代谢蛋白质

MP_g 需要量由 k_{pg} 计算得到（Galvani 等，2009），后者是根据 NR 和用于生长的 MPI（MPI_g）之间的回归关系推算的，回归方程为：

公羔：$NR = 0.002\,7 \times (\pm 0.030) + 0.684 \times (\pm 0.052) \times MPI_g$

母羔：$NR = 0.008\,5 \times (\pm 0.089) + 0.661 \times (\pm 0.094) \times MPI_g$

第一个方程式中的斜率 0.684 即为公羔的 k_{pg}，第二个方程式中的斜率 0.661 即为母羔的 k_{pg}。根据 $k_{pg} = NP_g$（g/kg $SBW^{0.75}$）$\div MP_g$（g/kg $SBW^{0.75}$），可求得 20～35 kg 体重杜寒杂交羔羊日增重分别为 100 g、200 g、300 g 和 350 g 时的 MP_g，以此类推 35～50 kg 羔羊不同日增重条件下的 MP_g（表 4-12 至表 4-15）。

表 4-12　20～35 kg 杜寒杂交公羔生长可代谢蛋白质需要量

日增重（g）	体重（kg）			
	20	25	30	35
100	14.4	14.3	14.2	14.1
200	29.0	28.6	28.4	28.1
300	43.4	42.9	42.6	42.2
350	50.6	50.0	49.7	49.2

表 4-13　20～35 kg 杜寒杂交母羔生长可代谢蛋白质需要量

日增重（g）	体重（kg）			
	20	25	30	35
100	23.3	22.3	21.6	21.0
200	46.6	44.7	43.1	41.9
300	69.8	67.0	64.7	62.8
350	81.5	78.1	75.5	73.3

表 4-14 35～50 kg 杜寒杂交公羔生长可代谢蛋白质需要量

日增重 (g)	体重 (kg)			
	35	40	45	50
100	19.4	19.4	19.3	19.3
200	38.9	38.8	38.6	38.5
300	58.3	58.1	58.0	57.8
400	77.8	77.5	77.3	77.1

表 4-15 35～50 kg 杜寒杂交母羔生长可代谢蛋白质需要量

日增重 (g)	体重 (kg)			
	35	40	45	50
100	20.1	20.0	19.9	19.9
150	30.1	30.0	29.9	29.8
200	40.2	40.0	39.9	39.8
250	50.2	50.0	49.9	49.7

在与本研究相似的报道中，Galvani 等（2009）使用 PD 作为标记物计算了 MCP 产量。Cannas 等（2004）用康奈尔净碳水化合物和净蛋白质体系（Cornell Net Carbohydrate and Protein System，CNCPS）估测 UDP，并用析因法计算得到了 MPI。研究结果显示，15～35 kg 体重阶段特克赛尔杂交羔羊 MP_g 需要量为 2.31 g/kg $SBW^{0.75}$，低于本研究中得到的杜寒杂交公羔和母羔 MP_g 需要量的 21% 和 24%。

MP_g 需要量是通过 NP 需要量和 k_{pg} 计算得到的。从研究结果看，公羔和母羔在 20～35 kg 体重阶段、日增重为 100～350 g 时的 MP_g 需要量分别为 18.2～61.9 g 和 18.3～57.7 g；在 35～50 kg 体重阶段，日增重为 100～400 g 时的 MP_g 需要量分别为 19.3～77.8 g 和 19.9～50.2 g。在试验的起始阶段，母羔的需要量略高于公羔，但随着试验进程的推进，试验羊体重出现差异，导致公羔和母羔机体内蛋白质的含量不同。因相同情况下公羔蛋白质的沉积速率和沉积量均大于母羔，所以体重越大，MP_g 需要量公羔高出母羔的更多。

第四节 蛋白质需要参数

根据析因法原理，蛋白质的需要量可分为维持和生长两个部分，即：NP 总需要量＝NP_m＋NP_g；MP 总需要量＝MP_m＋MP_g。根据此公式，可计算出 20～35 kg 体重阶段杜寒杂交公羔和母羔 NP 总需要量（公羔：表 4-16；母羔：表 4-17）、MP 总需要量（公羔：表 4-18；母羔：表 4-19），以及 35～50 kg 体重阶段杜寒杂交公羔和母羔 NP 总需要量（公羔：表 4-20；母羔：表 4-21）和 MP 总需要量（公羔：表 4-22；母羔：表 4-23）。

表 4 - 16　20～35 kg 杜寒杂交公羔净蛋白质总需要量

日增重（g）	体重（kg）			
	20	25	30	35
100	28.7	31.5	34.2	36.8
200	41.1	43.8	46.4	48.9
300	53.5	56.1	58.6	61.0
350	59.8	62.3	64.7	67.1

表 4 - 17　20～35 kg 杜寒杂交母羔净蛋白质总需要量

日增重（g）	体重（kg）			
	20	25	30	35
100	28.1	30.5	32.9	35.2
200	40.2	42.1	44.1	46.1
300	52.3	53.7	55.3	57.0
350	58.3	59.5	60.9	62.4

表 4 - 18　20～35 kg 杜寒杂交公羔可代谢蛋白质总需要量

日增重（g）	体重（kg）			
	20	25	30	35
100	42.7	46.9	51.0	54.9
200	60.8	64.9	68.8	72.6
300	79.0	82.9	86.6	90.3
350	88.1	91.9	95.6	99.2

表 4 - 19　20～35 kg 杜寒杂交母羔可代谢蛋白质总需要量

日增重（g）	体重（kg）			
	20	25	30	35
100	43.5	47.3	51.1	54.8
200	61.8	64.9	68.0	71.2
300	80.1	82.4	85.0	87.7
350	89.2	91.2	93.5	95.9

表 4 - 20　35～50 kg 杜寒杂交公羔净蛋白质总需要量（g/d）

日增重（g）	体重（kg）			
	35	40	45	50
100	36.9	39.3	41.5	43.7
200	51.4	53.7	55.9	58.0
300	65.9	68.2	70.3	72.4
350	80.4	82.6	84.7	86.8

表 4-21　35～50 kg 杜寒杂交母羔净蛋白质总需要量（g/d）

日增重（g）	体重（kg）			
	35	40	45	50
100	35.2	37.4	39.6	41.7
200	46.1	44.0	46.2	48.3
300	57.0	50.6	52.7	54.8
350	62.4	57.2	59.3	61.4

表 4-22　35～50 kg 杜寒杂交公羔代谢蛋白质总需要量

日增重（g）	体重（kg）			
	35	40	45	50
100	72.9	78.3	83.3	88.3
200	92.4	97.5	102.6	107.5
300	111.8	116.9	121.9	141.2
400	131.2	136.3	141.2	146.1

表 4-23　35～50 kg 杜寒杂交母羔代谢蛋白质总需要量

日增重（g）	体重（kg）			
	35	40	45	50
100	54.8	83.3	89.1	94.7
150	71.2	93.3	99.1	104.6
200	87.7	103.3	109.1	114.6
250	95.9	113.3	119.1	124.5

本　章　小　结

随着肉羊体重的增加，机体内脂肪含量逐渐增加，但蛋白质含量逐渐降低。除试验羊的品种、性别、年龄及试验方法、成熟度等以外，体重与空腹体重之间的转换系数也会影响净蛋白质的生长需要量。基于动物机体的发育是随着成熟度的增加、沉积的蛋白质降低而脂肪含量增加的基本共识，母羊在相同的体重阶段，机体的脂肪含量高于公羊而蛋白质含量低于公羊。根据净蛋白质需要量的计算方法，并结合脂肪和蛋白质的能值，认为净蛋白质需要量母羊低于公羊的结果符合公、母羊的机体组成和需要量特点。可代谢蛋白质是反刍动物蛋白质评定新体系的重要组成部分，以小肠蛋白质为基础，包括过瘤胃蛋白质和瘤胃微生物蛋白质。可代谢蛋白质的生长需要量是通过净蛋白质的需要量和 k_{pg} 计算得到的。由于相同情况下公羊蛋白质的沉积速率和沉积量均大于母羊，因此体重越大，生长净蛋白质的需要量公羊高出母羊更多。能量的供应量会影响可代谢蛋白质的利用，但目前产生这种原因的机制还不完全清楚，需要作进一步的研究。

➡ 参考文献

杜京，2004. 杂种母羊和育肥羔羊能量蛋白质需要的研究 [D]. 保定：河北农业大学.

冯仰廉，2004. 反刍动物营养学 [M]. 北京：科学出版社.

李元晓，赵广永，2006. 反刍动物饲料蛋白质营养价值评定体系研究进展 [J]. 中国畜牧杂志，42 (1)：61 - 63.

聂海涛，施彬彬，王子玉，等，2012. 杜泊羊和湖羊杂交 F_1 代公羊能量及蛋白质的需要量 [J]. 江苏农业学报，28 (2)：344 - 350.

王鹏，2011. 肉用公羔生长期（20～35 kg）能量和蛋白质需要量研究 [D]. 保定：河北农业大学.

杨诗兴，彭大惠，张文远，等，1988. 湖羊能量与蛋白质需要量的研究 [J]. 中国农业科学，21 (2)：73 - 80.

杨维仁，张崇玉，2002. 大尾寒羊哺乳羔羊蛋白质代谢规律的研究 [J]. 山东农业大学学报（自然科学版），33 (3)：319 - 321.

杨维仁，贾志海，栾玉静，等，2004. 杂种肉羊生长期蛋白质需要量及其代谢规律研究 [J]. 中国畜牧杂志，40 (6)：25 - 26.

杨在宾，杨维仁，张崇玉，等，2004. 小尾寒羊和大尾寒羊能量与蛋白质代谢规律研究 [J]. 中国草食动物，24 (5)：11 - 13.

赵玉民，2005. 中国美利奴羊育成母羊能量和蛋白质需要量研究 [D]. 延吉：延边大学.

AFRC，1993. Energy and protein requirements of ruminants [M]. New York：CAB International.

ARC，1980. The nutrient requirements of ruminant livestock [M]. UK：Commonwealth Agricultural Bureaux.

ARC，1984. The nutrient requirements of ruminant livestock [M]. Slough：Commonwealth Agricultural Bureaux.

Burroughs W，Nelson D K，Mertens D R，1975. Protein physiology and its application in the lactating cow：The metabolizable protein feeding standard [J]. Journal of Animal Science，41 (3)：933 - 944.

Cannas A，Tedeschi L O，Fox D G，et al，2004. A mechanistic model for predicting the nutrient requirements and feed biological values for sheep [J]. Journal of Animal Science，82 (1)：149 - 169.

Fernandes M，Resende K T，Tedeschi L O，et al，2007. Energy and protein requirements for maintenance and growth of Boer crossbred kids [J]. Journal of Animal Science，85 (4)：1014 - 1023.

INRA，1989. Ruminant nutrition：Recommended allowances and feed tables [M]. Paris：John Libbey& Co. Ltd.

Ma T，Deng K，Jiang C，et al，2013. The relationship between microbial N synthesis and urinary excretion of purine derivatives in Dorper×Thin - Tailed Han crossbred sheep [J]. Small Ruminant Research，112 (1)：49 - 55.

Mcdonald P，Edwards R A，Greenhalgh J F D，et al，2002. Animal nutrition [M]. 6th ed. London：Pearson Education Limited.

Galvani D B，Pires C C，Kozloski G V，et al，2009. Protein requirements of Texel crossbred lambs [J]. Small Ruminant Research，81 (1)：55 - 62.

Neto S G，da Silva Sobrinho A G，de Resende K T，et al，2005. Composição corporal e exigênciasnutricionais de proteína e energia para cordeirosMorada Nova [J]. RevistaBrasileira de Zootecnia，34（6）：页码不详.

NRC，1978. Nutrient requirements of domestic animals [M]. Washington，DC：National Academy Press.

Silva A M A，da Silva S A G，Trindade I，et al，2003. Net requirements of protein and energy for maintenance of wool and hair lambs in a tropical region [J]. Small Ruminant Research，49（2）：165–171.

第五章
肉羊矿物质营养与需要

第一节　肉羊矿物质概述

矿物质既是动物机体的重要组成部分，也在体内生化过程中发挥重要作用。给动物提供充足的矿物质对发挥其最佳生产性能具有重要意义。矿物质营养至少从两个方面对羊产生影响。首先，各种矿物质营养是羊维持、生长所必需的营养物质，缺乏或过量轻则使羊生长发育受阻，重则导致羊出现疾病甚至死亡，如缺硒引起羔羊营养性白肌病、硒过量则可导致羊中毒等。其次，矿物质元素又是瘤胃微生物的必需营养素，通过影响瘤胃微生物的生长代谢、生物量合成等间接影响羊的营养状况。例如，硫是瘤胃微生物利用非蛋白氮合成微生物蛋白的必需元素，钴是微生物合成维生素 B_{12} 的必需元素，在饲料中添加铜、钴、锰、锌混合物可有效提高瘤胃微生物对纤维素的消化率，铜和锌有增加瘤胃蛋白质浓度和提高微生物总量的作用，铁、锰和钴能影响瘤胃尿素酶活性进而影响瘤胃微生物利用NPN效率。另外，矿物质元素也是维持瘤胃内环境，尤其是 pH 和渗透压的重要物质。

肉羊生长发育阶段是骨骼生长的重要时期，对矿物质需要更为严格；而在肉羊生产中，人们又普遍对矿物质的重要性缺乏认识，这就导致了很多饲养问题的发生。Khan等（2007）对巴基斯坦地区放牧绵羊研究发现，各个季节绵羊都存在矿物质缺乏问题，不同季节主要缺乏的矿物质种类也不同。1986—1990 年，我国和澳大利亚合作对内蒙古敖汉羊场进行羊矿物质营养状况的检测，比较不同季节血浆和骨骼中矿物质含量变化时发现，不同季节羊群也表现出了多种矿物质不同程度的缺乏（卢德勋等，1992）。但由于多种因素，如土壤和空气中矿物质含量、动物品种、矿物质来源及形式等均能对动物矿物质需要量产生重大影响（Pope，1971），因此人们在研究矿物质需要量时面临着重重困难，矿物质营养的研究进展远远滞后于能量、蛋白质的研究，严重阻碍了我国肉羊产业的快速发展。NRC 于 2007 年出版了 *Nutrient Requirements of Small Ruminants*，但矿物质方面的数据大都来自 1991 年以前的研究结果，而对动物矿物质需要量的研究也多集中在 20 世纪 70 年代前后。近几十年来随着动物育种工作的进步和环境的改变，动物对矿物质的需要量发生了很大变化，但矿物质需要量研究数据更新却相对缓慢，这是动物生产中面对的重要问题之一。而今，人们对矿物质的重要性虽已有一定认识，但在动物实际生产中对矿物质的添加量仍难以把握，因此常表现为大量添加。这种饲养方式不但对饲料资源造成了浪费，增加了环境压力，也给动物的健康和生产造成了严重影响。近些年，虽然多国工作者均对肉羊矿物质营养进行了一些有益的探索，但相关报道依然较少。我国有着丰富的肉羊种质资源和独特的肉羊品系，在生产性能和营养需要量上均独具特点，而我国肉羊矿物质需要量研究却仅有零星报道且难以形成体系。在畜牧业快速发展的今天，合理的推荐量参数的缺失必将制约我国肉羊养殖的集约化进程，因此我国肉羊矿物质需要量的系统研究急需建立、丰富和完善。

第二节 动物体内矿物质分类

矿物质在维持动物机体健康，形成动物产品，动物繁育和机体免疫中发挥着重要作用。现有研究表明，动物维持健康所必需的矿物质元素有 14 种，依据动物所需要的量被分为常量元素和微量元素，常量元素为钙、磷、钠、钾、镁、氯和硫，而微量元素则包括铜、锰、锌、铁、钴、碘和硒等（NRC，2007）。常量元素与微量元素是相对而言的，常量元素一般是指在动物体内含量高于 0.01% 的元素，而微量元素是低于 0.01% 的元素。另外有 14 种元素被认为在特定动物特定条件下为动物所必需的，分别为钼、铬、氟、硅、硼、铝、镉、砷、铅、锂、镍、钒、锡和溴等。这些微量元素在动物体内的含量非常低，在实际生产中几乎不缺乏，但试验证明可能是动物必需的（杨凤，2007）。

第三节 矿物质在动物体内的分布

矿物质是构建机体的重要成分之一，在维持动物生理机能、调节机体代谢中发挥重要作用，同时在机体酶活性调节和信号传导中也具有重要作用。根据功能需要，矿物质在各组织中的分布显著不同，作为体内活性物质也受营养和生理状况等因素调节而发生动态变化（图 5-1）。体组织矿物质含量能较准确地预测羔羊的矿物质营养状况，了解矿物质元素在羔羊体内的分布规律，明确不同生理阶段下羔羊组织中矿物质含量，对矿物质需要量的预测和饲养标准的制定具有积极作用。

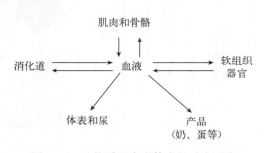

图 5-1 矿物质元素在体内的动态平衡
（资料来源：杨凤等，2010）

不同组织器官中矿物质元素含量依功能不同而含量不同，钙、磷是骨骼的主要部分。杨凤（2007）认为，机体中 98%～99% 的钙、80% 的磷存在于骨骼和牙齿中，其余存在于软组织和体液中，NRC（2001）也有相似的报道。中农科反刍动物团队研究发现，肉羊体内钙、磷含量随体重增加而增加，骨骼中含有体内总量 98.0% 的钙（图 5-2）和 83.4% 的磷（图 5-3），这也证实了骨骼是钙、磷贮存库的说法。同时，在肌肉中存在体内总量 10.0% 的磷，在内脏（含血）中存在 4.5% 的磷。由此可见，磷在肌肉和内脏等软组织中的分布也较丰富（图 5-3）。尽管随体重增加，羔羊各组织部位钙和磷含量均明显增加，但钙、磷在不同部位沉积速度存在一定差异。表现为钙在骨骼、肌肉、皮、毛和内脏（含血）中的沉积速度较稳定，而在脂肪中的沉积速度于羔羊体重达到 30 kg 后明显加快（图 5-2）；磷在脂肪中的沉积速度最快，其次为骨骼、肌肉和内脏（含血），在皮和毛中的沉积速度最慢（图 5-3）。

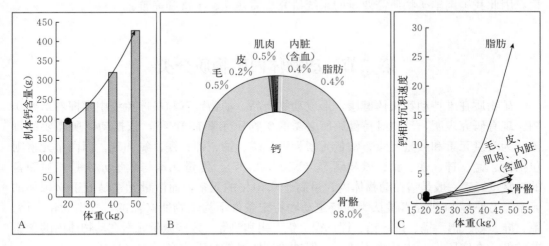

图 5-2 钙在羔羊体内的分布

注：A，机体钙含量随体重增加而增加；B，钙在体内不同部位的分布；C，钙在体内不同部位的相对沉积速度。

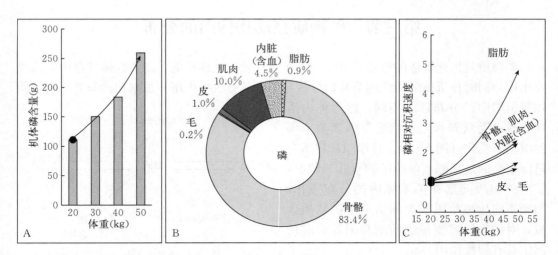

图 5-3 磷在羔羊体内的分布

注：A，机体磷含量随体重增加而增加；B，磷在体内不同部位的分布；C，磷在体内不同部位的相对沉积速度。

NRC（2007）认为，机体 70% 的镁存在于骨骼中，29% 存在于细胞内，1% 存在于细胞外。杨凤（2007）也认为，骨骼中镁含量占机体总量的 60%～70%。从中农科反刍动物团队的研究数据可以看出，镁含量随肉羊体重增加而增加，体内总量 69.9% 的镁存在于骨骼中，总量 17.8% 的镁存在于肌肉中，内脏中也含有体内总量的 4.6% 的镁（图 5-4）。骨骼、肌肉、皮和内脏（含血）中镁沉积速度随着肉羊体重增加大致稳定增加，而在肉羊体重达到 30 kg 后脂肪中镁的沉积急剧增加，羊毛中镁的沉积在育肥后期会有一定降低。

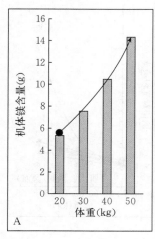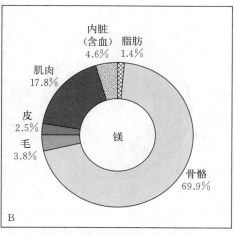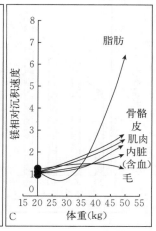

图 5 - 4　镁在羔羊体内的分布

注：A，机体镁含量随体重增加而增加；B，镁在体内不同部位的分布；C，镁在体内不同部位的相对沉积速度（与 20 kg 相比增加的倍数）。

　　钠和钾是电解质类元素，对机体正常功能的发挥有重要作用，但关于钠的分布规律，前人观点并不一致。Eldman 等（1954）认为，占机体总量的 30%～50% 的钠是以固定不变的成分存在于骨骼的晶体结构中。而杨凤（2007）则认为，钠主要分布在细胞外，大量存在于体液中，少量存在于骨骼中。中农科反刍动物团队试验观测到了肉羊体内钠含量随体重增加而增加，体内 43.2% 的钠存在于骨骼中，是钠含量最多的器官；同时，也有 11.7% 的钠存在于羊皮中，17.9% 的钠存在于肌肉中，19.1% 的钠存在于内脏中，5.2% 的钠存在于脂肪中，可见钠在骨骼中含量最多而在肌肉等软组织中也含量丰富。随着肉羊体重的增加，钠在骨骼、肌肉、内脏（含血）、皮和毛中沉积量也随之增加，同时肉羊体重达到 30 kg 后钠在脂肪中的沉积速度急剧增加（图 5 - 5）。钾在体内贮存量很少，因此需要每天的饲粮来供给。NRC（2001）认为，钾在机体软组织中的含量丰富。杨凤（2007）也报道，钾主要分布在肌肉和神经细胞内。中农科反刍动物团队研究显示，钾含量也随肉羊体重增加而增加，在骨骼、肌肉、内脏（含血）、羊皮、羊毛中的含量分别占体内总量的 9.7%、40.2%、13.0%、15.1% 和 19.3%（图 5 - 6）。可见钾在体内分布较广泛，主要分布在肌肉等软组织中，而在肌肉中的含量最多。随肉羊体重增加，钾在脂肪、皮和骨骼中的沉积速度较快，而在肌肉、内脏（含血）和毛中的沉积速度较慢。

　　锌在动物体内具有多种功能，它不仅和蛋白质、脂肪酸代谢密切相关，也在机体自由基的清除中发挥重要作用（Underwood 和 Suttle，1999）。Bellof 等（2007）针对羔羊的研究发现，肌肉中锌含量占体内总量的 59%。从中农科反刍动物团队针对 140 只杜寒杂交羔羊分析结果来看，肉羊体内锌含量随体重增加而增加。骨骼和肌肉是锌分布的主要器官，分别含有体内总含量 30.3% 的锌和 40.4% 的锌；同时在内脏（含血）、羊皮、羊毛中分别含有总量 12.2% 的锌、5.8% 的锌和 7.9% 的锌。可见，锌在肌肉中的含量最高，骨骼中其次，同时在内脏、羊皮和羊毛中的含量丰富（图 5 - 7）。肉羊体重达到 30 kg 后，锌在脂肪中的沉积速度急剧增加。锌在肌肉中的沉积速度也较快，而在

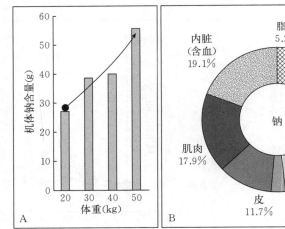

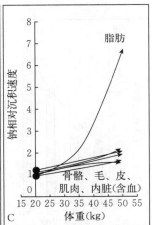

图 5-5　钠在羔羊体内的分布

注：A，机体钠含量随体重增加而增加；B，钠在体内不同部位的分布；C，钠在体内不同部位的相对沉积速度（与 20 kg 相比增加的倍数）。

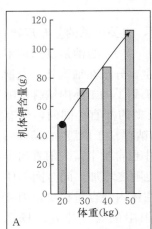

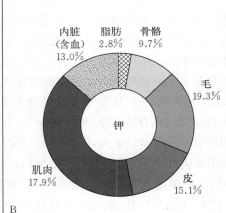

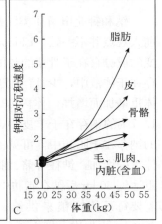

图 5-6　钾在羔羊体内的分布

注：A，机体钾含量随体重增加而增加；B，钾在体内不同部位的分布；C，钾在体内不同部位的相对沉积速度（与 20 kg 相比增加的倍数）。

骨骼、毛、皮和内脏中的沉积速度较慢。骨骼中锌分布情况与前人研究结果一致，肌肉中锌含量低于 Bellof 等（2007）的报道。

铁是机体含量最高的微量元素，体内 60% 的铁存在于血红素中，在体组织和肺之间发挥着转运氧气和二氧化碳的作用（NRC，2007）。Bellof 等（2007）研究认为，绵羊肌肉中含有体内总量 28% 的铁。中农科反刍动物团队研究结果显示，肉羊体内铁含量随体重增加而增加，内脏中含有体内总含量 47.7% 的铁，是铁的主要分布器官，这可能和本试验将血液与内脏混合后测定有关，因为有大量铁存在血红素中。但中农科反刍动物团队同时也发现，仅有 21.3% 的铁存在于骨骼中，低于 Bellof 等（2007）研究水平；同时铁在羊毛、羊皮和肌肉中的含量也比较丰富，分别占体内铁总含量的 12.2%、4.1% 和 10.7%（图 5-8）。肉羊体重低于 30 kg 时，铁在体内不同部位的沉积速度均相对稳定；而肉羊达

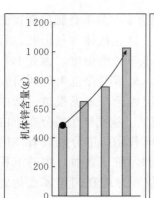
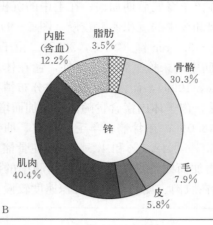
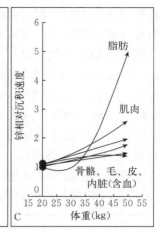

图 5-7 锌在羔羊体内的分布

注：A，机体锌含量随体重增加而增加；B，锌在体内不同部位的分布；C，锌在体内不同部位的相对沉积速度（与 20 kg 相比增加的倍数）。

到 30 kg 后，铁在脂肪中的沉积速度急剧增加，在骨骼、肌肉、内脏（含血）和皮中的沉积速度显著增加；但在羔羊育肥后期，铁在羊毛中的沉积速度存在一定的下降趋势（图 5-8）。

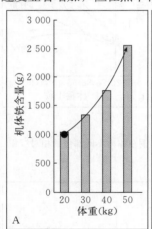
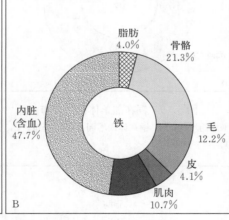
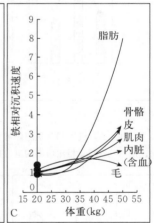

图 5-8 铁在羔羊体内的分布

注：A，机体铁含量随体重增加而增加；B，铁在体内不同部位的分布；C，铁在体内不同部位的相对沉积速度（与 20 kg 相比增加的倍数）。

铜和锰也是动物机体重要的矿物质元素，主要是因为其在动物体内酶系统中发挥重要作用。肝脏是铜和锰的主要贮存场所（NRC，2007）。Bellof 等（2007）使用 45 kg 肉羊研究得出体内 60% 的铜分布于肌肉组织中的结论。Grace 等（1983）研究认为，铜主要分布于羊毛中，其次在肌肉中的含量丰富，与其他学者研究均不同，此数据后被 Suttle（2010）采用。中农科反刍动物团队通过对 140 只杜寒杂交羔羊体内铜含量的仔细分析认为，肉羊体内铜含量随体重增加而增加，内脏是铜的主要分布器官，占体内铜总含量的 80.5%；骨骼和肌肉中铜的含量仅为 6.8% 和 6.3%；在羊毛、羊皮和脂肪中铜的含量均较少。随着肉羊体重的增加，内脏（含血）中铜的沉积速率线性增加，铜在脂肪和骨骼中的沉积速度在羔羊育肥后期加快；在毛中的沉积速度在羔羊育肥前期较快而在育肥后期降低；在肌肉和皮中的沉积速度较慢（图5-9）。锰在机体含量极低，每千克胴体 DM 中仅含有 0.5～3.9 mg 锰（NRC，2007）。由于低于检测限度，因此 Bellof 等（2007）在肌肉和脂肪中均未检测到锰。另外，锰在体内是否贮存也未得到研究证实（Underwood 和 Suttle，1999），而锰在机体中的分布情况也至今未见报道。从中农科反刍动物团队研究来看，肉羊体内锰含量随体重增加而增加。锰同样主要分布于内脏中，占体内锰总含量的 48.0%；在骨骼、羊毛、羊皮、肌肉和脂肪中分别含有体内总量的 11.8%、18.1%、5.5%、12.1% 和 4.5%。锰在骨骼和内脏（含血）中的沉积速度较快，并随肉羊体重增加而线性增加；但锰在脂肪中的沉积速度在肉羊体重达到 30 kg 后急剧增加；同时锰在肌肉、皮和毛中的沉积速度较慢（图5-10）。

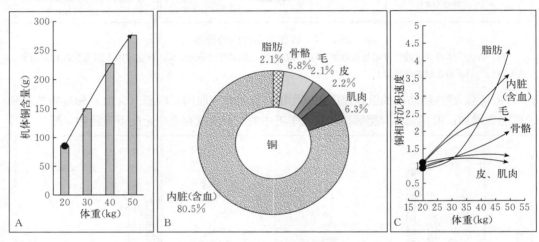

图 5-9 铜在羔羊体内的分布

注：A，机体铜含量随体重增加而增加；B，铜在体内不同部位的分布；C，铜在体内不同部位的相对沉积速度（与 20 kg 相比增加的倍数）。

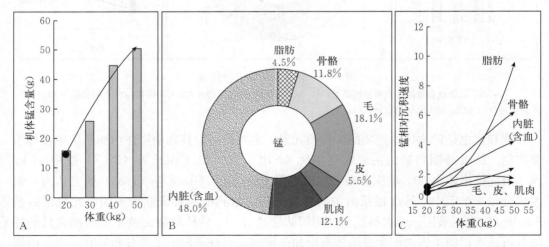

图 5-10 锰在羔羊体内的分布

注：A，机体锰含量随体重增加而增加；B，锰在体内不同部位的分布；C，锰在体内不同部位的相对沉积速度（与 20 kg 相比增加的倍数）

第四节 肉羊矿物质需要量的研究现状

一、钙与磷需要量

钙、磷是动物骨骼和牙齿的重要组成成分，在神经兴奋性、体内酶活性等方面均具有重要作用。在现代动物生产条件下，钙、磷已成为配合饲料必须考虑的、添加量较大的重要营养素（杨凤，2007）。NRC（1985）认为，生长羔羊钙、磷需要量分别占饲料DM的0.20%～0.82%和0.16%～0.38%，这个结果被长期参考使用。而NRC（2007）使用析因法分别对绵羊钙、磷维持需要量和生长需要量给出了推荐值（表5-1），分别为：钙0.016 g/kg BW、11.0 g/kg EBG（EBG为空腹体增重，empty body gain）和磷0.014 g/kg BW、6.0 g/kg EBG。Bellof和Palluaf（2007）对18～55 kg德国美利奴羊研究发现，羔羊钙和磷的生长需要量均高于推荐值。而Araújo等（2010）和Gomes等（2011）分别对25 kg和20 kg山羊羔羊的测定结果显示，钙生长需要量与NRC推荐值接近，而磷的生长需要量显著高于推荐值。由此可见，钙的生长需要量研究结果较一致。而近期研究认为NRC中磷的推荐值偏低。近年来，对于羔羊矿物质维持需要量的报道很少。Portilho等（2006）通过添加不同梯度磷，从消化代谢试验中测得22 kg羔羊磷维持需要量为0.042 6 g/kg BW，高于NRC推荐量的0.014 g/kg BW。

表5-1 羔羊生长矿物元素需要量

项 目	NRC（2007）		Bellof和Palluaf（2007）	Araújo（2010）	Gomes（2011）
	绵羊	山羊	绵羊	山羊	山羊
钙（g/kg EBG）	11.0	11.0	14.0	10.65	10.9
磷（g/kg EBG）	6	6.5	7.5	8.65	9.0
钠（g/kg EBG）	1.1	1.6	0.9	1.41	1.1
钾（g/kg EBG）	1.8	2.4	1.7	1.70	1.6
镁（g/kg EBG）	0.41	0.40	0.4	0.43	0.65

注：g/kg EBG指每增加1 kg空腹体重需要矿物质的量。

二、钠与钾需要量

钠、钾是机体重要的电解质，在维持渗透压、控制水代谢中发挥重要作用。NRC（1985）认为、钠、钾推荐量为饲料DM的0.09%～0.18%和0.50%～0.80%。现阶段，对山羊钾、钠需要量的研究报道较少，但NRC（2007）认为山羊体内钾、钠生长需要量要高于绵羊。总体来看，绵羊需要量低于山羊需要量，与NRC报道一致，而近期研究结果也低于NRC推荐量。钾需要量与近期研究结果一致，与NRC绵羊推荐量近似，均低于山羊推荐量。由此可见，NRC（2007）中对山羊钾、钠推荐量比近期研究结果偏高。

三、镁需要量

镁是机体重要组成部分，也参与酶的构成和激活，是保证神经、肌肉适度兴奋性的重要元素。由于镁在饲草中的含量变化大，因此生产上容易出现缺乏和过量。NRC（1985）推荐饲料 DM 中应含有 0.12%～0.18% 的镁才能满足绵羊维持和生长需要。NRC（2007）认为，绵羊和山羊生长时镁的需要量分别为 0.41 g/kg EBG 和 0.40 g/kg EBG，此推荐量与 Bellof 等（2006）和 Araújo 等（2010）的测定结果近似。而 Gomes 等（2011）测得山羊生长对镁的需要量为 0.65 g/kg EBG，高于其他同期研究结果。

四、铜与锌需要量

铜和锌均是体内多种酶的组成部分，在机体代谢和免疫功能等多方面发挥重要作用。在相当长的时期内，人们对铜的营养性作用缺乏认识，动物常因缺铜导致疾病的发生。当高铜能改善肌肉品质（钱文熙等，2006）、提高动物生产性能（Braude，1945）和繁殖性能（蒲雪松等，2010）的观点被普遍接受之后，生产中长期添加高水平的铜又造成了高铜排泄、污染环境和畜禽铜中毒等问题（李红雪等，2010）。由于需要量微少，而铜的吸收和代谢又受多方面的影响，因此获得准确的铜需要量并不容易（Suttle 等，2002）。与猪、牛等动物不同，羊对铜中毒非常敏感。NRC（1985）认为，绵羊饲料 DM 中应含有 7～11 mg/kg 铜，而高于 25 mg/kg 即会对生产造成不利影响。Underwood 和 Suttle（1999）认为，铜的需要量为 4.3～28.4 mg/kg，体现了更宽的推荐范围。

现有研究表明，锌缺乏可以影响动物生长、免疫活性和脑功能，而过量的锌又会对细胞产生毒性（黄艳玲等，2007）。Anke 等（2004）通过饲喂不同梯度锌含量饲粮对 954 只奶山羊的研究发现，与饲喂饲粮 DM 中锌含量为 90 mg/kg 的山羊相比，饲喂饲粮 DM 锌含量小于 5 mg/kg 的山羊其肋骨、毛和心肌中的锌含量出现了明显下降，表现出了一定的锌缺乏。NRC（1985）推荐，生长期羔羊饲料 DM 中锌含量为 20 mg/kg，耐受剂量为 750 mg/kg；AFRC（1998）则将这一推荐水平提高到 50 mg/kg，NRC（2005）又将最大锌耐受降低为 300 mg/kg。

五、铁与锰需要量

铁既参与血红蛋白的构成，也与体内多种代谢酶活性密切相关，是动物体重要的微量元素之一，贫血是缺铁的典型症状。锰对动物保持骨骼正常生长和繁殖性能具有重要作用，缺锰会抑制动物生长并导致骨骼畸形。羔羊对铁和锰的利用率较低。NRC（2001）认为，奶牛对于铁的利用率为 10%，这一数据被 NRC（2007）对绵羊需要量计算中采用。NRC（2007）认为，羔羊对固体饲料中锰的利用率低于 5%，而在计算推荐量时采用 0.75% 利用率这一数值。但由于大部分地区泥土和饲草中含有大量的铁和锰（Ramirez 等，2001），因此羔羊生产中铁、锰的缺乏并不常见。NRC（1985）推荐饲料 DM 中铁含量为 30~50 mg/kg，锰含量为 20~40 mg/kg，耐受量分别为 500 mg/kg 和 1 000 mg/kg。

第五节　肉羊矿物质需要量的研究方法

动物矿物质营养需要量的研究方法多种多样，从方法论上可分为：梯度饲养法、析因法和经典试验方法（郭修泉等，2000）。

一、梯度饲养法

梯度饲养法是通常在饲粮本身含有量的基础上，添加不等梯度的供试元素，形成饲粮供试元素含量在一定范围的梯度（此梯度范围可根据已有研究成果和本地生产实践确定），按单项或综合反应指标，通过对动物生长和生产性能及健康状况的观测判定最佳补加量即定为需要量（王晓霞和霍启光，1996），同时可以推断出最低需要量。而在最佳需要量的判定上主要有两种方法：第一，比较不同供试元素水平对特定敏感指标（存留率、体增重、单位体重饲料消耗、胫骨钙含量、胫骨强度、血清钙含量、血液碱性磷酸酶活性等）的影响，在不同水平中找出对试验目标最有利的添加量即为需要量。此种判定方法较粗略，只能在所设的不同梯度中选择最优添加量。第二，经过梯度饲养试验，建立以特定敏感指标为因变量、供试元素水平为自变量的回归关系，根据实际情况由回归关系式求出最大或最小值，即可确定供试元素的最佳需要量。此种方法也是比较经典简单有效的营养需要测定方法，在国内也被大多数研究者所采纳。例如，在矿物质钙的需要量研究中，蒋宗勇等（1998）通过研究 6 个不同水平钙添加量对仔猪生长性能、骨骼和血清有关指标的影响发现，在所设的 6 个水平中当饲粮含有 0.74% 的钙时最有利于 7~22 kg 仔猪生长，因此认为 7~22 kg 仔猪钙的需要量为 0.74%。同时与前人研究成果比较发现，此添加水平与 NRC（1998）推荐的 10~20 kg 仔猪钙需要量为 0.7% 相似，从而验证了自己的结果。而通过设立 5 个不同钙水平和 4 个不同磷水平饲喂肉鸡，以胫骨灰分和胫骨强度作为评价指标，建立胫骨灰分、胫骨强度与饲粮中钙、磷含量的回归关系模型，计算得出 1~3 周龄肉鸡钙和磷的最佳需要量分别为 0.98% 和 1.06%，与 NRC（1994）的推荐量 1.0% 相一致。

由于简单易操作及低廉的试验投入，因此梯度饲养法在动物矿物质的需要量研究中得到了广泛应用；但又由于影响试验结果的因素很多，试验条件难以控制得很理想，因此试验准确实施存在一定困难（杨凤，2007）。

二、析因法

析因法是以营养素在动物体内的代谢机理为基础的研究方法（李清宏和韩俊文，2007）。它先将动物营养素的净需要量分解为维持需要量（内源损失）和生产需要量，然后根据营养素的生物学利用率将需要量公式化，从而可以确定不同体重和不同生产水平动物的营养需要量（NRC，1998），即：

营养需要量＝（内源损失＋沉积＋生产需要）÷该营养元素的生物利用率

析因法测得的是一个将营养物质的供给量、组织的沉积量和动物生产水平联系起来的动态需要量模型（印遇龙，1989），根据动物不同的生产水平便可以推算出其合适的营养需要量。

大量研究成果证明，析因法是一个准确、可靠且很有实用价值的方法，在研究人与动物的能量、蛋白质、氨基酸和矿物质的利用和需要上已经比较成熟（杨在宾等，2004；孙国荣等，2010；尹清强等，1997）（能量和蛋白质需要量的析因法均是将需要量剖分为维持需要和生长需要，与矿物质需要量"析因法"有区别）。但由于矿物质交互作用的复杂性、内源性矿物质的影响及试验成本等原因，国内利用析因法在矿物质的需要量测定上的研究报道较少。利用析因法测定矿物质的需要量有其独特的优势：①应用常规的平衡试验和比较屠宰试验，比较容易地获得矿物质生物学利用率与存留量等参数，并建立其数量关系；②在确定总需要量时，不仅可随生产强度、不同生产内容改变而变化，而且还可以随不同饲料类型中矿物质利用率的变化而变化，如当针对同样生产性能的动物更换饲料时，只需测定新饲料的利用率就可求出动物对这些元素的总需要量，从而增加了需要量体系应用的灵活性和普适性。从国外的报道来看，对于钙、磷、镁、钠、钾、硒、锌、锰和铁等矿物质元素的需要量，常采用析因法；而对于诸如硫、铜和碘等微量元素，由于它们在动物体内代谢过程非常复杂，因此更多地依赖于功能性模型预测（刘洁等，2010）。

三、经典试验方法

作为常用的研究方法，平衡试验、消化代谢试验和比较屠宰试验用于矿物质需要量的测定中。这些试验能为矿物质需要量的确定提供部分数据，有时也作为营养需要量结果合适与否的验证方法。

1. 平衡试验 研究营养物质食入量与排泄、沉积或产品间的数量平衡关系的试验称为平衡试验。平衡试验一般用于估测动物对营养物质的需要量和饲料营养物质的利用率，也可用来对动物体营养物质平衡情况作一判定。冯仰廉（2004）认为，动物矿物质需要量可用平衡试验测定，并通过研究认为钙在幼龄动物骨骼中的沉积十分强烈，沉积的速度随年龄的增长而减弱。现有研究对矿物质平衡情况已达成共识，对青年反刍动物表现为矿物质的正平衡，即沉积大于消溶（体内蓄积矿物质被动员而最终排出体外）；而成年反刍动物则两者接近平衡。

2. 消化代谢试验 消化代谢试验是以测得饲料养分的消化率和利用率为目的的试验（杨凤，2007）。在消化率和利用率测定中，全收粪法是最常用的方法。全收粪法是指在试验过程中收集动物的饲料样品和所有的粪便，测得饲料养分的消化率：

饲料中矿物质的表观消化率＝（食入饲料中矿物质－粪中矿物质）/食入饲料中矿物质×100％

饲料中矿物质利用率＝（食入饲料中矿物质－粪中矿物质－内源排泄矿物质）/食入饲料中矿物质×100％

在消化试验的基础上，再增加尿液的收集，测定尿中排泄的矿物质即为矿物质的代谢率：

饲料中矿物质的表观代谢率＝（食入饲料中矿物质－粪中矿物质－尿中矿物质）/食入饲料中矿物质×100％

这里得到的数据是矿物质的表观消化率，在真消化率测定中还要扣除内源矿物质，其方程式为：

饲料中矿物质真代谢率＝（食入饲料中矿物质－粪中矿物质－尿中矿物质－内源矿物质）/食入饲料中矿物质×100％

同时也要注意收集粪便的天数以偶数天为宜，以避免动物排粪存在一天多一天少的规律所带来的误差。

全收粪法是一种比较经典也是比较准确的方法，对其他测定消化率的方法起到了标尺的作用，但工作量大、费时、费力是该法最大的缺点。

3. 比较屠宰试验　比较屠宰试验常选取品种、性别等相同，年龄、体重等相似的动物，设定不同梯度的饲料喂量，在试验开始、中间和结束时分别屠宰动物，分析动物体组织在试验过程中的变化，测定出矿物质的沉积量，达到试验目的，因此又称为比较屠宰试验（杨凤，2007）。

比较屠宰试验直接测定动物组织中矿物质的客观沉积量，可以用于比较不同处理之间对动物机体成分和沉积效率的影响，也是矿物质的净需要量测定的有效方法（Chizzotti等，2009）。进行比较屠宰试验一般可在生长试验的基础上获得更翔实的数据资料。

第六节　肉羊矿物质元素需要量

一、需要量模型建立

动物体的生长是一个极其复杂的生命现象，人们从不同的角度获得不同的研究内容。但从生物化学的角度来看，生长是动物机体化学成分，即蛋白质、能量、矿物质和水分等在体内不断积累的过程（杨凤，2007）。由此可见，动物的营养需要量即为动物在维持自身机体需要量，以及在保证不同生长速度时营养物质的沉积需要量。

现有营养需要量研究主要采用两种试验方法，即梯度试验法和析因法（纪守坤等，2011）。梯度试验法是指给动物提供不同的营养水平从而获得不同的生长状态，从单一指标或多个指标判定最适营养水平的方法；但此方法受饲养条件等多种因素制约，得到结论具有一定局限性而难以形成系统。析因法获得的营养需要量模型是一个动态模型，即分别估计动物任意体重维持需要量和不同生长速度下的生长需要量（杨凤，2007），近几十年来对析因模型的研究正逐步深入。

现在，析因模型已经被 ARC（1980）、NRC（2000，2001，2007）和 Suttle（2010）等广泛接受，公式为：

$$GR=(M+P)/A$$

式中，GR 为总需要量；M 为净维持需要量；P 为净生产需要量；A 为营养吸收利用率。

可见，精确测定羔羊矿物质净生长需要量、净维持需要量和营养吸收利用率参数是建立矿物质营养需要模型的一个重要环节。

（一）矿物质维持需要量

在动物营养研究中，维持是指动物体内营养素的种类和数量保持恒定，分解代谢和合成代谢过程处于动态平衡的动物生存过程中的一种基本状态（杨凤，2007）。理论上，动物维持需要量即为动物在没有特定矿物质食入时体内不可避免的矿物质排出量，但在实际生产和试验中该理想状态难以达到，因为没有动物能长时间食用无矿饲粮而存活（Suttle，2010）。动物生产中，动物的维持需要属于非生产需要，但又是必不可少的一部分，合理平衡维持需要与生产需要之间的关系对提高生产率具有重要意义（杨凤，2007）。因此，研究矿物质维持需要量的方法在近几十年得到广泛的探索。

矿物质在动物体内发挥重要作用，也是动物饲料配制中重点考虑的因素之一。但对矿物质需要量公式的推导存在一定的分歧，在维持需要量测定上一般认为当饲喂不含矿物质的饲粮时动物排出的矿物质的量即为内源矿物质排出量，也就是维持需要量（Ørskov 和 Ryle，1992）。实际试验操作中，这种方法具有一定难度和不可操作性，原因有三点：①无矿物质的饲粮难以获得，饲料原料中或多或少都会含有一定的钙，要把矿物质全部除去并不现实；②饲喂无矿物质的饲粮时，机体在矿物质缺乏时会减少矿物质的排出，这将导致内源矿物质测定的不准确；③很难用无矿物质饲粮较长时间饲喂动物。因此，在试验中常利用矿物质的采食量和排出量的回归关系外推到矿物质的进食量为零即可得到维持需要量。例如，NRC（2007）认为绵羊和山羊钙的维持需要量与干物质采食量（DMI）有关：

$$钙的维持需要量（g/d）=（0.623×DMI+0.228）/0.40$$

式中，DMI 为 DM 采食量（kg）；0.40 为钙的利用率。

而 ARC（1980）则认为，钙的维持需要量与动物体重相关，并以此获得钙的维持需要量参数为每天每千克体重需要 16 mg。Hansard 等（1954，1957）也提出，生长牛的钙维持需要量可以用每千克体重 15.4 mg 来计算。因此在具体试验中，有必要先对钙的维持需要量进行相关性分析，再确定所要使用的维持需要量公式。

ARC（1980）利用粪磷排出量和磷食入量的线性回归关系外推到磷食入量为零时的截距，获得了比之前更精确的磷维持需要量，将磷维持需要量从之前报道的 40 mg/kg BW 降低至 12 mg/kg BW。随后大量研究认为，矿物质维持需要量与 DMI 关系更密切，因此矿物质排出量与 DMI 线性回归关系被广泛应用于矿物质维持需要量研究中（Suttle，2010；Suttle 等，1991；NRC，2007）。

（二）矿物质生长需要量

矿物质生长需要量是指随动物体重增长矿物质沉积在体内的量，因此可见矿物质生长需要量与体重和体内矿物质含量相关。依据 ARC（1980），体内矿物质含量可以通过与空腹体重（EBW）的对数异速生长模型来推导（式 1）。

$$\log_{10}(y) = a + b \times \log_{10}(x) \qquad\qquad 式（1）$$

式中，y 指去除内容物后动物体含有的矿物质的量（g）；a 指截距；b 指回归系数；$x = EBW$（kg）。

方程 2 由方程 1 变形求导数得到，用来预测不同空腹体重时体内矿物质含量：

$$y' = b \times 10^a \times EBW^{(b-1)} \qquad\qquad 式（2）$$

式中，y' 指每增加单位空腹体重所需要的矿物质量（g/kg EWG）；EBW 单位为 kg；a 和 b 由方程 1 得到。

为了能推测出单位体增重所需的矿物质的量，使用宰前体重和 EBW 比值来转换（Gomes 等，2011）。

本书中直接利用宰前体重为参数进行推导，避免了体重与 EBW 转换引入的试验误差。

二、羔羊钙、磷、钠、钾和镁的需要量

当前国际上普遍采用的矿物质需要量为 NRC（2007）、INRA（1989）、AFRC（1998）等。INRA（1989）针对绵羊的矿物质推荐量为每千克体增重需要 9.5 g Ca、5.5 g P、0.9 g Na、1.8 g K、0.4 g Mg；NRC（2007）推荐绵羊净生长需要量：Ca 为 11 g/kg EBW、P 为 6.0 g/kg BW、Na 为 1.1 g/kg BW、K 为 1.8 g/kg BW、Mg 为 0.41 g/kg BW。但 NRC（2007）中这些推荐量均引自 ARC（1980）。近 30 年来，随着育种的进步和环境的变化，动物对营养的需要也发生了变化。各国研究人员针对动物不同品种和生长阶段矿物质需要量也进行了一些有益的探索，获得了一些参数，但研究结果存在一定差异。Bellof 等（2006）对 30～55 kg 德国美利奴羊研究认为，钙、磷、钠、钾、镁净生长需要量分别为 14.0 g/kg EBW、7.5 g/kg EBW、0.9 g/kg EBW、1.7 g/kg EBW 和 0.4 g/kg EBW。Ahmed 等（2000）在山羊血清矿物质的研究中也发现了钠、钾含量随动物年龄增加显著降低的现象，认为这可能因为钠主要存在于细胞外液中，随动物年龄增加机体细胞外液会减少所致；而钾主要存在于细胞内液，需要与钠保持合适比例以维持渗透压。另外，Gomes 等（2011）利用 5～20 kg 萨能羔羊研究发现，钙、磷、钠、钾、镁净生长需要量分别为 9.9～10.9 g/kg EBW、8.8～9.0 g/kg EBW、2.0～1.1 g/kg EBW、2.7～1.6 g/kg EBW 和 0.78～0.65 g/kg EBW。Araújo 等（2010）通过对 15～25 kg 体重 Moxoto 山羊体内矿物质含量测定发现，钙、磷、钠、钾、镁净生长需要量分别为 10.8～11.5 g/kg EBW、7.86～8.74 g/kg EBW、1.57～1.61 g/kg EBW、1.58～1.74 g/kg EBW 和 0.37～0.42 g/kg EBW。

通过比较屠宰试验对 140 只、20～50 kg 的杜寒杂交育肥羊矿物质需要量进行测定发现，体重和体内钙含量存在很好的线性关系（$R^2 = 0.84$），生长需要量随体重增加而降低。这可能是由于钙主要存在于骨骼中，骨骼生长主要发生在肉羊育肥前期，随着骨骼生长速度放缓肉羊对钙需要量减少所致。在 20～50 kg 阶段，钙需要量为 7.6～6.6 g/kg BW，以体重和空腹体重换算关系（$BW = 1.24 \times EBW$），钙生长需要量为 9.4～8.2 g/kg EBW，略低于前人研究结果（图 5-11）。ARC（1980）通过粪钙排出与 DM 摄入量之间的关系获得绵羊钙的维持需要量为 16 mg/kg BW，此结果而后被 Suttle 等（1991）所接受。

NRC（2007）认为，钙的净维持需要量＝0.623×DMI＋0.228。可以看出，前人对钙的维持需要量研究结果存在一定差异。

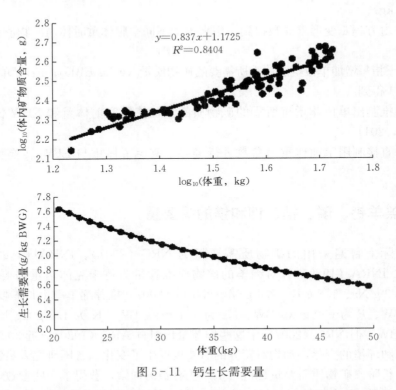

图 5 - 11 钙生长需要量

磷是动物生长必需的元素，但随粪等废弃物排放时会对环境造成一定影响，诸如会造成水体富营养化。因此，人们对磷的需要量研究也格外重视。之前推荐磷生长需要量为 6.0 g/kg EBW，但这个结果没有考虑肉羊的体成熟情况。因为磷主要分布于骨骼中，骨骼在体成熟不同阶段生长情况不同，从而影响肉羊对磷的需要量。现有研究均认为，在肉羊育肥阶段，随体成熟增加骨骼生长速度降低。中农科反刍动物团队研究发现，体重与体内磷含量存在显著相关（R^2＝0.84），而随着体重增加磷的生长需要量则降低（图 5 - 12）。在 20～50 kg 阶段，肉羊对磷的需要量为 4.7～4.2 g/kg BW，换算为空腹体重为 5.8～5.2 g/kg EBW。ARC（1980）依据内源排泄磷获得绵羊维持需要量为 14 mg/kg BW；NRC（1985）给出绵羊在怀孕前期和生长阶段维持需要量推荐值为 20 mg/kg BW，此推荐量比同时期 ARC（1980）的推荐值高 28.6%。Suttle 等（1991）利用高品质饲料忽略通过尿排泄的磷后获得了维持需要量与 DMI 之间的关系式：磷维持需要量＝0.693×DMI（kg）－0.06。而 Vitti 等（2000）利用精粗比为 40∶60 的饲粮对山羊的研究结果表明，磷的维持需要量为 0.61 g/d。

NRC（2007）推荐钠的生长需要量为 1.1 g/kg BW，主要考虑了钠在体内的分布和动物的日增重，这个结果也被 Underwood 和 Suttle（1999）采用。中农科反刍动物团队研究发现，体重和体内钠含量只达到了中等相关（R^2＝0.59；图 5 - 13），提示钠在体内分布具有不稳定性，但需要进一步研究证实。在 20～50 kg 阶段，肉羊生长时钠的需要量随体重的增加而降低（0.92～0.68 g/kg BW 或 1.14～0.84 g/kg EBW），体现了

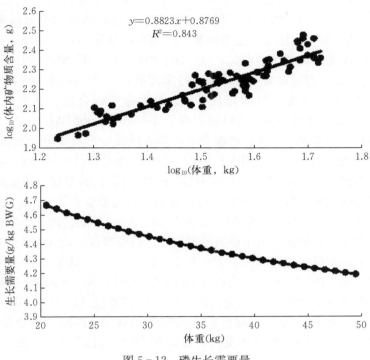

图 5-12　磷生长需要量

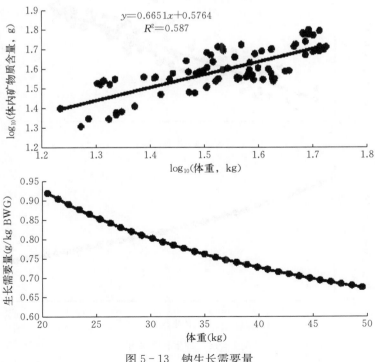

图 5-13　钠生长需要量

在不同体成熟度时育肥羊对钠需要量的差异。钠的排泄主要通过两个渠道即粪排泄和尿排泄（纪守坤等，2012a），因此对于钠的维持需要量需要从这两个方面来研究。ARC（1980）认为，绵羊每千克体重通过粪排泄的内源钠量为 5.8 mg，而通过尿排泄的钠量为 20.0 mg，即净维持需要量为 25.8 mg/（kg BW·d）。但 NRC（1985）和 Michell（1995）均认为，此推荐量过高地估计了维持需要量，Underwood 和 Suttle（1999）研究认为，通过尿液的内源钠排泄量以 5 mg 作为标准较合适，这个结果也被 NRC（2007）采纳，认为绵羊体内钠的净维持需要量为 10.8 mg/kg BW。

钾主要存在于细胞内，对维持细胞合适的渗透压具有重要作用（NRC，2007）。本书中，钾主要分布于肌肉等软组织中。ARC（1980）推荐钾的含量为 1.8 g/kg BW，这个推荐量也被 NRC（2007）接受。中农科反刍动物团队试验发现，体重和体内钾含量存在良好的相关性（$R^2 = 0.79$；图 5 - 14）。钾的生长需要量为 2.2～2.1 g/kg BW，换算为空腹体重为 2.7～2.6 g/kg EBW，可见在 20～50 kg 生长阶段肉羊对钾需要量较稳定。世界范围内至今对钾的需要量研究报道较少，但粪和尿中均有大量钾排泄，在维持需要量研究中不可忽略（纪守坤等，2012b）。NRC（2001）认为在粪中排泄的钾量为 2.6 g/kg DMI，而 ARC（1980）认为在尿中排泄的钾为 0.038 g/kg BW，NRC（2007）综合了前人的结果建立了钾维持需要量公式：钾维持需要量（g/d）= 2.6 × DMI（kg）+ 0.038 × BW（kg）。Suttle（2010）综合前人研究结果认为，钾维持需要量要低于 NRC（2007）等研究结果，给出 40 kg 体重绵羊每天不可避免地损失钾 1.6 g。

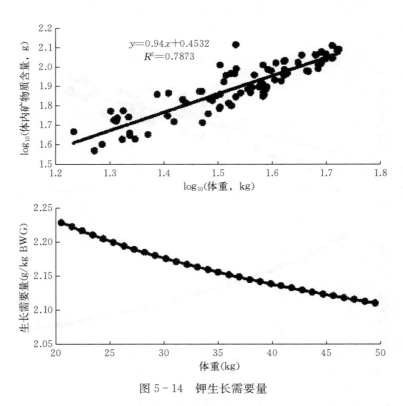

图 5 - 14　钾生长需要量

镁主要分布于骨骼中（Underwood 和 Suttle，1999；纪守坤等，2012c），在机体中与 300 多种代谢活动有关。NRC（2007）给出镁的推荐量为 0.41 g/kg BW，Suttle（2010）推荐量为 0.45 g/kg BW。中农科反刍动物团队试验表明，体重和体内镁含量存在显著回归关系（$R^2=0.84$；图 5-15），镁需要量为 0.27～0.28 g/kg BW，换算为空腹体重为 0.33～0.35 g/kg EBW，在 20～50 kg 育肥阶段需要量较稳定。在维持需要量上，由于从骨骼中的重吸收入血的镁很有限，因此近些年来对镁维持需要量的估测值在逐渐升高（NRC，2007），尤其是针对孕期和哺乳期的动物（NRC，2001）。ARC（1980）给出镁的净维持需要量为 3 mg/kg BW，这个推荐量之后被 NRC（2007）和 Suttle（2010）所接受，在实际生产中发挥着重要指导作用。由于影响镁需要的因素较多（NRC，2007），因此镁在生产中动物较易出现其缺乏，在研究中对需要量推荐值一般进行较保守的估测。

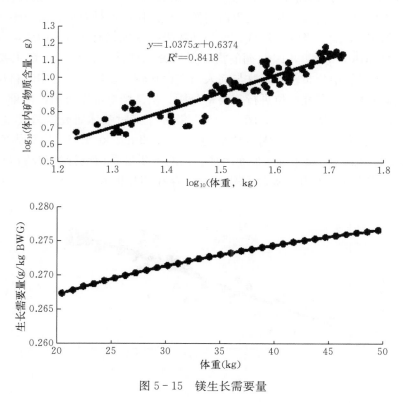

图 5-15 镁生长需要量

三、羔羊铜、锰、锌和铁的净生长需要量

动物体内铜、锰、锌、铁含量均较低，平均每千克动物体内含有量分别为 2～3 mg 铜、0.2～0.3 mg 锰、10～100 mg 锌和 30～70 mg 铁，因此动物对铜、锰、锌、铁的需要量均较低（杨凤，2007）。因为需要量微少，对试验条件要求较高，所以针对微量元素的研究既不如蛋白质和能量研究的深入也难以像常量元素那样有较多相关报道以供查阅。NRC（2007）认为，在析因模型中锰的生长需要量为 0.47 mg/kg BW，锌为 24 mg/kg BW，铁为 55 mg/kg BW，而铜的生长需要量受羊毛生长和去毛体重增加两

个方面的共同影响，但数据源的缺乏难免造成可信度降低。NRC（1985）推荐，铜需要量为 7～11 mg/kg DM。ARC（1980）认为，绵羊对铜的需要量应为 1～8.6 mg/kg DM。随后 Underwood 和 Suttle（1999）给出推荐量为 4.3～28.4 mg/kg DM。由此可见，对矿物质需要量的研究各地学者存在较大分歧。而随后 Suttle（2010）又认为，动物的基因型和饲料的差异导致了动物体对铜的需要量的不同；并认为与常量元素相比，微量元素铜、锰、锌、铁等的需要量更易受动物品种、饲喂条件等其他外界环境的影响。

微量元素在体内的含量虽然较低，但具有丰富的生物学功能，在实际生产中因微量元素缺乏而导致动物健康受到威胁，从而影响生产效率的情况也时有发生（Suttle，2010），因此针对微量元素需要量的研究急需丰富和完善。

铜在动物体内酶、辅因子和反应蛋白中发挥重要作用，是对动物健康最重要的微量元素之一。但动物对铜的吸收率较低，反刍动物吸收率也仅有 1%～10%，在生产中较易出现缺乏（Suttle，2010），因此铜的需要量研究需要深入而精细。铜主要分布于内脏中，在羊毛等组织中分布较少。这与前人研究存在较大差异，因此中农科反刍动物团队以动物机体整体作为研究单位进行需要量分析。从其结果可以看出，体重与体内铜含量存在显著相关关系（$R^2 = 0.86$；图 5-16），揭示了通过整体研究铜需要量是可行的。在20～50 kg 体重阶段，肉羊对铜需要量为 5.7～7.2 mg/kg BW，换算为空腹体重为 7.1～8.9 mg/kg EBW，随体重增加而增加。铜的需要量受饲粮种类和动物基因型等因素影响较大，同时铜在体内的吸收和分泌并不存在明显的相关（Suttle，2010），因此

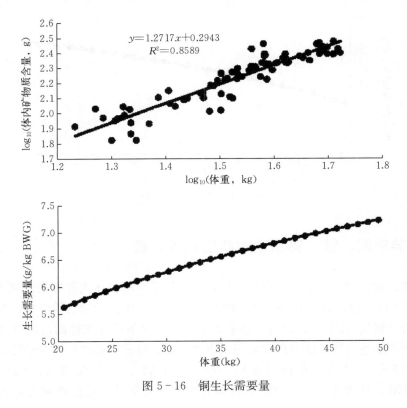

图 5-16　铜生长需要量

利用粪铜排出和铜食入量的相关关系通过析因法估测铜的维持需要量是比较困难的（Underwood 和 Suttle，1999）。ARC（1980）通过析因模型认为铜的维持需要量为 4 μg/kg BW，此推荐量被 NRC（2007）和 Suttle（2010）接受。由于铜在体内的特殊作用，因此通常不同性别和动物品种对铜的需要量存在较大差异。

动物对锰的需要量随品种、生长阶段、锰的化合物种类等改变而不同。为了获得理想的生长性能，保证骨骼的健康和良好的繁殖性能，给动物提供合理的锰是必须的（Suttle，2010）。锰主要分布于内脏中，在羊毛中的含量也比较丰富。Grace（1983）研究认为，锰在机体内的含量为 0.47 mg/kg BW，这个推荐量也被 NRC（2007）接受。中农科反刍动物团队研究发现，体重与体内锰含量存在高度相关性（$R^2 = 0.86$；图 5 - 17，在 20～50 kg 体重阶段，锰需要量随体重增加而显著增加（1.1～1.5 mg/kg BW；1.4～1.9 mg/kg EBW）。现有研究表明，锰的维持需要量为 2 μg/kg BW（NRC，2007）。由于羊毛中含有较多的锰，因此给锰需要量测定造成了较大的麻烦，因为试验中羊毛的生长及脱毛等因素较难控制（纪守坤等，2012c；Suttle，2010）。现有研究认为，采用比较屠宰方法将包括粪尿排泄的锰和羊毛脱落带走的锰等均计算在内，更有利于锰维持需要量的精确测定。

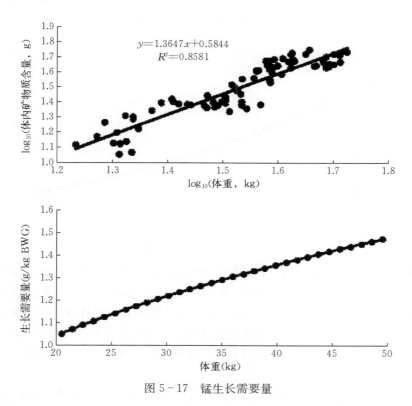

图 5 - 17 锰生长需要量

锌主要存在于骨骼和肌肉中，在肌肉中的贮存量最高。锌在所有动物体内均发挥重要作用，除了人们熟知的锌是金属酶的重要组成成分外，锌在基因表达调控和对食欲调控上也发挥重要作用。由于锌在动物生产中的重要作用，现有研究对饲料中锌的合理添加量研究报道较多（ARC，1980；INRA，1989；NRC，2007），但利用析因模型对锌维持需要量研究报道较少。现有研究认为锌的生长需要量为 16～31 mg/kg BW（Miller，1970；Kirchgessner 等，1976），NRC（2007）给出推荐量为 24 mg/kg BW，中农科反刍动物团队对 20～35 kg 体重羔羊锌需要量研究认为公羔羊和母羔羊对锌的需要量分别为 23.3 mg/kg BW 和 23.4 mg/kg BW（Ji 等，2014），而对 20～50 kg 育肥羊研究发现，体重与体内锌需要量存在良好的线性关系（$R^2 = 0.76$；图 5-18），生长需要量随体重增加而降低，由 17.9 mg/kg BW 降到 14.3 mg/kg BW；换算为空腹体重为，由 22.2 mg/kg BW 降到 17.7 mg/kg BW。ARC（1980）建立的析因模型中锌的维持需要量为 0.076 mg/kg BW，此参数后被 NRC（2007）引用。

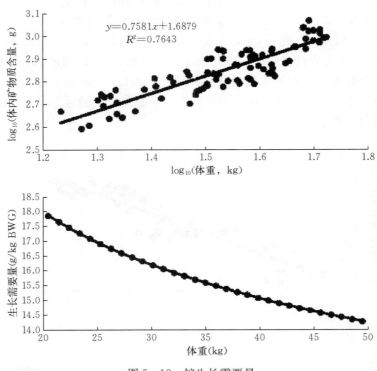

图 5-18　锌生长需要量

　　铁主要分布于内脏和骨骼中，是动物体内含量最高的微量元素，因此其在机体与肺中的氧气和二氧化碳交换中发挥重要作用（Suttle，2010）。NRC（2007）推荐绵羊生长时铁的需要量为 55 mg/kg BW。中农科反刍动物团队研究发现，肉羊体重与体内铁含量呈高度相关（$R^2 = 0.86$；图 5-19），生长需要量随体重增加而降低为 45.6～43.9 mg/kg BW，换算为空腹体重为 56.5～54.4 mg/kg EBW。现有研究表明，绵羊对铁的维持需要量为 0.014 mg/kg BW（NRC，2007）。

　　美国、英国和澳大利亚主要利用析因模型建立了各自国家主要肉羊品种的矿物质需要量。我国在肉羊矿物质需要量的研究上相对这些国家起步较晚，近些年在肉羊产业体系支持下，不同研究单位针对我国地方肉羊品种和地方杂交肉羊品种进行了系统研究。中农科反刍团队利用析因模型对 20～50kg 生长阶段杜寒杂交肉羊需要量进行了测定，取得了其需要量参数（表 5-2）。

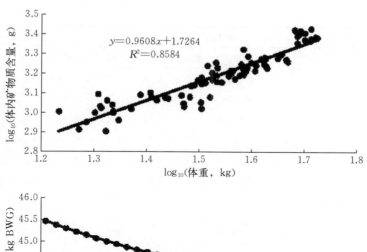

$$y = 0.9608x + 1.7264$$
$$R^2 = 0.8584$$

图 5-19 铁生长需要量

表 5-2 育肥羊矿物元素每日需要量

体重（kg）	日增重（g）	常量元素（g/d）					微量元素（mg/d）			
		钙	磷	钠	钾	镁	铜	锰	锌	铁
20	0.1	2.08	1.24	0.67	1.09	0.51	2.17	19.5	11.0	25.4
	0.2	3.55	1.91	0.77	1.34	0.67	3.00	33.6	17.0	49.4
	0.3	5.02	2.57	0.87	1.59	0.83	3.83	47.7	23.0	73.3
	0.4	6.49	3.24	0.97	1.84	0.98	4.67	61.8	28.9	97.3
25	0.1	2.19	1.36	0.80	1.30	0.60	2.50	22.0	12.0	25.6
	0.2	3.60	2.01	0.90	1.54	0.76	3.33	37.3	17.6	49.3
	0.3	5.02	2.66	0.99	1.79	0.92	4.17	52.6	23.3	73.1
	0.4	6.44	3.31	1.08	2.03	1.08	5.00	68.0	29.0	96.8
30	0.1	2.30	1.49	0.94	1.51	0.69	2.83	24.4	13.0	25.8
	0.2	3.67	2.13	1.03	1.75	0.85	3.67	40.8	18.4	49.4
	0.3	5.05	2.77	1.12	1.99	1.01	4.50	57.1	23.8	72.9
	0.4	6.42	3.40	1.20	2.23	1.17	5.33	73.5	29.2	96.5
35	0.1	2.42	1.62	1.08	1.72	0.78	3.17	26.7	14.1	26.0
	0.2	3.76	2.25	1.16	1.96	0.94	4.00	44.0	19.3	49.4
	0.3	5.10	2.87	1.24	2.20	1.10	4.83	61.3	24.5	72.9
	0.4	6.44	3.50	1.33	2.44	1.26	5.67	78.6	29.7	96.3

（续）

体重（kg）	日增重（g）	常量元素（g/d）					微量元素（mg/d）			
		钙	磷	钠	钾	镁	铜	锰	锌	铁
40	0.1	2.54	1.76	1.21	1.93	0.87	3.50	28.9	15.2	26.3
	0.2	3.86	2.37	1.29	2.16	1.03	4.33	47.1	20.2	49.6
	0.3	5.17	2.99	1.37	2.40	1.19	5.17	65.2	25.3	72.9
	0.4	6.48	3.60	1.45	2.64	1.35	6.00	83.4	30.3	96.2
45	0.1	2.67	1.89	1.35	2.14	0.96	3.83	31.0	16.3	26.5
	0.2	3.96	2.50	1.43	2.37	1.12	4.67	50.0	21.2	49.7
	0.3	5.25	3.11	1.51	2.61	1.28	5.50	69.0	26.1	72.9
	0.4	6.53	3.71	1.58	2.84	1.44	6.33	88.0	31.0	96.1
50	0.1	2.80	2.03	1.49	2.35	1.05	4.17	33.1	17.5	26.8
	0.2	4.07	2.63	1.57	2.58	1.21	5.00	52.8	22.2	49.9
	0.3	5.34	3.23	1.64	2.81	1.37	5.83	72.5	27.0	73.0
	0.4	6.60	3.82	1.71	3.05	1.53	6.67	92.3	31.8	96.1

注：1. 常量元素和微量元素需要量参数来自纪守坤（2013）。

2. 本推荐值由析因模型获得，依据 Suttle（2010）推荐值铜的生长需要量采用 0.5mg/kg BW；由于肉羊对于碘、钴和硒的需要量难以依赖析因模型获得，此表格未列出其需要量。根据 Suttle（2010）推荐值，肉羊对于碘的需要量为夏季 0.11 mg/kg DM、冬季 0.54 mg/kg DM；钴的需要量为 0.05～0.12 mg/kg DM；硒的需要量为 0.03～0.06 mg/kg DM，对于舍饲肉羊应在此范围内适当提高日粮硒含量。

3. 各矿物质利用率采用 NRC（2007）和 Suttle（2010）推荐值，即钙为 0.52、磷为 0.70、钠为 0.91、钾为 0.90、镁为 0.17、铜为 0.06、锰为 0.0075、锌为 0.30、铁为 0.19。

本 章 小 结

大量试验证实了析因模型在肉羊矿物质需要量研究中的高效性、敏感性和普适性，因此析因方法在肉羊矿物质需要量研究中得到广泛运用，对比不同的研究结果，不难发现各研究者所采用的实验动物品种和生长阶段均有差异，不同矿物质元素在不同组织中分布各具特色，肉羊品种和生长阶段不同组织生长及组成也不同，这可能是导致不同研究所测定参数存在差距的主要原因，因此针对我国肉羊主要品种进行营养需要量研究非常必要。随着我国不同团队研究成果的陆续报道，当有更多、更丰富数据导入析因模型后，我国肉羊矿物质需要量参数必将不断完善，进而为我国肉羊产业发展提供基础数据支撑。

➔ 参考文献

冯仰廉，2004. 反刍动物营养学 ［M］. 北京：科学出版社.

郭修泉，罗绪刚，刘彬，2000. 鸡锰营养需要量研究进展 ［J］. 中国饲料（9）：17 - 18.

黄艳玲，罗绪刚，吕林，等，2007. 动物细胞内锌稳衡调节的研究进展 ［J］. 中国畜牧杂志，43（15）：44 - 47.

纪守坤，刁其玉，姜成钢，等，2011. 肉羊钙需要量及估测方法研究进展 [J]. 饲料博览（12）：11-14.

纪守坤，许贵善，刁其玉，等，2012a. 不同饲喂水平对肉用羔羊矿物质消化代谢的影响 [J]. 饲料工业（11）：43-47.

纪守坤，许贵善，刁其玉，等，2012b. 肉用羔羊矿物质需要量研究进展 [J]. 中国草食动物科学（S1）：21-23.

纪守坤，许贵善，刁其玉，等，2012c. 饲喂水平对肉用羔羊体内钙、磷、钠、钾、镁分布的影响 [J]. 动物营养学报，24（11）：2133-2140.

蒋宗勇，林映才，姜文联，1998. 仔猪钙需要量的研究 [J]. 动物营养学报，10（4）：50-55.

李红雪，吕林，罗绪刚，等，2010. 不同铜源和铜水平对肉仔鸡前期生长性能和组织中维生素E氧化稳定性的影响 [J]. 中国畜牧杂志，6（17）：58-61.

李清宏，韩俊文，2007. 母猪的营养需要研究概述 [J]. 猪业科学（7）：23-25.

刘洁，刁其玉，邓凯东，2010. 肉用羊营养需要及研究方法研究进展 [J]. 中国草食动物，30（3）：67-70.

卢德勋，武立怀，任家琨，等，1992. 内蒙古敖汉地区放牧羊矿物质营养检测 [J]. 内蒙古畜牧科学（3）：3-9.

蒲雪松，景炜，余雄，等，2010. 补饲矿物元素和维生素对多浪羊母羊繁殖性能影响的研究 [J]. 中国草食动物，30（6）：30-32.

钱文熙，晁向阳，祝卫东，等，2006. 舍饲滩羊、小尾寒羊及滩寒F₁代羔羊肌肉内矿物质元素含量研究 [J]. 畜牧与饲料科学（5）：26-28.

孙国荣，龚绍明，沈洪民，2010. 建立数学模型估测肉鹅氨基酸需要量的研究 [J]. 动物营养学报，22（6）：1717-1723.

王晓霞，霍启光，1996. 蛋鸡钙需要量的研究方法 [J]. 中国饲料（15）：6-9.

杨凤，2007. 动物营养学 [M]. 北京：中国农业出版社.

杨在宾，杨维仁，张崇玉，2004. 大尾寒羊能量和蛋白质需要量及析因模型研究 [J]. 中国畜牧兽医，31（12）：8-10.

尹清强，韩友文，滕冰，1997. 利用析因法测定产蛋鸡必需氨基酸需要量、模式及模型 [J]. 动物营养学报，9（4）：31-38.

印遇龙，1989. 采用析因法研究动物体内微量元素的利用和需要量 [J]. 动物营养学报，1：63-86.

Ørskov E R，Ryle M，1992. 反刍动物营养学 [M]. 周建民，张晓明，王加启，等，译. 北京：中国农业科技出版社.

AFRC，1991. Technical committee on responses to nutrition，Report 6. A reappraisal of the calcium and phosphorus requirements of sheep and cattle [M]. Nutrition Abstracts and Reviews（Series B），61：573-612.

AFRC，1997. Technical committee on responses to nutrients，Report 10. The nutrition of goats [M]. Nutrion Abstracts and Reviews（Series B），67：806-815.

Ahmed M M M，Siham A K，Barri M E S，2000. Macromineral profile in the plasma of Nubian goats as affected by the physiological state [J]. Small Ruminant Research，38：249-254.

Anke M，Dorn W，Anke S，et al，2004. Zinc in the foodchain - its biological importance. Part Three：zinc in animals and man [C]//Proceedings 22th Workshop Macro and Trace Elements. Germany：University Jena.

Araújo M J, Medeiros A N, Teixeira I A M A, et al, 2010. Mineral requirements for growth of Moxoto goats grazing in thesemi arid region of Brazil [J]. Small Ruminant Research, 93: 1 - 9.

ARC, 1980. The nutrient requirements of ruminant livestock [M]. Slough, UK: Common wealth Agricultural Bureaux.

Bellof G, Most E, Pallauf J, 2006. Concentration of Ca, P, Mg, Na and K in muscle, fat and bone tissue of lambs of the breed German Merino Land sheep in the course of the growing period [J]. Journal of Animal Physiology and Animal Nutrition, 90: 385 - 393.

Bellof G, Pallauf J, 2007. Deposition of major elements in the body of growing lambs of the German Merino Land sheep breed [J]. Small Ruminant Research, 73: 186 - 193.

Braude R, 1945. Some observation on the need for copper in the diet offattening pigs [J]. Journal of Agricultural Science, 35: 163 - 167.

Chizzotti M L, Filho S C V, Tedeschi L O, et al, 2009. Net requirements of calcium, magnesium, sodium, phosphorus, andpotassium for growth of Nellore×Red Angus bulls, steers, and heifers [J]. Livestock Science, 124: 242 - 247.

Eldman I S, Boden A H, Moore F D, 1954. Electrolyte composition of bone and the penetration of radiosodium and deuterium oxide into dog and human bone [J]. Journal of Clinical Investigation, 33: 122 - 131.

Gomes R A, Oliveira - Pascoa D, Teixeira I A M A, et al, 2011. Macromineral requirements for growing Saanen goat kids [J]. Small Ruminant Research, 99: 160 - 165.

Grace N D, 1983. Amounts and distribution of mineral elements associated with the fleece - free empty body weight gains of the grazing sheep [J]. New Zealand Journal of Agriculture Research, 26: 59 - 70.

Hansard S L, Comar C L, Plumlee M P, 1954. The effects of ageupon calcium utilization and maintenance requirements in the bovine [J]. Journal of Animal Science, 13: 25 - 36.

Hansard S L, Crowder H M, Lyke W A, 1957. The biologicalavailability of calcium in feeds for cattle [J]. Journal of Animal Science, 16: 437 - 443.

INRA. 1989. Ruminant nutrition: recommended allowances and feed tables [M]. Paris: John Libbey& Co. Ltd.

Ji S K, Xu G S, Diao Q Y, et al, 2014. Net zinc requirements of Dorper×Thin - Tailed Han crossbred lambs [J]. Livestock Science, 167: 178 - 185.

Khan Z I, Hussain A, Ashraf M, et al, 2007. Macromineral status of grazing sheep in asemi - arid region of Pakistan [J]. Small Ruminant Research, 68: 279 - 284.

Kirchgessner M, Roth H P, Weigand E, 1976. Biochemical changes in zinc deficiency [J]. Trace Elements in Human Health and Disease, 1: 189 - 225.

Michell A R, 1995. Physiological roles for sodium in mannals [M]. in Sodium in Agriculture, UK: Chalcombe Publication.

Miller W J, 1970. Zinc nutrition of cattle: a review [J]. Journal of Dairy Science, 53 (8): 1123 - 1135.

NRC, 1985. Nutrition requirements of sheep [M]. 6th ed. Washington, DC: National Academy Press.

NRC, 1994. Nutrient requirements of poultry [M]. 9th ed. Washington, DC: National Academy Press.

NRC, 1998. Nutrient requirements of swine [M]. 10th ed. Washington, DC: National Academy Press.

NRC, 2000. Nutrient requirements of beef cattle [M]. 7th ed. Washington, DC: National Academy Press.

NRC, 2001. Nutrition requirements of dairy cattle [M]. 7th ed. Washington, DC: National Academy Press.

NRC, 2005. Mineral tolerance of animals [M]. 2ed ed. Washington, DC: National Academy Press.

NRC, 2007. Nutrient requirements of small ruminants [M]. Washington, DC: National Academy Press.

Pope L A, 1971. Review of recent mineral research with sheep [J]. Journal of Animal Science, 33: 1332 - 1343.

Portilho F P, Vitti D M S S, Abdalla A L, et al, 2006. Minimum phosphorus requirement for Santa Ineslambs reared under tropical conditions [J]. Small Ruminant Research, 63: 170 - 176.

Ramirez R G, Haenlein G F W, Nunez - Gonzalez M A, 2001. Seasonal variation of macro and trace mineral contentsin 14 browse species that grow in northeastern Mexico [J]. Small Ruminant Research, 39: 153 - 159.

Suttle N F, Lewis R M, Small J N E, 2002. Effects of breed and family on rate of copper accretion in the liver of purebred charolais, Suffolk and Texel lambs [J]. Animal Science, 75: 295 - 302.

Suttle N F, 2010. Mineral nutrition of livestock [M]. 4th ed. New York: CAB International.

Underwood E J, Suttle N, 1999. The mineral nutrition of livestock [M]. 3rd ed. New York: CAB International.

Vitti D M S S, Kebreab E, Lopes J B, et al, 2000. A kinetic model of phosphorus metabolism in growing goats [J]. Journal of Animal Science, 78: 2706 - 2712.

第六章
肉羊纤维素营养与需要

第一节　碳水化合物的概述及分类

一、碳水化合物的概述

碳水化合物（carbohydrates）是多羟基的醛、酮及其多聚物和某些衍生物的总称，是一类重要的营养素，在反刍动物饲粮中的含量通常为 $60\%\sim70\%$，具有重要的生理营养功能。碳水化合物的主要作用是为瘤胃微生物及宿主动物提供能量，另外一些碳水化合物对于维持反刍动物瘤胃的健康有着必不可少的作用。

饲料中的碳水化合物是由许多单体和聚合体组成的复杂的混合物，通常根据分析方法和动物利用效率的不同对这些单体和聚合体进行定义。在现代营养与饲料理论中将碳水化合物分为：单糖、低聚糖或寡糖（2～10 个糖单位）、多聚糖（10 个糖单位以上）和其他化合物（如几丁质和木质素等），中性洗涤纤维归属于多聚糖范畴，对于维持反刍动物瘤胃的健康具有重要的生理作用（薛红枫等，2007）。

二、碳水化合物的变革

多年来历代学者致力于将碳水化合物进行细致的归类以便分析。

1864 年在德国哥廷根诞生的 Weende 体系将饲粮碳水化合物分为粗纤维（crude fibre，CF）和无氮浸出物（nitrogen free extract，NFE）。随着科技的进步，人们逐渐发现，"粗纤维"是一个成分不确定的指标，含有饲料中的部分纤维素（$50\%\sim90\%$）、部分木质素（$10\%\sim50\%$）、部分半纤维素（$20\%\sim30\%$）和其他成分；某些很难被动物消化的木质素等成分却与糖、淀粉等一起被计为"无氮浸出物"（董德宽，2001）。

1970 年 van soest 针对这种分类方法的缺点提出修改方法，建议将饲料中的干物质（dry matter，DM）分为两部分：一部分是能用中性洗涤剂溶解的物质，另一部分是纤维性的植物细胞壁成分（van Soest，1970）。Crampton 和 Maynard（1983）将饲料中的碳水化合物分为木质素、纤维素和其他碳水化合物。1992 年美国康奈尔大学 Sniffen 等提出的净碳水化合物和蛋白质体系（CNCPS），将碳水化合物分为纤维性碳水化合物（fibre carbohydrates，FC）和非纤维性碳水化合物（non - fibre carbohydrates，NFC）。

后又根据瘤胃的降解特性进一步将 FC 分为不可发酵的非消化性纤维（CC）和慢速发酵的可利用纤维（CB2）；NFC 分为快速发酵可溶性碳水化合物（CA）和中速发酵的可溶性纤维和淀粉（CB1）（Sniffen 等，1992）。

在此基础上，Boston 等（2000）又对 NFC 中的 CA 和 CB1 进行了更加细致的划分，将 CA 分为 VFA（CA1）、乳酸、可溶性糖（CA2）；其中 CB1 被重新表示为 CB1 淀粉，CB2 可溶性纤维和有机酸（图 6-1）。

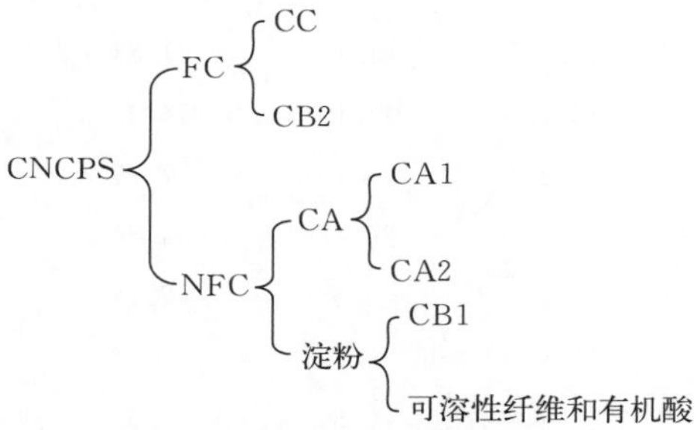

图 6-1　康奈尔净碳水化合物和蛋白质体系

注：FC 指纤维性碳水化合物；NFC 指非纤维性碳水化合物；CC 指不可发酵的非消化性纤维；CB2 指慢速发酵的可利用纤维；CA 指快速发酵的可溶性碳水化合物；CB1 指中速发酵的可溶性纤维和淀粉；CA1 指挥发性脂肪酸（VFA）和乳酸；CA2 指可溶性糖。

三、碳水化合物的分类

从广义上来说，根据在植物中的存在部位，以及在反刍动物瘤胃内的降解速度，可以将碳水化合物分为结构性碳水化合物（structural carbohydrates，SC）和非结构性碳水化合物（non - structural carbohydrates，NSC）。其中，SC 在瘤胃内的降解速度较慢，主要存在植物的细胞壁中；而 NSC 在瘤胃内的降解速度较快，主要存在于植物细胞中。

（一）结构性碳水化合物

CF、NDF、ADF 是饲料常规分析中最常用的 SC 分析指标，它们在化学成分上并不是单一的某一类，而是很多成分的混合物。对于单一的饲料来源，这三种成分呈现高度的正相关；而对于不同饲料来源组成的混合饲粮，这三种成分的相关性要降低。

NDF 是从植物中区分 SC 和 NSC 的最好方法，它也包含了通常被认为构成纤维的主要化学成分。饲粮中三种成分的含量为：CF＞NDF＞ADF。由于 CF 的概念定义已经被认为过时，因此目前 NDF、ADF 是饲粮中 SC 的最佳表示。其中，NDF 是可利用 SC 的最佳表示；ADF 由于其与饲料营养物质的消化率具有较强的相关性，被广泛用作自变量，用以估测饲草料的有效能值。

NDF 代表饲粮中较难消化的部分，其中还包含不能被反刍动物消化利用的木质素，因此 NDF 含量的高低与饲粮中 ME 的高低呈现显著的负相关（表 6-1）。NDF 主要包含半纤维素、纤维素、木质素和硅酸盐等，不同饲料中这些成分的含量不同。因此，NDF 含量相同的饲粮或饲料并不一定具有相同的代谢能（ME），并不能根据饲粮或饲料中 NDF 含量的高低来判断这种饲粮或饲料中 ME 的高低。

表 6-1 不同饲粮中 NDF 水平与代谢能水平（％）

项　目	NDF 水平				
	26.51	33.35	38.71	43.51	48.35
饲粮原料					
玉米	49.83	41.11	31.83	22.77	13.84
豆粕	13.18	14.12	14.68	15.39	16.18
小麦麸	9.30	8.10	7.79	7.04	6.29
羊草	17.97	26.87	34.84	43.19	51.72
苜蓿	6.44	6.58	7.74	8.61	9.07
磷酸氢钙	0.84	0.92	0.97	1.00	1.04
石粉	0.94	0.80	0.65	0.50	0.36
食盐	0.50	0.50	0.50	0.50	0.50
预混料	1.00	1.00	1.00	1.00	1.00
合计	100.00	100.00	100.00	100.00	100.00
营养水平					
代谢能（MJ/kg）	10.25	9.67	9.08	8.49	7.90
粗蛋白质	14.72	14.94	14.93	14.75	14.70
非纤维性碳水化合物	48.02	40.78	34.60	29.94	24.06
酸性洗涤纤维	13.07	15.32	18.15	22.69	25.98

注：1. 预混料为每千克饲粮提供：VA 15 000 IU，VD 5 000 IU，VE 50 mg，Fe 90 mg，Cu 12.5 mg，Mn 30 mg，Zn 100 mg，Se 0.3 mg，I 1.0 mg，Co 0.5 mg。

2. 营养水平除代谢能、钙、磷为计算值外均为实测值。

资料来源：张立涛（2013a）。

碳水化合物中化学成分计算公式如下：

$$饲粮中半纤维素含量＝NDF－ADF$$
$$饲粮中纤维素含量＝ADF－ADL（酸性洗涤木质素）$$
$$饲粮中木质素含量＝ADL－ADL（灼烧后的灰分）$$

NDF 对反刍动物具有重要的生理营养作用，主要表现在对反刍动物干物质采食量（DMI）、瘤胃 pH、饲粮或饲料中营养成分的表观消化率、母畜产乳量和乳成分等方面。

1. NDF 影响动物 DMI　反刍动物的 DMI 与饲料的精粗比、营养成分的消化率、瘤胃物理填充和代谢反馈等有密切的联系。碳水化合物中纤维的比例影响动物的 DMI，这是因为反刍动物瘤网胃的胃壁上分布着许多连续的接触性受体，食糜重量的增多和体积的增大会对这些受体造成刺激，从而反射性地抑制动物的采食行为，限制动物的 DMI（Allen，1996）。同时，NDF 的消化程度和降解速率会影响瘤胃食糜的体积，进而影响反刍动物的 DMI。当饲粮中的能量浓度能够满足动物对能量的需求时，饲粮中 NDF 的含量对 DMI 没有显著影响（Mertens，1994），这时候 DMI 主要受饲粮中的能量浓度影响（张立涛等，2013b）；当能量浓度不能够满足动物对能量的需求时，饲粮中 NDF 的浓度就会影响动物的 DMI。Mertens（1994）认为，调整饲粮中 NDF 含量可以寻找出 DMI 的上限和下限。他提到在饲喂高 NDF 含量饲粮时，瘤胃的充满程度会直接抑制采食；在饲喂低 NDF 含量饲粮时，能量采食量的反馈抑制作用会限制 DMI。

2. NDF 影响瘤胃酸碱度　对于反刍动物，饲粮纤维对动物的咀嚼和分泌唾液的刺激作用十分重要。饲料中 NDF 的浓度与瘤胃的 pH 呈负相关是因为当饲粮中缺乏 NDF 时，动物的唾液分泌量将会减少，造成瘤胃内环境 pH 降低，从而改变胃肠道内微生物种类、数量及瘤胃发酵模式。相反，如果 NDF 含量过多，难以消化的 NDF 会导致瘤胃中酸的产量少，使 pH 升高。

3. NDF 影响营养物质的表观消化率　饲粮中 NDF 浓度可以通过影响反刍动物瘤胃内饲料发酵时间、有机酸的生成量、pH、不同有机酸之间的比例，以及瘤胃细菌的数量等途径来调控瘤胃发酵。Firkins（1997）发现，饲粮中总 NDF 增加到 35% 以上在降低 DMI 的同时伴随着小幅度 NDF 消化率的提升。但是过高的纤维含量会降低饲粮在瘤胃的滞留时间，加快饲料在胃肠道中的流通速度，降低 OM、NFC、CP、EE，以及 Ca、P 等矿物质的肠道消化率和全消化道消化率（祁茹和林英庭，2010）。饲粮精粗比的变化在一定程度上反映了饲粮 NDF 的变化，适宜的 NDF 水平有利于反刍动物对营养物质的消化吸收。王加启和冯仰廉（1994）报道，当饲粮精粗比为 50：50 时，OM、NDF、ADF 的降解率最高；当精粗比增加到 70：30 时，OM、NDF、ADF 的降解率都有不同程度的下降。饲粮精粗比例为（20：80）～（60：40）时，DM 消化率无明显影响；精粗比例为 80：20 时 DM 消化率下降（孟庆翔，1991）。当饲喂富含可溶性碳水化合物饲料时，饲粮的纤维物质消化率下降，这种现象称为碳水化合物效应。这是因为瘤胃微生物具有优先利用易发酵可溶性碳水化合物的特性。当饲料富含可溶性碳水化合物时，瘤胃内非纤维分解菌优先从可溶性碳水化合物中获取能量，从而竞争性地抑制了纤维分解菌的生长，或者是利用纤维分解产物的纤毛虫从其他途径获取了所需能量不再与纤维分解菌协同作用，因此导致纤维物质降解率的下降（卢德勋，2000）。Feng 等（1993）报道，在低 NDF 含量的饲料来源饲粮中，NSC 从 39% 降至 29%，泌乳量、菌体合成和瘤胃周转都会增加。

4. NDF 影响母畜的产乳量和乳成分　碳水化合物的降解过程分为两个部分，首先是复杂的碳水化合物降解为各种单糖，然后被微生物摄取在细胞内酶的作用下被降解为 VFA。一般来说，纤维物质发酵产生乙酸，淀粉和糖类物质产生丙酸。饲粮的组成不同，在瘤胃内的发酵类型也将发生变化。瘤胃内的发酵类型主要分为两种，分别是 3 葡萄糖→2 乙酸＋2 丙酸＋丁酸＋3CO_2＋CH_4＋2H_2O 和 5 葡萄糖→6 乙酸＋2 丙酸＋丁酸＋5CO_2＋3CH_4＋6H_2O。一方面，当饲粮中 NFC 含量高时主要进行第一种发酵类型，而当饲粮中 NDF 含量高时主要进行第二种发酵类型。因此当 NDF 含量升高时，产生的乙酸比例也大大提高。另一方面，瘤胃内的黄色瘤胃球菌和白色瘤胃球菌主要降解纤维素和纤维二糖产生乙酸，而瘤胃反刍半月形单胞菌能将发酵所产生的琥珀酸转化成丙酸（冯仰廉，2004）。Murphy 等（2000）研究表明，在高粗饲料的饲粮中，半纤维素发酵产生的乙酸/丙酸的值为 3.2；当饲粮中谷物含量较高时，半纤维素发酵产生的乙酸/丙酸的值为 2.2。而纤维素发酵产生的乙酸/丙酸比例要比半纤维高得多。VFA为反刍动物提供能量的 70%～80%，而且是乳脂和乳糖合成的重要前体物，乙酸与丙酸的比例影响乳脂率。饲粮中 NDF 含量较高时，乙酸的产量增高，有益于泌乳动物乳脂率的提高；相反，如果 NDF 含量低，则降低了乙酸丙酸的值，有利于乳糖的合成和体脂的沉积，从而有利于动物的育肥（Oelker 等，2009）。在维持乳脂率方面的研究报道中，粗饲料来源的 NDF 比精饲料来源的 NDF 效果更明显。这是因为大多数非粗饲料来源的 NDF 可逃逸瘤胃发酵，导致瘤胃内酸的生成量较少（Firkins，1997）。

（二）非结构性碳水化合物

NSC 主要由有机酸、糖、淀粉、果聚糖等易被消化的部分组成，NSC 与 NFC 在组成成分上非常相似，但两者之间并不能等同，其计算方程式是：$NFC=100-(\%NDF+\%CP+\%EE+\% crude\ ash)$。而 NSC 通常用酶学方法测定（Smith，1981）。不同饲料中 NSC 和 NFC 之间的变异相当大（表 6-2），许多差异应当归结于果胶和有机酸。果胶包括在 NFC 内，但不属于 NSC（Mertens，1988）。当用 Smith（1981）改进的（铁氰化物作为比色的指示剂）酶学方法测定时，淀粉、蔗糖和果聚糖都属于 NSC。对于粗饲料尤其是牧草来说，果聚糖和蔗糖是 NSC 的主要组成成分。蔗糖通常存在于甜菜和柑橘类植物的浆液，以及其他一些副产品饲料中，许多这类饲料的 NSC 很有可能全部是糖；而对于青贮玉米、谷物和大多数副产品，NSC 几乎全部是淀粉（Miller 和 Hoover，1998）。

表 6-2 部分饲料原料中 NFC 和 NSC

饲料原料	NDF（%DM）	NFC（%DM）	NSC（%DM）
青贮苜蓿	51.4	18.4	7.5
苜蓿干草	43.1	22.0	12.5
以禾本科为主的混合干草	60.9	16.6	13.6
青贮玉米	44.2	41.0	34.7
粉碎玉米	13.1	67.5	68.7
甜菜渣	47.3	36.2	19.5
整粒棉子	48.3	10.0	6.4
高水分带壳玉米	13.5	71.8	70.6
大麦	23.2	60.7	62.0
玉米蛋白粉	7.0	17.3	12.0
大豆皮	66.6	14.1	5.3
大豆粕（48%CP）	9.6	34.4	17.2

资料来源：Miller 和 Hoover（1998）。

第二节 纤维素的分类与分析方法

一、粗纤维

CF 是植物细胞壁的主要组成部分。Trowell（1976）首次将纤维定义为植物细胞成分中能抵抗人类消化酶水解作用的结构成分。Pettersson（1991）从化学角度上认为纤维是非淀粉性多糖和木质素的总和（Graham 和 Aman，1991）。Mertens（1998）从生理角度上认为纤维是一种不能被哺乳动物消化酶所消化的饲粮组成成分，并得到了广泛的认可。

CF 的测定方法最初是由 Henneberg 和 Stohman 于 1859 年提出。饲料样品经脱脂预处理后用 1.25% H_2SO_4、NaOH 各煮沸 30 min，得到的 DM 残渣减去灰分即为 CF（彭健，1999）。这样分析得来的 CF 化学成分是几乎所有的纤维素、数量不等的木质素和半纤维素，并不能包含所有不能被哺乳动物消化酶消化的所有组分，因此这种分析方法存在重大缺点。

二、中性洗涤纤维

1967 年 van Soest 提出 NDF 这一概念，指出植物性饲料在含有 3% 十二烷基硫酸钠和 1.9% EDTA（pH＝7 的磷酸缓冲液）组成的中性洗涤剂中煮沸，所得到的残渣减去灰分就是 NDF。这样分析得来的 NDF 主要为细胞壁成分，包括半纤维素、纤维素、木质素和硅酸盐等。

但这种分析方法无法将一些杂蛋白从 NDF 中分离，无水亚硫酸钠可以打开二硫键和溶解交联的蛋白质，从 NDF 中去掉污染的蛋白质（van Soest，1967；Goering 和 van Soest，1970）。后来发现，在测定谷物和玉米青贮饲料中的 NDF 时因为无法将淀粉完全去除导致 NDF 测定值偏高。Shaller 提出在测定高淀粉含量的样品时，为了准确测定 NDF 的含量需要先经过热稳定淀粉酶的处理然后再测定 NDF（aNDF）（Schaller 等，1977）。用热稳定淀粉酶处理改进的 NDF 分析方法可用来测定所有类型饲料的 NDF 含量，并且使用热稳定淀粉酶和亚硫酸钠都可以达到 NDF 中淀粉和污染蛋白质含量最低的目的。这一方法已被全国牧草监测协会认定为测定 NDF 的参考方法（Undersander 等，1993）。由于考虑到亚硫酸盐的使用可能会引起木质素和酚酸类化合物的丢失，因此在分析试剂中是否添加亚硫酸盐存在争议（van Soest 等，1991）。Hintz 等（1995）对鱼粉、大豆粉、雀麦草、苜蓿青贮、玉米青贮等多种饲料原料添加亚硫酸钠和不添加亚硫酸钠的对照试验，认为不添加亚硫酸钠会导致动物副产品及已经加热煮熟的饲料中 NDF 含量的过高估计，亚硫酸钠的使用对从加热的饲料中除去氮污染至关重要。如果要准确测量饲料中的纤维总量，并通过消化作用使污染的蛋白质或淀粉含量降至最低，那么选择 aNDF 法更好。在 NDF 处理过程中，使用亚硫酸钠可以改善纤维残渣的过滤状况，并使得该方法适用于各种类型的饲料和饲料混合物的分析，包括热处理的饲料和蛋白质补充料。

Merterns 等（1996）评估了热稳定淀粉酶的种类、添加时间，样品的数量、粒度，过滤管的孔径尺寸，亚硫酸钠的使用，洗涤 pH 条件等对 NDF 分析的影响，确立了一套相对比较标准的 NDF 测定方法。Austin 等（1998）认为，NDF 可以准确度量谷实类饲料的细胞壁含量，但很大程度上低估了其他植物尤其是苜蓿类植物的细胞壁含量。因此，NDF 的测定结果也并不完全符合饲粮纤维的定义，不能完全代表饲粮中所有的纤维成分。但是由于 NDF 涵盖了被认为是组成纤维的大多数物质，因此 NDF 被认为是目前表示纤维的常用指标（吴秋钰，2006）。

（一）有效中性洗涤纤维

饲料中 NDF 满足动物需求的含量与其粒度和来源有关。当饲粮中的 NDF 主要来自较长的粗饲料时，NDF 在饲粮中的需要量较低；而当饲粮中 NDF 主要来源于较短的粗饲料或者其他非粗饲料成分时，NDF 在饲粮中的需要量就需要提高（栗文钰等，2008）。用 NDF 描述饲料特性时具有这样的局限性，为此 Mentens 针对奶牛生产提出有效中性洗涤纤维（effective neutral detergent fiber，eNDF）和物理有效中性洗涤纤维（physically effective neutral detergent fiber，peNDF）两个概念。eNDF 是指有效维持乳脂率稳定总能力的饲料特性；peNDF 是指纤维的物理性质，主要是指饲料粒度，刺激动物咀嚼活动和建立瘤胃内容物两相分层的能力（Mertens，1997）。饲料中 peNDF 总是低于其 NDF 含量，eNDF 可以低于也可以高于 NDF 含量（徐炜玲等，2002）。

（二）物理有效中性洗涤纤维

饲料中的 peNDF 含量等于饲料 NDF 含量乘以物理有效因子（pef）。pef 的范围由 0 到 1，0 代表 NDF 不能刺激咀嚼活动，1 代表 NDF 刺激最大咀嚼活动（祁茹和林英庭，2010）。Mertens（1997）经过回归分析提出，peNDF 的 pef 为反刍动物所采食饲粮的咀嚼时间与饲喂长干草的咀嚼时间的比值；而且提出一种估计 peNDF 的化学与物理结合的方法，即先经过化学测定某种饲料的 NDF 含量，然后测定经垂直震动后保留在 1.18 mm 筛孔上 DM 所占的比例。Mentens（1997）认为，过 1.18 mm 筛孔的 DM 不具有刺激动物咀嚼活动的能力，因此某种饲料的 pef 值应与保留在 1.18 mm 筛孔上的 DM 所占比例相同。

瘤胃内容物的两相分层影响大颗粒饲料在瘤胃中的选择性滞留、刺激反刍瘤胃蠕动能力、瘤胃发酵动态和食糜排空等（祁茹和林英庭，2010）。因此，peNDF 是衡量反刍动物生理状况和生产性能的重要指标。但是由于 eNDF 和 peNDF 是针对奶牛提出的两个概念，而且 pef 值的确定在筛孔方面有着不一的说法，因此在小型反刍动物营养与饲料中，较多采用 NDF 作为衡量饲粮纤维的指标。

三、酸性洗涤纤维

ADF 是 van Soest 提出的一种代替 CF 来分析反刍动物饲草的分析方法。ADF 成分包括纤维素、木质素、硅酸盐、少量的灰分及含氮化合物，具体的分析方法是用含 2%

十六烷三甲基溴化铵的 0.5 mol/L 硫酸溶液煮沸饲料样品，所得残渣即为 ADF（van So-est，1963）。ADF 可以作为测定木质素的一个准备阶段而不能作为衡量饲料中纤维含量的指标。这是因为 ADF 分析中损失了一部分半纤维素，不能准确代表饲料中的纤维量。

四、木质素

木质素是具有酚型结构的天然高分子物质。酸性洗涤木质素的测定方法是将酸性洗涤纤维用 72% 的硫酸消化，分解纤维素，不溶解的残渣为木质素及矿物质，再扣除残渣灼烧灰化的残渣即为酸性洗涤木质素。而测定木质素含量的经典方法——Klason 木质素法是利用 64%～72% 的浓硫酸溶液水洗碳水化合物，沉淀的便是难溶的木质素。对禾本科牧草，Klason 木质素法测定值比 ADL 法测定值高出 2～4 倍；对豆科牧草，前者又比后者高 30%（Jung 等，1997）。Hatfield 等（1994）得出的结论是：Klason 木质素法比 ADL 法能更准确地估计植物细胞壁中的木质素含量。其他证据表明，硫酸水解木质素的一部分在 ADL 法中测 ADF 这一步骤就损失了，从而导致 ADL 法对木质素含量的过低估计（Lowry 等，1994）。虽然 Klason 木质素法与 ADL 法测得的木质素有一定的差异，但是它们与 DM、NDF 的体内外消化率的相关性是相似的，均成负相关。

五、中性洗涤不溶氮和酸性洗涤不溶氮

中性洗涤不溶氮是经过中性洗涤剂清洗仍然与 NDF 结合的氮，主要是细胞壁束缚蛋白及一些其他含氮化合物，包括酸性洗涤不溶氮和不溶于中性洗涤剂但溶于酸性洗涤剂的氮。能够溶于酸性洗涤剂的氮是可以被消化的，由慢速降解蛋白组成（Licitra 等，1996）；而酸性洗涤不溶氮微生物的生物利用率极低，一般被视为不能被消化利用的氮。

第三节　肉用绵羊中性洗涤纤维需要量

虽然 NDF 对于维持反刍动物的营养及健康是必不可少的，然而 NDF 只是评价饲料纤维物质营养价值的一个指标，不像能量、蛋白质和矿物质等指标一样可以通过比较屠宰试验和代谢试验来完成。不同来源的 NDF 对反刍动物生理营养作用的效果不同，因此给反刍动物 NDF 需要量的研究设置了很大的障碍。根据 Allen 提出的关系式，可以得出精饲料来源的 NDF 在维持瘤胃 pH 方面的有效性只有粗饲料来源的 NDF 的 0.35 倍（Mooney 等，1997）。精饲料来源的 NDF 维持 NDF 在胃肠道消化率的有效性只有粗饲料来源的 NDF 的 0.6 倍（Firkins，1997）。NDF 高含量的非粗饲料来源，其 NDF 的有效性只相当于粗饲料来源的 NDF 的 0.4 倍，一些精饲料来源 NDF 的有效性相当于粗饲料来源的 NDF 的 0.3～0.8 倍（Mertens，1997）。因此可以得出结论：非粗饲料来源 NDF 的平均有效性大约只有粗饲料来源的 NDF 的 50%。

NDF 需要量的研究主要包括两方面，分别为 NDF 最低需要量及 NDF 适宜水平。目前奶牛已知的 NDF 需要量研究主要是通过考察瘤胃 pH、乳脂率和产奶量来确定最

低 NDF 需要量。但最低 NDF 需要量并不一定就是最适合的需要量，只是在奶牛生产中以产奶量和乳脂率为主要目的，因此在不降低产奶量和乳脂率的前提下，最低 NDF 需要量就显得格外重要。但是在肉用绵羊方面却不存在乳脂率这一指标，NDF 最低需要量只是为了保证不出现瘤胃酸中毒现象，而在实际生产中饲粮的配制很少出现这一情况。因此，NDF 最低需要量对肉用绵羊来说显得并不重要。而 NDF 适宜水平对于以产肉为目的的肉用绵羊来说就显得十分重要，这有利于指导肉用绵羊饲粮结构的改善，从而获得最大的经济效益。

研究肉羊 NDF 适宜水平需要大量动物试验与体外试验的结合，首先通过体外产气试验研究不同 NDF 来源对于肉羊 NDF 最适水平的影响，获得基本数据；然后根据体外产气试验结果采用经典需要量研究方法（梯度法）考察肉羊生长指标及消化代谢指标来寻找使肉羊生产性能达到最佳的 NDF 水平。在确定肉羊适宜 NDF 水平后，采用替代法，保持总 NDF 水平不变用粗饲料来源的 NDF 来替代精饲料来源 NDF，可以得出在满足肉羊最佳生产性能条件下饲粮中 NDF 粗饲料来源的最低需要量。保持总粗饲料来源的 NDF 水平不变，用不同粗饲料来提供 NDF，可以针对不同粗饲料来源来对肉羊适宜 NDF 水平进行校正。

目前关于肉用绵羊适宜 NDF 水平方面的研究非常少，但是肉用绵羊适宜 NDF 水平的研究却具有重要的实际意义，对于育肥过程中精粗比的搭配、预防酸中毒的发生都具有重要的指导作用。

张立涛（2013b）通过梯度试验法，对 25～35 kg 及 35～50 kg 杜寒杂交肉羊分别设计 5 种不同 NDF 水平的饲粮进行生长消化试验，饲粮通过控制各种成分添加比例保持粗蛋白质水平为 14.5%，NDF 水平为 25%、30%、35%、40%、45%，其中 NDF 主要来源为羊草与苜蓿。饲粮粗蛋白质、钙、磷水平参考 NRC（2007）30 kg 体重、平均日增重为 300 g 的绵羊营养需要量，并结合试验羊场饲料配方配制全混颗粒饲料（饲粮颗粒直径 6 mm、10 mm），25～35 kg 杜寒杂交肉羊试验饲粮组成及营养水平见表 6 - 3；35～50 kg 杜寒杂交肉羊试验饲粮组成及营养水平见表 6 - 4。

表 6 - 3　试验饲粮组成及营养水平（干物质基础）

项　目	NDF 水平（%）				
	26.5	33.3	38.7	43.5	48.3
饲粮组成					
玉米	49.83	41.11	31.83	22.77	13.84
豆粕	13.18	14.12	14.68	15.39	16.18
麦麸	9.30	8.10	7.79	7.04	6.29
羊草	17.97	26.87	34.84	43.19	51.72
苜蓿	6.44	6.58	7.74	8.61	9.07
磷酸氢钙	0.84	0.92	0.97	1.00	1.04
石粉	0.94	0.80	0.65	0.50	0.36
食盐	0.50	0.50	0.50	0.50	0.50
预混料	1.00	1.00	1.00	1.00	1.00
合计	100.00	100.00	100.00	100.00	100.00

（续）

项　目	NDF 水平（%）				
	26.5	33.3	38.7	43.5	48.3
营养水平					
代谢能（MJ/kg）	10.25	9.67	9.08	8.49	7.90
精粗比	75.6 : 24.4	66.5 : 33.5	57.4 : 42.6	48.2 : 51.8	39.2 : 60.8
干物质	95.96	95.95	95.49	96.03	96.14
有机物	92.62	92.68	91.58	91.37	90.16
粗蛋白质	14.72	14.94	14.93	14.75	14.70
粗脂肪	3.37	3.61	3.34	3.17	3.05
粗灰分	7.38	7.32	8.42	8.63	9.84
非纤维性碳水化合物	48.02	40.78	34.60	29.94	24.06
酸性洗涤纤维	13.07	15.32	18.15	22.69	25.98
酸不溶灰分	1.46	1.62	1.85	2.17	2.90
钙	0.75	0.75	0.75	0.75	0.75
磷	0.50	0.50	0.50	0.50	0.50

注：1. 预混料为每千克饲粮提供：VA 15 000 IU，VD 5 000 IU，VE 50 mg，Fe 90 mg，Cu 12.5 mg，Mn 30 mg，Zn 100 mg，Se 0.3 mg，I 1.0 mg，Co 0.5 mg。

2. 营养水平除代谢能、钙、磷为计算值外均为实测值。

表 6-4 注释与此同。

表6-4　试验饲粮组成及营养水平（干物质基础）

项　目	NDF 水平（%）				
	33.3	37.6	42.2	47.8	52.3
饲粮组成					
玉米	46.15	37.16	28.09	19.16	10.16
豆粕	8.07	8.82	9.53	10.32	11.07
麦麸	8.56	7.80	7.05	6.30	5.54
羊草	26.83	35.27	43.61	52.14	60.58
苜蓿	7.11	7.77	8.62	9.08	9.73
磷酸氢钙	1.01	1.07	1.12	1.18	1.23
石粉	0.77	0.61	0.48	0.32	0.19
食盐	0.50	0.50	0.50	0.50	0.50
预混料	1.00	1.00	1.00	1.00	1.00
合计	100.00	100.00	100.00	100.00	100.00
营养水平					
代谢能（MJ/kg）	9.66	9.07	8.48	7.90	7.31

（续）

项　目	NDF 水平（%）				
	33.3	37.6	42.2	47.8	52.3
干物质	88.63	87.81	89.39	84.01	90.05
有机物	93.03	92.23	91.86	90.31	89.92
粗蛋白质	11.96	11.73	11.87	11.96	11.83
粗脂肪	2.44	2.43	3.34	2.01	2.00
灰分	6.97	7.77	8.14	9.69	10.08
非纤维性碳水化合物	45.37	40.42	34.44	28.48	23.80
酸性洗涤纤维	15.32	18.03	22.84	26.92	30.60
钙	0.75	0.75	0.75	0.75	0.75
磷	0.50	0.50	0.50	0.50	0.50

一、25～35 kg 肉羊 NDF 需要量

试验羊体重结果如表 6-5 所示。从此表可以看出，5 个处理组的试验羊末重、净增重、平均日增重的差异不显著，但在增重数值上 NDF 水平 33.3% 组试验羊的净增重或日增重都高于其他处理组，并且公羊与母羊表现出相同的规律。饲喂同一 NDF 水平饲粮下，公羊的日增重要显著高于母羊。

表 6-5　不同 NDF 水平饲粮对 25～35 kg 杜寒杂交 F_1 代公、母羊增重性能的影响

项　目	性　别	NDF 水平（%）				
		A（26.5）	B（33.3）	C（38.7）	D（43.5）	E（48.3）
始重	公	24.9	26.8	26.1	25.6	27.2
(kg)	母	24.5	25.0	25.2	24.9	24.8
末重	公	38.1	40.9	39.1	38.3	38.9
(kg)	母	35.8	36.8	36.4	36.1	35.5
净增重	公	13.3	14.0	12.9	12.7	11.7
(kg)	母	11.2	11.8	11.2	11.1	10.7
平均日增重	公	276.6[a]	292.4[a]	269.8[a]	264.6[a]	243.7[a]
(g)	母	233.8[b]	246.7[b]	233.0[b]	232.2[b]	222.9[b]

注：同列上标不同小写字母表示差异显著（$P < 0.05$）。

以每圈为重复，NDF 水平为处理组进行统计，结果如表 6-6 所示。5 个处理组试验羊的 DMI 与 NDF 水平呈现正相关（$R^2 = 0.74$），随着 NDF 水平的升高而升高，并且 E 组显著高于 A 组、B 组和 C 组。饲料转化率方面，E 组显著高于 A 组、B 组和 C 组，其他各组间差异不显著，其中 E 组高出 B 组 14.2%。

表 6-6 不同 NDF 水平饲粮对 25～35 kg 杜寒杂交 F_1 代肉羊采食量和饲料转化率的影响

项 目	NDF 水平（%）				
	A（26.5）	B（33.3）	C（38.7）	D（43.5）	E（48.3）
始重（kg）	24.8	25.5	25.5	24.9	26.0
末重（kg）	36.6	38.0	37.3	36.9	36.8
ADG（g）	245.2	261.4	245.3	241.0	226.0
DMI（g/d）	1213.2[c]	1245.9[c]	1296.8[bc]	1365.1[ab]	1422.7[a]
饲料转化率	4.98[bc]	4.79[bc]	5.31[bc]	5.69[ab]	6.31[a]

注：同行上标不同小写字母表示差异显著（$P<0.05$）。表 6-7、表 6-9 和表 6-10 注释与此同。

试验中对所有公羊进行了粪袋全收粪，并测定各营养成分的表观消化率，结果如表6-7 所示。通过二次线性回归分析可以看出，各营养成分表观消化率随 NDF 水平的升高表现出二次曲线变化规律，均有先升高后降低的趋势。但因营养成分的不同，R^2 值也不同，DM、OM 表观消化率的 R^2 值较高。

表 6-7 不同 NDF 水平饲粮对 25～35 kg 杜寒杂交 F_1 代肉羊营养物质消化性能的影响

项 目	表观消化率（%）					二次曲线分析	
	A 组	B 组	C 组	D 组	E 组	R^2	P 值
DM	69.9[b]	78.3[a]	63.8[c]	57.7[d]	53.1[e]	0.77	<0.001
OM	72.4[b]	81.0[a]	66.5[c]	60.8[d]	56.0[e]	0.75	<0.001
CP	71.3[b]	81.5[a]	67.7[bc]	66.7[c]	65.7[c]	0.36	0.006
EE	74.4[b]	82.1[a]	67.2[bc]	60.6[c]	60.7[c]	0.51	<0.001
NDF	36.5[c]	58.7[a]	43.3[b]	35.6[c]	34.7[c]	0.40	0.003
ADF	34.1[c]	53.1[a]	39.5[b]	33.0[c]	32.4[c]	0.35	0.009

NDF 水平显著影响 DM、OM 表观消化率，B 组最高，E 组最低，各组间差异均显著（$P<0.05$）。CP、EE 表观消化率均为 B 组最高，并且 B 组显著高于其他组（$P<0.05$），A 组显著高于 D 组和 E 组（$P<0.05$）。NDF、ADF 表观消化率，各处理组试验羊表现出 B 组>C 组>A 组>D 组>E 组的规律，B 组显著高于其他组（$P<0.05$），C 组显著高于 A 组、D 组和 E 组（$P<0.05$）。

本研究中随 NDF 水平的升高，饲粮 ME 逐渐降低，肉羊需要采食更多的饲粮来满足自身对能量的需求。因此，DMI 呈线性显著升高，但是并没有出现过高的 NDF 水平抑制 DMI 的现象，说明本试验 NDF 为 48.3% 的饲粮能量浓度依旧能够满足肉羊的能量需求。饲粮中 NDF 水平增加时，饲粮内 NFC 的比例减少，纤维含量增加，而过高的纤维含量会降低饲粮在瘤胃的滞留时间，加快饲料在胃肠道中的流通速度，减少了DM、OM 数量的降解，从而降低 OM、NFC、CP、EE，以及钙、磷等矿物质的肠道消化率和全消化道消化率（祁茹和林英庭，2010）。饲粮中 NDF 水平的升高是通过降低饲粮精粗比来实现的。Valdes 等（2000）通过羊的自由采食试验报道，增加饲粮中粗饲料的比例会降低 DM、OM 的表观消化率。门小明等（2006）通过设计三种不同的精粗比饲粮（20∶80、30∶70、40∶60）进行小尾寒羊母羊自由采食条件下的消化试验，结果表明 DM、OM 表观消化率随着精饲料比例的升高而显著或者极显著升高。本研究中 NDF 水平从 33.3％升高到 48.3％显著降低了 DM、OM 的表观消化率，这与上述报道一致。

当饲粮中 NDF 水平过低、精饲料比例过高时，大量的 NFC 发酵会降低瘤胃内 pH，影响瘤胃内微生物酶的活性（周汉林等，2006），降低微生物降解饲粮的能力，从而降低 DM、OM 的表观消化率。本试验表明，NDF 水平为 26.5％组 DM、OM 表观消化率显著低于 33.3％组，说明过高的精饲料比例会降低 DM、OM 的表观消化率。王加启和冯仰廉（1994）曾经报道，当精饲料比例超过 70％时，OM、NDF、ADF 的表观消化率都有不同程度的降低。周汉林等（2006）通过荷斯坦公牛试验报道，当饲粮中的精饲料比例达到 70％时，DM 的表观消化率显著降低。

瘤胃中碳源和氮源的比例是否适宜决定 MCP 合成效率的高低，瘤胃中碳水化合物与蛋白质是否同步降解决定着 MCP 的合成数量（李满全和高民，2010）。饲粮 SC 和 NSC 的值影响 MCP 的合成数量和效率（Hoover 和 Stokes，1991），SC 在瘤胃中的降解速度慢而 NSC 的降解速度快，NDF 水平的升高伴随着粗饲料的增多，使得 SC∶NSC 的值升高，导致瘤胃中碳水化合物降解变慢，因此 MCP 的生成数量和效率也随之降低。周永康和赵国琦（2008）在徐淮山羊上的研究也表明，SC∶NSC 降低的同时 MCP 的产量增加。由于 NFC 与 NSC 成分大致相同，并且 NSC 的测定方法比较复杂，因此通常在实际中应用 NFC 来替代 NSC（李艳玲和孟庆翔，2006）。本试验中随着 NDF 水平的升高，饲粮中 NFC 的比例逐渐降低，CP 和 EE 的表观效率逐渐下降，并呈现显著性差异；同样，过高的 NFC 比例也会通过降低瘤胃 pH 限制微生物酶的活性，从而抑制 MCP 产量，试验中 NDF 水平为 26.5％组 CP 表观消化率显著低于 33.3％组，符合动物本身的生理营养。

本研究中，NDF 水平高的饲粮组 DMI 显著高于 NDF 水平低的饲粮组。说明随着 NDF 水平的升高，NDF 的摄入量也随着增加，这也会影响 NDF、ADF 的表观消化率。综上所述，本试验随着 NDF 水平的升高，NDF、ADF 的表观消化率先升后降，在 NDF 水平为 33.3％的饲粮组达到最高。谭支良（1998）、霍鲜鲜和侯先志（2004）认为，反刍动物饲粮中有一个理想的精粗比例（更准确地说是 SC∶NSC 的值），使得纤维物质的表观消化率达到最高，这与本试验结果一致。Nelson 等（1989）研究表明，在饲粮中少量添加小麦会提高纤维的全消化道表观消化率，但大量添加时将会显著降低。这也是因为少量添加，适宜地增加了 NSC 的比例，导致过瘤胃淀粉、蛋白质、脂肪等营养物质增多，增强了后消化道的发酵能力，使 NDF、ADF 的消化得到补偿。孔祥浩等（2010）对杂交一代羯羊的研究表明，不同 NDF 水平对肉羊纤维表观消化率没有显著影响，但是在数值上表现出和本试验一致的变化趋势。本试验之所以出现显著性差异，可能是由于肉羊的品种及饲粮的组成成分不同导致。

综上所述，不同 NDF 水平饲粮下 25～35 kg 杜寒杂交 F_1 代肉羊的 DMI 有显著变化，随着饲粮 NDF 水平的降低，DMI 显著降低，饲料转化率得到改善；不同 NDF 水平饲粮显著影响 25～35 kg 杜寒杂交 F_1 代肉羊对营养素的表观消化率。饲粮中 NDF 达到 33.3%时，随着其含量的升高，各营养素的表观消化率均表现出下降的趋势；NDF 水平为 26.5%时，不利于肉羊增重和营养物质消化利用。综合生长性能和消化性能指标，在 CP 为 14.8%的 25～35 kg 杜寒杂交 F_1 代肉羊饲粮中，最佳 NDF 水平为 33.3%左右。

二、35～50 kg 肉羊 NDF 需要量

同一处理组内分公母进行统计，结果如表 6-8 所示。5 个处理组中公羊与母羊的初始体重差异均不显著，符合随机分组的原则。无论是公羊还是母羊，其末重、净增重、平均日增重各组间均无显著差异（$P>0.05$），但在数值上净增重和平均日增重公羊与母羊均表现为 NFC/NDF 的值是：42.2%组＞33.3%组＞37.6%组＞47.8%组＞52.3%组，并且饲喂同一 NFC/NDF 比例饲粮条件下，公羊的平均日增重要显著高于母羊（$P<0.05$）。

表 6-8　不同 NDF 水平饲粮对 35～50 kg 肉羊增重的影响

NDF 水平 (%)	公　羊				母　羊			
	始重 (kg)	末重 (kg)	净增重 (kg)	ADG (g)	始重 (kg)	末重 (kg)	净增重 (kg)	ADG (g)
33.3	38.1	56.1	18.0	321.4	35.7	48.6	12.8	228.8*
37.6	40.9	58.5	17.7	315.5	36.4	49.1	12.7	227.2*
42.2	40.2	59.4	19.2	343.4	36.4	49.5	13.1	233.6*
47.8	38.3	54.7	16.3	292.0	36.1	48.5	12.4	220.8*
52.3	38.9	54.6	15.7	279.6	35.5	47.5	12.0	214.1*
SEM	2.63	2.71	2.02	36.1	1.56	1.66	1.08	19.3

注：* $P<0.05$。

同一组内不分公母统计肉羊的干物质采食量和料重比，结果如表 6-9 所示。试验羊的 DMI 随 NDF 水平的升高而升高，与 NDF 水平呈现正相关（$DMI=1\,193.0NDF+1\,188.2$，$R^2=0.64$），与 NFC/NDF 的值呈现负相关（$DMI=-246.2NFC/NDF+1\,906.6$，$R^2=0.65$），其中 NDF 水平为 42.2%组显著高于 37.6%组和 33.3%组。饲料转化效率方面没有显著性差异（$P>0.05$）。

表 6-9　不同 NDF 水平饲粮对 35～50 kg 肉羊干物质采食量和饲料转化效率的影响

项　目	NDF 水平（%）				
	33.3	37.6	42.2	47.8	52.3
始重（kg）	36.6	37.6	37.7	36.8	36.7
末重（kg）	51.3	51.7	52.8	50.4	49.9
ADG（g）	262.5	251.3	270.2	242.7	235.9
DMI（g/d）	1561.2c	1656.8bc	1709.6ab	1754.6ab	1799.7a
饲料转化效率	6.13	6.58	6.50	7.45	7.73

试验中对所有公羊进行了粪袋全收粪，并测定各营养成分的表观消化率，结果如表

6-10所示。NDF水平比例对DM、OM、CP、EE、NDF和ADF表观消化率均产生了极显著影响（$P<0.01$）。通过二次曲线回归分析整体上可以看出，各营养成分表观消化率随NDF水平的升高表现出二次曲线变化规律，均有先升高后降低的趋势。但因营养成分的不同，R^2值也不同，其中DM、OM表观消化率的R^2值较高。

表6-10 不同NDF水平饲粮对35～50 kg肉羊营养成分表观消化率的影响

项 目	NDF 水平（%）					二次曲线分析	
	33.3	37.6	42.2	47.8	52.3	R^2	P 值
DM	67.2[a]	64.2[b]	67.4[a]	57.8[c]	55.2[d]	0.77	<0.001
OM	69.2[a]	66.1[b]	69.6[a]	60.1[c]	56.4[d]	0.78	<0.001
CP	73.0[a]	72.9[a]	73.7[a]	68.6[b]	68.4[b]	0.65	<0.001
EE	80.1[a]	74.9[b]	83.5[a]	62.8[c]	53.2[d]	0.73	<0.001
NDF	32.8[c]	33.3[c]	48.2[a]	42.5[b]	40.4[b]	0.41	0.005
ADF	23.1[c]	24.0[c]	44.8[a]	39.8[b]	38.0[b]	0.59	<0.001

综上所述，不同NDF水平饲粮显著影响35～50 kg杜寒F_1代肉用绵羊的DMI和营养成分表观消化率（$P<0.05$），生长性能和消化性能在NDF水平为42.2%组均具有最佳的效果；在以羊草、苜蓿为NDF来源、CP水平为11.9%的饲粮条件下，35～50 kg肉用绵羊最佳NDF水平约为42.2%。

本 章 小 结

我国是一个养羊大国，但是却一直没有提出一个像美国、英国那样规范的饲养标准来指导羊的养殖产业，羊养殖的主要形式还停留在散户喂养和放牧，养殖效率低下，模式单一。针对这一空缺，现代肉羊产业技术体系，对能量、蛋白质、矿物质元素进行了研究，给出肉羊NDF最佳水平为35%～45%，但是NDF的来源、NDF的梯度等因素对于肉羊的影响鲜有人报道。

适宜的NDF水平能使肉羊保持最佳的采食量和消化率，改善饲料利用效率，扩大饲料资源。开展肉羊NDF需要量的研究对于肉羊饲料配制和肉羊饲料的工业化生产具有重要意义，因此肉羊NDF需要量的试验研究非常必要，有利于加快我国从传统上的养羊大国向养羊强国的转变。

⮞ 参考文献

董德宽，2001. 碳水化合物与奶牛营养 [J]. 乳业科学与技术，95：46-47.

冯仰廉，2004. 反刍动物营养学 [M]. 北京：科学出版社.

霍鲜鲜，侯先志，2004. 日粮不同碳水化合物比例对绵羊瘤胃内纤维物质降解率的影响 [J]. 甘肃畜牧兽医，1：6-8.

孔祥浩，贾志海，郭金双，等，2010. 不同 NDF 水平肉羊日粮养分表观消化率研究 [J]. 动物营养学报，22（1）：70-74.

李满全，高民，2010. 日粮 SC：NSC 比例对泌乳早期奶牛生产性能和消化性能的影响 [D]. 呼和浩特：内蒙古农业大学.

李艳玲，孟庆翔，2006. 非纤维性碳水化合物水平对活体外瘤胃发酵和产生共轭亚油酸的影响 [J]. 中国畜牧杂志，17：31-34.

栗文钰，赵国琦，孙龙生，2008. 饲粮纤维在奶牛生产中的应用 [J]. 饲料博览，11：14-15.

门小明，雒秋江，唐志高，等，2006. 3 种不同精粗比日粮条件下空怀小尾寒羊母羊的消化与代谢 [J]. 中国畜牧兽医，33（10）：13-17.

孟庆翔，熊易强，1991. 不同精饲料水平与秸秆氨化对绵阳饲粮消化、氮存留与进食量的影响 [J]. 北京农业大学学报，17：109-114.

彭健，1999. 饲粮纤维定义成分分析方法及加工影响 [J]. 国外畜牧学——猪与禽，4：8-11.

祁茹，林英庭，2010. 饲粮物理有效中性洗涤纤维对奶牛营养调控的研究进展 [J]. 粮食与饲料工业，5：52-55.

谭支良，1998. 绵羊日粮中不同碳水化合物和氮源比例对纤维物质消化动力学的影响及组合效应评估模型 [D]. 呼和浩特：内蒙古农业大学.

王加启，冯仰廉，1994. 不同粗饲料饲粮大叫规律及合成瘤胃微生物蛋白质效率研究 [J]. 黄牛杂志，71：82-87.

吴秋钰，徐廷生，2006. 饲粮中中性洗涤纤维的研究进展 [J]. 饲料工业，27：14-17.

徐炜玲，孟庆翔，2002. 奶牛饲养中饲粮的有效纤维问题 [J]. 饲料与饲养，6：35-37.

薛红枫，孟庆翔，2008. 奶牛中性洗涤纤维营养研究进展 [J]. 动物营养学报，19（1）：454-458.

张立涛，2013b. 25~50 kg 杜寒杂交羔羊 NDF 适宜水平的研究 [D]. 北京：中国农业科学院.

张立涛，李艳玲，王金文，等，2013a. 不同中性洗涤纤维水平饲粮对肉羊生长性能和营养成分表观消化率的影响 [J]. 动物营养学报，25（2）：433-440.

张子仪，2000. 中国饲料学 [M]. 北京：中国农业出版社.

周汉林，莫放，李琼，等，2006. 日粮中性洗涤纤维水平对中国荷斯坦公牛营养物质消化率的影响 [J]. 海南大学学报（自然科学版），24（3）：276-281.

周永康，赵国琦，2008. 日粮中 SC：NSC 对徐滩山羊碳水化合物利用的影响 [D]. 扬州：扬州大学.

Allen M S，1996. Relationship between forage quality and dairy cattle production [J]. Animal Feed Science and Technology，59：51-60.

Ausin S C，Wiseman J，Chesson A，1998. Influence of non-starch polysaccharides structure on the metabolisable energy of UK wheat fed to poultry [J]. Journal of Cereal Science，29：77-88.

Boston R C，Fox D G，Sniffen C J，et al，2000. The conversion of a scientific model describing dairy cow nutrition and production to an industry tool：the CPM-dairy project [M]//Modelling nutrition of farm animals. New York：CAB International.

Crampton E W，Maynard L，1983. The relation of cellulose and lignin chromatography method for the simultaneous analysis of plasma retinol，α-tocopherol and various carotenoids [J]. Analytical Biochemistry，138：340.

Feng P，Hoover W H，Miller T K，et al，1993. Interactions of fibre and nonstructural carbohydrates on location and rumenalfuncation [J]. Journal of Dairy Science，76：1324-1333.

Firkins J L，1997. Effects of feeding nonforage fibre sources on site of fibre digestion [J]. Journal of Dairy Science，7：1432-1437.

Goering H K, van Soest P J, 1970. Forage fiber analyses (apparatus, reagents, prcedures, and some applications) [J]. Agric Handbook, 379: 20.

Graham H, Aman P, 1991. Nutritional aspects of dietary fiber [J]. Animal Feed Science and Technology, 32: 143 - 158.

Hatfield R D, Jung H J G, Ralph J, et al, 1994. A comparison of the insoluble residues produced by the Klason lignin and acid detergent lignin procedures [J]. Journal of the Science of Food and Agriculture, 65: 51 - 58.

Hintz R W, Mertens D R, Albrecht K A, 1995. Effect of sodium sulfite on recovery and composition of detergent fibre and lignin [J]. AOAC, 78: 16 - 22.

Hoover W H, Stokes S R, 1991. Balancing carbohydrates and protein for optimum rumen microbial yield [J]. Journal of Dairy Science, 71: 3630 - 3644.

Jung H J G, Mertens D R, Payne A J, 1997. Correlation of acid detergent and Klason lignin with digestibility of forage dry matter and neutral detergent fibre [J]. Journal of Dairy Science, 80: 1622 - 1628.

Licitra G, Hernandez T M, van Soest P J, 1996. Standardization of procedures for nitrogen fractionation of ruminant feeds [J]. Animal Feed Science and Technology, 57 (4): 347 - 358.

Lowry L B, Conlan L L, Schlink A C, et al, 1994. Acid detergent dispersible lignin in tropical grasses [J]. Journal of the Science of Food and Agriculture, 65: 41 - 49.

Mertens D R, 1994. Regulation of forage intake [M]. Madison: American Society of Agronomy.

Mertens D R, 1996. Formulating dairy rations [C]//Using fibre and carbohydrate analyses to formulate dairy rations. US Dairy Forage Research Center. Informational Conference with Dairy an Forage Industries.

Miller T K, Hoover W H, 1998. Nutrient analyses of feedstuffs including carbohydrates [C]. Morgantown: West Virginia University.

Mooney C S, Allen M S, 1997. Physical effectiveness of the neutral detergent fibre of whole linted cottonseed relative to that of alfalfa silage at two lengths of cut [J]. Journal of Dairy Science, 80: 2052 - 2061.

Murphy M, Akerlind M, Holtenins K, 2000. Rumen fermentation in lactating cows selected for fat content fed two forage to concentrate ratio with silage [J]. Journal of Dairy Science, 83: 756 - 764.

Nelson M L, Finley J W, 1989. Effect of soft white wheat addition to alfalfa grass forage on heifer gain, diet digestibility and in vitro digestion kinetics [J]. Journal of Animal Feed Science Technoligy, 24: 141 - 150.

Oelker E R, Reveneau C, Firkins J L, 2009. Interaction of molasses and monensin in alfalfa hay - or corn silage - based diets on rumen fermentation, total tract digestibility, and milk production by Hostein cows [J]. Journal of Dairy Science, 92: 270 - 285.

Pettersson D, Graham H, Aman P, 1991. The nutritive value for broiler chickens of pelleting and enzyme supplementation of a diet containing barley, wheat and rye [J]. Animal Feed Science and Technology, 33: 1 - 14.

Schaller G B, 1977. Mountain monarchs: wild sheep and goats of the Himalaya [D]. Chicago: Chicago University Press.

Smith D, 1969. Removing and analyzing total non - structural carbohydrates from plant tissue [J]. Wisconsin College of Agricultural and Life Science, 41: 11.

Sniffen C J，Oconnor J D，van Soest P J，et al，1992. A net carbohydrate and protein system for evaluating cattle diets：carbohydrate and protein availability ［J］. Journal of Animal Science，70：3562 - 3577.

Trowell H，1976. Definition of dietary fibre and hypotheses that it is a protective factor in certain disease ［J］. The American Journal of Clinical Nutrition，29：417 - 427.

Undersander D，Mertens D R，Thiex N，1993. Forage analyses procedures ［M］. National forage testing accociation proceedings. Omaha：s. n.

Valdes C，Carro M D，Ranilla M J，et al，2000. Effect of forage to concentrate ratio complete diets offered to sheep on voluntary food intake and some digestive parameters ［J］. Journal of Animal Science，70：119 - 126.

van Soest P J，1963. Use of detergents in the analysis of fibrous feeds. A rapid method for the determination of fibre and lignin ［J］. AOAC，46：829.

van Soest P J，1967. Development of a comprehensive system of feed analyses and its application to forages ［J］. Journal of Animal Science，26：119 - 128.

van Soest P J，Goering H K，1970. Forage fibre analyses （apparatus，reagents，procedures，and someapplications） ［M］. Washington，DC：National Academy Press.

van Soest P J，Mason V C，1991. The influence of the Maillard reaction upon the nutritive value of fibrous feeds ［J］. Animal Feed Science and Technology，32 （1）：45 - 53.

第七章
繁殖母羊的营养需要

第一节 概　　述

　　妊娠和泌乳是母羊特殊的生理阶段，也是其繁殖性能的集中体现，直接影响羔羊的成长潜能。如何缩短母羊的繁殖周期，提高母羊繁殖效率是现代肉羊生产的重要环节。影响母羊繁殖率的因素很多，主要取决于品种特性和外环境两大因素，而在外环境因素中营养最为关键。营养在母羊繁殖过程中具有重要的作用：配种期营养决定了受胎率，妊娠期营养决定了羔羊出生重、成活率和成长潜能，泌乳期营养决定了羔羊的生长率，而断奶后营养补偿了妊娠期和泌乳前期所消耗的营养贮备并为下一繁殖周期做准备。因此，繁殖母羊的营养需要对肉羊生产至关重要。

一、妊娠母羊的营养需要特点

　　妊娠是受精卵形成胚胎，在母体内发育成熟直至产出的过程。肉羊妊娠期约5个月，可分为妊娠前期（0～90 d）和妊娠后期（91～150 d）两个阶段。妊娠期营养需要由维持需要、母羊本身增重需要和胎儿及妊娠产物生长需要组成。妊娠期间，胎儿和妊娠产物生长速度不同。妊娠前期胎儿生长发育的速度缓慢，重量增加不到出生重的5%，主要是心脏、肺脏、肝脏器官的形成和发育，母体主要是妊娠附属物（胎盘、子宫、羊膜等）的生长发育，母羊的干物质消化率、有机物质消化率和能量消化率与空怀期都很相近。妊娠后期是胚胎快速增长的阶段，母羊一方面需要给胎儿生长提供营养，另一方面需要为泌乳做准备。Modyanov（1969）研究显示，母羊妊娠前期能量代谢强度与空怀期并无区别，然而在妊娠后期能量代谢强度则增加了54%，主要是由于胎儿的快速生长引起的。妊娠后期胎儿增重占羔羊出生重的80%以上，主要是生成骨骼、肌肉、皮毛、血液，而且生长发育的速度越是接近分娩期越快，营养的需要越多（楼灿，2014）。据ARC（1980）报道，胎儿及其附属物在母羊妊娠63 d后生长缓慢、91 d后生长加速，119 d后快速生长。胎儿的增长速度大于子宫的增长速度，妊娠后期胚胎的快速发育使得子宫占据母羊腹腔的大部分，进而影响各消化器官的容积，限制了母羊的采食量。因此，妊娠后期母羊必须要有充足的能量摄入以满足胎儿发育的需求，日粮的能量水平会直接或间接影响母羊、胚胎和产后羔羊的生产性能（张帆和刁其玉，

2017；张帆等，2017a，2017b，2017c）。

妊娠期间，母羊的生殖器官甚至整个机体发生了一系列形态和生理变化，以适应妊娠需要。营养通过对母羊体细胞、性器官、内分泌系统产生作用而影响其繁殖机能。营养不足或过高、母体过瘦或过肥都会影响羊只体内生殖激素的正常生成和释放，进而影响或抑制羊只发情、排卵、受胎、胚胎发育、胎儿形成等，降低羊只繁殖性能（柴君秀等，2007）。排卵期的营养状况会影响胚胎的存活率。排卵前的营养状况影响卵子的质量，排卵后的营养状况则通过影响卵巢和子宫分泌物的形成进而影响早期胚胎的细胞分裂。早期胚胎对营养因素反应比较敏感，某些营养因子过量或不足都可能影响胚胎的存活率，尤其是 11～12 d 胚胎的存活率（张春香等，2010）。研究表明，配种后高营养水平（1.5～1.7 倍维持需要量）会降低妊娠率和产羔数（McEvoy 等，2001）。妊娠期母体既可通过直接为胎儿提供葡萄糖、氨基酸及必需的营养素来调控胎儿的生长发育，也可通过内分泌调节机制（母体和胎儿）间接调控胎儿的生长发育。妊娠期母羊营养不足，会导致自身的血糖浓度降低，氧消耗减少，子宫血流、胎盘子叶数量及胎盘血管分布发生改变，进而影响胎儿营养底物的运输和分配，造成胎儿长期的低血氧、低血糖，此情况对母羊妊娠后期的影响更为明显（吴秋钰等，2011）。妊娠期母羊血浆中葡萄糖、非酯化脂肪酸和酮体含量与羔羊出生重存在相关关系，进一步研究表明，β-羟丁酸盐也是评价母羊营养状况常用的生化指标（潘军，1989）。对妊娠后期蒙古绵羊的研究发现，营养水平的限饲会降低血中类胰岛素生长因子-1、胰岛素和血糖浓度，而生长激素、非酯化脂肪酸及总氨基酸浓度有升高的趋势；同时，显著影响了胎儿生长及器官发育，而且随着营养水平的降低，受限制的程度也逐步加深（高峰和刘迎春，2012；高峰等，2013）。而妊娠期胎儿的内脏发育是动物机体各组织器官结构和功能逐渐增长完善的关键性时期。研究显示，妊娠早期营养摄入水平不仅与内脏器官有密切的关系（Drouillard 等，1991），而且营养水平、饲粮品质和数量都直接影响动物内脏器官的代谢活动和生长发育（Kamalzadeh 等，1998）。而在胎儿快速发育的妊娠后期，母体营养限饲导致胎儿心、肝、脾、肺、肾等内脏细胞增殖和增肥相关基因表达的改变，各内脏生长受阻，影响羔羊出生重和内脏器官的发育（张帆等，2017）。

满足母羊妊娠后期的营养需求是提高母羊生产效益的重要措施。妊娠后期能量水平对母羊和羔羊生长发育，以及保证母羊和羔羊健康生长有重要意义（张帆等，2017a）。母羊妊娠后期，胎儿体重增长迅速，增长体重达到出生重的 80% 左右，日消耗葡萄糖 70～85 g，而母羊自身需要消耗葡萄糖 85～100 g。体重 69 kg 的单羔妊娠母羊日需要葡萄糖 170 g，而妊娠后期双羔母羊的需要量超过空怀期 2 倍以上。大量葡萄糖的消耗会增加母羊妊娠后期的能量需要，当采食的饲料能量供应不足时，就会动员体内贮存能量以维持胎儿生长和自身机体的需要。在妊娠后期，当母羊的外源能量供应不足时，会动用肝糖原、体脂和体蛋白经氧化分解供能。但母羊的可利用肝糖原与体蛋白含量较少，会大量动员体脂、体蛋白。脂肪在分解过程会形成丙酮、β-羟丁酸、乙酰乙酸 3 种酮体物质；生酮氨基酸也可生成酮体，导致体内酮体蓄积。因此，当母羊日粮的能量水平不能满足需要时，体内组织的大量分解会产生大量有毒有害物质（血酮、血氨等），影响各组织器官的正常功能，产生各种代谢性疾病，出现低血糖、脂肪肝、尿毒症、高血脂等而影响母羊健康。在妊娠母羊上最常见的表现为妊娠毒血症，主要发生于妊娠后期怀双羔的母羊，且最常发生于妊娠的最后1个月，典型症状是母羊虚弱、抑郁、反应迟钝、厌食甚至失明，且在发病的3～10 d死亡率较高。

由此可知，营养水平对妊娠期母羊体内的物质合成和代谢改变起至关重要的作用，营养不良的母体将会动员自身的营养物质以确保胎儿正常的生长发育。然而，当母体所提供的营养物质无法满足胎儿正常的生长发育时会导致胎儿子宫内生长受限。妊娠期母体外源能量摄入不足就会动员内源能量以维持妊娠，而且摄入外源能量越少，动员体贮就越多（Sibanda，1999），造成酮体的大量积蓄。通过机体调节，母体会利用自身"营养缓冲保护体系"对碳水化合物、蛋白质、脂类代谢进行适应性的调节，最大限度地为胎儿提供营养物质。但是母体生理代谢状况一旦突破适应性调节的最低临界点，这种缓冲保护体系将被打破，进而不同程度地影响胎儿的生长发育。Russel等（1968）发现，妊娠母羊体失重速率的增加是由于营养摄入水平的降低和母羊与胎儿需要量的增加所致。动物在营养限制期表现出的失重，主要是由于肝脏和消化道的失重，从而降低其维持需要量，这有助于动物在营养缺乏时存活。Ryan等（1993）发现，在营养限制期间，牛、羊肝脏及消化道失重比例较其他组织的失重比例大，原因之一是限制期动物对肝脏及消化道处理营养物质的需求降低；原因之二是这些组织的代谢活性相当强即其能量维持需要量高，这样这些组织较大比例的失重将会使牛、羊的能量维持需要降低。Mellor等（1982a，1982b）研究了妊娠后期绵羊胎儿的生长发育形式，发现降低母体营养水平可使胎儿生长率显著降低，短期（1周）内限制营养水平，增加营养供应后胎儿可有部分补偿生长；但母体营养不足超过3周后即使加强营养，胎儿生长率也不能恢复。因此母羊妊娠期间尤其在妊娠后期，供给其充足优质的牧草或补饲精饲料以满足其营养需要，既可缓解妊娠期的减重，极大降低母羊和羔羊的死亡率；又可实现母羊不同程度的增重，对胎儿后期生长及母羊产后泌乳有积极作用（梁明振等，2002）。另外，妊娠后期正是绵羊次级毛囊发育旺盛时期，一般次级毛囊从母羊妊娠80 d开始到产后100 d内的发育很快，低营养会影响次级毛囊发育，间接影响产毛量。而营养水平过高，母羊过肥致使生殖道周围脂肪沉积过多，会对子宫产生压迫，影响子宫的血流量，降低母羊的妊娠率和胎儿的生长发育。卵巢周围脂肪浸润，阻碍卵泡发育，即使排卵和受精，但由于输卵管脂肪阻塞或压迫，致使胚胎进入子宫受阻。能量水平过高会导致卵母细胞质量下降、早期胚胎死亡率增加、母羊繁殖率降低。进一步研究表明母羊采食过高能量会增加机体对孕酮和雌激素的清除率，致使血清中的孕酮浓度低于维持妊娠的阈值，消除母体识别胚胎的信号，影响胚胎的发育甚至引起胚胎死亡；然而限饲或短期禁食会降低机体对雌激素的清除率，增加血清性激素结合球蛋白的浓度（Requist等，2010）。Mckelvey等（1988）研究发现，母羊配种后的一定时期内，过高的饲粮营养水平反而增大胚胎的死亡率；相反，低营养水平对胚胎死亡的影响不大，但使早期胚胎生长发育缓慢。一般来说，保持饲粮在维持水平有利于早期胚胎的成活和生长发育。

在妊娠期尤其是妊娠后期，母体一方面要供胎儿充足的营养以保证正常发育；另一方面还需有一定养分的沉积，以便在泌乳前期动用来满足产奶需要，乳腺也进一步发育为泌乳期做准备。妊娠中期，合成乳糖和乳脂所需的酶开始出现；妊娠后期，在组织结构上接近于泌乳的乳腺（任立杰等，2010）。研究表明，妊娠期的乳腺发育决定了泌乳期分泌细胞的数量和后续的产乳能力（Ji等，2006）。同时，妊娠后期营养水平也会影响母羊泌乳期的泌乳能力，母羊在妊娠后期的增重影响泌乳期的乳产量和羔羊的出生重，产乳量、羔羊出生重、母羊体重及羔羊的日增重间存在显著的相关性。张帆等（2017a）报道，妊娠后期降低母羊的营养水平降低了母羊的体增重、胚胎重、胚胎体高、体斜长，肝、肺、胃和小肠重；并提出营养水平降低在不超出母体耐受能力的情况下，母羊以降低自身的体增重最大限度地维持妊娠产物、胚胎体尺和组织器官的发育，但仍会影响胚胎的正常发育。

二、泌乳母羊的营养需要特点

泌乳是繁殖过程的延伸，是母畜的主要母性行为。泌乳期母体内营养代谢与内分泌代谢机能的变化和调节非常剧烈。成年母羊泌乳能量需要包括维持能量需要和产奶能量需要，对未成年羊还应包括生长所需要的能量。绵羊泌乳期可分为泌乳前期（0～30 d）、泌乳中期（31～60 d）和泌乳后期（61～90 d）三个阶段。由于泌乳的需要，因此此阶段是母羊所有生理阶段中营养需要量最高的时期，为维持需要的3～4倍。羊乳中含有丰富的乳蛋白、乳糖、乳脂和各种维生素。母羊生产1 kg乳，约需66 g可消化蛋白质、1.4 g磷和3.6 g钙，以及3.55 MJ的净能。饲料中蛋白质的含量，一般应比乳汁中的蛋白质含量高1.4～1.6倍。蛋白质供应不足时，则产奶量减少，乳脂率降低，母羊体况变差。饲料中应有足够的脂肪，如不足机体就会将蛋白质转为脂肪，以满足合成乳脂的需要，这在生产上极不经济。能量的摄入对泌乳和随后的繁殖性能均很重要。葡萄糖是泌乳最重要的养分，占乳腺所吸收养分总量的60%，同时70%的机体葡萄糖被乳腺利用。乳汁中干物质脂肪含量高达21%，使得乳中能值含量很高，泌乳母羊的乳汁合成对能量依赖极强。因此，泌乳母羊的能量需要必须充足，否则会影响母羊泌乳性能的发挥。无论是舍饲还是放牧，羔羊出生后的一段时间内，完全或主要由母乳供给养分。若分娩前母羊获得良好的饲养，则分娩后泌乳量会很快升高；分娩前营养不良的母羊，将推迟泌乳高峰的到来，这也是造成羔羊生后1个月内死亡率高的重要原因。放牧条件下，羔羊从出生到断奶这一期间，损失率可达37%，其中一半以上发生在生后3 d内（王宏博，2005）。因此泌乳前期母羊是羔羊主要的营养物质的供体，尤其是出生2周内的羔羊，母羊几乎是其唯一的营养来源。母羊泌乳量多、充足，则羔羊生长发育快、体质好、抗病力强，存活率就高；反之，对羔羊的生长发育极为不利。羔羊在出生后必须摄入足量的初乳。初乳中含有丰富的蛋白质（17%～23%）、脂肪（9%～16%）等营养物质和抗体，具有营养、免疫和轻泻作用。在实际生产中，哺乳前期对母羊进行补饲至关重要，补饲量应根据母羊体况及哺乳的羔羊数而定。母羊在产羔后3～4周达到泌乳高峰，前8周泌乳量占整个泌乳期的75%。在泌乳前期，通过合理的营养素供给可以促进母羊泌乳量的增加。但泌乳6～8周后母羊的泌乳量急剧下降，即使饲喂营养丰富的饲料也不能提高其泌乳量；而此时羔羊的胃肠功能已趋于完善，可以大量利用青草及粉碎精饲料，不再完全依靠母乳的营养，母羊的营养需要也相应降低。

在泌乳前期，母羊泌乳量逐渐升高，机体新陈代谢旺盛，饲料采食量大，转化率高，但营养的供给仍不能满足泌乳需要，导致能量负平衡，此时则动用体脂贮备来满足泌乳需要。因此在妊娠后期营养不足，会引起母羊产羔时乳房缺奶、恋羔能力差及初始泌乳慢等现象，这说明妊娠期母体贮备一定量的营养物质对保证产后泌乳非常必要。而且，母体体脂的利用取决于蛋白质供给量，因为母羊体内贮存的可利用蛋白质仅能提供少量的氨基酸用于乳的合成，只有提供母羊足量的饲粮蛋白质才能有效地利用体脂，使其保持或接近潜在的泌乳量。在泌乳中期 30~40 d，泌乳量达到最高峰之后泌乳量下降，羔羊采食饲粮的能力逐步增强，对母乳的依赖性逐渐下降，此时母乳已不能满足羔羊的营养需要。另外，营养水平的不同影响乳成分。乳成分不仅受到饲粮营养物质的种类、数量及体组织的动员影响，还与泌乳阶段相关。因为在泌乳前期通过动员体贮提供额外的营养以保证乳脂率，而在泌乳后期则贮存多余的营养来控制乳腺营养物质的供给（李胜利，1998）。沈延法等（1990）试验指出，母羊泌乳期进入十二指肠的食糜总量，以及总氮、非氨氮、微生物氮和非微生物氮的绝对量都高于妊娠后期，而瘤胃内 MCP 的合成效率及酸性洗涤纤维消化率则以妊娠后期较高。

分娩后营养水平对母羊卵巢功能的恢复具有十分重要的作用。母羊产后为了泌乳、子宫恢复、维持体况及重新恢复生殖机能，对营养的需求较为迫切。此阶段供给的营养不足，则会引起不育，延长发情周期，出现营养性乏情。

三、空怀母羊的营养需要特点

空怀期指羔羊断奶后至母羊再次配种前的时期，即为恢复期，主要是弥补妊娠期和泌乳期体贮的消耗及子宫复旧，重新恢复生殖机能。对于高繁殖力、全年发情的羊来说情况是不同的，因为高产母羊产后失重较大，在较短时期内恢复体重、达到配种要求很难做到。因此，空怀母羊的营养要求应该是先保证其体重的恢复，再考虑饲粮中某些特殊营养物质对排卵的影响。国内外学者对配种前母羊的体况、体重对繁殖性能的影响进行了大量研究，表明配种前改善膘情，是提高母羊繁殖性能的重要措施。年龄、胎次、带羔的数量和时间长短等因素导致母羊在空怀期体况差异较大。后备青年母羊在发情配种前仍处于生长发育阶段，需要供给较多的营养；泌乳力高或带双羔的母羊，在哺乳期内消耗大、掉膘快、体况弱，需在空怀期加强补饲，以尽快恢复膘情和体况。体重与恢复程度、发情、排卵和受孕有密切关系，配种前体重与双羔率、受胎率、繁殖率显著正相关。因此，想要取得较高的繁殖成绩，母羊空怀期的营养和体况至关重要。然而在实际生产中，空怀母羊因不妊娠、不泌乳往往被忽视，而此时的母羊营养状况会直接影响发情排卵及受胎等情况。成功的胚胎发育依赖于子宫良好的微环境，子宫腔的环境是动态变化的，在发情时期的各个阶段有明显差异，这是卵巢类固醇激素调节子宫内膜分泌的结果。营养物质摄入不足、过量或比例失调都可以延迟母羊的初情期、降低排卵率和受胎率，引起产后乏情或乏情期延长等。营养缺乏会引起母羊初情期排卵延迟，使空怀期延长。因为营养可影响丘脑下部、垂体前叶和性腺的机能及性激素的分泌，营养不良抑制母羊促性腺激素释放激素的脉冲产生系统和性激素的释放，支持卵泡产生的促性腺激素分泌明显不足。空怀期采用较高的营养水平，不仅使妊娠期母羊自身正常增重，泌乳期有较高的泌乳力，羔羊健壮、增重快，可实施早期断奶；而且断奶后母羊体况恢复快，发情期来临早，因而可大大缩短产羔间隔，提高母羊的终生繁殖率（王宏博等，2011）。

提供适宜水平的营养，保持蛋白质与能量的供应平衡，对提高排卵率至关重要。空怀期过高的营养水平引起脂肪组织在卵巢上沉积，使卵巢反生脂肪变性，导致母羊过肥而不易受孕。过高的蛋白质摄入显著影响母羊的排卵率和受胎率（Madibela 等，1995；康晓龙，2007）。饲粮蛋白质在瘤胃中的降解率不同而导致瘤胃利用氮和小肠利用氨基酸的不平衡时就会影响家畜繁殖机能，瘤胃降解蛋白质的比例越大，妊娠的概率就越小，这种趋势在大家畜中更为明显。因此，饲粮蛋白质过剩时，过量的氨基酸通过影响能量平衡和营养分配进而直接影响母羊繁殖，延迟首次发情和排卵时间。Waghom 等（1990）表明，给母羊饲喂低蛋白质饲粮和高蛋白质饲粮的多排卵反应分别是 11％ 和 22％，并指出蛋白质量与母羊排卵率呈正相关。因此，饲粮中蛋白质水平的不合理会影响母羊的受胎率，过高或过低水平的饲粮蛋白质都会影响母羊的妊娠状况，尤其在高蛋白质饲粮情况下会通过增加血清尿素氮的含量影响子宫微环境，抑制精子与卵子的有效结合进而显著降低受胎率（张英杰等，2008）。但配种前提高饲粮营养水平尤其是能量和蛋白质对提高母羊排卵率有显著的作用。使饲粮蛋白质有适宜的降解率，并使蛋白质与能量的供应平衡，对提高排卵率重要。但欲调整好这方面的关系须考虑各种影响因素，如饲粮组成、饲粮蛋白质水平、饲粮蛋白质降解率特性等。一些通过改变饲粮组成或蛋白质摄入水平，或采用降低蛋白质降解率的技术，防止营养添加物在瘤胃中发酵或降解等措施，提高了母羊的排卵率。

　　母羊在配种前 1～1.5 个月，应补充一定量的精饲料，以便恢复体况，利于配种。配种时，母羊的饲养标准应比空怀期高 20％～25％。对个别体况较差者，要给予短期优饲，使羊群膘情一致，发情集中，便于配种和产羔。而当母羊营养物质的摄取量由配种前的高水平变为配种后的低水平时，其死亡率比营养水平持续维持在低水平的母羊要高。这说明应避免营养物质的急剧变化，全年的体况和短时期催情补饲是一样重要的。高营养水平组比低营养水平组平均每胎多产 0.67 个胎儿。营养水平不仅影响了母羊的排卵率而更主要是影响了母羊的受胎率和怀胎率，高营养水平组比低营养水平组分别高出 0.36％ 和 23.1％，低营养水平组的早期胚胎死亡发生率比高营养水平组高出 34.3％。从母羊个体的排卵数来看，低营养水平对排 1～2 个卵子的母羊无影响，但对排 3 个以上卵子的个体影响很大，说明营养水平对高产母羊的必要性（韩光亮等，1991）。Lindsay（1975）研究了配种前母羊体重变化与排卵率的关系，结果表明母羊每增加 1 kg 活重可以提高 1.2％ 的排卵率。Morley（1978）也取得类似的结果，即每增加 1 kg 活重可以提高 2％ 的排卵率。繁殖率取决于全年平均的营养采食量，以及全年不同阶段的实际水平。排卵率因配种时和从泌乳到配种时恢复阶段种种因素的影响而异；而卵的损失或死胎率则受母羊恢复阶段和妊娠阶段营养水平的影响，因此静态营养（恢复阶段）和动态（催情阶段）营养都影响产羔率（王宏博，2005）。

第二节　繁殖母羊的营养需要研究与进展

一、妊娠母羊

　　随着妊娠期的延长，妊娠母羊采食量降低。因为一方面营养物质需要的增加，会刺激妊娠母羊的食欲，提高其采食量；另一方面在妊娠后期，母羊为随后的哺乳而在体内贮备营养，同时胎儿快速发育，子宫内容物压迫胃肠道，增加了胃肠道紧张度，导致妊娠母羊采食量的下降。Forbes（1969）报道，妊娠母羊瘤胃容积与妊娠子宫、腹脂和其他腹部器官容积之和呈显著的负相关。因此妊娠后期，母羊胃容积大大减小，而营养需要则增加，出现营养需要量大与采食力降低的矛盾。在妊娠后期，增加精饲料量，适当提高营养水平，可以防止妊娠疾患。给母羊及时提供足够的营养，对母羊健康，特别是对胎儿发育有重要作用。母羊妊娠后期能量水平比空怀期高 17%～22%，蛋白质增加40%～60%，钙、磷增加 1～2 倍，维生素增加 2 倍。另外，还需要注意钠及多种微量元素的供给（王宏博，2005）。母羊妊娠最后 5 周的能量需要较维持饲养高25%～75%，怀双羔母羊的营养需要高于怀单羔母羊。美国 NRC（2007）绵羊营养需要中，怀单羔母羊妊娠期最后 6 周能量总需要是维持需要的 1.5 倍，怀双羔母羊相应为 2 倍。加拿大的集约化管理办法指出，母羊妊娠前 14～15 周的营养需要与维持需要量相当，而在后5～6 周营养需要增加 25%（双羔母羊）。

（一）能量需要量

NRC（2007）总结了大量文献资料得出，在妊娠后期由于孕体的发育，大约有一半的代谢能（ME）用于妊娠需要；而在整个妊娠期，ME 用于孕体发育的利用效率（k_c）相对小于 ME 用于维持的利用效率（k_m），ME 用于生长的利用效率（k_g）和ME 用于泌乳的利用效率（k_l）一般为 0.12～0.16。AFRC（1993）则沿用了 ARC（1980）的 ME 用于妊娠的效率（k_{preg}），为 0.133。AFRC（1993）表示，舍饲妊娠母羊的 ME 需要量在其推荐量上减少 0.005 4 MJ/kg BW，而在低地和山地放牧则分别增加 0.010 7 MJ/kg BW 和 0.024 MJ/kg BW。CSIRO（2007）推荐，母羊分娩前 12 周、8 周、6 周、4 周、2 周，ME 用于妊娠的需要量分别为 0.4 MJ/d、1.1 MJ/d、1.7 MJ/d、2.6 MJ/d、3.8 MJ/d。在妊娠后期，母羊对饲粮的采食量相对恒定，但产热量（HP）不断增加。妊娠期母羊 ME 的利用效率和生长育肥期羊的利用效率相近，只是母羊维持需要量增加。Cannas（2004）总结了 AFRC、CSIRO、INRA、NRC 4 个体系的推荐量，如妊娠期 147 d、生产出生重为 4 kg 单羔的母羊 ME 需要量分别为 5.25 MJ/d、5.37 MJ/d、5.46 MJ/d、5.12 MJ/d，NE 需要量分别为 0.70 MJ/d、0.70 MJ/d、0.74 MJ/d、0.87 MJ/d。

McGGraham（1964）研究了妊娠母羊和哺乳母羊的能量交换，提出妊娠和哺乳没有影响饲粮的消化率，尿氮损失在妊娠期有下降趋势，而在哺乳期达到最低；虽然在妊娠期，母羊采食量不变，但是其 HP 随着妊娠期的延长有增长趋势，每千克胎儿组织的产热量为 376.7 kJ/d；ME 用于妊娠的总效率为 15%～22%，净效率为 13%。另外还指出，空怀母羊 ME 的利用率为 0.53，而饲喂相同饲粮的妊娠母羊对 ME 的利用率仅为 0.47，其中 1% 转化为妊娠需要，有 46% 的 ME 满足了母体生长的需要。Rattray 等（1974）试验表明，空怀母羊 ME 用于维持的效率为 65.7%，而饲喂相同饲粮的妊娠母羊 ME 用于妊娠、孕体发育和胎儿生长的效率为 16.1%、12.5% 和 12.2%。妊娠母羊净能（NE）用于维持（NE_m）、生长（NE_g）、妊娠（net energy for pregmancy，NE_{preg}）、孕体发育（net energy for conceptus，$NE_{conceptus}$）和胎儿生长（net energy for fetus，NE$_{fetus}$）的量分别为 6.61 MJ/kg DM、5.65 MJ/kg DM、1.63 MJ/kg DM、1.26 MJ/kg DM 和 1.21 MJ/kg DM。Robinson 等（1980）研究发现，在妊娠 88～144 d 内怀双羔、三羔、四羔的母羊，其子宫沉积的能量分别为 0.72 MJ/d、0.93 MJ/d 和 1.07 MJ/d，且不受采食水平的影响；同时指出，代谢能用于孕体发育的效率（k_c）根据饲粮 ME 浓度的不同在 0.09～0.20 之内变动。k_c 与 k_m 相似，都与饲粮 ME 相关，当 ME＝10.5MJ/kg DM 时，k_c 为 0.145；而 ME 下降 1 MJ/kg DM，k_c 则下降 0.029。例如，当饲粮中 ME 的浓度为 9.5 MJ/kg 干物质时，k_c＝0.116。因为这些数值所反映的是妊娠过程能量的消耗，所以在研究母羊能量需要时，需要加上母体每天 ME 的需要量 0.42 MJ/kg BW$^{0.75}$。INRA（1989）提出，羔羊出生重大和出生重小的能量需要有差异，分别为 4.94 MJ 和 4.19 MJ 每千克出生重。Russel 等（1968）报道，在母羊妊娠后期，羔羊的出生重与母羊的采食量密切相关，母羊的营养需要为每千克每天需要 100 g 可消化有机物。

冯宗慈等（1997）对内蒙古嘎达苏良种细毛羊育成期、妊娠期和哺乳期的 ME 需要量进行了研究，建立了一系列 ME 需要量析因模型。杨诗兴等（1988）研究了湖羊各生理阶段的能量需要量，提出 2 岁龄湖羊在妊娠 0～60 d、61～95 d、96～126 d、127～147 d 时，体重为 35 kg、40 kg、42 kg、49 kg 的 ME$_m$ 分别为 7.95 MJ/d、9.21 MJ/d、12.56 MJ/d、12.14 MJ/d。柴巍中（1990）研究表明，湖羊在妊娠期 0～60 d、61～91 d、91～121 d、121～147 d 的维持代谢能（ME$_m$）需要量分别为 432.58 kJ/kg BW$^{0.75}$、437.52 kJ/kg BW$^{0.75}$、461.70 kJ/kg BW$^{0.75}$、458.40 kJ/kg BW$^{0.75}$。潘军（1989）等研究提出了内蒙古细毛羊妊娠后期（90～150 d）母羊能量和蛋白质需要量模型。

杨在宾等（1997）通过大量试验证实，小尾寒羊在妊娠 0～90 d、91～120 d、121～150 d 的 ME$_m$ 需要量分别为 0.402 MJ/kg BW$^{0.75}$、0.428 MJ/kg BW$^{0.75}$、0.428 MJ/kg BW$^{0.75}$；在妊娠 91～120 d、121～150 d 的妊娠能量转化效率，即 NE$_{preg}$ 和妊娠代谢能（ME$_{preg}$）的比值都是 0.40。张崇玉等（2005）研究发现，大尾寒羊妊娠中、后期的 HP 分别为 410.9 kJ/kg BW$^{0.75}$ 和 459 kJ/kg BW$^{0.75}$，妊娠后期的 ME$_m$ 需要量为 426.7 kJ/kg BW$^{0.75}$，生产 ME（ME$_p$）转化为生产 NE（NE$_p$）总效率为 0.51。杨在宾等（2005）报道，大尾寒羊妊娠 90～150 d 的 ME 需要量（ME$_R$）析因模型为 $ME_R＝426.7 BW^{0.75}＋1.96NE_p$。高艳霞（2003）研究表明，小尾寒羊妊娠前期和后期饲粮 ME 适宜供给量分别为 0.674 MJ/kg BW$^{0.75}$ 和 0.722 MJ/kg BW$^{0.75}$。

（二）蛋白质需要量

妊娠期母羊的饲粮中每天至少提供 10 g CP/MJ，才能最大限度地提供可代谢蛋白质（MP）（ARC，1980）。饲粮中的蛋白质大约有 80% 在瘤胃中被降解。大约有 80% 的 MCP 以氨基酸的形式存在，饲粮中 20% 的非降解蛋白质（UDP）能在小肠中被有效吸收。在小肠中的消化率和利用率分别为 0.85 和 0.8（Storm 和 Ørskov，1982）。这要求净蛋白质（NP）含量为 5.9 g/MJ，假设饲粮中 ME$_m$ 为 0.42 MJ/kg BW$^{0.75}$，则用于维持的净蛋白（NP$_m$）为 2.4 g/kg BW$^{0.75}$，机体组织需要 NP$_m$ 为 2.2 g/kg BW$^{0.75}$（Ørskov 等，1980）。NRC（2007）提出，k_{pm} 和用于妊娠的效率（k_{preg}）分别为 0.67 和 0.65。INRA（1989）认为，绵羊的小肠可消化蛋白质维持需要量为 2.50 g 小肠可消化蛋白质（PDI）/kg BW$^{0.75}$，且在妊娠前期 PDI 用于妊娠的效率为 0.31，在妊娠 3 个月时则为 0.51，在分娩前 6 周上升到了 0.63，而就整个妊娠期而言 PDI 用于妊娠的效率为 0.42。而 AFRC（1993）认为，MP 用于妊娠的效率为 0.85，且沿用 ARC（1980）推荐的公式计算妊娠母羊用于孕体发育的 MP 需要量，即

$$MP\ (g/d) = 0.25 W_o\ (0.079\ TP_t \times e^{-0.006\,01t})$$

式中，W_o 为羔羊出生重，t 为妊娠天数，TP_t 为妊娠期孕体的蛋白质含量，可用公式 $\log_{10}\ (TP_t) = 4.928 - 4.873\ e^{-0.006\,01t}$ 计算。

在生产实践中，母羊妊娠第 3 个月时对能量的要求仅处于维持水平，蛋白质含量为 10 g/MJ 时就能达到母羊对能量蛋白质的需要；在妊娠中期，如果能量的摄入量低于维持需要，饲粮中必须添加低降解率的蛋白质，或者对蛋白质进行过瘤胃保护，以保护母体蛋白不受损失；到了妊娠后期，母羊所需的蛋白质与能量需要的相关性很小（ARC，1980）。

Cannas 等（2004）总结了 AFRC、CSIRO、INRA、NRC 4 个体系推荐量认为，妊娠期 147 d、出生重为 4 kg 单羔的母羊 MP 需要量分别为 27 g/d、33 g/d、55 g/d、26 g/d，NP 需要量分别为 23 g/d、23 g/d、23 g/d、17 g/d。CSIRO（2007）推荐使用公式 $P_r = SBW \times e^{8.241} - 21.190\ e^{-0.017\,04t}$ 来计算妊娠期胎儿的蛋白质含量（SBW 为胎儿出生重、t 为妊娠天数）。高艳霞（2003）试验表明，小尾寒羊妊娠前期和妊娠后期饲粮瘤胃降解蛋白（RDP）适宜供给量分别为 4.2 g/kg BW$^{0.75}$ 和 5.5 g/kg BW$^{0.75}$，UDP 的适宜供给量分别为 3.67 g/kg BW$^{0.75}$ 和 2.37 g/kg BW$^{0.75}$。杨在宾等（2005）报道了大尾寒羊妊娠期维持粗蛋白质（CP_m）需要量模型 $CP_m\ (g/d) = 3.46\ kg\ BW^{0.75}$，以及维持可消化粗蛋白质（$DCP_m$）需要量模型 $DCP_m\ (g/d) = 2.43\ kg\ BW^{0.75}$。杨诗兴等（1988）研究了湖羊各生理阶段的蛋白质需要量提出，2 岁龄湖羊在妊娠 0~60 d、61~95 d、96~126 d、127~147 d 时，体重为 35 kg、40 kg、42 kg、49 kg 的 CP_m 分别为 150 g/d、160 g/d、170 g/d、230 g/d。

二、泌乳母羊

泌乳是一个高度消耗性的过程，对母羊的营养需要产生重要的影响。羊乳中的乳酪素、白蛋白、乳糖和乳脂是草料所不具有的，必须由乳腺细胞合成分泌而来。ARC（1980）推荐母羊在泌乳单羔和双羔时的干物质采食量（DMI）分别为 80 g/kg BW$^{0.75}$ 和 85 g/kg BW$^{0.75}$，而 AFRC（1990）则认为还需考虑饲粮浓度、粗饲料种类及消化率。动物因素决定反刍动物的瘤胃容积和能量需要，年龄大的动物其瘤胃容积较大，消化器官发育比较完全，因而其采食量也较大；生产水平较高的动物对能量等营养水平的需求较高，因而其采食量也相应较大（丁耿芝和孟庆翔，2013）。哺乳期比妊娠初期和妊娠后期需要的营养物质分别高 82% 和 24%，蛋白质分别高 70% 和 19%。

（一）能量需要量

与妊娠开始 3~6 周相比，单羔哺乳母羊的能量需要提高 30%，双羔哺乳母羊的能量需要提高 50%。能量水平对绵羊的泌乳量有重要影响，特别是对产后 12 周内的影响

更明显，ME 的 65%～83% 用于产奶（NRC，1980），因饲料营养价值不同而有很大差异。母羊自身日增重 50 g 时，每日需要 ME 为 1.47MJ，可以此作为调节标准。哺乳期大部分母羊的体重都有所减少，是泌乳消耗身体贮备所造成的。在哺乳期前 6 周内，母羊的体重减少 4～8 kg。ARC（1980）建议母羊空腹体重 ME 的损失为 26 MJ/kg。Cowan 等（1981）通过大量研究发现，母羊体重下降时 ME 的损失为 24～90 MJ/kg，同时提出母体组织能量用于泌乳的利用效率为 0.84。NRC（2007）推荐的值为 0.82。

Oddy 等（1984）研究发现，产乳量与乳腺组织的重量和血流量密切相关，乳腺组织能量用于泌乳的效率为 0.90±0.01，而 k_1 为 0.51±0.05。INRA（1989）总结大量文献资料得出，泌乳母羊 k_1 和体组织能量用于泌乳的效率与泌乳奶牛一致，都接近于 0.60 和 0.80。在哺乳期起始阶段，母羊会动用体脂肪用于泌乳，因此此时的能量摄入量可以低于其需要量；但就整个哺乳期而言，泌乳母羊的能量摄入量不能低于其需要量。McGraham（1963）认为，妊娠期的营养水平主要影响哺乳期前 2 周的产奶状况，其结果表明氮采食量限制产奶量的作用比能量采食量大；在不考虑乳中能量的情况下，哺乳母羊的热增耗（HI）比干奶期母羊少 20%。CSIRO（2007）推荐使用 Vermorel 在 1987 年提出的公式计算，即 $k_1=0.02$ MJ ME/kg $DM+0.4$。而 AFRC（1993）提出公式 $k_1=0.35 q_m+0.420$ 计算 ME 用于泌乳的效率（式中，q_m 为维持水平下的能量代谢率，ME/GE）。NRC（2007）表示，哺乳期饲粮 MP 用于体组织和乳中蛋白质合成的效率分别为 0.7 和 0.58，而机体蛋白用于乳中蛋白合成的效率为 0.8。

在哺乳期，泌乳消耗母体贮备的能量，母羊体重呈下降趋势。ARC（1985）建议泌乳期母羊 k_m 为 0.63，即舍饲条件下为 0.34 MJ/kg BW$^{0.75}$，放牧条件下为 0.39 MJ/kg BW$^{0.75}$。Langlands（1977）研究发现，泌乳母羊放牧条件下 ME_m 需要量为 0.56 MJ/kg BW$^{0.75}$。Cowan 等（1979，1980）试验表明，哺乳母羊在哺乳 12 d、41 d、111 d 时，体脂肪量分别为 9.19 kg、2.28 kg 和 1.19 kg，同时机体水分、灰分和肠道增加；母羊体重减少时 ME 的损失达到了 24～90 MJ/kg，其 ME_m 需要量为 0.33 MJ/kg BW$^{0.75}$。Maxwell 等（1979）试验表明，在放牧条件下，泌乳母羊 ME_m 需要量为（242±35.1）kJ/kg BW，k_1 为 0.59，与 Robinson（1967）和 Langlands 和 Donald（1977）提出的 0.66 和 0.63 相近；k_g 为 0.53，与 McGGraham（1964）提出的 0.60 相近。Brett 等（1972）研究了美利奴羊和博德莱斯特羊哺乳期乳中的能量，得出公式 E（MJ/kg）= $0.032 8F+0.002 5D+2.203$（式中，E 为乳中的能量，F 为乳中脂肪量，D 为泌乳天数）。

Gardner 等（1964）研究指出，不同的消化能水平不会影响乳成分变化，不同采食量水平也不会引起用于泌乳的能量差异，但是哺乳单羔组母羊乳中的干物质、脂肪和能量含量显著高于哺乳双羔组，哺乳双羔组能量用于泌乳的效率显著高于哺乳单羔组。Cannas 等（2004）利用康奈尔净碳水化合物和蛋白质体系（CNCPS）研究哺乳母羊需要量表明，母羊在干奶期和产奶 1 kg、2 kg、3 kg 时的 ME 需要量分别为 7.16 MJ/d、14.53 MJ/d、21.89 MJ/d、29.22 MJ/d。

杨诗兴等（1988）试验表明，平均体重为 38 kg 湖羊在哺乳期 1～30 d、31～60 d、61～90 d，泌乳量为 0.9 kg、1.0 kg、0.7 kg 的 ME 需要量分别为 12.6 MJ/d、14.6 MJ/d、12.6 MJ/d。杨在宾等（2004）提出大尾寒羊哺乳期 ME_R 需要量模型 ME_R

（MJ/d）$=0.4974$ kg $BW^{0.75}+11.8545M$，以及 NE_R 模型 NE_R（MJ/d）$=0.4109$ kg $BW^{0.75}+4.8603M$（式中 M 代表产奶量，kg/d）。另外，在小尾寒羊的试验表明哺乳期能量代谢率（ME/GE）为 84.89%，甲烷能占总能（GE）的 9.18%，HI 占总能的 18.10%，HP 为 625.5 kJ/kg $BW^{0.75}$，k_m 为 0.790，k_1 为 0.479。哺乳单羔和双羔的 ME_R 模型分别为 ME_R（kJ/d）$=576.9W^{0.75}+10810M$ 和 ME_R（kJ/d）$=588.2W^{0.75}+10794M$（式中 M 为产奶量，kg/d）（杨在宾等，2002）。

（二）蛋白质需要量

饲料中供给的纯蛋白质，必须高出乳中所含蛋白质的 1.4～1.6 倍。蛋白质供给不足，不但影响产量，而且还会降低乳脂的含量，并使羊的体况下降。Cowan 等（1980）报道，体组织转化为泌乳需要的利用率和饲粮的蛋白质摄入量密切相关。在泌乳期前 6 周内，母羊的体重减少 4～8 kg。目前，国外研究资料（NRC，2007）显示，MP 用于泌乳的效率非常接近，如 NRC（2001）的为 0.67，AFRC（1993）的为 0.68；而 IN-RA（1989）和 Cannas 等（2004）给出的值则略低，为 0.58。Corbett（1966）研究表明，哺乳 2～6 周时绵羊乳中蛋白质含量为 47.3 g/kg，非蛋白氮含量则为 0.55 g/kg。CSIRO（2007）认为，如果无法得到乳中蛋白质含量，可以用 45 g/kg 来估算。AFRC（1993）推荐，哺乳单羔和双羔的母羊 DMI 分别为 80 g/kg $BW^{0.75}$ 和 85 g/kg $BW^{0.75}$；而 MP_m 用公式 MP_m（g/d）$=2.1875BW^{0.75}+20.4$ 计算，泌乳的 MP 需要量用公式 $MP_1=71.9$ g/kg 乳汁，或直接用乳中蛋白质含量比上泌乳系数 0.68 来计算。INRA（1989）建议，在饲粮中添加优质蛋白质，同时指出蛋氨酸的缺乏会引起产奶量下降，表示 PDI 用于乳中蛋白质合成的需要量为 95 g PDI/kg 标准乳。Cowan 等（1981）研究发现，在哺乳期 6～42 d 中，母羊体重平均减少 4.3 kg，蛋白质平均损失 800 g（约占体蛋白的 10%）。

Cannas 等（2004）研究表明，母羊在干奶期和哺乳期产奶 1 kg、2 kg 和 3 kg 时的 MP 需要量分别为 46 g/d、139 g/d、225 g/d 和 309 g/d。Cowan 等（1981）试验表明，哺乳期饲喂母羊高蛋白质饲粮有助于提高产乳量和乳中蛋白质含量；在哺乳期 6～42 d，母羊损失的体蛋白量大约为 800 g。Papas（1977）试验提出，体重为 60 kg 的哺乳母羊每天泌乳 1 kg 和 2 kg 分别需要 134 g DP 和 230 g DP；且当饲粮中粗蛋白质含量小于 10% 时，精饲料采食量和泌乳量均会下降。Lynch 等（1988）研究了哺乳期母羊和羔羊的氮代谢，结果表明中蛋白质饲粮组母羊的氮平衡、可消化氮和沉积氮占可消化氮比例均高于自由采食组和低蛋白质饲粮组，但是其沉积氮用于泌乳的量低于其他两组，只有低蛋白组和哺乳双羔组将所有的沉积氮用于泌乳，且动用了部分体蛋白。杨诗兴等（1988）研究提出，平均体重为 38 kg 湖羊在哺乳期 1～30 d、31～60 d、61～90 d，泌乳量为 0.9 kg、1.0 kg、0.7 kg 的 CP 需要量分别为 195 g/d、205 g/d、176 g/d。杨在宾等（2004）试验得出了大尾寒羊哺乳期 CP 需要量模型 CP_R（g/d）$=2.72$ kg $BW^{0.75}+108M$，以及 DCP 需要量模型 DCP_R（g/d）$=1.76$ kg $BW^{0.75}+70M$（式中，M 代表产奶量，kg/d）。

能量代谢与蛋白质代谢密不可分，两者之间相互联系、相互制约。Robinson 等（1970）发现，当 ME 的摄入量为 25 MJ/d、CP/ME 由 10.5 增加到 16.6 时，泌乳量可由 2.4 kg/d 增加到 3.1 kg/d。王建民（1997）报道，以干物质计用 ME 为 9.41 MJ/kg 和 CP 为 11% 的饲粮喂泌乳母羊时，蛋白质日采食量（Y，g）与乳中蛋白质排出量（X，g）呈线性关系，即 $Y=2.59X+94.07$。Robinson（1980）提出了能量蛋白质需要模式，表述了哺乳期母羊能量蛋白质需要所遵循的三个重要原则：①能量的摄入处于一定水平时，蛋白质的摄入有一个最低需要量，低于这个水平将导致泌乳量下降；②泌乳量随着 CP/ME 的增加而增加，如 CP/ME=7.5 时，泌乳量为 2.2 kg/d；当 CP/ME=9.4 时，泌乳量为 2.8 kg/d；③在代谢能摄入量不变的情况下，如果母羊没有达到最大泌乳量，那么增加饲粮中蛋白质的含量可明显提高泌乳量。

三、空怀母羊

在空怀期，母羊所需营养主要用于维持生命和机体生长。关于母羊营养需要量的报道不尽相同，主要是由于测定方法、品种差异、饲粮组成和外界环境的不同所致。

（一）能量需要量

INRA（1989）认为，舍饲空怀母羊的 ME_m 需要量为 397.67 kJ/ kg $BW^{0.75}$；纯种杜泊空怀母羊 ME_m 需要量为 406.12 kJ/kg $BW^{0.75}$，NE_m 需要量为 324.14 kJ/kg $BW^{0.75}$（赵敏孟，2013）；Kamalzadeh 等（2004）报道，Swifter 绵羊 ME_m 需要量为 340～480 kJ/kg $BW^{0.75}$。Al Jassim 等（1996）报道阿华西绵羊 ME_m 需要量为 342～482 kJ/ kg $BW^{0.75}$；赵玉民（2005）测得育成期的细毛羊母羊的 ME_m 为 481.18 kJ/kg $BW^{0.75}$；ARC（1980）推荐绵羊 ME_m 需要量为 420～450 kJ/kg $BW^{0.75}$；杨在宾等（1995）提出大尾寒羊空怀母羊 NE_m 需要量为 309.6 kJ/kg $BW^{0.75}$；聂海涛等（2012）提出杜泊（湖羊）杂交羔羊的 NE_m 需要量为 193.72 kJ/kg $BW^{0.75}$；杨在宾等（1996）报道小尾寒羊空怀母羊的 NE_m 需要量为 309.2 kJ/kg $BW^{0.75}$；Early 等（2001）报道 Omani 绵羊 ME_g 需要量为 42.1 kJ/g；赵敏孟（2013）的结果显示杜泊空怀母羊 ME_g 需要量为 40.7 kJ/g。

（二）蛋白质需要量

杨在宾等（2004）研究认为，小尾寒羊空怀期的蛋白质需要量为 2.31 g/kg $BW^{0.75}$；周利勇（2012）采用消化代谢试验研究了陕北白绒山羊空怀期母羊 CP 和 DCP 与代谢体重和 ADG 的回归关系，分别为：$CP（g/d）=2.2686 BW^{0.75}+0.4622 ADG$（$R^2=0.97$）；$DCP=1.4867 BW^{0.75}+0.3039 ADG$（$R^2=0.96$），并提出空怀期母羊饲粮中 CP 和 DCP 水平分别以 8.29%～10.43% 和 5.43%～6.83% 较为适宜。

第三节　繁殖母羊能量和蛋白质需要量研究

本节主要总结了中农科反刍动物团队自 2009 年以来对杜泊×小尾寒羊杂交母羊在不同繁殖阶段的能量、蛋白质需要量研究成果（楼灿，2014；楼灿等，2014，2016）。该团队采用碳氮平衡试验、消化代谢试验和气体代谢试验等研究方法，系统研究了杜泊×小尾寒羊杂交母羊在空怀期、妊娠期和泌乳期的能量和蛋白质需要量，明确了繁殖母羊的营养代谢规律，并提出了 NE 和 ME 及净蛋白质需要量参数，为建立我国肉羊营养需要量体系提供了基础数据，填补了国内繁殖母羊营养需要量研究的空白。

一、试验设计

对 11 月龄杜泊×小尾寒羊 F_1 杂交母羊［平均体重（51.2±3.70）kg］进行同期发情和人工授精处理，40 d 后经妊娠检查选取 15 只妊娠母羊，按体重随机分为 3 个处理：饲喂水平为自由采食（100%组）、自由采食量的 80%（80%组）、自由采食量的 60%（60%组），每个处理设 5 个重复。另将 9 只同龄、同品种空怀母羊随机分为 3 个饲喂水平进行试验，作为对照。在妊娠前期（0～90 d）和妊娠后期（91～150 d），按 NRC（2007）体成熟为 0.7 的妊娠母羊营养需要的 1.1 倍配制 2 种不同的全混合颗粒饲粮；在泌乳前期（0～30 d）、泌乳中期（31～60 d）和泌乳后期（61～90 d），参考 NRC（2007）体成熟为 0.7、体重为 60 kg 的泌乳母羊营养需要配制 3 种全混合颗粒饲粮，所有饲粮颗粒直径 6 mm、长 10 mm。试验开始前，所有试验羊进行驱虫处理。试验期间，每天 8:00 饲喂一次，母羊自由饮水。

二、研究方法

（一）消化代谢和气体代谢试验

在空怀期，妊娠期 40 d、100 d、130 d 和哺乳期 20 d、50 d、80 d，将母羊移入代谢笼中，分别进行七期全收粪消化代谢试验，正式期 10 d、预饲期 7 d。试验期间，100%组试验羊根据前一天采食量调整当日饲喂量，确保每天料槽内含有约 10%的剩料；并根据 100%组的采食量，确定 2 个限饲组每天的饲喂量。哺乳期每天 9:00、15:00、21:00分别进行单羔人工哺乳，羔羊哺乳前后的体重差即为母羊泌乳量。

在消化代谢试验的第 1、3、5、7、9 天分 5 批（每批 3 只羊，每个处理 1 只）将羊移入 3 个呼吸测热室内，在适应 24 h 后测定随后 24 h 甲烷和 CO_2 产量（Deng 等，2012）。每只羊进入和离开呼吸测热室时均称重，平均值作为该羊测热体重。

（二）样品采集与测定

每天精确记录日粮和剩料，将其混合均匀后收集用于测定 GE、DM、OM、CP、EE、NDF、ADF、Ca 和 P（楼灿，2014）。每天饲喂前收集粪便并称重，按粪重的 10%采集粪样。用盛有 100 mL 10%稀硫酸溶液（v/v）的尿桶收集尿液，用量筒测定尿容积后用水稀释至 5 L，取 30 mL 作为尿样于－20 ℃保存。饲料、剩料和粪样在 65 ℃烘干后粉碎，过 1 mm 筛，常温保存。哺乳期在羔羊人工哺乳前挤奶 10 mL，全期乳样混合均匀，冷冻干燥后于－4 ℃保存。

饲料、剩料、粪样、尿样、乳样采用全自动氧弹式测热计测定的 GE、采用 PerkinElmer 2400 Series Ⅱ 元素分析仪测定碳、按国标方法测定 DM、OM、CP、NDF、ADF。

三、需要量参数估测

（一）碳氮平衡

碳氮平衡试验的原理是通过消化代谢试验和气体代谢试验，测定母羊碳和氮总采食量和总排泄量，进而估算沉积在体内的脂肪和蛋白质的质量。氮只考虑通过粪、尿排出体外的量，而碳还需考虑呼吸气体中的损失，如 CO_2 和 CH_4，这二者通过气体代谢试验得以测定。蛋白质的碳、氮含量分别为 160 g/kg 和 520 g/kg，脂肪的含碳量为 767 g/kg，因此通过氮沉积量可以计算蛋白质沉积量，进而计算出沉积在蛋白质中碳的量，剩余的碳则全部沉积于脂肪中，可知机体内脂肪沉积量，最后计算出沉积在脂肪和蛋白质中的能量，即为能量沉积量。计算公式如下（冯仰廉，2004）：

$$沉积 N＝饲料总 N－（粪 N＋尿 N）$$
$$蛋白质沉积量（g）＝沉积 N×6.25$$
$$蛋白质沉积的能量（kJ）＝蛋白质沉积量（g）×23.85$$
$$沉积 C＝饲料总 C－（粪 C＋尿 C＋甲烷 C＋二氧化碳 C）$$
$$蛋白质沉积 C＝蛋白质沉积量×0.52$$
$$脂肪沉积 C＝沉积 C－蛋白质沉积 C$$
$$脂肪沉积的能量（kJ）＝脂肪沉积 C（g）×100/76.7×39.75$$
$$能量沉积量（RE）＝蛋白质沉积能＋脂肪沉积能$$
$$妊娠期 HP＝MEI（ME 采食量）－RE（能量沉积量）$$
$$哺乳期 HP＝MEI－RE－乳中能量沉积量$$

NE_m、ME_m 和 NE_g、ME_g 的计算方法与第二章相同；NP_m、MP_m 和 NP_g、MP_g 的计算方法与第三章相同。

（二）维持能量需要量

根据 MEI 与 HP 间的异速回归公式，通过外推法得到 MEI＝0 时的 HP，即为母羊的 NE_m。在本研究中，通过碳氮平衡法计算 RE，而 MEI 和 RE 间的差值即为 HP。杜泊×小尾寒羊杂交母羊在空怀期，妊娠 40 d、100 d、130 d，哺乳 20 d、50 d、80 d 时 MEI 和 log_{10} HP 之间的预测方程见表 7-1。

表 7-1　杜泊小尾寒羊杂交繁殖母羊的维持能量需要

阶　段	NE_m (kJ/kg $BW^{0.75}$)	ME_m (kJ/kg $BW^{0.75}$)	k_m (NE_m/ME_m)
空怀期	215.5	372.4	0.579
妊娠期			
40 d	205.3	331.6	0.619
100 d	246.4	427.1	0.577
130 d	261.9	498.2	0.526

（续）

阶　段	NE_m (kJ/kg $BW^{0.75}$)	ME_m (kJ/kg $BW^{0.75}$)	k_m (NE_m/ME_m)
哺乳期			
20 d	253.1	327.1	0.774
50 d	247.7	320.9	0.772
80 d	244.7	362.0	0.676

采食量是影响 ME_m 需要量的重要因素，因为不同采食水平导致了不同的产热量。Andersen（1980）已经证明，体重、饲喂水平、基因型和性别都会影响 ME_m，其中饲喂水平对 ME_m 的影响较为缓慢，并不能在特定时间内测定出来。现有对能量需要的研究主要采用比较屠宰法，但是由于试验条件和动物品种不同，因此研究结果也有所不同。早期研究表明，绵羊的 NE_m 和 ME_m 需要量分别为 146.4 kJ/kg $BW^{0.75}$ 和 259.4 kJ/kg $BW^{0.75}$，则 k_m 为 0.56（Garrett 等，1959）。Rattray 等（1974）系统研究了羔羊、周岁羊、成年母羊和羯羊的 NE_m 和 ME_m 需要量的范围，分别为 261.5～313.4 kJ/kg $BW^{0.75}$ 和 404.6～520.5 kJ/kg $BW^{0.75}$。NE_m 需要量代表的是动物生命活动的基础代谢，在本研究中利用碳氮平衡方法建立了 $\log_{10}$ HP 和 MEI 的回归关系，所得方程的截距即为母羊的 NE_m 需要量。在空怀期，妊娠期 40 d、100 d、130 d，哺乳期 20 d、50 d、80 d 的 NE_m 需要量分别为 215.5 kJ/kg $BW^{0.75}$，205.3 kJ/kg $BW^{0.75}$、246.4 kJ/kg $BW^{0.75}$、261.9 kJ/kg $BW^{0.75}$、253.1 kJ/kg $BW^{0.75}$、247.7 kJ/kg $BW^{0.75}$ 和 244.7 kJ/kg $BW^{0.75}$，通过迭代计算得到相应时期的 ME_m 需要量分别为 372.4 kJ/kg $BW^{0.75}$，331.6 kJ/kg $BW^{0.75}$、427.1 kJ/kg $BW^{0.75}$、498.2 kJ/kg $BW^{0.75}$、327.1 kJ/kg $BW^{0.75}$、320.9 kJ/kg $BW^{0.75}$ 和 362.0 kJ/kg $BW^{0.75}$。利用与本试验相同品种的母羊，通过比较屠宰法得到育成期 NE_m 和 ME_m 的需要量分别为 263 kJ/kg $BW^{0.75}$ 和 381 kJ/kg $BW^{0.75}$（Deng 等，2012），生长期的 NE_m 和 ME_m 的需要量分别为 271.0 kJ/kg $BW^{0.75}$ 和 345.0 kJ/kg $BW^{0.75}$（许贵善，2013），这些结果均在本研究的变化范围之内。另外，本研究中 NE_m 的需要量却低于 Silva 等（2003）的研究结果（310.8 kJ/kg $BW^{0.75}$），而 ME_m 则与 Kamalzadeh 和 Shabani（2007）的结果（342 kJ/kg $BW^{0.75}$）相近。AFRC（1993）推荐利用公式 NE_m（MJ/d）$=1.0 \times 0.23 \times (BW/1.08)^{0.75} + 0.0096 \times BW$ 推算周岁以上哺乳母羊的 NE_m 需要量，用此公式估算本研究的母羊在哺乳 20 d、50 d、80 d时的 NE_m 需要量分别为 243.3 kJ/kg $BW^{0.75}$、243.4 kJ/kg $BW^{0.75}$ 和 243.9 kJ/kg $BW^{0.75}$，与本研究的结果非常接近，但以上所有值均低于 CSIRO（2007）的推荐值272 kJ/kg $BW^{0.75}$。

本试验中，k_m 在母羊不同生理时期变异较大。在空怀期，妊娠 40 d、100 d、130 d，哺乳期 20 d、50 d、80 d 分别为 0.579、0.619、0.577、0.526、0.774、0.772 和 0.676。在哺乳期较高，空怀期与妊娠 100 d 时相当，且随着妊娠期和哺乳期的延长均呈下降的趋势。可能是因为随妊娠的延长，胎儿快速发育及母体贮备营养为泌乳准备，使得 ME 转化为 NE 的效率降低。而随哺乳的延长，泌乳性能下降，对饲粮 ME 的利用效率也逐渐降低。无论饲喂绵羊全混合颗粒饲粮，还是切短或未切短粗饲料，

ARC（1980）的推荐公式都为 $k_m = 0.35\ ME/GE + 0.503$。另外，INRA（1989）推荐公式为 $k_m = 0.287\ ME/GE + 0.554$。根据以上公式，并结合本试验因素，说明饲喂水平和生理时期的不同显著影响 ME/GE，从而使得 k_m 在不同时期发生变化而并非固定值，而不同试验期的饲粮因素（精饲料含量 40%～60%）对 k_m 的影响较小。本研究利用碳氮平衡法来计算 HP、开路式呼吸气体测定系统测定 CH_4，与报道的 k_m（0.64，Galvani 等，2008；0.69，Deng 等，2012；0.67，许贵善等，2012）不尽相同，说明研究方法的不同也是造成结果差异的重要因素。本研究采用碳氮平衡法测定的空怀母羊的 HP（215.5 kJ/kg $BW^{0.75}$）低于 Muzaffarnagari 的试验结果（398.32～445.18 kJ/kg $BW^{0.75}$），k_m（0.58）也同样低于上述研究结果（0.66～0.69，Chandramoni 等，1999）。

（三）维持蛋白质需要量

空怀母羊 NI 和 NR 之间的回归方程为：$NR = 0.3415$（±0.0357）$NI - 0.2697$（±0.0438）（$R^2 = 0.9289$，$RMSE = 0.0192$，$n = 9$）。据此空怀母羊维持的净氮需要量为 269.7 mg/kg $BW^{0.75}$，即 NP_m 需要量为 1.686 g/kg $BW^{0.75}$。

妊娠 40 d、100 d 和 130 d 母羊 NI 和 NR 的相关关系见表 7-2。据此计算，母羊在妊娠 40 d、100 d 和 130 d 时维持的净氮需要量分别为 303.7 mg/kg $BW^{0.75}$、323.4 mg/kg $BW^{0.75}$ 和 496.2 mg/kg $BW^{0.75}$，换算后的 NP_m 需要量分别为 1.898 g/kg $BW^{0.75}$、2.021 g/kg $BW^{0.75}$ 和 3.101 g/kg $BW^{0.75}$。

表 7-2　妊娠期母羊维持的净氮需要量预测方程

妊娠天数（d）	方　程	R^2
40	$NR = 0.4895$（±0.0805）$NI - 0.3037$（±0.1059）	0.7552
100	$NR = 0.3845$（±0.0457）$NI - 0.3234$（±0.0699）	0.8449
130	$NR = 0.4574$（±0.0697）$NI - 0.4962$（±0.1006）	0.7821

哺乳 20 d、50 d 和 80 d 母羊 NI 和 NR 的关系见表 7-3。预测方程显示，母羊在哺乳 20 d、50 d 和 80 d 时维持的净氮需要量分别为 338.0 mg/kg $BW^{0.75}$、313.6 mg/kg $BW^{0.75}$ 和 298.2 mg/kg $BW^{0.75}$，换算后 NP_m 需要量分别为 2.11 g/kg $BW^{0.75}$、1.96 g/kg $BW^{0.75}$ 和 1.86 g/kg $BW^{0.75}$。

表 7-3　哺乳期母羊维持的净氮需要量预测方程

哺乳天数（d）	方　程	R^2
20	$NR = 0.2521$（±0.0165）$NI - 0.3380$（±0.0460）	0.9509
50	$NR = 0.2821$（±0.0232）$NI - 0.3136$（±0.0584）	0.9365
80	$NR = 0.2863$（±0.0411）$NI - 0.2982$（±0.0817）	0.8585

母羊维持代谢的蛋白质损失是内源尿氮、代谢粪氮和皮屑氮的损失，其中主要以内源尿氮损失为主（冯仰廉，2004）。测定内源尿氮和代谢粪氮的主要方法是饲喂低氮或无氮饲粮，测定动物氮损失量用以估计平衡这些氮损失所需饲料氮的量。NRC（2007）和 CSIRO（2007）指出，空怀绵羊的内源尿氮 $= 0.54 + 0.0235 \times BW$，代谢粪氮 $=$

$2.432 \times kg \ DMI$，此结果得到了认可。AFRC（1993）认为，母羊基础内源氮的损失量为 $0.35 \ BW^{0.75} \ g/d$。INRA（1989）利用氮平衡与 PDI 采食量之间的回归关系来确定氮平衡的 PDI 采食量，考虑到少量皮屑的羊毛氮损失，绵羊维持的 PDI 需要量略高于氮平衡的 PDI 食入量，推荐量为 $2.5 \ g \ PDI/kg \ W^{0.75}$。本试验测定了母羊每日食入氮和沉积氮，用回归分析法研究了两者之间的关系，并将每日食入氮外推至零，得出母羊空怀期，妊娠期 40 d、100 d、130 d，哺乳期 20 d、50 d、80 d 七个阶段的维持净氮需要量，它们分别为 269.7 mg/kg $BW^{0.75}$，303.7 mg/kg $BW^{0.75}$、323.4 mg/kg $BW^{0.75}$、496.2 mg/kg $BW^{0.75}$，338.0 mg/kg $BW^{0.75}$、313.6 mg/kg $BW^{0.75}$ 和 298.2 mg/kg $BW^{0.75}$。除了妊娠后期，其他阶段母羊的维持净氮需要低于 AFRC（1993）推荐值 350 mg/kg $BW^{0.75}$。Robinson（1967）等试验结果显示，空怀母羊维持净氮需要为 185 mg/kg $BW^{0.75}$，可能是因为利用了高能低氮饲粮导致了较低的维持需要。Papas（1977）研究了空怀母羊以豆粕和尿素为主要氮源的饲粮，得出维持的可消化氮净需要量分别为 195 mg/kg $BW^{0.75}$ 和 188 mg/kg $BW^{0.75}$ 的结论；且随着饲粮中豆粕和尿素含量的提高 NR 呈上升趋势，但添加淀粉则会减少氮沉积量和尿氮排出量。

杨维仁等（1997）报道了大尾寒羊妊娠期的蛋白质食入量（Y，g/kg $BW^{0.75}$）和蛋白质沉积量（X，g/kg $BW^{0.75}$）回归方程为：$Y=0.98X+3.46$（$R=0.90$），得到维持净氮需要为 553.6 mg/kg $BW^{0.75}$，与本试验妊娠后期母羊维持净氮需要相近。杨在宾等（1996）报道了小尾寒羊妊娠期维持净氮需要为 369.6 mg/kg $BW^{0.75}$，与本试验妊娠前、中期母羊维持净氮需要接近。在本试验中，从空怀期到妊娠期再到哺乳期维持净氮需要呈现了先升高后降低的趋势。妊娠期较空怀期高的主要原因是在前期母体子宫和妊娠附属物及胎儿的生长提高了维持需要，而在后期胎儿的快速增长和乳腺的发育导致维持需要的持续升高，而哺乳期乳腺泌乳是维持净氮需要量较空怀期高的主要原因，且随泌乳期的延长逐渐下降。本研究维持净氮需要量是通过 NI 和 NR 一元线性回归后外推进行估算的，该方法存在一定的局限性，且实验动物生理时期也较为特殊，在肉羊妊娠期和哺乳期的营养需要量需要更加系统和深入的研究。

（四）生长能量和蛋白质需要量

在空怀期，ME 一部分用于维持，另一部分则用于 ME_g。ARC（1980）推荐机体能值的对数与空腹体重之间的异速回归方程：$\log_{10}$ 体能值 $=a+b \times \log_{10}$（EBW，kg），用以计算 NE_g。而本研究通过建立 MEI 与 ADG 之间的回归关系，得到预测方程 MEI（kJ/d）$=31.2785$（±5.1926）$\times ADG$（g/d）-8828.96（±549.8）（$RMSE=589.5$，$r^2=0.8383$，$n=9$），截距即为母羊空怀期 $ME_g=31.28$ MJ/kg ADG。Deng 等（2012）利用屠宰试验建立体能值和空腹体重（EBW）之间的异速关系，得到杜寒杂交公羔羊的 ME_g 为 28.97 MJ/kg ADG，可能是该试验的母羊成熟度较小，导致 ME_g 略低于本研究结果。因为随着母羊机体逐渐成熟，k_g 逐渐下降，所以每增重 1 kg 需要更多的 ME（NRC，2007）。另外，也有可能是试验方法造成的差异。Cannas（2002）总结了 AFRC、CSIRO 和 INRA 的 ME_g 推荐值分别为 39.81 MJ/kg ADG、40.64 MJ/kg ADG 和 63.42 MJ/kg ADG，均高于本研究结果。本研究通过建立空怀母羊日增重和蛋白质采食量之间的线性回归，得到蛋白质需要量 $=0.61+37.7 \times ADG$（$R^2=0.920$）。

在妊娠期，妊娠组织包括胎儿、羊水、子宫及其附属物等。为叙述方便，本节以子宫代指全部妊娠组织，理论上子宫重量应该是动物体重、饲喂水平、妊娠时间的函数。但在实际当中，子宫重往往需要通过体重来估算。而饲喂水平是一个很模糊的概念，如果用 DMI 来代指饲喂水平，那么会出现饲粮能量水平不同的情况。研究表明体况评分的方法（body condition score，BCS）适于估计反刍动物妊娠期子宫/胎儿重量（Gionbelli 等，2015）：

$$GU = 0.2243 \times BCS^{0.3225} \times e^{[(0.02544 - 0.0000286 \times DOP) \times DOP]}$$

式中，GU 为子宫重量（gravid uterus，kg），BCS 为体况评分，DOP 为妊娠天数（day of pregnancy）。

杜泊×小尾寒羊杂交母羊妊娠期 40 d、100 d 和 130 d 对应的子宫重量见表 7-4。

表 7-4　妊娠期母羊子宫重量（kg）预测值

妊娠 130 d（$n=15$）	妊娠 40 d（$n=18$）	妊娠 100 d（$n=15$）
8.67	0.91	4.79
7.35	0.83	4.20
10.09	1.04	4.79
10.09	1.14	4.79
8.67	1.19	5.04
8.67	1.04	4.79
6.45	1.04	4.79
9.19	0.98	4.52
8.67	1.10	5.04
8.07	0.91	4.79
9.19	1.04	5.26
8.67	1.04	4.52
9.19	0.91	4.52
9.19	0.98	4.52
8.67	0.91	4.20
	0.91	
	0.83	
	0.98	
平均值±标准差		
0.99±0.10	4.70±0.29	8.72±0.93

由上述计算公式可知，妊娠期母羊子宫的增重情况并非呈线性，在妊娠前期（40 d）、妊娠中期（100 d）和妊娠后期（130 d）存在差异。本研究的结果表明，子宫在母羊妊娠的 40～52 d、母羊妊娠的 100～112 d、母羊妊娠的 130～142 d 这三个阶段的增重情况分别为 6.18 g/d、121.3 g/d 和 197.0 g/d，对应的能量和蛋白质需要量参数见表 7-5。

表7-5 妊娠期胎儿生长蛋白质和能量需要量

妊娠天数（d）	子宫日增重 （g）	氮需要量 （g/d）	蛋白质需要量 （g/d）	能量需要量 （MJ/d）
40～52	6.18	25.2	157	28.5
100～112	121.3	31.5	196	31.7
130～142	197.0	31.5	196	26.5

哺乳期的母羊，其生长的营养需要量与空怀期类似。但由于产乳需要额外的能量和蛋白质，因此与空怀期和育肥期相比，母羊对上述营养物质的需要量均有所升高。妊娠母羊的能量和蛋白质需要量参数见表7-6，哺乳母羊的能量和蛋白质需要量参数见表7-7。

表7-6 妊娠母羊（单胎）的代谢能和代谢蛋白质需要量

妊娠天数（d）	体重（kg）	ME_m（MJ/d）	总ME（MJ/d）	MP_m（g/d）	总MP（g/d）
40	45	5.76	6.16	47.1	60.0
	50	6.24	6.64	51.0	64.0
	55	6.70	7.10	54.8	69.0
	60	7.15	7.55	58.5	73.0
	65	7.59	7.99	62.1	77.0
100	45	7.42	8.82	50.2	77.0
	50	8.03	9.43	54.3	82.5
	55	8.63	10.0	58.3	91.5
	60	9.21	10.6	62.2	100.0
	65	9.78	11.2	66.1	106.5
130	45	8.66	11.9	77.0	94.0
	50	9.37	12.6	83.3	101.0
	55	10.1	13.3	89.5	114.0
	60	10.7	13.9	95.5	127.0
	65	11.4	14.6	101.4	136.0

资料来源：楼灿等（2014，2016）。

表7-7 泌乳母羊（单羔）的代谢能和代谢蛋白质需要量

妊娠天数（d）	体重（kg）	ME_m（MJ/d）	总ME（MJ/d）	MP_m（g/d）	总MP（g/d）
20	45	5.68	13.5	52.4	142.7
	50	6.15	14.0	56.8	147.0
	55	6.61	14.5	61.0	151.2
	60	7.05	14.9	65.1	155.3
	65	7.49	15.4	69.1	159.3

（续）

妊娠天数（d）	体重（kg）	ME_m（MJ/d）	总 ME（MJ/d）	MP_m（g/d）	总 MP（g/d）
	45	5.57	11.2	48.6	117.3
	50	6.03	11.6	52.6	121.3
50	55	6.48	12.1	56.5	125.2
	60	6.92	12.5	60.4	129.0
	65	7.34	12.9	64.1	132.8
	45	6.29	9.53	46.3	93.4
	50	6.81	10.1	50.1	97.2
80	55	7.31	10.6	53.8	100.9
	60	7.80	11.0	57.4	104.5
	65	8.29	11.5	61.0	108.1

资料来源：楼灿等（2014，2016）。

本　章　小　结

采用碳氮平衡试验，结合消化代谢试验和气体代谢试验测定的杜泊×小尾寒羊杂交母羊在空怀期的 NE_m 需要量为 215.5 kJ/kg $BW^{0.75}$。在妊娠期内（单羔）NE_m 需要量逐渐增加，从妊娠 40 d 的 205.3 kJ/kg $BW^{0.75}$ 增加至妊娠 100 d 的 246.4 kJ/kg $BW^{0.75}$ 和妊娠 130 d 的 261.9 kJ/kg $BW^{0.75}$；在哺乳期，哺育单羔的母羊 NE_m 需要量则逐渐降低，由泌乳 20 d 时的 253.1 kJ/kg $BW^{0.75}$ 降至泌乳 50 d 时的 247.7 kJ/kg $BW^{0.75}$ 和泌乳 80 d 时的 244.7 kJ/kg $BW^{0.75}$。NP 需要量也呈现相同的趋势，即在妊娠期内（单羔）NP_m 需要量逐渐增加，从妊娠 40 d 的 1.90 g/kg $BW^{0.75}$ 增加至妊娠 100 d 的 2.02 g/kg $BW^{0.75}$ 和妊娠 130 d 的 3.10 g/kg $BW^{0.75}$；在哺乳期，哺育单羔的母羊 NP_m 需要量则逐渐降低，由泌乳 20 d 时的 2.11 g/kg $BW^{0.75}$ 降至泌乳 50 d 时的 1.96 g/kg $BW^{0.75}$ 和泌乳 80 d 时的 1.86 g/kg $BW^{0.75}$。妊娠和哺育双羔母羊的能量和蛋白质需要量尚待进一步研究。

▶参考文献

柴君秀，许斌，张凌青，等，2007. 不同营养状况对舍饲滩羊繁殖性能的影响 [J]. 黑龙江畜牧兽医（2）：42-43.

柴巍中，1990. 湖羊妊娠期维持代谢能需要量的测定 [J]. 中国畜牧杂志，26（1）：7-9.

陈育枝，郑浩，张曦，等，2007. 不同蛋白水平补饲料对妊娠期云岭黑山羊的影响研究 [J]. 中国草食动物，27（3）：37-39.

丁耿芝，孟庆翔，2013. 反刍动物干物质采食量预测模型研究进展 [J]. 动物营养学报，25（2）：248-255.

冯仰廉，2004. 反刍动物营养学 [M]. 北京：科学出版社.

冯宗慈，奥德，杜敏，等，1997. 嘎达苏良种细毛羊母羊营养需要量及冬春季补饲标准的验证 [J]. 畜牧与饲料科学（S1）：243-250.

高峰，刘迎春，2012. 妊娠后期胎儿宫内生长受限对出生后羔羊内脏器官的影响 [J]. 中国农业科学，45（15）：3130-3136.

高峰，刘迎春，张崇志，等，2013. 妊娠后期营养限饲对蒙古绵羊体贮动员及其胎儿生长发育的影响 [J]. 动物营养学报，25（6）：1237-1242.

高艳霞，2003. 小尾寒羊妊娠及泌乳期饲粮能量和蛋白质适宜供给量的研究 [D]. 保定：河北农业大学.

韩光亮，于宗贤，李福昌，等，1991. 营养水平对青山羊繁殖性能的影响 [J]. 中国养羊，11（2）：20-21.

康晓龙，2007. 不同能量和蛋白水平饲粮对母羊繁殖性能的影响 [D]. 兰州：甘肃农业大学.

李胜利，1998. 泌乳牛能量和蛋白质的需要与利用 [J]. 草食家畜（2）：27-32.

梁明振，梁外威，梁坤，等，2002. 能量和蛋白质营养对动物繁殖性能的影响 [J]. 西南农业学报，15（1）：103-105.

楼灿，2014. 杜寒杂交肉用绵羊妊娠期和哺乳期能量和蛋白质需要量的研究 [D]. 北京：中国农业科学院.

楼灿，邓凯东，姜成钢，等，2016. 饲养水平对肉用绵羊空怀期和哺乳期能量代谢平衡的影响 [J]. 中国农业科学，49（5）：988-997.

楼灿，姜成钢，马涛，等，2014. 杜寒杂交繁殖母羊氮代谢和维持净蛋白质需要的研究 [J]. 畜牧兽医学报，45（6）：943-952.

卢青，毛鑫智，陈龙，等，1999. 妊娠后期湖羊胎儿营养代谢的特点及其与内分泌活动的关系 [J]. 动物学报，45（2）：162-169.

毛鑫智，RS康姆林，AL福藤，1987. 怀孕后期绵羊胎儿生长发育、生理特点及其与母羊营养状态的关系 [J]. 畜牧兽医学报，18（3）：145-151.

聂海涛，施彬彬，王子玉，等，2012. 杜泊羊和湖羊杂交 F_1 代公羊能量及蛋白质的需要量 [J]. 江苏农业学报，28（2）：344-350.

潘军，1989. 妊娠母羊的营养研究进展 [J]. 饲料博览（4）：9-10.

任立杰，佟慧丽，李庆章，等，2010. 奶牛乳腺发育与泌乳过程中能量代谢的变化 [J]. 东北农业大学学报，2：86-90.

沈延法，韩正康，陈杰，1990. 妊娠后期及哺乳期湖羊复胃消化代谢的变化 [J]. 南京农业大学学报（S1）：120-124.

宋岩峰，刘迎春，高峰，2013. 妊娠后期限饲蒙古绵羊对其胎盘生长发育及胎盘块类型的影响 [J]. 中国畜牧杂志，49（1）：27-31.

王宏博，郭江鹏，李发弟，等，2011. 不同营养水平对滩×寒杂种母羊繁殖性能的影响 [J]. 草业学报，20（6）：254-263.

王建民，秦孜娟，曲绪仙，等，1997. 山东小尾寒羊种质特性及利用途径的研究进展（下）[J]. 草食家畜，12（4）：5-8.

吴秋珏，吕佳琪，王恬，2011. 营养不良对宫内胎儿发育迟缓动物模型影响的研究进展 [J]. 中国畜牧兽医，38（2）：232-236.

许贵善，2013. 20～35 kg 杜寒杂交羔羊能量与蛋白质需要量参数的研究 [D]. 北京：中国农业科学院.

许贵善，刁其玉，纪守坤，等，2012. 20～35 kg 杜寒杂交公羔羊能量需要参数 [J]. 中国农业科学，45（24）：5082-5090.

杨诗兴，彭大惠，张文远，等，1988. 湖羊能量与蛋白质需要量的研究 [J]. 中国农业科学，21 (2)：73－80.

杨在宾，李凤双，杨维仁，等，1996. 小尾寒羊空怀母羊能量维持需要及其代谢规律研究 [J]. 动物营养学报，8 (1)：28－33.

杨在宾，李凤双，杨维仁，等，1995. 大尾寒羊空怀母羊能量维持需要量及代谢规律研究 [J]. 山东农业大学学报（自然科学版），3：285－291.

杨在宾，李凤双，张崇玉，等，1997. 小尾寒羊泌乳期母羊能量需要量及代谢规律研究 [J]. 动物营养学报，9 (2)：41－48.

杨在宾，杨维仁，张崇玉，等，2004. 小尾寒羊和大尾寒羊能量与蛋白质代谢规律研究 [J]. 中国草食动物，24 (5)：11－13.

杨在宾，杨维仁，张崇玉，等，2005. 大尾寒羊能量和蛋白质需要量及析因模型研究 [J]. 中国畜牧兽医，31 (12)：8－10.

张崇玉，杨维仁，杨在宾，等，2005. 大尾寒羊妊娠期能量代谢规律的研究 [J]. 山东农业大学学报（自然科学版），34 (4)：572－574.

张春香，任有蛇，岳文斌，2010. 营养对母羊繁殖性能影响的研究进展 [J]. 中国草食动物，30 (60)：62－64.

张帆，崔凯，毕研亮，等，2017c. 妊娠后期母羊饲粮精饲料比例对羔羊生长性能、消化性能及血清抗氧化指标的影响 [J]. 动物营养学报，29 (10)：3583－3591.

张帆，崔凯，王杰，等，2017a. 妊娠后期饲粮营养水平对母羊和胚胎发育的影响 [J]. 畜牧兽医学报，48 (3)：474－482.

张帆，崔凯，王杰，等，2017b. 妊娠后期母羊饲粮营养水平对产后羔羊生长性能、器官发育和血清抗氧化指标的影响 [J]. 动物营养学报，29 (2)：636－644.

张帆，刁其玉，2017. 能量对妊娠后期母羊健康及其羔羊的影响 [J]. 中国畜牧兽医，44 (5)：1369－1374.

张英杰，孙世臣，刘月琴，等，2008. 不同蛋白水平饲粮对母羊繁殖性能的影响 [C]//全国养羊生产与学术研讨会议论文集（2007—2008）.

赵敏孟，2013. 杜泊羊生长期能量代谢规律及需要量研究 [D]. 泰安：山东农业大学.

赵玉民，2005. 中国美利奴羊育成母羊能量和蛋白质需要量研究 [D]. 延吉：延边大学.

周利勇，2012. 空怀期及妊娠期陕北绒山羊蛋白质需要量研究 [D]. 杨凌：西北农林科技大学.

AFRC，1993. Energy and protein requirements of ruminants：An advisory manual prepared by the AFRC Technical Committee on Responses to Nutrients [M]. Wallingford，UK：CAB International.

Al Jassima R A M，Hassanb S A，Al Anib A N，1996. Metabolizable energy requirements for maintenance and growth of Awassi lambs [J]. Small Ruminant Research，20 (3)：239－245.

Andersen B B，1980. Feeding trials describing net requirements for maintenance as dependent on weight，feeding level，sex and genotype [J]. Annales de Zootechnie，29：85－92.

Battaglia F C，Meschia G，1978. Principal substrates of fetal metabolism [J]. Physiological Reviews，58 (2)：499－527.

Brett D J，Corbett J L，Inskip M W，1972. Estimation of the energy value of ewe milk [J]. Proceedings of the Australian Society of Animal Production，9：286－291.

Cannas A，Tedeschi L O，Fox D G，et al，2004. A mechanistic model for predicting the nutrient requirements and feed biological values for sheep [J]. Journal of Animal Science，82 (1)：149－169.

Chandramoni X X, Jadhao S B, Tiwari C M, et al, 1999. Carbon and nitrogen balance studies in Muzaffarnagari sheep fed diets varying in roughage and concentrate ratio [J]. Small Ruminant Research, 31 (3): 221-227.

Corbett J L, 1966. Variation in the yield and composition of milk of grazing Merino sheep [J]. Crop and Pasture Science, 19 (2): 283-294.

Cowan R T, Robinson J J, Greenhalgh J F D, et al, 1979. Body composition changes in lactating ewes estimated by serial slaughter and deuterium dilution [J]. Animal Production, 29 (1): 81-90.

Cowan R T, Robinson J J, Mcdonald I, et al, 1980. Effects of body fatness at lambing and diet in lactation on body tissue loss, feed intake and milk yield of ewes in early lactation [J]. The Journal of Agricultural Science, 95 (3): 497-514.

Cowan R T, Robinson J J, McHattie I, et al, 1981. Effects of protein concentration in the diet on milk yield, change in body composition and the efficiency of utilization of body tissue for milk production in ewes [J]. Animal Production, 33 (2): 111-120.

CSIRO, 2007. Nutrient requirements of domesticated ruminants [M]. Collingwood: CSIRO Publishing.

Deng K D, Diao Q Y, Jiang C G, et al, 2012. Energy requirements for maintenance and growth of Dorper crossbred ram lambs [J]. Livestock Science, 150 (1): 102-110.

Drouillard J S, Klopfenstein T J, Britton R A, et al, 1991. Growth, body composition, and visceral organ mass and metabolism in lambs during and after metabolizable protein or net energy restrictions [J]. Journal of Animal Science, 69 (8): 3357-3364.

Early R J, Mahgoub O, Lu C D, 2001. Energy and protein utilization for maintenance and growth in Omani ram lambs in hot climates. I. Estimates of energy requirements and efficiency [J]. Journal of Agricultural Science, 136 (4): 451-459.

Forbes J M, 1969. The effect of pregnancy and fatness on the volume of rumen contents in the ewe [J]. The Journal of Agricultural Science, 72 (1): 119-121.

Galvani D B, Pires C C, Kozloski G V, et al, 2008. Energy requirements of Texel crossbred lambs [J]. Journal of Animal Science, 86 (12): 3480-3490.

Gardner R W, Hogue D E, 1964. Effects of energy intake and number of lambs suckled on milk yield, milk composition and energetic efficiency of lactating ewes [J]. Journal of Animal Science, 23 (4): 935-942.

Garrett W N, Meyer J H, Lofgreen G P, 1959. The comparative energy requirements of sheep and cattle for maintenance and gain [J]. Journal of Animal Science, 18 (2): 528-547.

Gionbelli M P, Duarte M S, ValadaresFilho S C, et al, 2015. Achieving body weight adjustments for feeding status and pregnant or non-pregnant condition in beef cows [J]. Plos One, 10 (3): e0112111.

INRA, 1989. Ruminant nutrition: recommended allowances and feed tables [M]. Paris: John Libbey & Co. Ltd.

Ji F, Hurley W L, Kim S W, 2006. Characterization of mammary gland development in pregnant gilts [J]. Journal of Animal Science, 84 (3): 579-587.

Kamalzadeh A, 2004. Energy and nitrogen metabolism in lambs during feed restriction and realimentation [J]. Journal of Agricultural Science and Technology, 6 (1/2): 21-30.

Kamalzadeh A, Koops W J, van Bruchem J, 1998. Feed quality restriction and compensatory growth in growing sheep: Development of body organs [J]. Small Ruminant Research, 29 (1): 71-82.

Langlands J P, Donald G E, 1977. Efficiency of wool production of grazing sheep. 4. Forage intake and its relationship to wool production [J]. Animal Production Science, 17 (85): 247 - 250.

Lindsay D R, Knight T W, Smith J F, et al, 1975. Studies in ovine fertility in agricultural regions of Western Australia: ovulation rate, fertility and lambing performance [J]. Australia Journal of Agricultural Research, 6: 455 - 459.

Lofgreen G P, Garrett W N, 1968. A system for expressing net energy requirements and feed values for growing and finishing beef cattle [J]. Journal of Animal Science, 27 (3): 793 - 806.

Luo J, Goetsch A L, Sahlu T, et al, 2004. Prediction of metabolizable energy requirements for maintenance and gain of preweaning, growing and mature goats [J]. Small Ruminant Research, 53 (3): 231 - 252.

Lynch G P, Elsasser T H, Rumsey T S, et al, 1988. Nitrogen metabolism by lactating ewes and their lambs [J]. Journal of Animal Science, 6612: 3285 - 3294.

Madibela O R, McEvoy T G, Robinson J J, et al, 1995. Excess rumen degradable protein influences the rate of development and glucose metabolism of fertilized sheep ova [J]. Animal Science, 3: 536 - 537.

Maxwell T J, Doney J M, Milne J A, et al, 1979. The effect of rearing type and prepartum nutrition on the intake and performance of lactating grey face ewes at pasture [J]. The Journal of Agricultural Science, 92 (1): 165 - 174.

McCGraham N, 1964. Energy exchanges of pregnant and lactating ewes [J]. Crop and Pasture Science, 15 (1): 127 - 141.

McEvoy T G, Robinson J J, Ashworth C J, et al, 2001. Feed and forage toxicants affecting embryo survival and fetal development [J]. Theriogenology, 55 (1): 113 - 129.

McKelvey W A C, Robinson J J, Aitken R P, 1988. The use of reciprocal embryo transfer to separate the effects of pre - and post - mating nutrition on embryo survival and growth of the ovine conceptus [C]//International Congress Animal Reproduction and AI, 11: 176.

Mellor D J, Matheson I C, 1979. Daily changes in the curved crown - rump length of individual sheep fetuses during the last 60 days of pregnancy and effects of different levels of maternal nutrition [J]. Quarterly Journal of Experimental Physiology, 64: 119 - 131.

Mellor D J, Murray L, 1981. Effects of placental weight and maternal nutrition on the growth rates of individual fetuses in single and twin bearing ewes during late pregnancy [J]. Research in Veterinary Science, 30: 198 - 204.

Mellor D J, Murray L, 1982a. Effects of long term undernutrition of the ewe on the growth rates of individual fetuses during late pregnancy [J]. Research in Veterinary Science, 32 (2): 177 - 180.

Mellor D J, Murray L, 1982b. Effects on the rate of increase in fetal girth of refeeding ewes after short periods of severe undernutrition during late pregnancy [J]. Research in Veterinary Science, 32 (3): 377 - 382.

Modyanov A V, 1969. Energy metabolism of sheep under different physiological conditions [J]. Energy Metabolism of Farm Animals. pp 171.

Morley F W H, White D H, Kenney P A, et al, 1978. Predicting ovulation rate from live weight in ewes [J]. Agricultural Systems, 3: 27 - 45.

NRC, 1980. Nutrient requirement of sheep [M]. Washington, DC: National Academy Press.

NRC, 2007. Nutrient requirements of small ruminants: sheep, goats, cervids, and New World Camelids

［M］. Washington，DC：National Academy Press.

Oddy V H，Gooden J M，Annison E F，1984. Partitioning of nutrients in Merino ewes. I. Contribution of skeletal muscle，the pregnant uterus and the lactating mammary gland to total energy expenditure ［J］. Australian Journal of Biological Sciences，37（6）：375－388.

Ørskov E R，Fraser C，Mason V C，et al，1970. Influence of starch digestion in the large intestine of sheep on caecal fermentation，caecal microflora and faecal nitrogen excretion ［J］. British Journal of Nutrition，24（3）：671－682.

Papas A，1977. Protein requirements of lactating chios ewes ［J］. Journal of Animal Science，44（4）：672－679.

Rattray P V，Garrett W N，East N E，et al，1974. Efficiency of utilization of metabolizable energy during pregnancy and the energy requirements for pregnancy in sheep ［J］. Journal of Animal Science，38（2）：383－393.

Requist B J，Adams T E，Adams B M，et al，2010. Dietary restriction reduces the rate of estradiol clearance in sheep ［J］. Journal of Animal Science，86：1124－1131.

Robinson J J，Forbes T J，1967. A study of the protein requirements of the mature breeding ewe ［J］. British Journal of Nutrition，21（4）：879－891.

Robinson J J，Forbes T J，1970. Studies on protein utilization by ewes during lactation ［J］. Animal Production，12（4）：601－610.

Robinson J J，Mcdonald I，Fraser C，et al，1980. Studies on reproduction in prolific ewes. 6. The efficiency of energy utilization for conceptus growth ［J］. Journal of Agricultural Science Cambridge，94：331－323.

Russel A J F，Gunn R G，Doney J M，1968. Components of weight loss in pregnant hill ewes during winter ［J］. Animal Production，10（1）：43－51.

Ryan W J，Williams I H，Moir R J，1993. Compensatory growth in sheep and cattle. 1. Growth pattern and feed intake ［J］. Australian Journal of Agricultural Research，44（7）：1623－1633.

Sibanda L M，1999. Effects of a low plan of nutrition during pregnancy and lactation on the performance of matebele does and their kids ［J］. Small Ruminant Research，32：243－250.

Storm E，Ørskov E R，1982. Biological value and digestibility of rumen microbial protein in lamb small－intestine ［C］//Proceedings of the Nutrition Society. C/O Publishing Division，Wallingford，Oxon，England Ox10 8de：Cab International.

Waghorn G C，Smith J F，Ulyatt M J，1990. Effect of protein and energy intake on digestion and nitrogen metabolism in wethers and on ovulation in ewes ［J］. Animal Production，2：291－300.

第八章
肉羊饲料能值的估测模型

第一节 概 述

饲料中的能量物质是畜禽所需营养物质和能量的最重要来源，对畜禽的生活和生产非常重要。动物摄入的饲料能量伴随着养分的消化代谢过程，发生一系列转化，动物以固态、液态和气态的排泄方式损失掉一些能量，另一部分能量以热的形式损失掉。饲料能量并非都能被动物有效利用，其中可被动物利用的能量称为有效能。饲料中的有效能含量反映了饲料能量的营养价值，简称能值。动物的能量需要和饲料的能量营养价值常用有效能来表示（杨凤，2000）。饲料有效能可以从三方面衡量，即 DE、ME 和 NE。

一、能量的表示方法

（一）消化能

饲料总能（GE）在全消化道中被消化的能量即为 DE，即 $DE=GE\times GE$ 消化率。一般情况下，FE 是饲料能损失的最大部分，UE 的损失通常较低，消化能可以用来表示大多数动物的能量需要。相对于 ME 和 NE，DE 测定较容易，采用消化试验，用采食饲料中的 GE 减去 FE 即可得到，也可根据相对易于测定的营养成分进行计算。

目前，DE 主要用于猪，由于只考虑 FE 损失，没有考虑气体能、热增耗损失，因此没有 ME 和 NE 准确，DE 往往过高估计 CF 饲料（如干草、秸秆）的有效能（杨凤，2000）。

（二）代谢能

DE 减去尿能和 CH_4 气体中损失的那部分能量就是饲料的代谢能（ME），即 $ME=DE-UE-CH_4-E$。ME 为可在畜体内转运和利用的能量，不仅考虑了尿中损失的能量，也考虑了饲料在消化过程中所产生 CH_4 气体损失的能量，比 DE 更准确，但测定 CH_4 时需要呼吸测热设备，故在生产实践中测定 ME 相对较难（杨凤，2000）。对于反刍动物，生产中常采用 $DE\times0.82$ 来推算 ME。目前，ME 体系主要用于家禽和部分反刍动物。

（三）净能

饲料的 ME 扣除 HI 即为饲料的 NE，用于机体维持和不同生产形式的能量。用于维持的 NE 主要用于在机体内做功而且以热的形式散失掉，用于生长、育肥、泌乳、产蛋或产毛的 NE 或者贮存在机体内，或者以化学能的形式排出体外，这样利用的 NE 就是动物的能量存留。NE 体系不但考虑了 FE、UE 与气体能损失，还考虑了体增热的损失，比 DE 和 ME 更准确。但 NE 体系比较复杂，因为任何一种饲料用于动物生产的目的不同，其 NE 值也不同；而且为使用方便，常将不同的生产 NE 换算为相同的 NE。比如，将用于维持、生长的 NE 换算为产奶 NE，换算过程中存在较大误差。另外，NE 的测定难度也非常大，费工费时。目前，反刍动物的能量需要主要用 NE 体系来表示（杨凤，2000）。

我国现在普遍采用的饲料成分表所采用的能量参数主要是 GE 和 DE，ME 的数据很少。但是在确定饲料对动物的潜在价值时，ME 指标比 DE 实用，而最准确反映反刍动物能量需要量的指标是 NE。对于羊来说，世界各国所沿用的能量体系不尽相同。比如法国（INRA，1989）采用 NE 作为能量指标；美国则既采用 ME，也采用 NE 作为能量指标。但是饲料的 NE 并不是一个固定值，会随动物所采食饲料中能量用途的不同而不同。鉴于此，用变化较小的能量术语表述饲料的能量更可取。而且从饲料能值评定的难易程度上讲，采用 ME 更易于评定饲料的能值，这也是世界上很多国家普遍采用 ME 的主要原因。例如，英国（AFRC，1993）和澳大利亚（CSIRO，2007）等能量体系在研究营养需要的过程中都采用 ME 作为肉用羊的能量指标。

二、评定饲料能量的方法

能量是饲料中的重要养分，也是肉用绵羊生产性能的限制性因素。饲料中可被绵羊利用的能量除受到绵羊自身因素（如品种、生产性能）的影响外，还受到饲粮因素（如营养组成、消化率）的影响（张吉鹍等，2004）。能量对于绵羊来说固然很重要，但是评定饲料的能量值却是一个费力且复杂的过程。另外，绵羊作为反刍动物，由于所采食饲料种类的多样化和肠道消化生理的独特结构，因此其能量体系比猪或家禽的能量体系更为复杂。

理论上饲料的能量应经动物消化试验测定，但在实际生产中饲料能量一般是通过营养素的体内消化率、体外消化率及不同化学成分分析参数建立的估测模型经计算得到。大多数能量体系也是通过使用一些更容易测定的饲料营养成分指标来估测饲料能量值。例如，美国 NRC 采用总可消化养分（total digestible nutrients，TDN）来进行预测，英国 AFRC 采用 GE 作为预测因子，澳大利亚 CSIRO 采用 ADF 来预测代谢能（Tedeschi 等，2005）。国内外饲养标准中的一个共同的特征是通过使用一些更易测定的饲料特征来预测饲料能值，如饲料的概略养分或是可消化营养物质。例如，青贮饲料的代谢能可能会由于所用牧草类型和制作青贮料的实际操作不同而不同。如果一个养殖户需要知道自家青贮料的能值，但是研究机构又不能对养殖户送检的任何一种样品进行快速评定，那么就需要根据养殖户提供的信息先得知牧草的类型，然后按照与此牧草类型相似牧草的能值给养殖户提供一个相对接近的值。如果对一定数量青贮料的代谢能进行实测，然后将代谢能与饲料中的常规成分进行回归分析，就可以建立一个估测模型。此时若有养殖户想得知一种青贮料的能值，只需将待测的青贮料通过简单化学分析检测，然后根据已建立好的代谢能估测模型就可以计算得知。这样对于待测青贮料的能值估测也更加准确，而且待测青贮料分析的数据也可以用在已建立的用化学成分估计能值的方程中，以不断增加估测方程的准确性（Mcdonald，2002）。饲料有效能的预测对于舍饲绵羊饲粮或是放牧绵羊的精饲料补充料的配制有重要意义（Abate 等，1997）。

各种饲料（单一饲料或配合饲料）所含营养素消化率之间的差异，导致其有效能不同。饲料成分预测饲料有效能具有实用、快捷、有效的特点，目前被世界各国广泛应用（Theriez 等，1982；Just 等，1984；Deaville 等，2009；Losada 等，2010）。饲料成分含量影响饲料能值的主要因素有：一是根据饲料中消化率高的成分（如 CP）来推断其营养价值，二是把饲料中消化率低的成分（如 NDF）作为能量利用的限制因素来进行考虑（陶春卫，2009）。

除可采用化学分析预测能值外，还可以通过体外发酵得到的消化率或通过饲料中可消化有机物（digestible organic matter digestibility，DOMD）的含量来评定 ME。例如，英国 AFRC 饲养体系中建立的用 DOMD 来预测 ME 的方程：ME（MJ/kg DM）＝$0.016DOMD$（式中，$DOMD$＝g DOM/kg DM，DOM 为可消化有机物），这样通过体内消化得到的结果会更加可信和准确。

世界各国的营养学家们经过几十年的探索和努力，摸索出了许多科学、实用的评定方法，主要有体内法、半体内法（尼龙袋法）和体外法等。出于不同研究目的，饲料评价方法各异。学者们采用各种饲料评价方法来预测饲料价值，应用体外法和半体内法得到的营养参数来建立回归方程去预测体内消化参数。评定饲料能量的方法多样，当选用某方法评定饲料能量时，不仅要考虑该法的精确性，更要考虑其成本、适用性及评定结果的重复性或再现性。

（一）体内法

体内法（$in\ vivo$）是直接评定饲料营养价值的方法，测定的结果最接近动物正常的生理状态，具有可靠性和真实性的特点。反刍动物所采食饲粮的能量经由粪便损失的部分和瘤胃产 CH_4 损失的能量，对饲料能值的影响很大。因此，许多饲料能量的测定常通过饲料营养素的分析及动物消化试验进行。但体内法也存在很多不足，若要测定饲粮或单一粗饲料对反刍动物的营养价值，可以通过体内试验进行分析；如若测定单一精饲料，由于反刍动物特殊的消化道结构及消化生理特点，就不能采用全喂精饲料的方法进行体内试验分析。由于反刍动物的饲料消化过程是由瘤胃的微生物发酵和瘤胃后的消化道消化所组成，因此影响饲料消化的因素比单胃动物要复杂得多，饲养水平和饲料结构都会对消化产生影响。此外由于饲料种类繁多，而且饲料原料的营养价值也会随着饲料产地或是加工条件的不同而产生差异，因此体内法既耗费人力又耗费物力，也不可能将每种条件下的每种饲料都进行动物试验。为了提高效率，并且相对准确地评价饲料营养价值，有必要借助数学模型，通过较易测定的营养成分来预测饲料中较难测定的消化代谢参数。

（二）体外法

用体外法评定反刍动物饲料的能量，目前所做的工作主要是在体外就反刍动物前胃的消化过程进行部分模拟，同时将体外参数（有机物体外消化率、产气量）引入反刍动物饲料能量估测模型中，目的在于提高模型预测饲料能量的准确性。常用的方法是用瘤胃液进行体外培养，如两阶段培养法、Hohenheim 气体测定法等。由于这些方法均需使用瘘管动物，因此实际应用时很不方便。人们尝试以粪代替瘤胃液作菌源或是从反刍家畜屠宰场取瘤胃液作菌源来进行体外培养，以测定饲料的能量，取得了较理想的结果。酶（主要是纤维素酶）法，由于不使用实验动物就可测定有机物的体外消化率，为饲料能量的评定展示了美好的前景。de Boever 等（1996）发表了用酶法预测反刍家畜粗饲料能量及全价饲料能量的模型。

（三）化学参数

Weende 体系根据化学成分分析将饲料成分分为粗蛋白质、粗脂肪、粗灰分、粗纤维、无氮浸出物和水分六大营养成分，是饲料营养价值评定的基础。但仅根据化学成分分析并不能反映反刍动物对饲料的消化利用情况，概略养分分析所测得的饲料养分与动物消化吸收养分间存在很大差异，不足以准确地反映出饲料的实际营养价值。"Weende 概略养分分析"法所测定的化学成分有些并非化学上某种确定的化合物，故称之为"粗养分"。"粗养分"并未给出各种具体营养成分的含量，如灰分中各种元素含量、粗纤维中各种物质含量等，导致本属于不同养分的化合物归在同一养分内。如在粗纤维的测定过程中，酸处理会使很大一部分半纤维素溶解，从而加大了无氮浸出物的计算误差。但由于现行饲料分析数据库多以这些粗养分为基础，因此粗养分仍大量用于饲料能量估测模型。

van Soest 体系在评定粗饲料营养价值方面较 Weende 体系有很大进步，该体系将细胞壁进一步细分成 NDF、ADF 及 ADL。然而，对有关非淀粉多糖的复杂组分及其消化率的综合研究表明，这些参数并不能全面反映纤维的性质，同样具有局限性。尽管如此，Jung（1997）的研究表明 ADF、CF 等参数可作为预测因子用于构建粗饲料能量的估测模型。

三、饲料能量估测模型的适用范围

粗养分或体外参数常作为饲料能量的预测因子，特别是在用回归方法推导出的饲料能量估测模型中，应用较多。用回归方法求得的模型不适用于那些推导出该模型以外的同类饲料。在用回归模型计算某种饲料能量时，只有当这种饲料在类型、组成及分析方法都同推导出该模型的饲料一致时，模型对该饲料能量的预测才会准确。为提高回归模型的有效性、实用性与预测能量的准确性，在建模时对所用的饲料样品应作详细的说明。若饲料粗养分（如 EE）分析方法改变，则需重建模型。再如，在研究饲料有机物体外纤维素酶消化率与有机物体内消化率关系时，过滤技术的改变从而改变了纤维素酶法所测定的饲料有机物体外消化率。另外，这些预测配合饲料能量的模型，只有当配合饲料组分中含有较多的可消化纤维时才成立。

如果粗饲料、饲料原料或全价饲料中含有特定抗营养因子，而这种抗营养因子又会影响到营养素的消化率，则以饲料养分分析值为参数的饲料能量估测模型的准确性就受到影响。此时，若能将体外消化率参数引入模型，将提高模型预测饲料能量的准确性。此外，回归模型中，能量与饲料粗养分化学分析值、体外消化率等预测因子的相关系数及预测值的标准误应在可接受的范围内（张吉鹍等，2004）。

第二节　饲粮消化能的估测模型

DE 是饲料可消化养分真正被机体利用吸收的能量，即动物摄入饲料的 GE 与 FE 之差。由于简单易行，因此也用作衡量反刍动物的营养需要量或者饲料能值的评定。对于反刍动物，能量消化率的高低受纤维含量变化的影响（CF、NDF、ADF 或其他）。如果饲料的纤维含量很高，饲料能量利用率就会降低到 70% 以下，这与瘤胃的发酵过程有关。因为乙酸产量会高于正常水平，而大量乙酸与较为平衡的乙酸、丙酸和丁酸比例相比，其利用效率较低。根据大量测定结果可知，反刍动物对饲料的消化率取决于营养水平（拜尔等，2008）。

通常用体内法和半体内法（尼龙袋法）实测饲料的消化率，但是由于操作方法复杂，且饲料的种类很多，因此不可能对所有的饲料都进行实测。DE 是饲料中既重要，又相对难以直接测定的养分之一，理论上饲料的 DE 应经动物消化试验测定，即用最经典的动物试验直接测定饲料 DE，结果准确且客观。但是在生产实践中，动物的消化试验需要消耗大量的人力和物力，并且又不可能测定所有的精饲料和牧草（Yan 和 Agnew，2004；Gosselink 等，2004；Magalhes 等，2010），不能做到快速评定，因此目前不便于广泛应用。

一、通过其他可消化养分计算

测定 DE 比较简单，一般的测定可以采用消化代谢试验，从吸收的 GE 中减去机体不可利用的那部分能量即可得到，原则上取实测值。如果实际生产中不具备能量的测定条件，可采用其他易于测定的可消化养分通过系数进行计算（熊本海，2008）。

DE（MJ/kg）=4.184×[CP 含量×10×CP 消化率（%）×5.7+EE 含量×10×EE 消化率（%）×9.4+CF 含量×10×CF 消化率（%）×4.2+NFE 含量×10×NFE 消化率（%）×4.2]/1000

DE（MJ/kg）=4.184×TDN（%）×0.44（MJ）

式中，TDN（%）=可消化 CP（%）+可消化 EE（%）×2.25+可消化 CF（%）+可消化 NFE（%）。

二、消化能估测模型

研究者发现，饲料的概略成分含量和动物的消化之间存在一定的内在联系。比如，饲料能值可通过营养素的体内消化率、体外消化率及不同化学成分分析参数建立的估测模型经计算得到（张吉鹍等，2004），饲料的消化率可以用化学成分建立的模型进行估测。研究表明，建立科学合理的数学模型，可以利用饲料各常规营养成分来预测反刍动物对饲料的利用率。一般来说，根据饲料的组成特性进行分类建立方程可使饲料成分的一致性提高，从而能够提高预测方程的准确性。大部分研究也多是通过测定单一饲料的营养成分含量来预测某一种饲料的利用情况（张欣欣，2004；Norman 等，2010），但是根据饲料分类后建立的方程限制了方程的使用范围。而且由于反刍动物的饲粮由青饲料、粗饲料和精饲料组成，饲料种类繁多，很难准确评定出单一饲料的消化代谢情况，国内外饲料营养价值表中的消化能也多是用计算方法或体外法得出（冯仰廉和陆治年，2007）。

中农科反刍动物团队通过测定不同精粗比、不同精饲料和不同粗饲料日粮的消化能，建立了用饲料成分含量或可消化营养物质预测饲料消化能的方程（刘洁，2012；赵江波，2016；赵明明，2016）。

刘洁（2012）选用 12 只体重为（47.21±1.01）kg、10 月龄、安装永久性瘤胃瘘管的杜泊羊（♂）×小尾寒羊（♀）杂交 F_1 代肉用公羊作为实验动物，采用 12×4 不完全拉丁方设计，分别饲喂精粗比为 0：100、8：92、16：84、24：76、32：68、40：60、48：52、56：44、64：36、72：28、80：20 和 88：12 的 12 种全混合颗粒饲料，测定 DE（表 8-1），并进行 DE 与饲料成分含量的一元和/或多元线性回归分析，建立了 DE 的估测模型。

表 8-1　不同精粗比日粮的消化能（MJ/kg DM）

日粮精粗比	消化能
0：100	9.08
8：92	9.52
16：84	9.26
24：76	10.81
32：68	10.29
40：60	11.65
48：52	12.03
56：44	12.41
64：36	13.60
72：28	13.75
80：20	14.50
88：12	14.46

12 种不同精粗比饲料的 DE 分别与饲料成分含量相关性分析见表 8-2。

表 8-2　饲料消化能与饲料成分含量的相关系数（r）

项　目	OM（%）	GE（MJ/kg）	CP（%）	NDF（%）
DE（MJ/kg DM）	0.905**	0.834**	0.968**	−0.986**

注：**$P<0.01$。

从表 8-2 可以看出，饲料中的 DE 与其饲料成分含量达到极显著相关（$P<0.01$）。为进一步通过饲料常规营养成分来预测饲料能量含量，根据相关性分析的结果，选择相关系数最高的三种养分作为预测因子，分别与 DE 进行线性回归分析，建立利用饲料成分预测饲料消化能的方程（表 8-3）。结果表明，采用饲料成分预测消化能最佳单一变量为 NDF，引入变量数目增加，方程的精确性随之增加。

表 8-3　用饲料成分含量预测饲料消化能的方程

预测方程	R^2
$DE=17.211-0.135NDF$	0.972
$DE=-91.714+1.153OM$	0.818
$DE=6.339+0.364CP$	0.937
$DE=19.509-0.170NDF-0.006OM-0.097CP$	0.973

赵江波（2016）等选取 66 只、18 月龄、体重为（49.6±1.3）kg 杜泊×小尾寒羊 F_1 代杂交去势肉羊，采用完全随机区组设计，分为 11 个处理组，包括 1 个基础饲粮处理组和 10 个试验饲粮处理组，每个处理组有 6 只羊。试验中饲粮分别由燕麦、大麦、小麦、玉米、高粱、豆粕、菜籽粕、棉籽粕、花生粕、玉米酒糟饲粮替换基础饲粮中供能饲粮的 30% 后重新组成，即替换羊草、玉米和豆粕。得出 10 种试验饲粮的 DE 平均值为 12.70 MJ/kg，变异系数为 4.89；其中小麦的 DE 最高，为 13.63 MJ/kg；菜籽粕的 DE 最低，为 11.44 MJ/kg（表 8-4）。

表 8-4　试验饲粮的消化能（MJ/kg DM）

项　目	消化能
燕麦饲粮	13.18
大麦饲粮	12.03
小麦饲粮	13.63
高粱饲粮	12.96
玉米饲粮	12.95
豆粕饲粮	12.36
菜籽粕饲粮	11.44
棉籽粕饲粮	12.97
花生粕饲粮	12.81
玉米酒糟饲粮	12.66
平均值	12.70
变异系数	4.89

饲粮中的 NDF 和 ADF 与饲粮 DE 呈极显著负相关（$P<0.01$，表 8-5）。

表 8-5　饲粮消化能与饲料概略养分含量的相关性分析

项　目	OM（%）	GE（MJ/kg）	CP（%）	NDF（%）	ADF（%）
DE（MJ/kg DM）	0.162	0.219	-0.245	-0.724**	-0.807**

注：** $P<0.01$。

将饲粮的常规成分和饲粮的 DE 分析结果引入线性回归方程。不同来源精饲料组成的估测模型中 DE 最佳预测因子为 ADF，通过 ADF 与其他概略养分进行搭配，估测模型的 R^2 均有不同程度的提高（表 8-6）。

表 8-6　概略养分预测饲料消化能的方程

预测方程	R^2
$DE=16.877-18.431ADF$	0.651
$DE=17.910-13.103ADF-4.421NDF$	0.751
$DE=18.653-8.751ADF-6.667NDF-4.255CP$	0.791

饲粮 DE 与可消化 DM、可消化 OM 呈极显著正相关（$P<0.01$），与可消化 ADF 呈显著负相关（$P<0.05$），与可消化 CP 和可消化 NDF 无显著相关（$P>0.05$）（表 8-7）。

表 8-7　饲粮消化能与可消化营养物质的相关系数（g/kg DM）

项　目	DDM	DOM	DCP	DNDF	DADF
DE（g/kg DM）	0.859**	0.865**	0.099	−0.180	−0.338*

注：* $P<0.05$；** $P<0.01$。

将可消化营养物质和 DE 引入线性回归分析，建立了利用可消化营养物质预测 DE 的预测方程（表 8-8）。

表 8-8　饲粮消化能与可消化营养物质预测方程

预测方程	R^2
$DE=3.647+16.199DOM$	0.748
$DE=1.791+18.424DOM+5.990DCP$	0.821
$DE=2.972+17.577DOM+4.487DCP-5.854DADF$	0.836

赵明明等（2016）将初始体重为（45.0±1.96）kg，体况良好的杜泊×小尾寒羊 F_1 代杂交肉用羯羊 66 只，分为 11 个处理组，每个处理组设 6 个重复，每个重复 1 只羊，单独圈养于不锈钢羊栏（3.2 m×0.8 m）中。设计 1 种基础饲粮和 10 种试验饲粮，试验饲粮分别由 10 种粗饲料原料以 20% 的比例替代基础饲粮组成，即为：羊草组、苜蓿组、全株玉米青贮组、玉米秸秆青贮组、甘薯秧组、花生秧组、玉米秸秆组、黄豆秸组、小麦秸秆组、稻草秸秆组。不同饲粮 DE 见表 8-9。

表 8-9　不同饲粮的消化能（MJ/kg DM）

项　目	消化能
玉米秸秆	10.50[bcd]
羊草	10.71[abc]
全株玉米青贮	10.85[abc]
玉米秸秆青贮	10.58[bcd]
苜蓿	11.37[a]

（续）

项　目	消化能
甘薯秧	11.27[ab]
黄豆秸秆	10.30[bcd]
花生秧	10.68[abcd]
小麦秸秆	10.27[cd]
稻草秸秆	10.20[d]
标准误	0.0956
P 值	0.0462

注：同列不同上标小写字母表示差异显著（$P<0.05$）。表 8-19 注释与此同。

由表 8-10 可知，饲粮 DE 与 OM、CP、GE、NDF 含量有显著相关性（$P<0.05$）。为进一步通过饲粮常规营养成分来预测 DE 含量，根据相关性分析结果，将饲粮 DE 与其营养物质含量进行逐步回归分析，建立用饲粮营养物质含量预测饲粮 DE 的方程（表 8-11）。

表 8-10　饲粮消化能含量与饲粮营养物质含量的相关性

项　目	OM（%）	CP（%）	GE（MJ/kg）	NDF（%）
DE（MJ/kg DM）	0.961**	0.913**	0.944**	−0.821**

注：** $P<0.01$。

表 8-11　用饲粮营养物质含量预测饲粮消化能的方程

预测方程	R^2
$DE=5.254+0.415CP$	0.877
$DE=-55.327+0.683OM+0.103NDF$	0.958
$DE=-7.238+0.853GE+0.219CP$	0.921
$DE=-49.667+0.554OM+0.087NDF+0.375GE$	0.964

饲粮可消化营养物质与 DE 进行的相关性分析结果见表 8-12。

表 8-12　饲粮消化能与饲粮可消化营养物质的相关性（g/kg DM）

项　目	DOM	DCP	DNDF
DE（MJ/kg DM）	0.867**	0.945**	−0.672**

注：** $P<0.01$。

由上表可知，饲粮 DE 与 DOM、DCP 含量均呈极显著正相关，与 DNDF 含量呈负相关。将可消化营养物质含量与 DE、ME 进行逐步分析，建立利用可消化营养物质估测饲粮 DE 的方程（表 8-13）。结果表明采用饲粮可消化营养物质估测 DE 方程的单一变量均包含 DOM、DCP。由方程可以看出，方程中出现的预测因子的数量增加，其方程决定系数 R^2 有所增加。

表 8-13　用饲粮可消化营养物质预测饲粮消化能与代谢能的方程

预测方程	R^2
$DE = -0.882 + 0.020DOM$	0.752
$DE = 6.880 + 0.042DCP$	0.893
$DE = 5.251 + 0.045DCP + 0.0007DNDF$	0.905

第三节　饲粮代谢能的估测模型

DE 没有考虑气体能量和动物的热增耗，这部分损失被忽略不计，因此 DE 估测能量准确度较低。ME 是各国普遍采用的一个能量评价指标，是指饲料 DE 减去 UE 及消化道可燃气体的能量后剩余的能量。相对于 DE，ME 是更为科学合理的指标，能较准确地反映饲料中能量可被畜禽有效利用的程度。UE 是尿中有机物所含的 GE，消化道气体能来自动物消化道微生物发酵产生的气体，主要是 CH_4，这些气体经过口腔、鼻孔和肛门被排出体外。单胃动物的大肠中虽然也有发酵，但产生的气体较少，通常可以忽略不计；但是反刍动物消化道（主要是瘤胃）微生物发酵产生的气体量大，所含能量可达饲料 GE 的 3%～10%，因此 CH_4 的评定是反刍动物的 ME 评定中非常重要的一个环节。生产实践中，ME 相比 DE 要难以测定，因为 ME 的计算还要测定 CH_4-E。CH_4 是饲料在瘤胃中发酵的主要能量损失，由于 CH_4 的损失不易实测，受到测定条件限制，而且仪器昂贵，因此实测 CH_4 气体产量的报道很少。目前众多研究中，ME 的测定可以借助各种呼吸测热装置直接测定，实测出 CH_4 产量。但大部分试验得出的代谢能多是借鉴其他资料或是通过公式推导，比如用 Blaxter 等（1965）的推荐公式间接推算而得，也可通过一些回归模型进行预测，进而得到 ME。

由于反刍动物的饲料种类繁多，而且测定 CH_4 的仪器也相对比较昂贵，如果对每一种常规饲料都采用呼吸测热这种高成本的方法显然是不现实的。传统的呼吸代谢箱法、呼吸面罩法等多因费用昂贵及操作复杂而得不到推广。目前各国对于评定肉用绵羊气体排放量采用的方法是在可控条件下应用呼吸代谢箱进行大量的试验，然后建立一定的回归模型去计算气体排放量（Moe 等，1979；Crutzen，1991；Howden 等，1994；Benchaar 等，1998；Mills 等，2003）。一般用于间接估测气体所选取的指标有 VFA 产生量、饲粮组成和饲粮的消化率等，但结果的精确度不够理想，只有在急需一个大致数据而又无条件进行直接测定时，或者在一次直接测试试验之前，先要进行预备对比试验时可应用此种方法（杨嘉实和冯仰廉，2004）。

由于 ME 测定方法复杂，因此在测定大批饲料样品时，多采用预测方程计算。在这些预测方程中，饲料成分含量或体外消化率常作为饲料有效能的预测因子，特别是在用回归方法推导出的饲料有效能估测模型中应用较多。Menke 等（1979，1988）报道，利用 24 h 产气量和其他化学成分可估测 OM 的体外消化率，利用 OM 消化率可以预测

ME。在国外的能量体系中，饲料中的 ME 多是采用 OM 的消化率或是饲料的单个化学成分来进行预测。因此，学者们利用饲料成分或是体外消化率等因子建立了很多公式来预测 ME（Lopez 等，2000）。研究表明，ME 可以通过 GE、OM、CP、NDF 和 DOMD 进行预测（Abate 等，1997；Agnew 和 Yan，2000）。因此，通过建立科学合理的数学模型，可以利用饲料的常规营养成分来预测反刍动物对饲料的利用状况，从而准确地评定饲料营养价值。

一、以饲料成分为预测因子的估测模型

能量是饲料中的重要养分，各种饲料（单一饲料或配合饲料）所含营养物质消化率的差异导致其有效能不同。研究表明，饲料中纤维含量与 ME 呈高度负相关，其对 OM 的消化率有限制作用，以纤维成分为主要指标可以较准确地评定饲料的能量。研究认为 NDF 预测效果较佳，而且在以 NDF 为主要预测因子的方程内，如果再引入相关性高的其他成分，方程的准确度可以进一步提高（刘彩霞，1998；李明元等，2000；Losada 等，2010）。

鉴于国内很多实验室及中小型企业缺乏实测 CH_4 仪器的实际情况，中农科反刍动物团队为了对 CH_4 进行准确测定，先采用 Sable 开路式呼吸测热系统对 CH_4 进行实测，然后将实测的 ME 与饲料成分含量或可消化营养物质或体外参数进行回归分析，以确保肉用绵羊饲料 ME 估测模型的准确性（刘洁，2012；赵江波，2016；赵明明，2016）。

刘洁（2012）选用 12 只体重为（47.21±1.01）kg、10 月龄、安装永久性瘤胃瘘管的杜泊羊（♂）×小尾寒羊（♀）杂交 F_1 代肉用公羊作为实验动物，采用 12×4 不完全拉丁方设计，分别饲喂精粗比为 0∶100、8∶92、16∶84、24∶76、32∶68、40∶60、48∶52、56∶44、64∶36、72∶28、80∶20 和 88∶12 的 12 种全混合颗粒饲料，采用全收粪尿法收集粪、尿，采用 Sable 开路式呼吸测热系统测定 24 h 的 CH_4 产量，用于计算日粮 ME，并进行 ME 与饲料成分含量或可消化营养物质的一元和/或多元线性回归分析，建立了饲料 ME 的预测方程。

12 种不同精粗比饲料的 ME 与饲料成分含量的相关性分析见表 8-14。

表 8-14　饲料代谢能与饲料成分含量的相关系数（r）

项　目	OM（%）	GE（MJ/kg）	CP（%）	NDF（%）
ME（MJ/kg DM）	0.815**	0.718**	0.914**	-0.938**

注：* $P<0.05$；** $P<0.01$。

从表 8-14 可以看出，饲料中的代谢能与其饲料成分含量达到极显著相关（$P<0.01$）。为进一步通过饲料常规营养成分来预测饲料代谢能含量，根据相关性分析的结果，选择相关系数最高的 3 种养分作为预测因子，分别与代谢能进行引入线性回归分析，建立利用饲料成分或可消化营养物质预测饲料代谢能的方程（表 8-15）。结果表明采用饲料成分预测代谢能的最佳单一变量为 NDF。引入变量数目增加，方程的精确性随之增加。

表 8 - 15　用饲料成分预测代谢能的方程

预测方程	R^2
$ME=13.670-0.101NDF$	0.880
$ME=-63.286+0.812OM$	0.663
$ME=5.609+0.269CP$	0.835
$ME=50.245-0.136NDF-0.394OM-0.012CP$	0.901

由以上两表可以看出，NDF 是一个较好的预测因子，ME 与 NDF 呈极显著相关（$P<0.01$）。在 ME 的预测方程中，只以 NDF 为预测因子，$R^2=0.880$；而引入 OM 和 CP 两个变量后，$R^2=0.901$，说明预测方程的精确性有所提高。但是从方程的简易、快速分析，回归变量引入不宜太多，生产实践中可选择较易测定的某一种变量进行大致预测。

赵江波（2016）等选取 66 只、18 月龄、体重为（49.6±1.3）kg 杜泊×小尾寒羊 F_1 代杂交去势肉羊，采用完全随机区组设计，分为 11 个处理组，包括 1 个基础饲粮处理组和 10 个试验饲粮处理组，每个处理组 6 只羊。试验中饲粮分别由燕麦、大麦、小麦、玉米、高粱、豆粕、菜籽粕、棉籽粕、花生粕、玉米酒糟饲粮替换基础饲粮中供能饲粮的 30% 后重新组成，即替换羊草、玉米和豆粕。得出 10 种试验饲粮的 ME 平均值为 9.82 MJ/kg，变异系数为 6.59。其中，小麦的 ME 最高，为 10.63 MJ/kg；菜籽粕的 ME 最低，为 8.69 MJ/kg（表 8 - 16）。

表 8 - 16　试验饲粮的代谢能（MJ/kg DM）

项　目	ME
燕麦饲粮	9.95
大麦饲粮	9.15
小麦饲粮	10.63
高粱饲粮	9.55
玉米饲粮	10.16
豆粕饲粮	9.14
菜籽粕饲粮	8.69
棉籽粕饲粮	10.27
花生粕饲粮	10.31
玉米酒糟饲粮	10.34
平均值	9.82
变异系数	6.59

饲粮中的 NDF 和 ADF 与饲粮 ME 呈极显著负相关（$P<0.01$），OM、GE、CP 与饲粮 ME 无显著相关（$P>0.05$）（表 8 - 17）。

表 8-17 饲粮代谢能与饲料概略养分含量的相关性分析

项 目	OM（%）	GE（MJ/kg）	CP（%）	NDF（%）	ADF（%）
ME（MJ/kg DM）	0.029	0.046	−0.063	−0.610**	−0.714**

注：** $P<0.01$。

将饲粮的常规成分和饲粮的 ME 分析结果引入线性回归方程。不同来源精饲料组成的估测模型中 ME 最佳预测因子为 ADF，通过 ADF 与其他概略养分进行搭配，估测模型的 R^2 均有不同程度的提高（表 8-18）。

表 8-18 概略养分预测饲料代谢能的方程

预测方程	R^2
$ME=13.551-16.435ADF$	0.510
$ME=38.881-19.516ADF-28.672OM$	0.640

赵明明等（2016）将初始体重为（45.0±1.96）kg、体况良好的杜泊×小尾寒羊 F_1 代杂交肉用羯羊 66 只，分为 11 个处理组，每个处理组设 6 个重复，每个重复 1 只羊，单独圈养于不锈钢羊栏（3.2 m×0.8 m）中。设计 1 种基础饲粮和 10 种试验饲粮，试验饲粮分别由 10 种粗饲料原料以 20% 的比例替代基础饲粮组成，即为：羊草组、苜蓿组、全株玉米青贮组、玉米秸秆青贮组、甘薯秧组、花生秧组、玉米秸秆组、黄豆秸组、小麦秸秆组、稻草秸秆组。不同饲粮的能量代谢情况见表 8-19。根据饲料原料的变化，饲粮 ME、FE 具有显著性差异，CH_4-E、UE 无显著性差异。

表 8-19 肉羊对不同饲粮的能量代谢（MJ/kg DM）

项 目	ME	FE	CH_4-E	UE
玉米秸秆	8.50[c]	7.14[a]	1.46	0.54
羊草	8.61[abc]	7.11[a]	1.50	0.60
全株玉米秆青贮	8.85[abc]	6.65[cd]	1.38	0.62
玉米秸青贮	8.63[abc]	6.86[abc]	1.37	0.59
苜蓿	9.20[a]	6.59[cd]	1.47	0.69
甘薯秧	9.11[ab]	6.76[bcd]	1.49	0.66
黄豆秸秆	8.35[c]	7.14[a]	1.34	0.61
花生秧	8.62[abc]	6.98[ab]	1.47	0.60
小麦秸秆	8.28[c]	7.13[a]	1.39	0.60
稻草秸秆	8.23[c]	7.14[a]	1.41	0.56
标准误	0.071 7	0.039 8	0.016 2	0.015 4
P 值	0.013 9	<0.000 1	0.275 7	0.475 0

由表 8-20 可知，饲粮中 OM、CP、GE 与 FE 呈显著负相关（$P<0.05$），与 UE、CH_4-E、ME 呈显著正相关（$P<0.05$）。NDF 含量与 FE 呈极显著正相关（$P<0.01$），与 UE、CH_4-E、ME 呈显著负相关（$P<0.05$）。

表 8-20　饲粮能量含量与饲粮营养物质含量的相关性

项目（MJ/kg DM）	OM（%）	CP（%）	GE（MJ/kg）	NDF（%）
FE	−0.857**	−0.815**	−0.710*	0.756**
UE	0.821**	0.949**	0.851**	−0.664*
CH_4-E	0.774**	0.707*	0.844**	−0.807**
ME	0.945**	0.918**	0.907**	−0.786**

为进一步通过饲粮常规营养成分来预测 ME 含量，根据相关性分析结果，将饲粮 ME 与其营养物质含量进行逐步回归分析，建立用饲粮营养物质含量预测饲粮 ME 的方程（表 8-21）。

表 8-21　用饲粮营养物质含量预测饲粮代谢能的方程

项　目	预测方程	R^2
FE	$FE=29.127-0.248OM$	0.734
	$FE=32.464-0.416OM+0.663GE$	0.798
	$FE=50.968-0.620OM+0.848GE-0.074NDF$	0.839
	$FE=39.437-0.509OM+0.960GE-0.054NDF-0.099CP$	0.855
UE	$UE=-0.044+0.050CP$	0.833
	$UE=1.158+0.069CP-0.082GE$	0.859
	$CH_4-E=-2.260-0.209GE$	0.682
CH_4-E	$CH_4-E=-4.080+0.339GE-0.037CP$	0.741
	$CH_4-E=-2.769+0.296GE-0.043CP-0.010NDF$	0.774
	$CH_4-E=5.646+0.380GE-0.012CP-0.032NDF-0.103OM$	0.853
ME	$ME=4.411+0.324CP$	0.827
	$ME=-24.030+0.365OM$	0.894
	$ME=-49.593+0.594OM-0.107NDF$	0.949

二、以体外参数作为预测因子的估测模型

饲料原料的化学成分分析具有简便、快速、准确等优势，应用性比较广，但消化率和代谢率无法直接获得。OM 消化率不仅可用于评价饲料 ME，而且还可用于蛋白质评价体系，通过计算瘤胃可发酵有机物（fermentable organic matter，FOM），来估测瘤胃微生物蛋白质（MCP）的合成（Gosselink 等，2004；Givens 等，2009）。评定 OM 消化率的方法很多，体内法可以实测，但是耗费人力、物力；而且反刍动物由于其消化生理的独特结构与饲料种类的复杂性使评定方法相对复杂，很难准确地评定出单一饲料的消化率，也不可能对所有的饲料都进行实测。因此，体内法不能做到快速评定，目前不便于广泛应用。

与体内法相比，体外产气法（Menke 等，1979）不需要大量的实验动物，一次可进行多个样本的测定，并且结果与体内法具有高度相关性，可以评定反刍动物饲料的

DM 降解率和 ME、评定饲料的营养价值、监测饲料的动态降解特性及饲料间的组合效应，是评定反刍动物饲料营养价值的一种非常有效的方法，目前已经越来越多地应用在反刍动物饲料营养研究上（Cone 等，2002）。体外产气法目前已经成功地应用于饲料 ME 的预测，可以采用多种饲料进行体外产气试验，然后结合产气量和饲料成分建立回归方程，饲料的代谢能进行很好的估测（Menke 等，1979，1988；Krishnamoorthy 等，1995；邹彩霞等，2011；韦升菊等，2011）。用体外法评定肉用绵羊饲料的能量，目前采用的方法主要是在体外对肉用绵羊瘤胃的消化过程进行部分模拟，同时将体外参数（OM 体外消化率、产气量）引入到肉用绵羊饲料能量的估测模型中，目的在于提高模型预测饲料能量的准确性。常用的方法是用瘤胃液进行体外培养，如 Tilley 和 Terry（1963）的两步法和 Hohenheim 气体测定法（Menke 等，1979）。Norman 等（2010）分别采用体外法（胃蛋白酶-纤维素酶法和体外产气法）和半体内法（尼龙袋法）测定 11 种澳大利亚本土多年生灌木的 OM 消化率，然后与体内法实测的 OM 消化率进行比较，结果表明体外产气法得出的 OM 消化率与体内法相关性最强（$r^2=0.904$），而胃蛋白酶—纤维素酶法预测的准确性相对较差。

中农科反刍动物团队通过体外产气法建立了利用体外产气量或有机物体外消化率预测肉用绵羊饲料代谢能的模型。试验采用单因素随机试验设计，分为 12 个处理组，每个处理设 3 个重复，配制精粗比分别为 0∶100、8∶92、16∶84、24∶76、32∶68、40∶60、48∶52、56∶44、64∶36、72∶28、80∶20 和 88∶12 的 12 种全混合颗粒饲料，采用德国霍恩海姆大学经典的人工瘤胃培养箱（Binder，Germany），测定 12 种饲料的体外产气量及 OM 体外消化率并计算 ME，进行饲料 OM 体外产气量或体外消化率和 ME 的相关性和回归分析，建立估测模型（刘洁，2012）。

（一）以体外产气量作为预测因子的代谢能估测模型

一定时间内产气量的多少反映了底物被瘤胃微生物利用的程度，它代表着底物营养价值的高低。体外发酵产气量是反刍动物瘤胃底物发酵一个很重要的指标，饲料的体外发酵产气量与瘤胃内的代谢能显著相关。

Menke 等（1979）最早提出用人工瘤胃产气量法评价饲草料的营养价值。他提出，OM 消化率与 24 h 体外产气量存在显著相关，并结合饲料成分建立了 ME 的预测方程。Iantcheva 等（1999）用体外法评定青干草和苜蓿消化率和代谢能的研究中，得出饲料 ME 与 24 h 体外产气量极显著相关（$r=0.66$）的结论。

刘洁（2012）通过分析体内法得到的 12 种不同精粗比饲料 ME 与 24 h 体外产气量的相关性，得到了与 Menke 和 Iantcheva 相近的结果，表明 ME 与产气量存在强相关（$r=0.974$），可以采用体外产气量对 ME 进行准确的预测。24 h 产气量和体外 ME 的相关性分析见表 8-22。

表 8-22　饲料代谢能与 24 h 体外产气量的相关系数（r）

项　目	GP_{24h}（mL/0.2 kg DM）
ME（MJ/kg DM）	0.974**

注：** $P<0.01$。

由表 8-22 可知，通过动物试验测得 ME 与体外产气法测得的 24 h 体外产气量之间存在极显著相关（$P < 0.01$），利用 24 h 体外产气量建立的代谢能的预测方程见表 8-23。

表 8-23　饲料代谢能的预测方程

预测方程	R^2
$ME = 2.645 + 0.166GP_{24h}$	0.875

注：GP_{24h} 指 24 h 产气量。

（二）以有机物体外消化率为预测因子的估测模型

一种体外法是否有效、准确且可以重复，需要与体内法进行比较。OM 体外消化率（*in vitro* organic matter digestibility，IVOMD）与体内消化率显著相关，而体内法测定 ME 需要使用实验动物和呼吸测热设备，比较耗费人力物力。在生产实践中，通过消化试验测定所用饲料的可消化营养物质或是消化率来对饲料的 ME 进行预测显然不实际。与体内法相比，体外法具有成本低、省时和操作简便的特点，以体外消化率为预测因子建立的模型更为常用。

刘洁（2012）采用体外产气法，通过将体内法得到的 12 种不同精粗比饲料的 ME 与 IVOMD 进行相关性分析，结果见表 8-24。

表 8-24　饲料代谢能与有机物消化率的相关系数（r）

项　目	IVOMD（%）
ME（MJ/kg DM）	0.826**

注：** $P < 0.01$。

由表 8-24 可知，通过动物试验测得的饲料 ME 与体外产气法测得的 IVOMD 之间存在极显著相关（$P < 0.01$），利用 IVOMD 及结合体外产气量建立的 ME 方程见表 8-25。将 IVOMD 和 24 h 产气量这两种体外参数结合起来建立 ME 预测方程，方程的相关性提高。

表 8-25　饲料代谢能的预测方程

预测方程	R^2
$ME = 2.773 + 0.116IVOMD$	0.683
$ME = 3.328 - 0.078IVOMD + 0.259GP_{24h}$	0.908

通过对体内实测的 ME 与 IVOMD 进行相关性分析和回归分析，得到代谢能的估测模型 $ME = 2.773 + 0.116 \times IVOMD$，与 Menke 等（1988）提出的配合饲料的 ME 预测方程 $ME = -1.15 + 0.160\,0 \times IVOMD$（%）计算的结果略有差异，这可能与建立方程所采用的饲料种类不同有关。为了验证方程的准确性，分别利用 Menke 的方程和刘洁（2012）研究中得到的方程计算代谢能的预测值。针对试验中所采用的饲料，采用刘洁的预测方程得出的预测值比采用 Menke 公式得到的代谢能与实测值之间的偏差整体偏低，预测值更接近实测值（图 8-1）。

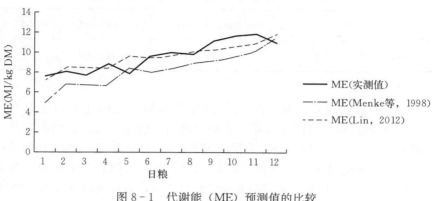

图 8-1　代谢能（ME）预测值的比较

(资料来源：刘洁，2012)

三、以可消化营养物质为预测因子的估测模型

用饲料成分对 ME 进行预测，固然快速、便捷，但是化学成分相同的饲料也会由于结构的差异造成消化率有所不同。若饲料中含有特定抗营养因子，而这种抗营养因子又会影响营养素的消化率，则以饲料成分分析值作为参数的饲料能量估测模型的准确性就会受到影响。

体外产气法重现性好，可以采用体外法对饲料营养价值进行评定，并通过产气量对 OM 消化率和 ME 进行预测。但体外产气法毕竟是一种体外模拟技术，试验环境有别于动物实际生理状况（如发酵产物的累积），其结果的可靠程度和准确性较差，需采用体内法进行校正。

此时若能将消化参数引入模型，通常就能提高模型预测饲料能量的准确性。因此，化学参数预测能量的一种替代方法是通过饲料中 DOM 的含量来评定代谢能值（Mcdonald 等，2002）。研究表明，ME 含量与饲料中可消化营养物质含量明显相关，可以使用饲料的化学分析数据来建立代谢能的预测方程，用于生产实践（Abate 等，1997；Yan 和 Agnew，2004；Detmann 等，2008）。

与单胃动物的饲料营养价值评定方法相比较，反刍动物由于其消化生理的独特结构与饲料种类的复杂性使其饲料营养价值的评定相对较难且复杂，很难准确地评定出单个饲料的消化率和有效能。

鉴于反刍动物的特点和生产实际情况，刘洁（2012）选用 12 只体重为（47.21±1.01）kg、10 月龄、安装永久性瘤胃瘘管的杜泊羊（♂）×小尾寒羊（♀）杂交 F_1 代肉用公羊作为实验动物，采用 12×4 不完全拉丁方设计，分别饲喂精粗比为 0∶100、8∶92、16∶84、24∶76、32∶68、40∶60、48∶52、56∶44、64∶36、72∶28、80∶20 和 88∶12 的 12 种全混合颗粒饲料，采用全收粪尿法收集粪、尿，采用 Sable 开路式呼吸测热系统测定 24 h 的 CH_4 产量，用于计算日粮 ME，将饲料 ME 与可消化营养物质进行了相关性分析，建立了饲料 ME 的预测方程，结果见表 8-26。

表 8-26 饲料代谢能与可消化营养物质的相关系数（r）

项 目	DOM（g/kg DM）	DE（MJ/kg DM）	DP（g/kg DM）	DNDF（g/kg DM）
ME（MJ/kg DM）	0.967**	0.986**	0.933**	−0.881**

注：** $P<0.01$。

从表 8-26 可以看出，饲料 ME 与可消化营养物质之间达到极显著相关（$P<0.01$）。为进一步通过饲料可消化营养物质来预测饲料能量含量，根据相关性分析的结果，选择相关系数最高的 3 种养分作为预测因子，分别与 ME 进行线性回归分析，建立可消化营养物质预测饲料 ME 的方程（表 8-27）。结果表明，采用可消化营养物质预测 ME 的最佳单一变量为 DE。随着引入变量数目增加，方程的精确性随之增加。

表 8-27 用饲料成分预测代谢能的方程

预测方程	R^2
$ME=-0.438+0.014DOM$	0.936
$ME=0.046+0.820DE$	0.972
$ME=6.823+0.027DP$	0.870
$ME=-2.208+0.002DOM+0.988DE-0.013DP$	0.958

从以上两表可以看出，基于 12 种饲料的能量代谢数据，ME 与 DE 存在强相关。此外，将试验中所有实测的 48 个样品的 DE 和 ME 的实测值进行线性回归分析后，另建立了用 DE 预测 ME 的预测方程 $ME=0.815DE+0.008$（$R^2=0.829$，$n=48$，图 8-2）。从此方程可以看出，常数项很小，可忽略不计，可以认为 DE 转化为 ME 的效率是 0.82。这与众多研究中常用的系数是一致的，从另一个角度验证了试验中所建方程的准确性。

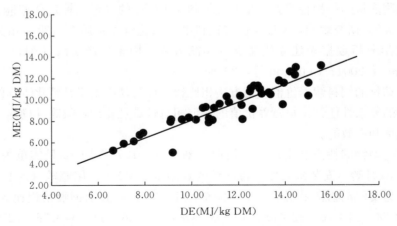

图 8-2 用消化能（DE）预测代谢能（ME）的方程

从方程的决定系数 R^2 也可以看出，采用可消化营养物质作为预测因子建立的方程比利用饲料成分值作为预测因子建立方程的 R^2 普遍较高，提高了预测能量模型的准确性。但随之带来的问题是消化试验需要实验动物，需要耗费较多的人力和物力，增加了评定方法的难度，而且虽然消化试验操作步骤已标准化，但文献报道的试验结果还是不尽一致。评定饲料能量的方法尽管多样，但当选用某种方法评定饲料能量时，不仅要考虑该法的精确性，更要考虑成本、适用性及评定结果的重复性或再现性（熊本海等，2008）。因此可消化营养物质作为预测因子虽然可以提高方程的准确性，但对生产实践来说并不是最佳的因子。

AFRC 饲养标准体系中，ME（MJ/kg DM）＝0.016$DOMD$（式中，$DOMD$＝g DOM/kg DM，DOM 为可消化有机物）（AFRC，1993）。刘洁（2012）通过相关性分析和回归分析后得到 $ME＝-0.438+0.014DOM$（图 8 - 3），由于常数项与 DOM 相关性差异不显著，但 DOM 前面的系数与 ME 的相关性差异极显著，因此若不考虑常数项，所得公式与 AFRC 得到的预测方程相近。AFRC 中，$ME＝0.815DE$，而刘洁试验中得到的 $ME＝0.008+0.815DE$，与 AFRC 的方程非常接近。与 AFRC 公式的比较，侧面验证了采用不同精粗比饲粮建立代谢能预测方程方法的准确性与可行性。

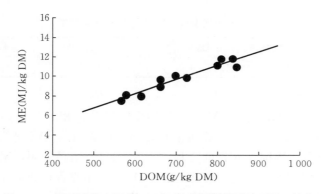

图 8 - 3　用可消化有机物（DOM）预测代谢能（ME）的方程

赵江波（2016）等选取 66 只、18 月龄、体重为（49.6±1.3）kg 杜泊×小尾寒羊 F$_1$代杂交去势肉羊，采用完全随机区组设计，分为 11 个处理组，包括 1 个基础饲粮处理组和 10 个试验饲粮处理组，每个处理组 6 只羊。试验中饲粮分别由燕麦、大麦、小麦、玉米、高粱、豆粕、菜籽粕、棉籽粕、花生粕、玉米酒糟饲粮替换基础饲粮中供能饲料的30%后重新组成，即替换羊草、玉米和豆粕。通过试验研究得出饲粮 ME 与 DDM、DOM和 DE 呈极显著正相关（$P<0.01$），与 DADF 呈显著负相关（$P<0.05$）（表 8 - 28）。

表 8 - 28　饲粮消化能与可消化营养物质的相关系数

项　目	DE (MJ/kg DM)	DDM (g/kg DM)	DOM (g/kg DM)	DCP (g/kg DM)	DNDF (g/kg DM)	DADF (g/kg DM)
ME（MJ/kg DM）	0.877**	0.604**	0.611**	0.061	-0.182	-0.375**

注：** $P<0.01$。

将可消化营养物质和 ME 引入线性回归分析，建立利用可消化营养物质预测 ME的预测方程（表 8 - 29）。

表 8 - 29　饲粮消化能与可消化营养物质预测方程

预测方程		R^2
$ME=0.901DE-1.626$		0.770
$ME=1.423DE-11.309DOM-1.935$		0.857
$ME=1.613DE-14.705DOM+2.743DNDF-3.179$		0.879

赵明明等（2016）将初始体重为（45.0±1.96）kg、体况良好的杜泊×小尾寒羊 F_1 代杂交肉用羯羊 66 只，分为 11 个处理组，每个处理组设 6 个重复，每个重复 1 只羊，单独圈养于不锈钢羊栏（3.2 m×0.8 m）中。设计 1 种基础饲粮和 10 种试验饲粮，试验饲粮分别由 10 种粗饲料原料以 20% 的比例替代基础饲粮组成，即为：羊草组、苜蓿组、全株玉米青贮组、玉米秸秆青贮组、甘薯秧组、花生秧组、玉米秸秆组、黄豆秸组、小麦秸秆组、稻草秸秆组。将饲粮的可消化营养物质分别与 ME 进行相关性分析，结果见表 8 - 30。

表 8 - 30　饲粮代谢能与可消化营养物质的相关性

项　目	DOM（g/kg DM）	DCP（g/kg DM）	DNDF（g/kg DM）
ME（MJ/kg DM）	0.819**	0.913**	−0.608*

注：* $P<0.05$；** $P<0.01$。

由上表可知，饲粮 ME 与 DOM、DCP 均呈极显著正相关（$P<0.01$），与 DNDF 含量呈极显著负相关（$P<0.01$）。将可消化营养物质含量与 ME 进行逐步分析，建立利用可消化营养物质估测饲粮 ME 的方程（表 8 - 31）。结果表明，采用饲粮可消化营养物质估测 ME 方程的单一变量均包含 DOM、DCP。由方程可以看出，方程中出现的预测因子的数量增加，其方程决定系数 R^2 有所增加。

表 8 - 31　用饲粮可消化营养物质预测饲粮代谢能的方程

预测方程		R^2
$ME=-0.127+0.015DOM$		0.671
$ME=5.694+0.033DCP$		0.833
$ME=3.701+0.036DCP+0.008DNDF$		0.859
$ME=5.939+0.043DCP+0.0008DNDF-0.005DOM$		0.868

在实际生产中，由于 ME 的测定需要实测动物产生的 CH_4 - E，大都无法体内实测 ME 值，因此根据本试验饲粮所有 DE、ME 实测值建立通过 DE 估测 ME 的预测方程（表 8 - 32）。

表 8 - 32　用饲粮消化能预测代谢能的方程

预测方程		R^2
$ME=0.132+0.796DE$		0.984

第四节　单一饲料消化能和代谢能的估测模型

一、单一精饲料消化能和代谢能的估测模型

对于测定某种单一饲料原料的营养价值，在猪和家禽等单胃动物方面，可以通过配制纯合或半纯合饲粮，结合替代法，测定其营养价值，如能量体系中的代谢能。聂大娃等（2008）应用套算法测定了单一饲料代谢能值中被测饲料的适宜替代比例问题，确定了应用套算法测定玉米在家禽中的代谢能。然而对于反刍动物却是一个难题，特别是如何测定单一谷物饲料或蛋白质饲料的营养价值，是摆在人们面前的一个难题。

借鉴单胃动物的方法，采用替代套算方法有可能解决反刍动物单一精饲料营养价值评定的问题。该方法的主要理论依据是，将待测的某种饲料原料按比例替换动物饲粮，制成试验饲粮，分别以饲粮和试验饲粮进行消化代谢试验。首先测定出饲粮的养分消化率；然后用待测饲料原料按一定比例代替部分饲粮，测定其消化率，这样可以间接推算出所需饲粮的营养价值。该方法操作过程除了进行两次代谢试验外，其他地方与其他饲料代谢试验操作无异，整个过程可操作性强；而且其试验结果基于代谢试验，计算简单，因此其结果比较客观。尽管目前尚没有报道，但预计只要遵循动物营养的基本理论和饲料消化的特点，可以得出较为理想的结果。

《中国饲料成分及营养价值表》标识了可作为动物饲粮原料的概略养分，并以精饲料和粗饲料区分了饲料种类，又进一步将精饲料分为能量饲料（粗蛋白质含量<20%）和蛋白质饲料（CP含量>20%）。中农科反刍动物团队分别以能量饲料和蛋白质饲料为研究对象，研究这两类精饲料原料在动物体内的代谢情况，确定相应的 ME 与其概略养分或可消化养分之间的相关关系，进一步建立估测模型，从而实现肉羊精饲料原料 ME 的准确预测，为饲料营养价值评定及我国肉羊饲养标准的建立提供参考依据（赵江波，2016）。

（一）能量饲料消化能和代谢能估测模型的研究

赵江波（2016）选取 36 只、22 月龄、体重为（52.6±1.4）kg 杜泊×小尾寒羊 F_1 代杂交去势肉羊，采用完全随机区组设计，分为 6 个处理组，包括 1 个基础饲粮处理组和 5 个试验饲粮处理组。试验基础饲粮由羊草、玉米、豆粕和预混料组成，采用同一批原料进行配制以确保原料的一致性。根据前期不同比例的能量饲料不同梯度替换试验结果，单一能量饲料替换比例在 30% 时，所得的 ME 与实际测定值最为接近。因此，在本次试验中饲粮分别由燕麦、大麦、小麦、玉米、高粱替换基础饲粮中供能饲料的 30% 后重新组成，即替换羊草、玉米和豆粕。试验饲粮组成及营养水平（均为实测值）见表 8-33。

表 8－33　饲粮组成及营养水平（风干基础,％）

项　目	基础饲粮	燕麦饲粮	大麦饲粮	小麦饲粮	高粱饲粮	玉米饲粮
饲粮组成						
各种精饲料替换比例	0	30	30	30	30	30
玉米	19.06	13.25	13.25	13.25	13.25	13.25
豆粕	12.19	8.46	8.46	8.46	8.46	8.46
羊草	66.46	46	46	46	46	46
磷酸氢钙	1.4	1.4	1.4	1.4	1.4	1.4
石粉	0.15	0.15	0.15	0.15	0.15	0.15
食盐	0.5	0.5	0.5	0.5	0.5	0.5
预混料	0.24	0.24	0.24	0.24	0.24	0.24
合计	100	100	100	100	100	100
营养水平						
DM	93.02	93.19	92.86	92.47	93.27	92.44
OM	86.75	86.89	86.68	84.98	86.44	86.17
GE（MJ/kg）	16.64	16.75	16.46	16.27	16.62	16.54
CP	11.19	10.47	9.84	11.93	10.41	9.84
EE	2.76	2.96	1.86	1.85	2.29	2.06
NDF	58.83	54.13	62.68	52.57	55.18	58.55
ADF	29.08	21.08	22.82	19.69	21.46	22.16

　　应用概略养分与通过套算法得出的 DE 和 ME 进行相关分析，得出能量饲料的 ME 和概略养分存在显著相关关系（$P<0.05$），能量饲料的 DE 与 CP 显著正相关（$P<0.05$），能量饲料的 ME 与 CP 极显著正相关（$P<0.01$）。能量饲料的 DE、ME 与 DM 极显著正相关（$P<0.01$）（表 8－34）。

表 8－34　原料消化能和代谢能与原料概略养分含量的相关性分析

项目 （MJ/kg DM）	DM（％）	OM（％）	GE（MJ/kg）	CP（％）	NDF（％）	ADF（％）
DE	0.788**	—	—	0.449*	—	—
ME	0.735**	—	—	0.659**	—	—

　　注："—"指负相关；* $P<0.05$；** $P<0.01$。

　　将能量饲料的概略养分与 DE 和 ME 的分析结果引入线性回归分析，建立能量饲料概略养分含量与 DE 和 ME 之间的预测方程（表 8－35 和表 8－36）。结果表明，DE 和 ME 可以用能量饲料的概略养分进行预测。本试验研究发现，不同来源能量饲料组成的估测模型中 DE 和 ME 的最佳预测因子均为 DM，通过 DM 与其他概略养分进行搭配，估测模型的 R^2 均有不同程度的提高。代谢能也可通过 DE 和 GE 进行准确预测，R^2 达到 0.907。

表 8 – 35　概略养分预测原料消化能和代谢能的方程

预测方程	R^2
$DE = 147.34 - 154.217DM$	0.621
$DE = 145.087 + 2.967CP - 151.902DM$	0.803
$DE = 164.393 + 4.302CP - 147.563DM - 29.02OM$	0.854
$ME = 128.136 - 136.52DM$	0.540
$ME = 116.753 - 124.824DM + 14.986CP$	0.679

表 8 – 36　原料代谢能与概略养分和消化能预测方程

预测方程	R^2
$ME = 0.094 + 0.814DE$	0.877
$ME = 0.79 + 0.658DE + 0.075GE$	0.907

　　由表 8 – 37 可知，DE 与本试验选用的 5 种能量饲料中的 DDM、DOM 及 DCP 呈极显著正相关（$P < 0.01$）；ME 与试验选用的 5 种能量饲料中的 DDM、DOM、DCP 及 DE 极显著正相关（$P < 0.01$）。

表 8 – 37　原料代谢能与可消化营养物质的相关系数

项目 （MJ/kg DM）	DE （MJ/kg DM）	DDM （g/kg DM）	DOM （g/kg DM）	DCP （g/kg DM）
DE	1	0.863**	0.782**	0.715**
ME	0.941**	0.921**	0.786**	0.730**

注：** $P < 0.01$。

　　将能量饲料的可消化营养物质与 DE 和 ME 的分析结果引入线性回归分析，建立能量饲料可消化营养物质与 DE 和 ME 之间的预测方程（表 8 – 38 和表 8 – 39），结果表明，通过 DDM、DOM 和 DCP 搭配可准确预测 DE 和 ME；且三种因素共同预测 ME，R^2 达到 0.853。另外，ME 也可以通过 DE、DOM、DADF 和 DNDF 进行准确的预测，R^2 达到 0.958。说明采用多种可消化营养物质和 DE 共同预测 ME 效果最好，拟合方程具有良好的参考价值。

表 8 – 38　原料消化能和代谢能与可消化营养物质预测方程

预测方程	R^2
$DE = -2.639 + 20.783DDM$	0.744
$DE = -3.434 + 16.085DDM + 6.454DOM$	0.760
$DE = -3.113 + 15.954DDM + 2.281DCP + 5.912DOM$	0.764
$ME = -0.018 + 23.045DDM$	0.848
$ME = -0.400 + 3.101DOM + 20.787DDM$	0.851
$ME = -0.021 + 2.461DOM + 20.633DDM + 2.694DCP$	0.853

表 8-39　原料代谢能与可消化营养物质和消化能预测方程

预测方程	R^2
$ME=4.671+0.978DE$	0.886
$ME=1.544+0.596DE+10.66DDM$	0.933
$ME=1.13+0.614DE+10.109DDM+17.59DADF$	0.948
$ME=1.973+0.514DE+12.127DDM+51.856DADF-17.093DNDF$	0.958

中农科反刍动物团队以能量饲料为研究对象，采用体内法结合套算法，通过物质消化代谢试验和气体代谢试验，研究 5 种能量饲料原料在肉羊体内的消化代谢规律发现，DM、CP 与 ME 的相关性达到极显著正相关（$P<0.01$），揭示了能量饲料概略养分和 DE、ME 的相关关系，并成功构建 DE 和 ME 的估测模型，发现 DM 和 CP 对 ME 有极强的正向决定作用，二者结合预测 ME，R^2 达到 0.679。说明通过区分饲料类型，可用原料概略养分预测 ME。为了验证本试验所得估测模型是否合理，采用 2015 年《中国饲料成分及营养价值表》给予的推荐值进行公式校验，用本试验所得预测方程检验玉米、小麦、大麦（裸）、大麦（皮）、高粱、黑麦、稻谷、糙米、碎米及小麦麸 10 种能量饲料的 DE 和 ME，发现预测方程所得结果与推荐表中的数值相对偏差均在 7% 以内，说明预测方程可行。

（二）蛋白质饲料消化能和代谢能估测模型的研究

赵江波（2016）选取 36 只、22 月龄、体重为（52.6±1.4）kg 杜泊×小尾寒羊 F_1 代杂交去势肉羊，采用完全随机区组设计，分为 6 个处理组，包括 1 个基础饲粮处理组和 5 个试验饲粮处理组。试验基础饲粮由羊草、玉米、豆粕和预混料组成，采用同一批原料进行配制以确保原料的一致性。根据前期不同比例的蛋白质饲料不同梯度替换试验结果，单一蛋白质饲料替换比例在 30% 时，所得的代谢能与实际测定值最为接近（赵江波等，2016）。因此在本次试验中饲粮分别由豆粕、菜籽粕、棉籽粕、花生粕及其玉米干全酒糟及其可溶物替换基础饲粮中供能饲料的 30% 后重新组成，即替换羊草、玉米和豆粕。试验饲粮组成及营养水平（均为实测值）见表 8-40。

表 8-40　饲粮组成及营养水平（风干基础，%）

项　目	基础饲粮	豆粕饲粮	菜籽粕饲粮	棉籽粕饲粮	花生粕饲粮	玉米干全酒糟及其可溶物
饲粮组成						
不同精饲料替换比例	0	30	30	30	30	30
玉米	19.06	13.25	13.25	13.25	13.25	13.25
豆粕	12.19	8.46	8.46	8.46	8.46	8.46
羊草	66.46	46	46	46	46	46
磷酸氢钙	1.4	1.4	1.4	1.4	1.4	1.4
石粉	0.15	0.15	0.15	0.15	0.15	0.15
食盐	0.5	0.5	0.5	0.5	0.5	0.5
预混料	0.24	0.24	0.24	0.24	0.24	0.24
合计	100	100	100	100	100	100

（续）

项　目	基础饲粮	豆粕饲粮	菜籽粕饲粮	棉籽粕饲粮	花生粕饲粮	玉米干全酒糟及其可溶物
营养水平						
DM	93.02	92.86	92.67	93.04	91.92	92.45
OM	86.75	85.41	84.71	86.25	85.44	85.87
GE (MJ/kg)	17.89	18.18	18.23	18.4	18.37	18.84
CP	12.03	20.02	17.56	20.6	22.3	16.71
EE	2.97	1.6	2.04	1.19	2.97	4.64
NDF	63.24	51.55	63.18	52.63	54.94	56.13
ADF	31.26	24.61	33.09	22.96	24.96	23.31

由表 8-41 可知，将蛋白质饲料概略养分与通过套算法得出的 DE 和 ME 进行相关分析，得出蛋白质饲料的 ME 和概略养分存在显著相关关系，蛋白质饲料的 DE、ME 与 OM 极显著正相关。

表 8-41　原料消化能和代谢能与原料概略养分含量的相关性分析

项目 (MJ/kg DM)	DM (%)	OM (%)	GE (MJ/kg)	CP (%)	NDF (%)	ADF (%)
DE	0.075	0.67**	−0.257	0.096	−0.316	−0.191
ME	0.046	0.577**	−0.972	0.143	−0.032	−0.34

注：** $P < 0.01$。

由表 8-42 和表 8-43 可知，将原料的概略养分与 DE、ME 的分析结果引入线性回归分析，通过 SAS 软件回归分析结果得出蛋白质饲料概略养分含量与消化率之间的预测方程。结果表明，DE 和 ME 可以用蛋白质饲料的概略养分进行预测。研究发现，不同来源蛋白质饲料组成的估测模型中 DE 和 ME 的最佳预测因子均为 OM，通过 OM 与其他概略养分进行搭配，估测模型的 R^2 均有不同程度的提高。ME 也可通过 DE、GE 和 ADF 进行准确预测，R^2 达到 0.945。

表 8-42　概略养分预测原料消化能和代谢能的方程

预测方程	R^2
$DE = -63.86 + 83.81OM$	0.449
$DE = -43.34 + 93.756OM - 35.582DM$	0.902
$ME = -31.421 + 45.121OM$	0.333
$ME = -27.62 + 64.78OM - 25.128DM$	0.702
$ME = -19.794 + 68.715OM - 39.689DM + 4.208CP$	0.875

表 8－43　原料代谢能与概略养分和消化能预测方程

预测方程	R^2
$ME=4.874+0.481DE$	0.797
$ME=11.297+0.391DE-0.463GE$	0.894
$ME=11.263+0.32DE-0.440GE-5.252ADF$	0.945

由表 8－44 可知，DE 与本试验选用的 5 种蛋白质饲料中的 DDM、DOM 极显著正相关（$P<0.01$），与 DADF 显著负相关（$P<0.05$）；ME 与试验选用的 5 种蛋白质饲料中的 DDM、DOM、DCP 极显著正相关（$P<0.01$），与 DADF 极显著负相关（$P<0.01$）。

表 8－44　原料代谢能与可消化营养物质的相关系数

项目 (MJ/kg DM)	DDM (g/kg DM)	DOM (g/kg DM)	DCP (g/kg DM)	DNDF (g/kg DM)	DADF (g/kg DM)
DE	0.608**	0.783**	0.255	−0.137	−0.401*
ME	0.828**	0.808**	0.538**	−0.098	−0.500**

注：* $P<0.05$；** $P<0.01$。

由表 8－45 和表 8－46 可知，将蛋白质饲料的可消化营养物质，以及 DE 和 ME 引入线性回归分析，建立利用可消化营养物质预测有效能的预测方程。通过 DOM、DCP，以及 DADF 搭配可准确预测 DE，R^2 达到 0.812。通过 DDM、DADF，以及 DNDF 搭配可准确预测 ME，R^2 达到 0.930。另外，ME 也可以通过 DE、DDM、DADF 和 DCP 进行准确的预测，R^2 达到 0.986。说明采用多种可消化营养物质结合 DE 共同预测 ME 效果最好，拟合方程具有良好的参考价值。

表 8－45　原料消化能和代谢能与可消化营养物质预测方程

预测方程	R^2
$DE=2.232+19.542DOM$	0.613
$DE=-1.065+31.576DOM-10.731DCP$	0.710
$DE=-0.572+41.448DOM-22.586DCP-60.036DADF$	0.812
$ME=5.069+17.843DDM$	0.685
$ME=6.869+16.463DDM-25.227DADF$	0.816
$ME=5.272+16.902DDM-44.569DADF+21.794DNDF$	0.930

表 8－46　原料代谢能与可消化营养物质和消化能预测方程

预测方程	R^2
$ME=7.068+0.698DE$	0.893
$ME=3.793+0.483DE+9.746DDM$	0.962
$ME=5.017+0.407DE+10.241DDM-14.336DADF$	0.981
$ME=4.782+0.306DE+15.234DDM-22.649DADF-3.959DCP$	0.986

为了验证本试验所得模型的准确性，采用 2015 年《中国饲料及营养价值表》推荐的大豆、大豆饼、大豆粕、棉籽饼、棉籽粕、棉籽蛋白、菜籽饼、菜籽粕、花生仁饼，以及花生仁粕 10 种蛋白质饲料进行校验。结果发现，模型计算值和推荐值相对偏差均在 9% 以内，也说明估测模型的准确性与可实用性。

二、单一粗饲料消化能和代谢能的估测模型

我国反刍动物粗饲料种类繁多，来源广泛，但其营养价值差异很大。为了提高饲料的利用率，优化饲粮配方，降低饲养成本，充分发挥反刍动物理想的生产性能，对饲粮的营养价值进行科学、准确的评定就显得非常必要。而饲粮的营养价值评定是指测定饲粮中的概略养分含量并评价这些营养物质被动物本身消化吸收的效率及对动物的营养效果。但由于反刍动物自身特殊的瘤胃结构，以及饲粮种类的多样性，因此对单个饲粮的消化率和有效能值的评定异常困难。目前，尽管肉羊的饲养发展很快，但对肉羊的营养研究却远远赶不上生产发展的需要，我国目前还没有比较科学、完善的肉羊粗饲料原料数据库。ME 是欧美各国普遍采用的能量评价指标，但开展饲料 ME 的评价费时费力，对每一种粗饲料 ME 进行一一测定也不现实。因此，非常有必要通过动物消化代谢和呼吸代谢试验准确测定粗饲料的相关营养参数，建立一套快速、准确、简便的评价 ME 估测模型。

中农科反刍动物团队在前期对反刍动物粗饲料 ME 有一定的研究。赵明明等（2016）发现，采用直接法与套算法测定单一粗饲料 ME 时无显著性差异，并得出套算法测定羊草 ME 时最佳的替代比例为 20%。本试验以我国常用的 10 种粗饲料原料为试验材料，以体重为 45.0 kg 的杂交肉用羯羊为实验动物，采用消化代谢和呼吸代谢结合套算法实测各种饲粮概略养分含量和不同营养物质的体内消化率并计算 10 种原料的代谢能值。目的在于建立粗饲料原料有效能估测模型，以达到快速、简单、有效估测粗饲料原料的消化率、DE 和 ME 的目的。这对建立我国肉用绵羊原料营养价值体系，合理利用饲料资源都具有十分重要的意义。

试验选用初始体重为（45.0±1.96）kg、体况良好的杜泊×小尾寒羊 F_1 代 18 月龄杂交肉用羯羊 66 只，分为 11 个处理组，每个处理组设 6 个重复，每个重复 1 只羊，单独圈养于不锈钢羊栏（3.2 m×0.8 m）中。试验所用原料采集信息见表 8-47，粗饲料原料营养水平（均为实测值）见表 8-48。

表 8-47　原料信息

样品名称	来　源	品　种	收获时间
稻草秸秆	天津市宝坻区	华粳籼 74	完熟期
全株玉米青贮	北京市密云区	郑单 958	蜡熟期
玉米秸秆青贮	北京市大兴区	农华 816	蜡熟期
玉米秸秆	北京市大兴区	—	收获期
豆秸秆	山东省嘉祥县	中黄 13	收获期
小麦秸秆	山东省嘉祥县	济麦 22	收获期

（续）

样品名称	来　源	品　种	收获时间
苜蓿粉	美国加州	—	孕蕾末期
花生秧	山东省嘉祥县	豫花 9 326	收获期
羊草	吉林省大安市	—	孕穗至开花初期

注："—"指未明确。

表 8-48　原料营养水平（% DM）

营养水平	全株玉米青贮	苜蓿	玉米秸秆	甘薯秧	豆秸	小麦秸秆	玉米秸秆青贮	稻草秸秆	花生秧	羊草
DM	91.39	92.55	90.63	91.78	89.85	90.46	91.47	91.00	90.05	91.40
OM	91.03	91.61	89.18	90.36	89.10	88.44	89.04	88.93	89.31	89.69
GE（MJ/kg）	17.49	17.84	16.56	17.42	16.50	16.09	16.70	16.54	16.71	16.84
CP	8.79	17.85	6.77	14.42	5.42	4.48	7.92	5.98	8.18	8.26
NDF	63.90	55.00	76.73	57.09	73.90	77.39	71.53	75.28	60.14	64.41
ADF	39.11	34.35	46.97	39.49	52.78	44.92	42.17	46.13	42.93	42.31
EE	2.81	2.45	1.71	1.81	1.44	2.01	2.15	1.31	2.04	1.91
Ca	0.45	1.49	0.55	1.42	0.45	0.18	0.31	0.08	0.98	0.46
P	0.24	0.31	0.12	0.15	0.11	0.06	0.10	0.06	0.32	0.19

　　试验所使用的饲粮，参照 NRC（2007）40～50 kg 成年肉用公羊 1.3 倍维持需要饲喂标准配制基础饲粮和 10 个试验饲粮。试验饲粮分别由 10 种原料以 20% 的比例替代基础饲粮组成，即：羊草组、苜蓿组、全株玉米青贮组、玉米秸秆青贮组、甘薯秧组、花生秧组、玉米秸秆组、豆秸组、小麦秸秆组、稻草秸秆组。饲粮组成及营养水平（均为实测值）见表 8-49。

表 8-49　饲粮组成及营养水平（% DM）

项　目	饲　粮										
	基础饲粮	全株玉米青贮	苜蓿	玉米秸秆	甘薯秧	豆秸	小麦秸秆	玉米秸秆青贮	稻草秸秆	花生秧	羊草
饲粮组成		19.50	19.50	19.50	19.50	19.50	19.50	19.50	19.50	19.50	19.50
玉米	28.54	22.83	22.83	22.83	22.83	22.83	22.83	22.83	22.83	22.83	22.83
豆粕	18.24	14.59	14.59	14.59	14.59	14.59	14.59	14.59	14.59	14.59	14.59
羊草	50.68	40.54	40.54	40.54	40.54	40.54	40.54	40.54	40.54	40.54	40.54
磷酸氢钙	1.00	1.00	1.00	1.00	1.00	1.00	1.00	1.00	1.00	1.00	1.00
石粉	0.80	0.80	0.80	0.80	0.80	0.80	0.80	0.80	0.80	0.80	0.80
食盐	0.50	0.50	0.50	0.50	0.50	0.50	0.50	0.50	0.50	0.50	0.50
预混料	0.24	0.24	0.24	0.24	0.24	0.24	0.24	0.24	0.24	0.24	0.24
合计	100.00	100.00	100.00	100.00	100.00	100.00	100.00	100.00	100.00	100.00	100.00

（续）

项 目	饲 粮										
	基础 饲粮	全株玉 米青贮	苜蓿	玉米 秸秆	甘薯秧	豆秸	小麦 秸秆	玉米秸 秆青贮	稻草 秸秆	花生秧	羊草
营养水平											
DM	92.58	90.72	92.13	88.96	89.90	89.04	89.54	90.82	92.53	92.25	92.65
OM	92.78	91.77	91.80	91.96	91.08	91.21	91.18	90.95	91.27	91.08	92.72
GE(MJ/kg)	17.75	17.49	17.96	17.64	18.03	17.44	17.40	17.45	17.34	17.27	17.83
CP	14.87	12.51	14.69	13.53	14.05	13.13	12.35	12.33	12.56	12.79	12.74
NDF	45.17	47.77	44.99	50.84	48.93	51.45	48.29	48.39	47.82	48.47	46.82
ADF	23.49	26.99	26.45	26.30	25.83	27.02	27.21	25.17	23.75	27.23	29.50
EE	2.04	1.73	2.36	1.72	1.92	1.38	1.89	2.18	1.68	2.27	2.31

注：预混料为每千克饲粮提供：Cu 16.0 mg，Fe 60.0 mg，Mn 40.0 mg，Zn 70.0 mg，I 0.80 mg，Se 0.30 mg，Co 0.30 mg，VA 12 000 IU，VD 5 000 IU，VE 50.0 mg。

粗饲料原料 DE、ME 与概略养分的相关性分析结果见表 8-50。粗饲料 DE 和 ME 与 DM、OM、GE、CP 含量均达到极显著正相关（$P<0.01$），与 NDF、ADF 含量达到极显著负相关（$P<0.01$），而与 EE 含量无显著相关性（$P>0.05$）。

表 8-50　粗饲料消化能和代谢能与概略养分的相关关系

项目 (MJ/kg DM)	DM (%)	OM (%)	GE (MJ/kg)	CP (%)	NDF (%)	ADF (%)	EE (%)	DE (MJ/kg DM)
DE	0.766**	0.813**	0.860**	0.913**	−0.940**	−0.886**	0.112	1
ME	0.778**	0.806**	0.886**	0.918**	−0.927**	−0.897**	0.114	0.997**

注：** $P<0.01$。

根据 10 种原料能值与其概略养分含量进行逐步回归分析，建立常见 10 种粗饲料原料能值估测方程（表 8-51）。从方程式可见，单用 NDF 估测 DE 和 ME 的估测方程 R^2 均达到 0.85 以上，多元回归方程式的估测值更接近于实测值。

表 8-51　概略养分含量预测粗饲料消化能和代谢能的方程

项　目	预测方程	R^2
DE	$DE=25.106-0.257NDF$	0.883
	$DE=16.960-0.165NDF+0.212CP$	0.919
	$DE=-42.614+0.634OM+0.170CP-0.123NDF$	0.839
	$DE=-13.202-0.139NDF-0.121ADF+0.314OM+0.407GE+0.38CP$	0.993
ME	$ME=20.450-0.206NDF$	0.859
	$ME=-33.840-0.156NDF+0.565OM$	0.926
	$ME=-31.002-0.097NDF+0.474OM+0.154CP$	0.953
	$ME=-6.943-0.101NDF+0.704GE-0.101ADF+0.138OM+0.032CP$	0.994
	$ME=0.221+0.812DE$	0.994

将本试验得到的 ME 与概略养分含量相关关系的三元方程和五元方程，与本试验条件下依托套算法所得的 ME 值进行比较，分别为 ME（三元）和 ME（五元），与 ME（套算）相比较结果见表 8-52。

表 8-52　粗饲料代谢能预测值的比较（MJ/kg DM）

项　目	ME（三元）	ME（五元）	ME（套算）	ME（五元）与 ME（套算）偏差（%）
玉米秸秆	4.87	4.75	4.96	-4.33
羊草	6.54	6.78	7.02	-3.48
全株玉米青贮	7.30	7.81	7.29	7.12
玉米秸秆青贮	5.48	5.87	5.91	-0.65
苜蓿	9.84	9.81	9.77	0.36
甘薯秧	8.51	8.50	8.41	1.04
豆秸	4.90	4.35	4.15	4.76
花生秧	6.76	7.00	6.89	1.56
小麦秸秆	4.10	4.38	4.13	6.03
稻草秸秆	4.77	4.90	5.08	-3.50

由 ME 的三元方程式得出的 10 种粗饲料 ME 的估测值与套算法测定值之间偏差分别为：-1.83、-6.90、0.16、-7.20、0.67、1.21、18.02、-1.93、-0.68、-6.11；而采用 5 元估测方程得到的 ME 与套算法测定值之间偏差分别为：-4.33、-3.48、7.12、-0.65、0.36、1.04、4.76、1.56、6.03、-3.50。采用五元 ME 估测方程与套算法测定值之间的偏差比采用三元 ME 估测方程除个别略高之外，偏差整体偏低，估测值更接近于套算法测定值。

综上所述，本试验条件下可以通过概略养分估测粗饲料原料有效能。随着估测因子的增加，方程精确性逐渐有所提高。

第五节　可发酵有机物估测饲料代谢能的模型

体内 FOM 也是评定瘤胃产能的一个指标。由于体内法测定 FOM 费时费力，成本高，而用半体内法测得的 FOM 与体内测定值相关性比较好（Gosselink 等，2004），因此我国目前采用表观 FOM（表观 *FOM*＝饲料 *OM*－非降解 *OM*）进行常规评定（冯仰廉，2004）。饲料在瘤胃中发酵的终产物与在小肠中消化的终产物截然不同，在瘤胃中发酵的终产物主要是 VFA，在小肠中发酵的终产物主要是脂类、葡萄糖和氨基酸等。VFA 是反刍动物最重要的能量来源，而小肠中吸收的脂类、葡萄糖和氨基酸等的消化产物只提供需要的较小部分。瘤胃 VFA 产量可用 FOM 来预测（陈喜斌等，1996），因此在目前评定方法的条件下，FOM 可以作为估测瘤胃 MCP 合成量的能量基础（冯仰廉和陆治年，2007）。由于反刍动物饲料原料不易单独评定（尤其是精饲料），因此如果将 FOM 作为一个预测因子来建立能量的估测模型，可能会成为解决反刍动物饲料原料能量评定的一个办法，这是一个很好的思路，有待于进一步研究。

刘洁（2012）选用 12 只、体重为（47.21±1.01）kg、10 月龄、安装永久性瘤胃瘘管和十二指肠瘘管的杜泊羊（♂）×小尾寒羊（♀）杂交 F_1 代肉用公羊作为实验动物，采用 12×4 不完全拉丁方设计进行分组，通过瘤胃尼龙袋法，测得 12 种不同精粗比饲料的瘤胃 24 h FOM（FOM_{24h}），并将其作为一种预测因子，分析 ME 与 FOM_{24h} 的相关性（表 8-53）。

表 8-53　饲料 24 h 可发酵有机物与代谢能的相关系数（R）

项　目	FOM_{24h}（g/kg DM）
ME（MJ/kg DM）	0.875**

注：** $P<0.01$；FOM_{24h} 指 24 h 可发酵有机物。

由表 8-53 可知，通过尼龙袋试验测得的饲料 FOM_{24h} 与 ME 存在极显著正相关（$P<0.01$），利用 FOM_{24h} 建立的 ME 方程见表 8-54。

表 8-54　饲料代谢能的预测方程

预测方程	R^2	P
$ME=5.094+0.013FOM_{24h}$	0.765	<0.001

反刍动物瘤胃 MCP 合成取决于瘤胃的可利用能量和氮的来源，当氮源充足时，MCP 产生量与瘤胃 FOM 有关，因此 FOM 一般用于预测 MCP。FOM 与 NDF 之间也存在显著相关（$P<0.05$）。冯仰廉（2004）根据国内 10 种不同饲粮，用消化道瘘管牛的体内法研究结果表明，NDF/OM 为 0～0.72 时，NDF/OM 与 FOM/OM 呈显著线性负相关（$P<0.05$）：FOM/OM（%）$=92.8945-74.7568$（NDF/OM）（$r=-0.9950$，$n=10$）。刘洁（2012）采用 12 种不同饲粮，NDF/OM 范围为 0.21～0.71；用瘘管羊作为实验动物，通过半体内法测得 24 h FOM，利用 NDF/OM 建立的 FOM/OM 的回归方程为：FOM/OM（%）$=65.690-60.049$（NDF/OM）（$r^2=0.912$，$n=12$）（图 8-4）。这与冯仰廉的回归方程相近，系数和常数项的差别可能与动物品种及饲料种类不同有关。

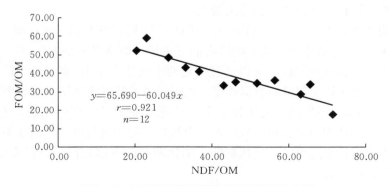

图 8-4　用 NDF/OM 预测 FOM/OM 的方程

体内法测定的 DOM 与 ME 之间存在着极显著的相关关系（$P<0.01$）。但是由于肉用绵羊作为反刍动物，其消化生理的特殊性，以及体内法需要进行消化代谢试验，因此可以采用体内法测定的饲料种类有限，而且测定周期也较长。采用体外法，虽然重复性好，测定也较为便捷，但毕竟是一种体外模拟技术，试验环境有别于动物实际生理状况（如发酵产物的累积），其结果的可靠性和准确性较差。而采用半体内法（尼龙袋法）则可以解决这种问题，操作相对体内法成本低，简单易行；同时，又考虑了在活体内进行，能够比较实际地反映出消化道内环境条件。试验通过比较 FOM_{24h} 与 ME 的关系，得出 ME 与 FOM_{24h} 之间均存在显著的回归关系（$P<0.05$）。虽然与体内试验测得的 DOM 建立的方程相比，决定系数 R^2 小一些，但是操作方法相对简便，而且可以同时测定不同品种的精饲料和粗饲料，这是体内法无法比拟的。

第六节 饲料净能的估测模型

ME 考虑了 UE 和气体能损失，比消化能体系更准确，但是仍没有考虑到 HI 造成的能量损失。HI 是指绝食动物在采食饲料后的短时间内，体内产热高于绝食代谢产热的那部分热量。ME 减去体增热即得 NE，也是在动物体内沉积的那部分能量，因此 NE 是更科学的能量指标。

用 ME 或者 DE 配制饲粮时，其结果偏差较大。利用一些常规饲料对各种能量体系进行比较的结果表明，其他两种体系基本都高估了蛋白质，以及纤维饲料的有效能值，其根本原因在于这两种能量体系都没有考虑 HI 及过量蛋白质排出造成的 UE 损失。当饲粮中纤维含量较高时，由于瘤胃降解能力有限，有一部分纤维无法被降解，从而转变为 HI 被排出体外，造成了无形的能量损失。另外，蛋白质含量较高的饲粮在反刍动物肠道内比较容易被消化吸收，HI 的散失相对较少。NE 与产品紧密相关，可根据生产的需要直接估计饲料的用量，反之亦可。

随着应用原料的开发和饲粮配制的多样复杂化，NE 体系较其他体系的优势就更为显著。NE 体系是唯一能使动物能量需要与饲粮能量值在同一水平线上得以表达并与所含饲料组成成分无关联的体系。NE 系统可提供最接近真实的动物维持需要和生产利用的能值。因此利用 NE 体系，配方师可通过平衡饲料中的精粗比及组成成分，调整出最适合反刍动物的饲粮，从而能够创造出最大的经济效益。

饲料代谢能中扣除该饲料在体内的 HI 即可得到该饲料的 NE，即 $NE=ME-HI=RE+HP$；也是单位饲料能量在体内的沉积量，即 $NE=\Delta RE/\Delta IE$。因此，能量用于增加动物体能量沉积的数值可以通过测定两个或更多个 IE 水平的 RE 来确定。饲料 NE 既可以通过比较屠宰试验数据获得，也可以通过呼吸测热试验数据来评定（杨红建，2003）。反刍动物 NE 的测定比较复杂，首先需要大量的实验动物、专业的设备，大量的物力、财力才能得以完成，我国很少有机构有能力进行测定。由于不能直接测定动物饲粮的 NE 值，因此可以通过代谢能、消化能的测定建立回归方程来估测 NE 值，此种方法的准确率很高。

在假设 RE 与饲料进食量的关系为线性的前提下，以大量的比较屠宰试验研究数据为基础，如下的饲料 NE 回归估测模型在北美地区普遍被采纳使用：

$$NE_m \ (M/kg\ DM) = (1.37ME - 0.138ME^2 + 0.0105ME^3 - 1.12) \times 4.184$$

$$NE_g \ (MJ/kg\ DM) = (1.42ME - 0.174ME^2 + 0.0122ME^3 - 1.65) \times 4.184$$

式中，ME 单位为 Mcal/kg。

我国在评定饲料中的 NE 浓度时，主要根据饲料 GE 中的消化能浓度来首先估算出饲料 DE 转化为 NE_m 和 NE_g 的效率 k_m 和 k_f，然后进一步将饲养水平因素加以考虑，来计算得到饲料 DE 转化为维持和增重 NE 的综合效率 k_{mf}，并根据 k_{mf} 来计算饲料的 NE_{mf}（冯仰廉，2000）。

$$k_m = 0.1875 \times DE/GE + 0.4579$$

$$k_f = 0.5230 \times DE/GE + 0.00589$$

$$NE_{mf} = DE \times k_{mf} = DE \times k_m \times k_f \times 1.5/(k_f + 0.5 \times k_m)$$

20 世纪初，NE 体系首先由美国提出，从而确定反刍动物的能量需要，但是 NE 体系在实际饲粮配合中的作用不是很显著。NE 虽然可以满足动物维持正常活动和适应环境条件变化的需要，而且还可以提供动物蛋白质和脂肪沉积的动力，为动物的繁殖生理活动提供能量。但是 NE 体系相对复杂，因为任何一种饲料被用作动物生产的目的都不同，所以其 NE 值也不尽相同。NE 分为维持 NE、产奶 NE、产肉 NE、生长 NE 等，为使用方便，常将不同的生产 NE 换算为相同的 NE。比如，将用于维持、生长的 NE 换算为产奶 NE，换算过程中存在较大误差。另外，NE 的测定难度也非常大，费工费时，而且饲料的 NE 并不是一个固定值，会随动物所采食饲料中能量用途的不同而不同。鉴于此，用变化较小的能量术语表述饲料的能量更可取。

当前对于反刍动物的 NE 体系研究还不够系统化，在饲料配合和反刍动物饲养过程中的应用遇到了许多难题。包括：饲料成分的 NE 数据不健全、每种营养成分的 NE 含量受很多因素（品种、生理阶段、能量消化率等）的影响、NE 体系中的热增耗部分难以准确测定、饲料能量的利用率问题同样受其他方面因素影响，等等。为了评价饲料的能量价值，沉积 NE 可被精确测定。但是，对于饲料表格中所列出的各种饲料，对其 NE 值进行试验测定是不可能的。原因有两个：一是饲料价值的试验测定直接关系昂贵的费用，因此实践中饲料价值的评定一般根据已经建立并且公认的科学方法进行估测。二是饲料价值受土壤、气候和农业技术（如肥料）、土壤耕作和收获时间的影响，粗饲料的质量有很大变异。

虽然最准确反映反刍动物能量需要量的指标是 NE，但从饲料能值评定的难易程度上讲，采用代谢能更易于评定饲料的能值，这也是一些国家普遍采用代谢能的主要原因，如澳大利亚、英国和美国等能量体系在研究营养需要的过程中都采用代谢能作为肉用羊的能量指标（刘洁等，2010）。要使 NE 体系更好地运用于实际生产当中，饲料能值的测定方法还需要进一步改进，充实和完善 NE 的概念，使 NE 体系能够更具有可操作性，从而正确指导生产实践。

本　章　小　结

肉用绵羊饲料包括各种牧草和秸秆等粗饲料及各种精饲料。我国地域辽阔，各地饲料资源种类繁多，而且中国复杂的地理环境和传统的饲养管理方式，使得绵羊的饲料结构复杂多变。在生产实践中，为动物制定日粮配方或配制日粮，饲料的有效营养成分是必要的前提条件。由于饲料种类的繁多，因此对所有的饲料进行一一评定是不现实的，饲料营养价值的评定是一个复杂的过程。开展科学研究，建立可靠的数学模型，借助这些模型和实验室简单的测定，就可以比较准确地估计日粮成分的有效营养参数，将对制定饲料成分参数估计值提供科学依据，也给生产实际带来方便。

作为饲料中的重要营养成分、配制最佳饲料配方的关键因子，以及动物生产性能的限制性因素，对饲料中能量的准确评价是对饲料营养价值进行评定的基础。能量是评定饲料能量代谢的重要营养参数，是衡量饲料营养价值高低的核心部分，是实现提高动物生产、优化饲养方案、满足动物营养需要的根本。只有通过对饲料能量的正确评定，研制出符合基本国情、集准确性和实用性于一体的肉羊饲料营养价值评定方法，才能不断提高我国肉羊养殖业的饲养水平和综合效益，对于有效利用我国饲料资源、完善我国饲料数据库、提高饲料的利用率具有重要意义。

中农科反刍动物团队通过体外产气试验、消化代谢试验、气体代谢试验和尼龙袋试验，分别选用 10 种以上不同精粗比日粮、不同精饲料和不同粗饲料，系统、深入地研究了肉用绵羊的能量代谢，得出了肉用绵羊饲粮、单一精饲料和单一粗饲料代谢能的估测模型，主要结论如下：

（1）饲料 ME 与概略养分或可消化营养物质呈显著相关（$P<0.05$），可以通过概略养分和可消化营养物质对饲料 ME 进行准确预测，可消化营养物质作为预测因子可以提高方程的准确性，随着预测因子的增加，方程精确性也随之提高。

（2）ME 与体外发酵参数存在显著相关（$P<0.05$），有机物体外消化率和 24 h 产气量均可较准确预测饲料 ME。将这两种预测因子结合，方程的相关性提高。

（3）ME 与 FOM_{24h} 存在显著相关，FOM_{24h} 可准确预测饲料 ME。

（4）利用套算法评定肉用绵羊单一饲料原料 ME 的方法可行，采用套算法测定单一精饲料 ME 适宜替代比例为 30%，采用套算法测定单一粗饲料 ME 适宜替代比例为 20%。

（5）NE 最能准确反映肉羊能量需要量，但是饲料的 NE 并不是一个固定值，鉴于饲料能值评定的难易程度，用变化较小的 ME 表述饲料的能量更可取，也更易于评定饲料的能值。

➡ 参考文献

陈喜斌，冯仰廉，1996. 瘤胃 VFA 产量与瘤胃可发酵有机物质关系的研究 [J]. 动物营养学报，2：32-36.

冯仰廉，2000. 肉牛营养需要和饲养标准 [M]. 北京：中国农业大学出版社.

冯仰廉，陆治年，2007. 奶牛营养需要和饲料成分 [M].3 版. 北京：中国农业出版社.

李明元，王康宁，2000. 用纤维等饲料成分预测植物性蛋白饲料的猪消化能值 [J]. 西南农业学报，13（S1）：41-50.

刘彩霞，1998. 用中性洗涤纤维、酸性洗涤纤维和粗纤维在预测猪饲粮消化能值比较的研究 [D]. 雅安：四川农业大学.

刘洁，2012. 肉用绵羊饲料代谢能与代谢蛋白质预测模型的研究 [D]. 北京：中国农业科学院.

刘洁，刁其玉，邓凯东，2010. 肉用羊营养需要及研究方法研究进展 [J]. 中国草食动物，3：67－70.

陶春卫，2009. 反刍动物常用粗饲料营养价值评定及其有效能值预测模型的建立 [D]. 大庆：黑龙江八一农垦大学.

韦升菊，杨纯，邹彩霞，等，2011. 应用体外产气法评定广西区内豆腐渣、木薯渣、啤酒糟的营养价值 [J]. 饲料工业，32（7）：46－48.

熊本海，庞之洪，罗清尧，2008. 饲料数据描述规范及评价进展 [M]. 北京：中国农业科学技术出版社.

杨凤，2000. 动物营养学 [M]. 北京：中国农业出版社.

杨红建，2003. 肉牛和肉用羊饲养标准起草与制定研究 [D]. 北京：中国农业科学院.

杨嘉实，冯仰廉，2004. 畜禽能量代谢 [M]. 北京：中国农业出版社.

张吉鹍，卢德勋，胡明，等，2004. 建立各种饲料能量预测模型方法的比较研究 [J]. 畜牧与饲料科学，3：7－10.

张欣欣，2004. 糠麸糟渣、饼粕类饲料鸭有效能的预测模型研究 [D]. 雅安：四川农业大学.

赵江波，魏时来，马涛，等，2016. 应用套算法估测肉羊精饲料代谢能 [J]. 动物营养学报，28（4）：1217－1224.

赵明明，杨开伦，邓凯东，等，2016. 直接法与替代法测定羊草对肉用绵羊代谢能的比较研究 [J]. 动物营养学报，28（2）：436－443.

邹彩霞，杨炳壮，罗荣太，等，2011. 应用体外产气法评定广西区内3种臂形草和2种坚尼草的营养价值 [J]. 饲料工业，32（19）：45－48.

Beyer M，Chudy A，Hoffmann L，et al，2008. 德国罗斯托克饲料评价体系：以能量为基础的饲料价值参数及营养需要量 [M]. 赵广永，译. 北京：中国农业大学出版社.

Abate A L，Mayer M，1997. Prediction of the useful energy in tropical feeds from proximate composition and *in vivo* derived energetic contents [J]. Small Ruminant Research，25：51－59.

AFRC，1993. Energy and protein requirements of ruminants [M]. Wallingford，UK：CAB International.

Agnew R E，Yan T，2000. Impact of recent research on energy feeding systems for dairy cattle [J]. Livestock Production Science，66（3）：197－215.

Benchaar C，Rivest J，Pomar C，et al，1998. Prediction of methane production from dairy cows using existing mechanistic models and regression equations [J]. Journal of Animal Science，76：617－618.

Blaxter K L，Clapperton J L，1965. Prediction of the amount of methane produced by ruminants [J]. British Journal of Nutrition，19：511－522.

Cone J W，van Gelder A H，Bachmann H，2002. Influence of inoculum source on gas production profiles [J]. Animal Feed Science and Technology，99：221－231.

Crutzen P J，1991. Methane's sinks and sources [J]. Nature，350：380－381.

CSIRO，2007. Nutrient requirements of domesticated ruminants [M]. Collingwood：CSIRO Publishing.

de Boever J L，Cottyn B G，Buysse F X，et al，1996. The use of an enzymatic technique to predict digestibility，metabolizable and net energy of compound feed stuff or ruminants [J]. Animal Feed Science and Technology，14：203－214.

Deaville E R，Humphries D J，Givens D I，2009. Whole crop cereals：2. Prediction of apparent digestibility and energy value from *in vitro* digestion techniques and near infrared reflectance spectroscopy and of chemical composition by near infrared reflectance spectroscopy [J]. Animal Feed

Science and Technology, 149 (1/2): 114 – 124.

Detmann E, ValadaresFilho S C, Pina D S, et al, 2008. Prediction of the energy value of cattle diets based on the chemical composition of the feeds under tropical conditions [J]. Animal Feed Science and Technology, 143: 127 – 147.

Givens D I, Humphries D J, Kliem K E, et al, 2009. Whole crop cereals: 1. Effect of method of harvest and preservation on chemical composition, apparent digestibility and energy value [J]. Animal Feed Science and Technology, 149 (1/2): 102 – 113.

Gosselink J M J, Dulphy J P, Poncet C, et al, 2004. A comparison of in situ and *in vitro* methods to estimate *in vivo* fermentable organic matter of forages in ruminants [J]. NJAS – Wageningen Journal of Life Sciences, 52 (1): 29 – 45.

Howden S M, White D H, Mc Keon, et al, 1994. Methods for exploring management options to reduce greenhouse gas emissions from tropical grazing systems [J]. Climatic Change, 27: 49 – 70.

Iantcheva N, Steingass H, Todorov N, et al, 1999. A comparison of *in vitro* rumen fluid and enzymatic methods to predict digestibility and energy value of grass and alfalfa hay [J]. Animal Feed Science and Technology, 81 (3/4): 333 – 344.

INRA, 1989. Ruminant nutrition, recommended allowance and feed table [M]. Paris: John Libbey Eurotex.

Jung H J, 1997. Analysis of forage fibre and cell walls in ruminant nutrition [J]. Nutrition, 127: 810 – 813.

Just A, Jørgensen H, Fernández J A, 1984. Prediction of metabolizable energy for pigs on the basis of crude nutrients in the feeds [J]. Livestock Production Science, 11 (1): 105 – 128.

Krishnamoorthy U, Soller H, Steingass H, et al, 1995. Energy and protein evaluation of tropical feedstuffs for whole tract and ruminal digestion by chemical analyses and rumen inoculum studies *in vitro* [J]. Animal Feed Science and Technology, 52 (3/4): 177 – 188.

Lopez S, Dijkstra J, France J, 2000. Prediction of energy supply in ruminants, with emphasis on forages [J]. Energy, 22 (5): 449 – 460.

Losada B, García – Rebollar P, Álvarez C, et al, 2010. The prediction of apparent metabolisable energy content of oil seeds and oil seed by – products for poultry from its chemical components, *in vitro* analysis or near – infrared reflectance spectroscopy [J]. Animal Feed Science and Technology, 160 (1/2): 62 – 72.

Magalhes K A, ValadaresFilho S C, Detmann E, et al, 2010. Evaluation of indirect methods to estimate the nutritional value of tropical feeds for ruminants [J]. Animal Feed Science and Technology, 155 (1): 44 – 54.

Mcdonald P, Edwards R A, Greenhalgh J F D, et al, 2002. Animal nutrition [M]. 6th ed. London: Pearson Education Limited.

Menke K H, Raab L, Salewski A, et al, 1979. The estimation of the digestibility and metabolizable energy content of ruminant feedingstuffs from the gas production when they are incubated with rumen liquor *in vitro* [J]. The Journal of Agricultural Science, 93 (1): 217 – 222.

Menke K H, Steingass H, 1988. Estimation of the energetic feed value obtained from chemical analysis and *in vitro* gas production using rumen fluid [J]. Animal Research and Development, 28 (72): 7 – 55.

Mills J A N, Kebreab E, Yates C M, et al, 2003. Alternative approaches to predicting methane emissions from dairy cows [J]. Journal of Animal Science, 81: 3141.

Moe P W，Tyrrell H F，1979. Methane production in dairy cows ［J］. Journal of Dairy Science，62（10）：1583 - 1586.

Norman H C，Revell D K，Mayberry D E，et al，2010. Comparison of *in vivo* organic matter digestion of native Australian shrubs by sheep to *in vitro* and in sacco predictions ［J］. Small Ruminant Research，91（1）：69 - 80.

NRC，2007. Nutrient requirements of small ruminants：sheep，goats，cervids and New World Camelids ［M］. Washington：National Academy Press.

Tedeschi L O，Fox D G，Sainz R D，et al，2005. Mathematical models in ruminant nutrition ［J］. Scientia Agricola，62（1）：76 - 91.

Theriez M，Castrillo C，Villette Y，1982. Influence of metabolizable energy content of the diet and of feeding level on lamb performances II. Utilization of metabolizable energy for growth and fattening ［J］. Livestock Production Science，9（4）：487 - 500.

Tilley J M A，Terry R A，1963. A two - stage technique for the *in vitro* digestion of forage crops ［J］. Grass and Forage Science，18（2）：104 - 111.

Yan T，Agnew R E，2004. Prediction of nutritive values in grass silages：I. Nutrient digestibility and energy concentrations using nutrient compositions and fermentation characteristics ［J］. Journal of Animal Science，82（5）：1367 - 1379.

第九章
肉羊饲料蛋白质代谢的估测模型

第一节　肉羊蛋白质代谢估测模型概述

蛋白质对于家畜养殖具有重要的意义，一方面其在动物营养中扮演着重要角色，是塑造一切细胞和组织构成的重要成分，是机体内功能物质的主要成分，同时也是动物产品，如肉、奶、蛋等的重要成分；另一方面近年来蛋白质饲料始终占据养殖成本的很大一部分比例，这在客观上要求进行家畜养殖时合理利用蛋白质资源，争取获得最大的利用效率。20 世纪 70 年代以来，很多国家和地区先后提出并应用以 MP 作为反刍动物蛋白质营养需要量的指标（AFRC，1993；CSIRO，2007；NRC，2007）。该体系不同于以往的 CP 体系或 DCP 体系，而是将能被反刍动物利用的蛋白质进行分类，具体分为 UDP、MCP 及内源粗蛋白质（endogenous crude protein，ECP）三部分。UDP 是指动物采食的一部分饲料蛋白质在瘤胃中未能被降解，经过网胃和瓣胃到达真胃及小肠的蛋白质。MCP 是由反刍动物瘤胃中的微生物利用日粮营养成分中的蛋白质、碳水化合物等分解发酵合成的微生物合成蛋白质。ECP 是一种微量内源蛋白质，主要来源于反刍动物的唾液、脱落的上皮细胞及微生物裂解物。由于 ECP 数量极少，因此一般将最后进入小肠被吸收利用的 MCP 与 UDP 称作 MP，用公式 $MP = MCP \times MCP$（小肠消化率）$+ UDP \times UDP$（小肠消化率）表示。可以说，MP 体系能够客观、准确地反映饲料蛋白质的被利用情况，也是评价饲粮蛋白质营养的一个重要指标。MP 是继 CP 和 DCP 体系提出的以小肠蛋白质为核心的蛋白质评价体系，该体系考虑了瘤胃微生物对日粮蛋白质的利用情况，以及宿主对采食的饲料蛋白质的需要量。与 CP 和 DCP 体系相比较，MP 体系能将瘤胃微生物蛋白质关联起来，反映反刍动物利用蛋白质营养物质的特殊性。该体系将 MCP 的合成量及小肠消化率都作为重要参数，能够客观、准确地反映反刍动物对于日粮蛋白质的利用情况，从而更有效地评价日粮蛋白质的利用效果，提高蛋白质利用率，为生产实践做出科学合理的指导。

另外，虽然 MP 体系比较准确地反映了反刍动物利用蛋白质的效果，但是测定步骤繁琐，生产实践中不易操作。因此，对 MP 进行合理、有效的估测非常必要。从实际情况来看，MP 估测的重点和难点在于 MCP 的估测。在正常饲喂条件下，MCP 是反刍动物主要的蛋白质来源，占进入小肠蛋白质比例的 $40\% \sim 80\%$（McDonald 等，1995），且小肠吸收的氨基酸有 $2/3 \sim 3/4$ 来源于 MCP（AFRC，1993）。反刍动物瘤胃中生存着大量的微生物，主要包括细菌、原虫及真菌三大类。这些微生物能够利用饲料中的纤维素及多种来源的非蛋白氮，合成营养物质供宿主利用。瘤胃微生物合成的蛋白质能够为反刍动物生长提供 50％以上的所需蛋白质和氨基酸（AFRC，1993），因此 MCP 对于反刍动物来说是非常重要的蛋白质来源。随着反刍动物新蛋白质评价体系——MP 体系的建立，MCP 对于反刍动物的蛋白质、氨基酸供应量的确定，以及饲料的配制具有更重要的指导意义（NRC，1985）。在配制饲料时，如果能在保证较高的 MCP 合成效率的同时同样保证较高的 DM 消化率或较高的 MCP 合成量，则能够为反刍动物提供更多的小肠 MP。提高反刍动物生产性能的重点在于为瘤胃 MCP 合成提供最佳条件从而实现饲料资源的最大化利用。

本章将详细介绍肉羊瘤胃 MCP 产量估测方法，基于全收尿法、点收尿法的基本理论、方法与结果，以及建立的 MCP 估测方程式；此外，结合体外法、半体内法和体内法，对体内实际合成的 MP 进行估测，并基于概略养分和可消化营养成分建立 MP 的估测模型，为实际生产应用提供依据。

第二节　瘤胃微生物蛋白质产量的估测方法

MCP 的估测在过去的几十年间一直是反刍动物蛋白质营养研究的热点，很多学者也对建立 MCP 估测的相关模型及方法进行了大量研究。关于估测模型的研究，NRC（1985，1989）曾提出，对于粗饲料占 40％以上的泌乳奶牛或肉牛，其微生物氮（microbial nitrogen，MN）的合成量是饲粮能量含量的函数：MN（g/d）=6.25×［−30.93＋11.45×NE_L(Mcal/d)］（式中，NE_L 是每天产奶净能的需要量）。因为不同的饲料原料（如玉米、大麦）其淀粉的瘤胃消化率存在差异，所以对 MN 的贡献量也会不同。NRC（1985）进一步提出 20％的 MN 来自核酸 N，而 80％的 MN 来自真蛋白氮，后者的消化率为 80％。尽管 NE_L 在一定程度上是 MN 的函数，但还有其他一系列因素会影响MN 的合成，包括瘤胃 pH、瘤胃食糜外流速度、精饲料的饲喂频率。可见瘤胃是一个极其复杂的系统，通过模型的方式估测 MCP 的合成量具有一定的局限性。围绕估测方法的研究，也经历了漫长的发展过程，测定 MCP 的一个重要条件是需要定量瘤胃当中MCP 的含量，因此需要微生物标记物。

一、传统测定方法

尽管针对 MCP 合成量的研究方法多种多样，但都存在一定的局限性。早期的研究使用无蛋白质饲粮法，此法至今可作为评价其他标记物的参照物；另外有一部分利用饲粮和 MCP 氨基酸成分或者使用内外源标记物来标记微生物成分。理想的微生物标记物应具有如下特征：易于测定、不会存在于饲料中、在特定试验条件下保持恒定、生物学稳定。传统标记物及相应的测定方法见表 9-1。其中嘌呤和[15]N 同位素示范是应用较为广泛的传统标记物。

表9-1　传统定量 MCP 的内外源标记物

标记物类型	测定的微生物
内源	
DAPA	细菌
D-丙氨酸	细菌
AEP	原虫
ATP	细菌和原虫
核酸	细菌和原虫
DNA	细菌
RNA	细菌
单一嘌呤及嘧啶	
总嘌呤	细菌
外源	
$^{15}NH_3$	细菌和原虫
$^{35}SO_4$	细菌和原虫
^{32}P-磷脂	细菌和原虫

资料来源：Broderick 和 Merchen（1992）。

（一）总嘌呤

Zinn 和 Owens（1986）提出了总嘌呤的测定方法。Cecava 等（1990）测定了液相细菌（fluid associated bacteria，FAB）和固相细菌（particle associated bacteria，PAB）及混合细菌的 PB/N 比例，发现三种来源的细菌比例存在差异，尤其是 FAB 和 PAB 之间的差异较大（表9-2），而混合细菌的 PB/N 比例则接近 PAB。Craig 等（1987）发现在整个饲喂期间，FAB 和 PAB 的总 PB/N 比例均存在显著变化。因为 FAB 更容易分离且基本不会受到饲粮残留的影响，因此早期的研究通常使用 FAB 的 PB/N 比例作为代表。

表9-2　细菌来源对嘌呤/氮比例的影响

细菌来源	产奶净能含量（Mcal/kg）		每天的饲喂频率（次）	
	1.36	1.73	2	12
总细菌	1.30[c]	1.30[b]	1.32[b]	1.28[b]
瘤胃液相细菌	1.56[a]	1.56[a]	1.64[a]	1.52[a]
瘤胃固相细菌	1.39[b]	1.33[b]	1.39[b]	1.35[b]

注：同列不同小写字母表示差异显著（$P < 0.05$）。
资料来源：Broderick 和 Merchen（1992）。

（二）^{15}N 法

同位素示踪技术具有极高的灵敏性和精确性，因此在科学领域被广泛应用。在农业中的应用起步于 20 世纪初 Hevesy 于 1924 年首次将放射性物质应用于动物上的研究，但直到 50 年代才被广泛应用。同位素示踪技术在我国的应用开始于 1956 年，随后取得了快速的发展，包括研究的深度和广度上都有了很大的提高，应用了多达 40 种的元素，使用的同位素标记化合物也多达 140 种（高占峰和刁其玉，2003）。

氮元素对于生物体来说是最重要的营养素之一。对于植物而言，氮元素来自于肥料、土壤及空气中的氮气，然后通过同化和异化作用构成作用于有机体的核酸和蛋白质。鉴于氮素对动植物体非常重要，因此氮素被誉为"生命元素"，对氮素的研究相对其他元素也比较深入。另外研究氮素的代谢，有助于阐明动物对饲粮中蛋白质的采食、消化、吸收和利用等全过程，对于饲料原料蛋白质的营养评定及动物饲养标准的制定也具有重要的指导意义。

制备 N 标记物是开展示踪试验的关键步骤。自然界中 ^{15}N 的天然丰度为 0.363%，而标记物的 ^{15}N 丰度理论上可达 100%。现在，无机 N 标记物（或标记氨基酸）已实现商品化生产，如 $(^{15}NH)_2CO$、$(^{15}NH_4)_2SO_4$、$^{15}NH_4NO_3$、$NH_4^{15}NO_3$、$^{15}NH_4NO_3$、$(^{15}NH_4)_2CO_3$ 等，丰度均可达到 90% 以上。

无机同位素 ^{15}N 被广泛用于体内研究 MN 的合成，使用 ^{15}N 作为标记物的优点有：① ^{15}N 是稳定同位素，不会危害环境；② ^{15}N 在饲粮中的丰度基本不受超过自然丰度以上，因此在短期研究中通过瘤胃内灌注 ^{15}N 只会标记 MN；③ ^{15}N 将全部被用于标记 MN；④ 无机来源的 ^{15}N 价格相对便宜。

虽然测定瘤胃微生物的 ^{15}N 丰度相对复杂，需首先将瘤胃微生物分离方可使用同位素质谱仪进行测定，但由于同位素质谱仪的准确性很高，能够精确到 0.001% 的丰度测定，因此在试验中只需要 0.010%～0.050% 的丰度就足够实现准确测定，使用同位素质谱仪进行 ^{15}N 的测定通常需要总 N 含量为 0.5～1.0 g。起初使用 ^{15}N 法进行测定的成本较高，但近年来随着同位素质谱仪的逐渐普及，^{15}N 法测定的可操作性也得到了很大的提高。鉴于稳定性同位素测定结果的准确性，越来越多的研究使用 ^{15}N 测定结果作为基准。

二、尿嘌呤衍生物法

对 MCP 合成量进行直接估测具有相对准确的特别，因为其能够直接反映反刍动物机体内蛋白质代谢的情况。但其不足之处有：首先，在于需要安装永久有瘤胃和十二指肠瘘管的动物，瘘管的安装需要专业的兽医技术，耗费人力、物力，不便于大规模数量的开展，同时也不符合动物福利的要求；其次，在于体内法同时涉及瘤胃微生物和十二指肠食糜两种标记物，标记物在投放过程中会存在分布不均的问题，在采样过程中也会出现由于测定方法不同而产生各种误差的情况。尿嘌呤衍生物（purine derivatives，PD）是动物体内嘌呤代谢后产生的代谢产物，其能够作为 MCP 合成量的指示物，且应用该方法具有样品易于收集（消化代谢试验）、易于测定（比色法）的优势，因此具有很大的发展空间。

（一）原理

进入反刍动物小肠的核酸有三个来源：饲粮、内源周转代谢、瘤胃微生物合成。大部分饲料中核酸的含量很低，且在瘤胃中被充分降解。瘤胃上皮存在的微生物群落能够充分降解上皮碎屑，包括其中存在的核酸及其衍生物，因此小肠中内源核酸的含量也很低（Chen 等，1990a）。小肠吸收的核酸主要来源于瘤胃微生物，核酸被降解形成的嘌呤（purine base，PB）进入小肠黏膜，最终以嘌呤衍生物的形式从尿中排出。通过建立尿中 PD 排出量与小肠吸收 PB 的相关关系，并测定瘤胃微生物 PB 与总氮的比例，即可估算出 MN。

反刍动物尿中 PD 大多来源于经小肠吸收并进一步代谢的瘤胃微生物核酸（McAllan，1982）。瘤胃原虫无法合成 PB 和嘧啶，但可以吸收游离的腺嘌呤、鸟嘌呤和尿嘧啶用于合成自身核酸，瘤胃原虫的核酸可能主要来源于瘤胃细菌（McAllan，1982）。进入十二指肠的 DNA 和 RNA 在相应核酸酶，以及磷酸二酯酶的共同作用下降解成 $3'$-单核苷酸和 $5'$-单核苷酸，经核苷酸酶及核苷酶进一步降解，生成核苷和游离碱基而被小肠吸收（McAllan，1982）。其中腺嘌呤和鸟嘌呤在相应脱氨酶的作用下分别生成次黄嘌呤和黄嘌呤，在黄嘌呤氧化酶和尿酸酶的作用下进一步降解生成尿酸或尿囊素在尿中排出（Chen 等，1992a）。

瘤胃微生物通常含有丰富的核酸，约 18% 的总氮以核酸的形式存在（11% 以嘌呤的形式存在）。瘤胃微生物是反刍动物蛋白质供应的主要来源，而微生物 PB 经过代谢后在尿中以 PD 的形式存在，包括：次黄嘌呤、黄嘌呤、尿酸和尿囊素。在过去 20~30 年的时间里，开始了大量关于使用这些衍生物计算反刍动物瘤胃 MN 供应量的工作。上述四种 PD 能够在绵羊、山羊、羊驼、骆驼的尿中被检测出，但在牛、水牛、牦牛尿中并不存在黄嘌呤和次黄嘌呤，这是因为其血浆中含有高活性的黄嘌呤氧化酶，该酶能够催化次黄嘌呤和黄嘌呤生成尿酸。关于 PD 的研究经历了两个阶段：①观测阶段，即观测饲粮成分变化对 PD 排出量的影响；②建模阶段，即定量 PD 排出量和 PB 吸收量之间的关系。

（二）研究进展

尿嘌呤衍生物法的应用研究可以追溯到 20 世纪 30 年代。当时，Morris 和 Ray（1939）发现，绵羊、山羊和母牛在经历 7 d 的饥饿期后其尿中的尿囊素和尿酸会有所下降，并进一步证明这些嘌呤代谢物与饲粮的某些因素有关。Blaxter 和 Martin（1962）通过向绵羊瘤胃和皱胃中灌注酪蛋白发现，只有当向瘤胃中灌注时尿囊素的排出量才会上升，该结果可能表明某种因素与瘤胃发酵有关系。Topps 和 Elliott（1965）则证明了采食不同可发酵能量水平的绵羊，其尿中尿囊素排出量和瘤胃核酸含量的相关关系。基于以上观测内容，他们首次提出了尿囊素能够指示瘤胃核酸的产生，于是"尿嘌呤衍生物"也首次被提出。随后 Razzaque 和 Topps（1978）建立了一系列测定 PD 的方法。在20 世纪 70—80 年代，更多研究证明尿囊素排出量与采食量（Krueuzer 等，1986）或十二指肠核酸流量存在线性相关（Antoniewiccz 等，1980）。

Smith 和 McAllan 在 20 世纪 70 年代开展大量关于反刍动物肠道核酸代谢的研究，对于揭示 PD 排出量与瘤胃微生物之间的关系具有重要意义，他们证明外源核酸、核苷酸、核苷能够在瘤胃中被完全降解（Smith 和 McAllan，1970；McAllan 和 Smith，1973a，1973b）。因此，饲粮中核酸不会对瘤胃中核酸造成显著影响，而进入反刍动物十二指肠的核酸基本都源自瘤胃微生物。Rys 等（1975）提出核酸氮转化为尿囊素氮的系数为 0.25。Antoniewicz 及其团队成员在绵羊上开展了大量工作用于研究 PD 排出量和 MCP 之间的相关关系，其中一些工作延续到建模阶段。

在 20 世纪 80—90 年代，反刍动物蛋白质营养的研究成为热点，此时建立了 MP 新体系，取代了先前的 DCP 体系，由此也需要 MCP 的相关数据来填补新体系的参数，这种需求驱使了旨在建立快捷准确地测定 MCP 新方法的研究。在此阶段，基于 PD 的定量 MCP 的方法研究也在快速发展。

Funaba 等（1997）通过 PD 法研究不同断奶周龄犊牛微生物蛋白合成量的变化。Martín‐Orúe 等（2000）研究了不同饲粮组成及不同蛋白质降解率（Webster 等，2003）分别对小母牛和羔羊 MCP 合成量存在影响。马涛等（2012a，2012b）分别研究不同饲粮饲喂水平和不同饲粮精粗比对杜寒杂交肉用绵羊 PD 排出量的影响，并进一步建立了应用 PD 估测肉羊 MCP 合成量的相关方程（Ma 等，2013，2014a）。

（三）内源尿嘌呤衍生物的测定

在嘌呤代谢过程中，核苷酸裂解后可通过从头合成或补救合成的方式生成核酸，这个过程在动物组织内持续进行。在此期间，一小部分回收合成的嘌呤被分解成次黄嘌呤、黄嘌呤、尿酸和尿囊素，并在尿中排出，该部分来自动物组织的 PD 被称为"内源排出量"。值得注意的是，次黄嘌呤能够被重新用于合成嘌呤核苷酸，但当次黄嘌呤被黄嘌呤氧化酶氧化成黄嘌呤时，则不能被重新利用。由此可见，组织中黄嘌呤氧化酶的活性是影响内源 PD 排出量的关键因素。

测定内源排出量对于建立 PD 排出量的模型具有重要作用。在早期的工作中，往往通过禁饲的方式测定内源 PD（Laurent 和 Vignon，1983）日排出量，而结果变动范围很大（羊的内源尿囊素排出量为 $32\sim208\ \mu mol/kg\ BW^{0.75}$）。禁饲法的缺点在于过长时间的饥饿会影响动物的代谢，进而影响核酸的降解率。Ørskov 等（1979）建立了胃内灌注技术，即向瘤胃和皱胃中分别灌注 VFA 和酪蛋白，在不影响动物营养摄入的情况下研究内源 PD 的排出量，通过该技术得到的内源 PD 日排出量变异程度减小（绵羊的内源总 PD 为 $165\sim209\ \mu mol/kg\ BW^{0.75}$）。随后，Chen 等（1990b）应用该技术系统地研究了牛、羊内源 PD 排出量，得出绵羊、猪、牛的内源 PD 分别为 $168\ \mu mol/kg\ BW^{0.75}$、$166\ \mu mol/kg\ BW^{0.75}$ 和 $514\ \mu mol/kg\ BW^{0.75}$，由此发现，牛、羊的内源 PD 排出量存在显著差异。Chen 等（1990b）提出，这可能是由于黄嘌呤氧化酶的状态不同造成的：在绵羊血液中不存在该酶，但在牛的血液和其他组织中黄嘌呤氧化酶的活性很强。Chen 等（1992b）进一步研究发现，尿囊素排出量会受到营养状况的显著影响。Balcells 等（1991）提出了"胃排空"技术用于测定绵羊内源 PD 排出量，即在动物十二指肠安装特制瘘管，于是可使用人工合成的不含核酸的液体来代替从皱胃流出的食糜，运用该技术得到的内源 PD 排出量与应用胃内灌注技术得到的结果非常接近。

（四）尿嘌呤衍生物排出量和嘌呤摄入量的关系

Razzaque 等（1981）使用 [14]C 作为示踪物研究饲粮 PB 的回收率。其将 [14]C 标记的嘌呤灌注到皱胃中，或将 [14]C 标记的嘌呤注射到瘤胃中，得到的尿中 [14]C 活性较弱，且变异程度较大（0.15～0.41），而在组织和气体产物中同样检测到了放射活动。Antoniewicz 等（1980）向采食 TMR 饲粮的绵羊皱胃中灌注两个水平的 RNA，以尿囊素的形式计算的回收率变异程度依然很大（0.22～0.79）。Chen 等（1990a）研究表明，尿中的 PD 与十二指肠嘌呤流量存在曲线关系，在羊上该关系为：$Y=0.84X+0.150XW^{0.75}\mathrm{e}^{-0.25X}$；在牛上该关系为：$Y=0.85X+0.385XW^{0.75}$（式中，$Y$ 为 PD 排出量，X 为十二指肠 PB 流量）。由上述两个方程可以再次看出，牛和羊在 PB 代谢方面的区别。由于牛的小肠黏膜具有高活性的黄嘌呤氧化酶，因此外源 PB 能够完全被转化成组织不可再利用的终产物；羊的小肠黄嘌呤氧化酶活性很低，可使外源 PB 在小肠或肝脏中参加 PB 的补救合成。

在牛、羊上的研究结果都表明约有 15% 的外源 PB 并未通过尿液排出，同样 Chen 等（1991）通过直接向绵羊血液中注射的尿囊素也并未完全回收。一种可能是通过非肾途径如唾液或直接分泌到瘤胃中而被排出。Chen 等（1990c）进一步报道，绵羊唾液中含有尿囊素和尿酸，且进入瘤胃的 PD 会完全降解而不会从尿中排出。在后期研究中，Chen 等（1991）发现，在内源尿囊素产生量已达饱和，且进入肾小管的尿囊素在尿中定量排出的情况下，肾小管对于尿囊素的重吸收率约为 1 mmol/d。Chen 等（1990a）提出了代谢机制模型用于表示 PB 吸收量（X）和 PD 排出量的关系（Y）（图 9-1），该模型适用于牛、羊和其他反刍动物。

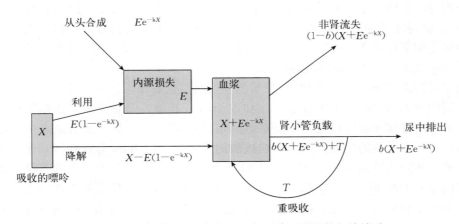

图 9-1　尿液嘌呤衍生物排出量与嘌呤吸收量的相关关系

图中"E"为内源 PD 排出量，动物可通过从头合成或补救合成的方式来补充内源 PB 的损失。当没有外源 PB 时，该损失只能通过从头合成来补充；而当外源 PB 供应量提高时，从头合成的量会降低甚至中止。简而言之，将从头合成的量定义为"$E\mathrm{e}^{-kX}$"（式中，X 为外源 PB 的供应量）。相应地，被利用的外源 PB 即为"$E(1-\mathrm{e}^{-kX})$"，剩余的部分即为转化成 PD 并进入血浆，进入血浆的 PD 为"$X+E\mathrm{e}^{-kX}$"。该模型同时假定通过肾和非肾途径的分配比例保持恒定，若用 b 表示通过肾排出的血浆 PD，则有：$Y=bx+bE\mathrm{e}^{-kX}$（Y 和 X 是曲线关系）。当外源 PB 为 0 时（$X=0$），bE 为内源 PD 排出量，是代谢体重（$kg\ W^{0.75}$）的常数。对于牛来说，由于其外源 PB 不能被利用（即 $\mathrm{e}^{-kX}=1$），则有：$Y=bX+bE$（Y 和 X 是线性关系）；当 $X=0$ 时，bE 即为内源排出量。

由此可见，小肠黏膜中的黄嘌呤氧化酶活性决定了尿中 PD 和十二指肠 PB 的相关关系。上述非线性模型可以解释为什么先前通过瘤胃后灌注的绵羊 PB 回收率存在较大变异程度的原因。根据定义，回收率应为 $\Delta Y / \Delta X$。实际上回收率是 $Y = f(X)$ 的一次衍生产物，以在羊上的方程"$Y = 0.84X + 0.150XW^{0.75} e^{-0.25X}$"为例，$f'(X) = 0.84 - 0.25 (0.15 \times W^{0.75} e^{-0.25X})$。对于 40 kg 的绵羊，该回收率范围为 0.24（当 X 接近 0 时）~0.84（当 X 足够大，如 20 mmol/d）；对于 50 kg 的绵羊，该范围为 0.14~0.84。显然，回收率由于受到 X 和 W 的影响，变异程度会很大。因此，对于绵羊来说只考虑任何一个时间点的回收率，而不考虑总 PB 供应量的数据是无法得到有意义的 PD 排出量和 PB 吸收量的相关关系。以在牛上的方程"$Y = 0.85X + 0.385XW^{0.75}$"为例，$f'(X) = 0.85$。由此可见，回收率是一个不依赖于 X 的常数。因此，即使在外源 PB 摄入量未知的情况下，仍可通过回归的方式，根据几个已知的瘤胃后 PB 灌注水平，建立尿中 PD 排出量和 PB 吸收量的相关关系。Belenguer 等（2002）对山羊皱胃灌注 PB，测定的回收率为 76%。Mota 等（2008）对奶山羊十二指肠灌注酵母 RNA，测定的回收率为 69%。OrellanaBoero 等（2000）给奶牛十二指肠灌注酵母 RNA，测定的回收率为 84%。González-Ronquillo 等（2003）对泌乳奶牛十二指肠灌注酵母 RNA，发现尿及乳中分泌的总 PD 与灌注量线性相关。Guerouali 等（2004）对骆驼十二指肠灌注酵母 RNA，测定的回收率为 63%。

（五）点采样技术

PD 法测定 MN 产量需要全收尿，比较耗费劳力，不适用于牧场条件，近年来点采样法的应用取得了一定的进展。Antoniewichz 等（1980）研究发现，绵羊尿中尿囊素氮与肌酐氮的比例与饲粮 ME 采食量存在线性相关，为应用点采样中的尿囊素/肌酐比例提供了可能性。随后，Chen 等（1992）、Gonda 和 Lindberg（1994）和 Chen 等（1995）分别在阉牛、奶牛和绵羊上测定了点采样的日变异程度。以上研究结果表明，尿中 PD 和肌酐的比例与采食量和十二指肠微生物 PB 流量存在正相关，因此该比例可指示 MCP 合成量。为了降低误差，必须多次进行点采样操作。点采样的变异程度相对于全收尿结果要高，要求不同处理间的 MCP 合成量具有足够大的差异性，才能保证点采样的准确性。

之前大部分文献报道直接使用 PD/肌酐这一数值，但该数值只能比较同一动物或具有相同体重的不同动物，因为肌酐排出量是体重的函数。Chen 等（2004）提出以下方程结合点采样来计算 PDC（purine derivative/creatinie）指数：

$$Y = aX$$

式中，Y 是 PDC 指数（kg）；a 是 PD 与肌酐比例；X 是代谢体重（kg），PD 和肌酐含量的单位是 mmol/L。对于同种动物而言，尿中嘌呤衍生物日排出量与 PDC 指数线性相关，因此可以通过以下方程来计算 PD 日排出量：

$$Y = a + Cx$$

式中，Y 是 PD 日排出量（mmol/d）；x 是 PDC 指数；C 是回归系数（对应的是动物肌酐日排出量，kg/kg $BW^{0.75}$，需要提前测定）。

应用点采样法的关键在于确定恰当的采样时间，以保证样品具有代表性。Valadares 等（1999）将不同精粗比饲粮饲喂荷斯坦奶牛发现，饲粮对于尿中肌酐日排出量无影响，平均为 29 mg/kg BW（相当于 1.01 mmol/kg BW$^{0.75}$），通过点采样测得的尿中 PD 排出量、MN 产量与全收尿得到的结果几乎相同。Cetinkaya 等（2006）设计 4 种饲粮水平饲喂公牛，通过全收尿得到的 PD 排出量与 PDC 指数的方程为：

$$Y = -2.3\ (\pm 0.3) + 0.95\ (\pm 0.06)\ X\ (R^2 = 0.99,\ n = 49)$$

式中，Y 为 PD 排出量（mmol/d）；0.95 是肌酐日平均排出量（kg/kg BW$^{0.75}$）；X 为 PDC 指数（kg）。同时尿酸、尿囊素、总 PD、肌酸、总 N 等指标并不受采样时间的显著影响。Chizzotti 等（2008）报道，不同时间间隔（6 h、9 h、12 h、15 h、18 h、21 h、24 h）测得的荷斯坦奶牛尿中肌酐排出量（mmol/kg BW$^{0.75}$）变化无差异，通过点采样法测得的尿中 PD 排出量与全收尿法测得的结果无差异；不同比例棉籽壳与青贮象草饲粮对公牛肌酐日排出量（mmol/kg BW$^{0.75}$）无影响，平均值为 0.98 mmol/kg BW$^{0.75}$。

Ma 等（2014b）通过使用不同碳水化合物和不同蛋白质粗成的饲粮饲喂杜寒杂交肉用绵羊，消化代谢试验时每天分别在 8:00～9:30、14:00～15:30、20:00～20:30 进行阶段采样，测定不同采样阶段尿液中 PD 浓度（mmol/l）和 PDC 指数，得出可通过点采样尿液的 PDC 指数估测全天的 PD 排出量：PD（mmol/d）$= 0.22 \times PDC + 3.45$（$R^2 = 0.88,\ n = 16$）。

第三节　微生物蛋白质的估测模型

瘤胃微生物能够利用饲料中的养分合成蛋白质，即 MCP。MCP 连同饲料非降解蛋白质进入小肠，共同构成小肠 MP 的主体。由于 MCP 的量很大且氨基酸组成合理，因此其合成量、氨基酸组成及消化率的评定对科学饲养反刍动物的意义重大。大量研究表明，饲料中营养物质的种类、含量，以及在瘤胃中的同步释放会影响 MCP 的合成量。然而迄今为止没有足够的研究证据能够量化上述因素对 MCP 合成的影响，就目前的研究结果来看，饲粮总体类型对 MCP 合成有明显影响，在饲养实际中常见有以下几种情况。

（1）低能低蛋白质饲粮　进入瘤胃的尿素再循环氮增多，虽对微生物可提供一部分氮源，但由于能量和氮源不足，因此会降低瘤胃 MCP 的产量。

（2）高能低蛋白质饲粮　瘤胃能量有富余，但氮源不足，可用一部分 NPN 去补充，以降低 MCP 的成本，并提高 MCP 的产量。

（3）高能高蛋白质饲粮　当降解蛋白质能满足微生物的需要时，多余的降解蛋白质则是浪费。这时应选择降解率低的饲料或采取降低降解率的措施，以便获得更多的 MP。

（4）青饲料加高可溶性蛋白质饲粮　蛋白质降解和氨的释放速度过快，与碳水化合物的分解速度不匹配，影响了 MCP 的预期产量。因此，应调整饲粮，以降低蛋白质降解速度。

一、应用饲料性质估测瘤胃微生物蛋白质合成量

瘤胃微生物的维持和生长都需要能量，所需能量来自饲料养分发酵产生的 ATP。由于瘤胃发酵过程产生的 ATP 很难测定，因此目前各国饲养标准均采用各自的间接指标去表达瘤胃微生物的对于能量需要或作为预测 MCP 合成量的能量基础。

英国（AFRC，1993）采用可发酵代谢能（fementable metabolizable energy，FME）进行 MCP 合成量的预测，FME 是用 ME 扣除饲料脂肪的部分（metabolizable energy from fat，ME_{fat}）和青贮发酵产物的 ME（metabolizable energy from fermentation，ME_{ferm}），即 FME（MJ/kg DM）$=ME-ME_{fat}-ME_{ferm}$（式中，$ME_{fat}=35$ kJ/g 饲料脂肪，$ME_{ferm}=0.1\times$青贮饲料的 ME）。进而提出：MCP/FME（g/MJ）$=7+6\times(1-e^{-0.35L})$。式中，L 为饲喂水平，维持状态的饲喂水平为 1，每兆焦的 FME 能够提供 9 g MCP；生长牛羊的饲喂水平为 2，每兆焦的 FME 能够提供 10 g MCP；妊娠后期或泌乳期牛羊的饲喂水平为 3，每兆焦的 FME 能够提供 11 g MCP（表 9-3）。

表 9-3　饲喂水平对应的微生物蛋白质产量（g/MJ FME）

饲喂水平	1.0	1.5	2.0	2.5	3.0	3.5	4.0	4.5
MCP 产量	8.8	9.5	10.0	10.5	10.9	11.2	11.5	11.8

美国采用总可消化养分（TDN）这一能量指标：$TDN=CP+2.25\times EE+$ 可消化 $CF+$ 可消化 NFE。对于泌乳奶牛提出：$BCP=6.25\times(-31.86+26.12\times TDN)$。

法国通过分析源自 20 个实验室的 405 种饲料样本，提出：$MN=23.2$（±6.3）$\times FOM+1.11$（±0.07）$\times NDN+5.3$（±1.8）$\times NDOM$（$n=405$，$R^2=0.63$，$CV=14.5\%$）。式中，NDN 非饲料不可降解氮、$NDOM$ 为不可消化有机物，由此得到采食每千克的 FOM 瘤胃 MN 平均值为 23.2 g。

澳大利亚采用可消化有机物（digestible organic matter intake，DOMI）及瘤胃表观可消化有机物（organic matter apparently digested in rumen，OMADRI）采食量来评价 MCP，在综合了 12 个试验研究后得出绵羊的平均 MCP 合成量为 279 g/kg OMADRI 或 182 g/kg DOMI。

刘洁和马涛（未发表）通过使用 12 种不同精粗比例的饲料饲喂绵羊，该精粗比例范围涵盖了实际应用中肉羊的绝大多数配料精粗比范围，以及极端的精粗比值（如12:88），因此具有广泛的代表性。通过试验得出以下相关关系：

$$MN/RDN=4.889\,3-1.179\,7\times\ln(RDN/FOM)\quad(R=-0.98,\ n=44)$$

式中，饲粮 RDN/FOM 的范围为 17.94～33.40。另外，也得出分别通过饲料 NDF/OM 与 ADF/OM 估测 FOM/OM 的相关方程：FOM/OM（%）$=68.770-43.366(NDF/OM)$（$R=-0.98$，$n=44$），被测饲料的 NDF/OM 范围为 0.21～0.71；FOM/OM（%）$=68.464-74.292(ADF/OM)$（$R=-0.98$，$n=44$），被测饲料的 ADF/OM 范围为 0.11～0.43。

二、应用嘌呤衍生物估测瘤胃微生物蛋白质合成量

PD 能够指示瘤胃 MCP 的合成情况，但直接应用 PD 估测肉羊瘤胃 MCP 合成量的研究报道较少。Puchala 和 Kulasek（1992）在母羊上、Johnson 等（1998）和 Moorby 等（2006）在母牛上、Ma 等（2013）和马涛（2014）在绵羊上分别建立了应用 PD（mmol/d）估测 MN（g/d）合成量的相关方程（表 9-4）。

表9-4　应用尿嘌呤衍生物估测微生物氮的研究

动物种类	动物数量	模　　型	相关关系	标记物	资料来源
母羊	10	$MN=\exp（0.747+1.817\times PD）$	—	PB	Puchala 和 Kulasek（1992）
		$MN=\exp（0.830+2.089\times 尿囊素）$	—	PB	
母牛	4	$MN=75.834+1.048\times 尿囊素$	0.58	PB	Johnson 等（1998）
		$MN=5.774+0.212\times 尿酸$	0.82	PB	
母牛	4	$MN=19.9+0.689\times PD$	0.79	PB	Moorby 等（2006）
绵羊	12	$MN=0.030+0.741\times PD$	0.91	^{15}N	Ma 等（2013）
		$MN=1.787+0.620\times PD$	0.80	PB	
绵羊	57	$MN=2.850+1.080\times PD$	0.80	^{15}N	马涛（2014）

此外，马涛（2014）在肉羊上通过阶段收尿的方式，研究各阶段尿样中的 PDC 指数预测全天 PD 排出量的准确性，得出应用 PDC 指数来分段估测 MN（g/d）合成量的方式能够减少结果的变异程度，提高准确性（表9-5）。

表9-5　各分段 PDC 指数范围下对应肉羊嘌呤衍生物排出量和微生物氮产量

分　段	PDC 指数	PD（mmol/d）	MN（g/d）
1	<20	<7	<6
2	20~30	7~10	6~10
3	30~40	10~13	10~12
4	40~50	13~16	12~15
5	>50	>16	>15

注：PDC 指嘌呤衍生物/肌酐×代谢体重。

需要指出的是，尽管嘌呤衍生物绝大部分通过尿液排出，但反刍动物体内嘌呤衍生物有小部分比例通过非肾途径排出，因此有必要通过进一步研究明确嘌呤衍生物通过肾和非肾途径排出体外的比例，从而提高应用嘌呤衍生物估测微生物氮的准确性。

第四节　瘤胃蛋白质降解的估测模型

反刍动物摄入的饲粮蛋白质，一部分在瘤胃中被微生物降解为 RDP，其被用于合成瘤胃 MCP、饲粮 UDP 和 MCP 进入小肠，组成 MP 被动物机体利用。不同饲料的含氮化合物组成各异，精饲料中主要为纯蛋白质，而牧草和秸秆中 NPN 含量较高。NPN 包括氨化物、胺、氨、肽、游离氨基酸、核酸。分解蛋白质的微生物包括瘤胃普雷沃氏菌和原生动物，分解产生的氨基酸及其他小肽均可被瘤胃微生物利用合成微生物蛋白。一些微生物在瘤胃内分解，产生的氮可被循环利用。当微生物进入真胃及小肠后，其细胞蛋白被消化吸收，细菌蛋白包含必需氨基酸和非必需氨基酸。瘤胃液中的氨是微生物降解和蛋白质合成的关键中间产物，饲粮中蛋白质缺乏或蛋白质不被降解，瘤胃液中氨浓度过低（约 50 mg/L），导致瘤胃微生物生长缓慢，随后的碳水化合物分解也被停滞。

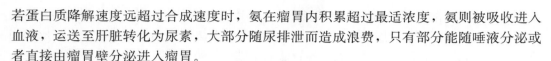

若蛋白质降解速度远超过合成速度时，氨在瘤胃内积累超过最适浓度，氨则被吸收进入血液，运送至肝脏转化为尿素，大部分随尿排泄而造成浪费，只有部分能随唾液分泌或者直接由瘤胃壁分泌进入瘤胃。

饲粮蛋白质在瘤胃内不仅产生氨，30％的氨以简单有机化合物，如氨基酸、酰胺、胺类；或无机化合物，如硝酸盐形式存在，这些都能在瘤胃内被降解成氨。因此，在饲粮中添加 NPN（通常添加尿素），瘤胃微生物可利用 NPN 形成蛋白质。但尿素在瘤胃内易被脲酶分解，导致瘤胃内氨浓度快速上升，易造成浪费。要使氨被充分利用，要保证具备最初瘤胃内氨浓度低于最适氨浓度和具有微生物合成蛋白需要的能量这两个条件。饲粮蛋白质瘤胃降解率的测定可通过两种方式实现：一种为体内测定，另一种为体外测定。

一、体内法

体内测定蛋白质的瘤胃降解率需要 CPI、MP、MCP 供应量及 ECP，则瘤胃降解率＝ $1-(MP-MCP-ECP)/CPI$。其中，MP 和 MCP 的测定具有一定的难度，并且即使能够完成上述测定，但也需要至少 10 只（头）以上的动物才能保证测定结果的准确性。而由于试验成本等原因，大多数情况下的测定都在羊上开展。常用瘘管分为 T 型瘘管和过桥瘘管。T 型瘘管可进行定时定点采样和测定动态瘤胃食糜流量及组成；过桥瘘管可进行持续灌注和收集所有食糜，但对动物应激较大。标记物有液体标记物，如 PEG、铬 EDTA、钴 EDTA 等；以及固体标记物，如酸性洗涤不溶灰分、木质素和 Cr_2O_3 等。

对于 ECP 的测定，已有的数据非常有限。Harrop（1974）报道，进入绵羊皱胃的 ECP 范围为 12～17.3 g/d。Bartram（1987）则提出，绵羊的 ECP 为 2.8 g/kg DMI。在一系列的运算过程中，包括 NRC 在内的体系都选择忽略 ECP 的贡献，这对于实际结果会造成很大的影响。例如，Corbett 和 Pickering（1983）使用绵羊开展的试验中平均 CPI 为 190 g/d，MP 为 140.5 g/d，其中 MP 的 73％为 MCP。但将平均体重为 35 kg 的绵羊的 ECP 定为 12.5 g/d 时，饲粮 CP 的降解率为 87％，UDP 流量为 25 g/d；而当 ECP 定为 6.25 g/d 或 0 时，CP 降解率分别为 83％和 79％，UDP 流量分别为 32.5 g/d 和 40 g/d。另外 Ma 等（2014a）应用 12 种精粗比饲粮在肉羊上的研究表明，当将 ECP 定为 2.8 g/kg DMI 时，MCP 占 MP 的比例范围为 47.5％～61.0％；若不考虑 ECP 的影响，则会低估 MCP 占 MP 的比例。

二、体外法

体内法因费时费力，所以在评定大量饲料的消化率时受到限制。体外法是在活体外模拟瘤胃的内环境，具有操作简易、重复性好、成本低等优点，主要包括人工瘤胃技术、酶分解法和体外产气法等。

1. 人工瘤胃技术　该技术是将瘤胃液和饲料在体外装置内共同培养，近似模拟瘤胃的内环境，从而测定某种养分瘤胃降解率的方法，分为短期人工瘤胃法和长期人工瘤胃法。短期人工瘤胃法主要是 Tilly 和 Terry（1963）提出的两步法：首先将饲料在人工瘤胃液中培养 48 h，然后在胃蛋白酶中培养 48 h，模拟真胃和部分小肠的消化过程。

此法的缺点是发酵容器中的内容物不能外移，导致发酵终产物积累，使瘤胃微生物生存的环境变化，而且只能测定某一时间点的降解率，无法测定动态降解率。Czerkawski和 Breckenridge（1977）在短期人工瘤胃法的基础上发明了带有持续发酵罐的装置，该方法可控制发酵条件和将积累产物排出，能测定饲料不同时间点的降解率，进而得出饲料的动态降解率。由于人工瘤胃装置没有瘤胃壁半透膜束吸收产物，因此测定结果仍不够准确，但已是较好的实验室测定动态降解率的方法。

2. 酶解法　该法是用酶溶液模拟瘤胃液对饲料的降解率进行评定，主要利用胃蛋白酶和纤维素酶。颜品勋等（1996）分别用单酶和复合酶测定了不同青粗饲料有机物的降解率，并对禾本科牧草的降解情况与尼龙袋法进行了比较，发现二者的相关性极高。Navaratne 等（1990）的研究表明，测定禾本科牧草降解率时，酶解法的结果比尼龙袋法的偏低，而与豆科牧草的结果基本接近，测定的糟渣类粗饲料的结果偏高。酶解法稳定性高、效率高、成本低，完全脱离动物，可针对大批量的样品测定。由于酶具有特异性，用单一酶或复合酶难以模拟瘤胃中微生物对营养成分的消化过程，因此该法应用不广泛。

体外产气法是 Menke 等（1979）建立的，是把待测样品和瘤胃缓冲液在密封注射器内培养，记录 24 h 产气量。现在该法多用于测定发酵底物的产气量（熊本海等，2001）、预测饲料的消化率和代谢能（刘洁等，2012）、评价饲料组合效应（崔占鸿等，2011）等。体外产气法与尼龙袋法类似，也可通过数学模型得出产气动力学参数。最初产气设备是标有刻度的注射器，针口处被密封，置于 39 ℃ 的恒温培养箱中，通过产气推动活塞来记录产气量。之后计算机控制程序被引入产气系统，出现了半自动的定点实时记录系统和全自动发酵产气实时记录装置。所有这些因素均会影响底物发酵过程中气体的产生量。该法缺点与短期人工瘤胃技术相同，导致发酵终产物积累，造成瘤胃微生物生长环境改变，影响结果的稳定性和准确性。

三、尼龙袋法

鉴于体内法测定的复杂性，以及体外法获得的结果无法完全反映动物体内真实代谢的情况，因此需要一种新的方法来克服上述方法的缺点，目前最常用的方法为尼龙袋法。尼龙袋法是先将饲料置于尼龙袋中在瘤胃内培养，再通过计算不同培养期内各养分的消失率，然后结合瘤胃外流速率和数学模型，计算出饲料养分在瘤胃中的降解率。因为操作方法简单易行，能较准确地反映瘤胃的消化生理状态，所以该法是目前国内外广泛应用测定饲料营养成分降解率的一种方法。莫放和冯仰廉（1991）用 RNA 为微生物标记物，对比了尼龙袋法与体内法的蛋白质降解率，结果表明二者间高度相关性。有关尼龙袋法在精粗饲料蛋白质降解率上的研究较普遍。Edmunds 等（2012）对奶牛采食牧草的 DM、CP 的动态降解率特点进行了研究；任莹等（2004）利用尼龙袋法测定了常用饲料过瘤胃淀粉量和淀粉的瘤胃降解率。

（一）蛋白质降解率模型

将尼龙袋中蛋白质含量的损失与采样时间点建立回归，可得如下蛋白质降解率模型：

$$Dg = a + b \left[1 - e^{(-ct)} \right]$$

式中，a 指能够被冷水冲洗掉的 N；b 指冷水冲洗后剩下的潜在可降解 N；c 指 b 部分的降解速度；t 指降解时间。

通常情况下，青贮牧草或玉米的 a 部分相对于干草要高，而 c 值要低。另外，以大麦、鱼粉和豆粕为例，大麦蛋白在瘤胃培养 12 h 即能基本降解，而鱼粉蛋白在 24 h 后仍在不断降解，豆粕蛋白的降解率则居于两者之间。一方面说明不同饲料的蛋白质性质差异较大，另一方面也说明饲料在瘤胃中停留的时间会影响 MCP 降解的程度。

上述式中的 a 又称为快速降解蛋白质（quickly digested protein，QDP），在青贮饲料中该组分包括大量的 NPN，连同其他小分子蛋白质在进入瘤胃时能够迅速释放，从而导致微生物利用这部分的效率会低于 1。ARC（1980）提出了 QDP 的利用效率为 0.8。饲粮中的 QDP 含量应不超过有效瘤胃可降解蛋白质（effective ruminally digested protein，ERDP）的 40%。

上述式中的 b 又称为慢速降解蛋白质（slow digesting protein，SDP），SDP 取决于饲料在瘤胃中停留的时间，其计算公式如下：

$$SDP \text{ (g/kg DM)} = (b \times c)/(c + r) \times CP \text{ (g/kg DM)}$$

ARC（1980）提出 SDP 的利用效率为 1.0。

ERDP 指能够被瘤胃微生物生长及合成营养素所利用的 N 供应量，按照上述内容，其定义为：

$$ERDP \text{ (g/kg DM)} = 0.8QDP + SDP$$

（二）有效降解率及瘤胃外流速度

Ørskov 和 McDonald（1979）进一步提出了有效降解率（effective degradability，Ed_g）的概念，对于任一给定的瘤胃外流速度，则有：

$$Ed_g = a + (b \times c)/(c + k)$$

式中，k 为饲料的瘤胃外流速度。在实际计算当中，饲料在动物瘤胃中的停留时间与饲喂水平（L）具有高度相关，较高的采食量往往会加快饲料过瘤胃的速度。k 值通常为 0.02～0.08/h，即每小时有 2%～8% 的饲料会从瘤胃流出。ARC（1984）就不同饲喂水平相适宜的瘤胃外流速度作了如下定义：

（1）维持水平为 0.02/h。

（2）2 倍维持水平以下，如犊牛、低产奶牛（产奶量＜15 kg/d）、肉牛和绵羊均为 0.05/h。

（3）2 倍维持水平以上，如高产奶牛（产奶量＞15 kg/d）为 0.08/h。

应用上述计算方式可能存在的问题为，如当奶牛产奶量由 16 kg/d 降低至 14 kg/d 时，k 值将由 0.08 降至 0.05/h，但采食量可能变动很小，于是 AFRC（1993）进一步提出如下公式计算外流速度：

$$k = -0.024 + 0.179 \left[1 - e^{(-0.278L)} \right]$$

但该公式不适用于当采食水平低于 1 的情况，应用上式计算得到的瘤胃外流速度见表 9 - 6。

表 9 - 6　饲喂水平对应的瘤胃外流速度

饲喂水平（L）	1.0	1.5	2.0	2.5	3.0	3.5	4.0	4.5
外流速度（k/h）	0.019	0.037	0.052	0.066	0.077	0.087	0.096	0.104

瘤胃外流速度，是指单位时间内从瘤胃中流出的固体或液体体积占瘤胃内容物体积的百分比，常用 k 表示，单位是％/h 或 1/h。国外对瘤胃食糜和颗粒流通速率有较广泛的研究（Kennedy，1988）。测定瘤胃外流速度的经典方法是消化试验，采用间接标记技术测定。标记物分为内源标记物（如木质素、酸洗涤剂不溶性氮、酸不溶性灰分、不可消化洗涤纤维、长链脂肪酸）和外源标记物（如金属氧化物、聚乙二醇、重金属螯合剂和稀土元素）（Owens 和 Hanson，1992）。有研究表明，两类标记物测定的结果不一致。Faichney 和 White（1988）发现，木质素标记在瘤胃内平均滞留时间是邻菲罗啉钌标记的 2 倍。Faichney 和 White（1988）、Bosch 和 Bruining（1995）研究认为，铬媒染颗粒测定流通速率时可以很准确地估计不易消化的细胞壁成分。Huhtanen 和 Kukkonen（1995）则认为，该方法会高估易消化的细胞壁成分的瘤胃通过速率。

瘤胃外流速度 k 是预测反刍动物饲粮和营养供给关系模型的重要依据，在瘤胃降解模型中参与预测饲料组分的动态降解参数，进而明确供给微生物生长的营养和供给小肠的未降解的营养。其准确性决定了整个瘤胃降解率参数值的可靠程度，准确测定和利用外流速度值是非常关键的。陈晓琳等（2014）选用 5 种在生产实践中常用的粗饲料牧草和秸秆（羊草、麦秸、苜蓿、甘薯秧和玉米秸），采用经典铬标记细胞壁方法对这 5 个粗饲料样品在肉羊瘤胃中的 k 值进行测定分析，得出 5 种饲料的 k 值分别为 0.0392/h、0.0307/h、0.0430/h、0.0463/h 和 0.0316/h，并进一步对各标记饲料的外流速率 k 与饲料原料中各主要营养成分进行多元线性回归分析，得出与蛋白质的相关性最高：$k = 2.710\ 2 + 0.133\ 2 \times CP$（$R^2 = 0.90$）。

四、通过饲料成分预测瘤胃蛋白质有效降解率

鉴于体内测定和体外尼龙袋法存在的问题，因此有必要寻找相对稳定的因素实现瘤胃蛋白质 Edg 的预测，较易测定的饲料营养成分是一种很好的选择。近年来，国内外围绕饲料营养成分与瘤胃蛋白质 Edg 的预测开展了大量的研究。

国外研究方面，Webster 等（1988）报道对于 Edg 范围在 20％～80％的干草和青贮，可通过蛋白质和 NDF 预测：$Ed_g = (0.9 - 2.4 \times k)/(CP - 0.059 \times NDF)/CP$。Wales 等（1999）整合了 30 种 IVDMD 范围在 58％～84％的多年生牧草，分别使用 NDF、CP 和 IVDMD 来预测其 Ed_g：$Ed_g = 0.96 - 2.49 \times k - 0.041 \times NDF/CP \pm 0.077$（标准误），以及 $Ed_g = 0.218 - 2.49 \times k + 0.0082 \times IVDMD \pm 0.081$（标准误）。需要指出的是，上述 3 个公式都未考虑微生物污染对结果的影响，因此在未校正的情况下不适

用于 IVDMD 低于 70% 的饲料。对 Mass 等（1999）的结果进行校正后得到的预测方程（k 取 0.02）：$Ed_g = 0.1852 + 0.01 \times IVDMD \pm 0.08$（标准误）。近年来，Bowen（2003）使用 NDIP 步骤得出的牧草 Ed_g 结果具有较高的可信度（k 取 0.02）：$Ed_g = 0.408 + 0.0072 \times IVDMD \pm 0.029$（标准误）。

国内研究方面，冷静等（2011）研究发现，牧草蛋白质的 Edg 与其蛋白质含量呈较强的正相关，与 NDF 和 ADF 含量呈较强的负相关。靳玲品等（2012）测定了 5 个地区的紫花苜蓿蛋白质 Edg，并对其营养成分与 Edg 间的相关性进行了分析，得出 CPEdg 与饲料 CP 间存在正相关，与 NDF 和 ADF 之间存在显著负相关（$P < 0.05$），相关系数分别为 0.79、-0.93 和 -0.95；并提出了 Ed_g 的预测公式：$Ed_g = 94.89 - 0.068\,2 \times CP - 0.186 \times NDF - 0.237 \times ADF$（$R^2 = 0.96$，$n = 5$）。陈晓琳（2014）通过测定 50 种牧草和秸秆饲料得出蛋白质 Edg 与饲料蛋白质之间存在显著正相关（$P < 0.05$），与饲料 NDF 和 ADF 之间存在显著负相关（$P < 0.05$），相关系数分别为 0.77、-0.73 和 -0.62；并应用该 3 种营养成分提出粗饲料 Edg 的预测方程：$Ed_g = 58.975 + 1.819 \times CP - 0.353 \times NDF - 0.125 \times ADF$（$R^2 = 0.64$，$n = 50$）。

第五节　饲粮可代谢蛋白质的估测模型

相对于传统的蛋白质评价体系，新蛋白质体系虽然能更加准确地反映蛋白质代谢。但是在生产实践中，新蛋白质体系的测定过程比较复杂，对于操作人员的专业水平要求较高，在全国范围的推广较困难，只能在一些大型的饲料厂或是养殖场进行应用。对于广大的中小企业和养殖户来说，只能继续沿用传统的蛋白质体系，这样会严重阻碍反刍动物生产水平的整体改善。新蛋白质体系除在测定方法和应用上存在一些不足之外，还存在其他一些问题。动物利用蛋白质的过程是不分 MCP 和 UDP 的，因此，人为地将其分为两部分没有必要，而且反刍动物的饲料种类繁多，这会给试验带来不必要的麻烦（李元晓等，2006）。如果将 UDP 和 MCP 合为一个指标来测定，比如直接用较易测定的营养参数来估测 MP，不仅避免了人为分开测定的麻烦和方法上的误差，而且方法相对简单、易行，易于理解和接受。这样能更准确地指导生产实践，更好地满足广大生产者的需要。因此，分析 MP 与哪些因素紧密相关，选取哪些因子建立估测模型更准确等，都对生产具有指导意义，有必要进行研究。

一、肉羊常用饲粮可代谢蛋白质的估测模型

刘洁等（2012）采用 12 种不同精粗比的饲粮饲喂肉用绵羊，分别分析饲料成分、可消化营养物质和 $FOM_{24\,h}$ 与 MP 的相关性，进行回归分析，建立预测方程，使之达到能够通过进行相对简单的化学成分检测就可估测出肉羊饲料 MP 的目的，从而简便、快速、准确地对各种饲料的营养价值进行客观评定，对于我国的肉用绵羊饲料营养价值评定体系的建立和饲料资源的合理利用都具有一定的指导作用（表 9-7）。

表 9-7　饲料可代谢蛋白质的预测方程（g/kg DM）

预测方程	R^2
$MP=-2\ 752.000_{(314.630)}+31.683OM_{(3.506)}$	0.891
$MP=-55.712_{(5.852)}+9.826CP_{(0.370)}$	0.986
$MP=233.324_{(9.784)}-3.537NDF_{(0.230)}$	0.959
$MP=-251.304_{(23.095)}+0.490DOM_{(0.033)}$	0.957
$MP=-210.954_{(22.342)}+25.654DE_{(1.872)}$	0.949
$MP=-9.841_{(1.055)}+0.983DP_{(0.009)}$	0.999

注：预测方程基于 12 种饲料的饲料成分含量或可消化营养物质的实测值，方程中下标括号里的数值为标准误。

在英国的 AFRC 中，MP 被定义为经过动物消化道消化和吸收后用于代谢的总可消化真蛋白质（氨基酸）。MP 主要包括两部分：一是可消化的微生物真蛋白质（digestible microbial true protein，DMTP），由瘤胃微生物产生，可以利用饲料和氨基酸中的可发酵能或饲料在瘤胃中降解产生的非蛋白氮合成蛋白质。大约 25% 的 MCP 表现为核酸形式，这些不能用于体组织的合成，所以微生物真蛋白（microbial true protein，MTP）含量约占 MCP 的 75%；而 MTP 在小肠中的消化率约为 85%，所以 $DMTP$ （g/d）$=0.75×0.85×MCP=0.637\ 5MCP$ （g/d）。二是可消化的 UDP，是在通过瘤胃后未降解但在肠道内被充分消化的那一部分饲料蛋白质。这一部分蛋白质占 UDP 的范围较宽，从 0 到 90%，取决于饲料的结构和前处理方法。因此，MP 的计算公式为 MP （g/d）$=0.637\ 5MCP+UDP$ （AFRC，1993）。

与 AFRC 一样，世界上采用新蛋白质体系的国家测定 MP 的需要量均是分别评价微生物和宿主动物对蛋白质的需要量，这样的剖分比传统的 CP 体系和 DCP 体系更为细化，但是随之也带来了许多问题。把 MP 划分为 MCP 和 UDP 后，计算小肠 MP 的消化率时就需要分别计算瘤胃 MCP 消化率和饲料 UDP 的消化率。但是反刍动物小肠 MP 的真消化率评定很复杂，不可能用作常规评定，而且饲料种类繁多，也不可能对肉用绵羊的饲料一一测定。另外，新蛋白质体系比传统的蛋白质体系复杂，对人员的专业技术水平要求较高，这使得 MP 这个指标很难在生产中得到推广和应用。而且动物对蛋白质的利用是不分 MCP 和 UDP 的，人为分成两部分没有必要，只会给试验带来更多的麻烦。德国采用的可利用蛋白质体系就是指到达小肠的可利用粗蛋白质，包括 MCP 和 UDP 两部分，并且证明测定小肠中总蛋白质的量比分开测定 MCP 和 UDP 更为准确和简单。上述研究采用小肠 MP 的表观消化率，将进入小肠消化的 MCP 和 UDP 结合在一起进行分析，最后将计算得到的 MP 与饲料成分和可消化营养物质进行分析后，得出 MP 与 CP 或 DCP 相关性最高，这和 NRC 中介绍的一致。在 NRC 中，对于饲料原料中 CP 含量的计算方法是：DCP （%）$=(CP×0.9-3)$，MP （%）$=DCP×0.7$ （INRA，1989；AFRC，1992；CSIRO，2007；NRC，2007）。本试验 MP 的单位为 g/kg DM，而 NRC 中采用的是%，将之换算后得到 DCP （%）$=1.000CP-4.672$，这与 NRC 得到的结果相近；而 MP （%）$=0.983DCP-0.985$，与 NRC 的结果有所出入，可能与采用的实验动物不同或是饲料不同等原因造成。NRC 所用公式是用于计算饲料原料的 MP，而上述试验选用的是配合饲料，虽然得出的 MP 与饲料成分或可消化营养物质之间相关性显著，但方程的准确性还有待于大量饲料的验证，MP 估测模型的建立还需进一步研究。

二、肉羊常用精饲料原料可代谢蛋白质的估测模型

富丽霞等选用 14 月龄、平均体重为（49.27±3.12）kg 的安装有永久性瘤胃瘘管的杜寒杂交 F_1 代肉用羯羊 6 只，采用尼龙袋法和改进三步体外法测定 10 种精饲料 UDP 及其小肠消化率；另外，选用 10 只体况健康的杜寒杂交成年公羊分 11 期进行消化代谢试验，设 11 个处理组，其中 1 个基础饲粮组和 10 个试验组，每个处理组设 10 个重复，每个重复 1 只羊，采用全收粪尿法测定养分表观消化率和尿嘌呤衍生物法测定 MCP，通过养分含量或可消化养分建立 MP 的回归模型。结果表明，小肠吸收的蛋白质主要由 MCP 和 UDP 组成，通过半体内法（尼龙袋法）及公式得出单一精饲料的 UDP 和 RDP，利用 PD 及结合公式得出单一精饲料的 MCP，进一步通过公式 $MP=MCP\times0.64+UDP\times UDP$ 小肠消化率（AFRC）得出单一精饲料 MP。由表 9-8 可见，10 种精饲料 RDP 从高到低的顺序依次是花生粕、豆粕、棉籽粕、菜籽粕、DDGS、燕麦、小麦、高粱、大麦及玉米。除燕麦和小麦外，各饲料 UDP 含量变化趋势类似；饼粕类饲料的 MCP 和 MP 均高于谷物类的；其中，花生粕的最高，玉米的最低。MP 占 DP 的比例范围为 50.96%～62.33%。

表 9-8 单一精饲料原料的瘤胃非降解蛋白质、微生物蛋白质和可代谢蛋白质

项 目	高粱	玉米	大麦	小麦	燕麦	菜籽粕	花生粕	棉籽粕	豆粕	玉米酒糟
瘤胃降解蛋白质 RDP（g/kg DM）	15.59	12.82	15.15	22.16	30.35	68.84	115.23	79.43	85.76	51.16
瘤胃非降解蛋白质 UDP（g/kg DM）	18.98	16.52	18.74	22.31	19.30	63.44	85.85	64.22	67.34	48.89
微生物合成蛋白质 MCP（g/kg DM）	49.95	43.07	46.36	46.11	54.45	66.95	77.13	58.78	71.99	55.54
可代谢蛋白质 MP（g/kg DM）	48.04	41.81	45.46	48.28	50.30	99.47	129.08	96.89	106.18	78.23
MP 占可消化蛋白质的比例（%）	61.66	55.63	50.96	55.08	53.73	53.33	54.86	62.33	55.14	56.78

为进一步通过饲粮养分含量和可消化养分来预测饲料的可代谢蛋白质，根据本试验中 10 种饲粮的养分含量和可消化养分与 MP 进行逐步回归分析，建立的回归方程如表 9-9 所示。从方程式可见，决定系数 R^2 均在 0.98 以上，饲料养分含量比可消化养分预测 MP 决定系数 R^2 更高。养分含量预测 MP 从一元到五元决定系数 R^2 增加幅度不大；引入变量越多，可消化养分预测 MP 方程的决定系数 R^2 值越高，变化范围是 0.984～0.991。用饲粮中 CP 含量预测 DP，决定系数 R^2 较高。

表 9-9 概略养分和可消化养分预测可代谢蛋白质方程

递推回归方程	R^2
$MP=5.323CP-14.374$	0.994
$MP=5.268CP+0.532DM-62.319$	0.995
$MP=5.290CP+0.669DM-0.173ADF-71.664$	0.995
$MP=5.318CP+1.262DM-0.877ADF+0.376NDF-126.679$	0.995

（续）

递推回归方程	R^2
$MP=5.373CP+1.481DM-0.827ADF+0.404NDF+0.254OM-174.198$	0.995
$MP=0.492DP+1.950$	0.984
$MP=0.507DP-0.174DADF+17.403$	0.987
$MP=0.494DP-0.139DADF-0.023DOM+33.490$	0.988
$MP=0.497DP-0.208DADF-0.056DOM+0.062DDM+22.617$	0.990
$MP=0.518DP-0.353DADF-0.064DOM+0.102DDM+0.073DNDF-2.470$	0.991
$DP=10.722CP-31.643$	0.994

注：概略养分的单位为％，可消化养分的单位是 g。

综合前人研究发现，都采用一元函数预测 MP，但预测方程都有差异。本研究得出 10 种单一精饲料原料的 MP 与 DP 的比例各不相同，比例范围为 50.96％～62.33％。因此，利用多种饲粮的 DP 建立 MP 的预测方程更加准确，利用更加广泛。对于我国肉用绵羊常用精饲料 MP 的预测方程鲜有报道，本研究依次引入多元变量，使预测值的准确性得到了提高，决定系数 R^2 逐渐增大，并对饲料中养分或可消化养分逐一进行方差膨胀因子检验，得出其值均小于 10，即各个因子不存在多重共线性，不影响最终 MP 的预测值。

本试验中，根据 MP 与养分含量和可消化养分之间的相关性建立了关于 MP 的多个预测方程，并且决定系数很高。对各个预测方程进行检验发现，采用养分含量预测 MP 方程时，得出同时引入 CP、DM、NDF 和 ADF 建立的 MP 预测方程得出的 MP 值与实际值最接近；引入可消化养分预测 MP 时，同时引入 DCP、DADF 和 DOM 建立的 MP 预测方程所得预测值与实际值更接近，表明在实际生产中可以通过简单的测定养分含量或可消化养分就可以估测出肉用绵羊对饲粮中 CP 的利用效果。

本 章 小 结

纵观反刍动物对饲料蛋白质的利用效果及蛋白质评定指标的不断演化可以看出，MP 最能真实、客观地的反映反刍动物对蛋白质的利用情况，但以 MP 作为肉羊利用蛋白质的评价体系的研究并不多，数据比较匮乏，不能全面建立肉羊的饲养标准。我国地域性的差异使得肉羊的养殖及饲料的来源都具有特殊性，直接套用国外制定的饲养标准缺乏一定的科学性，不能应用于我国的实际生产。因此，考虑到我国实际的饲养条件及养羊业的发展，制定我国肉羊饲料营养价值评定体系就显得非常有必要。鉴于反刍动物不能单一饲喂精饲料，考虑应用套算法测定精饲料在肉羊体内的消化利用情况，结合半体内法及体外法得出的预测因子，建立肉羊常用精饲料可代谢蛋白质的估测模型，为制定我国肉羊的饲养标准提供营养需要参数，以便更好、更有效地评价饲料间配合效果。可代谢蛋白质比较准确地反映了反刍动物利用蛋白质的效果，但是测定步骤繁琐，在实际的生产实践中不易测定。本研究通过体外法、半体内法和体内法较为完整地阐述了肉用绵羊对常用精饲料蛋白质的利用情况，并基于概略养分和可消化营养成分建立了 MP

的估测模型，对 MP 的估测有重要意义。但是由于试验周期较长，还未对预测方程用其他饲粮进行验证，因此还有待于进一步研究。

参考文献

陈晓琳，2014. 肉羊常用粗饲料营养价值和瘤胃降解特性研究 [D]. 青岛：青岛农业大学.

陈晓琳，孙娟，陈丹丹，等，2014.5 种常用粗饲料的肉羊瘤胃外流速率 [J]. 动物营养学报，26 (7)：1981-1987.

崔占鸿，刘书杰，郝力壮，等，2011. 体外产气法评价青海高原反刍家畜常用粗饲料组合效应 [J]. 草业科学，28 (10)：1894-1900.

高占峰，刁其玉，2013.^{15}N 同位素示踪技术在动物蛋白质代谢研究方法中的应用 [J]. 饲料研究 (10)：5-7.

冷静，张颖，朱仁俊，等，2011.6 种牧草在云南黄牛瘤胃中的降解特性 [J]. 动物营养学报，23 (1)：53-60.

李元晓，赵广永，2006. 反刍动物饲料蛋白质营养价值评定体系研究进展 [J]. 中国畜牧杂志，42 (1)：61-63.

刘洁，刁其玉，赵一广，等，2012. 饲粮不同 NFC/NDF 对肉用绵羊瘤胃 pH、氨态氮和 VFA 的影响 [J]. 动物营养学报，24 (6)：1069-1077.

马涛，2014. 瘤胃微生物蛋白质合成量估测方法和参数的研究 [D]. 北京：中国农业科学院.

马涛，刁其玉，邓凯东，等，2012a. 饲粮不同采食水平下肉羊氮沉积和尿中嘌呤衍生物排出规律的研究 [J]. 动物营养学报，24 (7)：1229-1235.

马涛，刁其玉，邓凯东，等，2012b. 饲粮不同精粗比对肉羊氮沉积和尿嘌呤衍生物排出量的影响 [J]. 畜牧兽医学报，48 (15)：29-33.

莫放，冯仰廉，1991. 用 RNA 和 DAPA 标记法估测牛瘤胃微生物蛋白的研究 [J]. 动物营养学报，3 (2)：19-25.

任莹，赵胜军，卢德勋，等，2004. 瘤胃尼龙袋法测定常用饲料过瘤胃淀粉量及淀粉瘤胃降解率 [J]. 动物营养学报，16 (1)：42-46.

熊本海，卢德勋，许冬梅，2001. 利用体外法研究粗饲料的产气曲线及 5 种养分的发酵系数 [J]. 畜牧兽医学报，32 (2)：113-121.

颜品勋，冯仰廉，莫放，等，1996. 酶解法评定青粗饲料有机物降解率的研究 [J]. 动物营养学报，8 (3)：20-24.

AFRC，1993. Nutritive requirements of ruminant animals：protein [M]. Slough，UK：Commonwealth Agricultural Bureaux.

Antoniewicz A M，Heinemann W W，Hanks E M，1980. The effect of changes in the intestinal flow of nucleic acids on the allantoin excretion in the urine of sheep [J]. Journal of Agricultural Science，95：395-400.

ARC，1980. The nutrient requirement of ruminant livestock [M]. Wauingford，UK：CAB International.

ARC，1984. The nutrient requirements of ruminant livestock [M]. Slough：Commonwealth Agricultural Bureaux.

Balcells J，Guada J A，Castrillo C，et al，1991. Urinary excretion of allantoin and allantoin precursors by sheep after different rates of purine infusion into the duodenum [J]. Cambridge Journal of Agriculture Science，116：309-317.

Bartram C G, 1987. The endogenous protein content of ruminant proximal duodenal digesta [D]. United Kingdom: University of Nottingham.

Belenguer A, Yańez D, Balcells J, et al, 2002. Urinary excretion of purine derivatives and prediction of rumen microbial outflow in goats [J]. Livestock Production Science, 77: 127 – 135.

Blaxter K L, Martin A K, 1962. The utilization of protein as a source of energy in fattening sheep [J]. British Journal of Nutrition, 16: 397 – 407.

Bosch M W, Bruining M, 1995. Passage rate and total clearance rate from the rumen of cows fed on grass silages differing in cell – wall content [J]. British Journal of Nutrition, 73 (1): 41 – 49.

Bowen M K. 2003. Efficiency of microbial crude protein production in cattle grazing tropical pasture [D]. Australia: University of Queensland.

Cecava M J, Merchen N R, Berger L L, et al, 1990. Effect of energy level and feeding frequency on site of digestion and postruminal nutrient flows in steers [J]. Journal of Dairy Science, 73: 2470.

Cetinkaya N, Yaman S, Baber N H O, 2006. The use of purine derivatives/creatinine ratio in spot urine samples as an index of microbial protein supply in Yerli Kara crossbred cattle [J]. Livestock Science, 100: 91 – 98.

Chen X B, Chen Y K, Franklin M F, et al, 1992b. The effect of feed intake and body weight on purine derivative excretion and microbial protein supply in sheep [J]. Journal of Animal Science, 70: 1534 – 1542.

Chen X B, Chowdhury S A, Hovell F D D, et al, 1992a. Endogenous allantoin excretion in response to changes in protein supply in sheep [J]. Journal of Nutrition, 122: 2226 – 2232.

Chen X B, Hovell F D D, Ørskov E R, et al, 1990a. Excretion of purine derivatives by ruminants: effect of exogenous nucleic acid supply on purine derivative excretion by sheep [J]. British Journal of Nutrition, 63 (1): 131 – 142.

Chen X B, Hovell F D D, Ørskov E R, 1990c. Excretion of purine derivatives by ruminants – recycling of allantoin into the rumen via saliva and its fate in the gut [J]. British Journal of Nutrition, 63: 197 – 205.

Chen X B, Jayasuriya M C N, Makkar H P S, 2004. Measurement and application of purine derivatives: creatinine ratio in spot urine samples of ruminants [M]//Estimation of microbial protein supply in ruminants using urinary purine derivatives. Dordrecht: Kluwer Academic Publishers.

Chen X B, Kyle D J, Ørskov E R, et al, 1991. Renal clearance of plasma allantoin in sheep [J]. Experimental Physiology. 76: 59 – 65.

Chen X B, Mejia A T, Ørskov E R, et al. 1995. Evaluation of the use of the purine derivative: creatinine ratio in spot urine and plasma samples as an index of microbial protein supply in ruminants: studies in sheep [J]. Cambridge Journal of Agriculture Science, 125: 137 – 143.

Chen X B, Ørskov E R, Hovell F D D, 1990b. Excretion of purine derivatives by ruminants: endogenous excretion, differences between cattle and sheep [J]. British Journal of Nutrition, 64: 359 – 370.

Chizzotti M L, Filho S C V, Valadares R F D, et al, 2008. Determination of creatinine excretion and evaluation of spot urine sampling in Holstein cattle [J]. Livestock Science, 113: 218 – 225.

Corbett J L, Pickering F S. 1983. Rumen microbial degradation and synthesis of protein in grazing sheep [M]//Feed information and animal production. Royal: Commonwealth Agricultural Bureaux.

Costa M R G F, Pereira E S, Silva A M A, et al, 2013. Body composition and net energy and protein requirements of Morada Nova lambs [J]. Small Ruminant Research, 114: 206 – 213.

Craig W M, Broderick G A, Ricker D B, 1987. Quantitation of microorganisms associated with the particulate phase of ruminal ingesta [J]. Journal of Nutrition, 117: 56.

CSIRO, 2007. Nutrient requirements of domesticated ruminants [M]. Collingwood: CSIRO Publishing.

Czerkawski J W, Breckenridge G, 1977. Design and development of a long-term rumen simulation technique (RUSITEC)[J]. British Journal of Nutrition, 38 (3): 371-384.

Edmunds B, Südekum K H, Spiekers H, et al, 2012. Estimating ruminal crude protein degradation of forages using *in situ* and *in vitro* techniques [J]. Animal Feed Science and Technology, 175 (3): 95-105.

Faichney G J, White G A, 1988. Rates of passage of solutes, microbes and particulate matter through the gastro-intestinal tract of ewes fed at a constant rate throughout gestation [J]. Crop and Pasture Science, 39 (3): 481-492.

Funaba M, Kagiyama K, Iriki T, et al, 1997. Duodenal flow of microbial nitrogen estimated from urinary excretion of purine derivatives in calves after early weaning [J]. Journal of Animal Science, 75: 1965-1973.

Gonda H L, Lindberg J E, 1994. Evaluation of dietary nitrogen utilization in dairy cows based on urea concentrations in blood, urine and milk, and on urinary concentration of purine derviatives [J]. Acta Agriculturae Scandinavica, 44: 236-245.

González-Ronquillo M, Balcells J, Guada J A, et al, 2003. Purine derivative excretion in dairy cows: endogenous excretion and the effect of exogenous nucleic acid supply [J]. Journal of Dairy Science, 86: 1282-1291.

Gueroulai A, El Gass Y, Balcells J, et al, 2004. Urinary excretion of purine derivatives and its utilization as an index of microbial protein synthesis in camel [J]. British Journal of Animal Science, 92: 225-232.

Harrop C J F, 1974. Nitrogen metabolism in the ovine stomach: 4. Nitrogen components of the abomasal secretions [J]. The Journal of Agricultural Science, 83 (2): 249-257.

Huhtanen P, Kukkonen U, 1995. Comparison of methods, markers, sampling sites and models for estimating digesta passage kinetics in cattle fed at two levels of intake [J]. Animal Feed Science and Technology, 52 (1): 141-158.

Hutton K, Bailey F J, Annison E F, 1971. Measurement of the bacterial nitrogen entering the duodenum of the ruminant using diaminopimelic acid as a marker [J]. British Journal of Nutrition, 25: 165-173.

Johnson L M, Harrison J H, Riley R E, 1998. Estimation of the flow of microbial nitrogen to the duodenum using urinary uric acid or allantoin [J]. Journal of Dairy Science, 81: 2408-2420.

Kennedy P M, 1988. The nutritional implications of differential passage of particles through the ruminant alimentary tract [J]. Nutrition Research Reviews, 1 (1): 189-208.

Kreuzer M, Kirchgessner M, Kellner R J, et al, 1986. Effect of varying protein and energy concentration on digestibility of nutrients, nitrogen metabolism and allantoin excretion in wethers [J]. Journal of Animal Physiology and Animal Nutrition, 55: 144-159.

Laurent F, Vignon B, 1983. Factors of variations in urinary excretion of allantoin in sheep and goats [J]. Archives fur Tierernahrung, 33: 671-681.

Ma T, Deng K D, Jiang C G, et al, 2013. The relationship between microbial N synthesis and urinary excretion of purine derivatives in Dorper×Thin-Tailed Han crossbred sheep [J]. Small Ruminant Research, 112: 49-55.

Ma T，Deng K D，Tu Y，et al，2014a. Effect of forage – to – concentrate ratios on urinary excretion of purine derivatives and microbial nitrogen yields in the rumen of Dorper crossbred sheep [J]. Livestock Science，160：37 – 44.

Ma T，Deng K D，Tu Y，et al，2014b. Effect of dietary concentrate：forage ratios and undegraded dietary protein on nitrogen balance and urinary excretion of purine derivatives in Dorper×Thin – Tailed Han crossbred lambs [J]. Asian – Australasian Journal of Animal Sciences，27 (2)：161 – 168.

Martín – Orúe S M，Balcells J，Guada J A，et al，2000. Microbial nitrogen production in growing heifers：direct measurement of duodenal flow of purine bases versus urinary excretion of purine derivatives as estimation procedures [J]. Animal Feed Science and Technology，88：171 – 188.

Mathers J C，Aitchison E M，1981. Direct estimation of the extent of contamination of food residues by microbial matter after incubation within synthetic fibre bags in the rumen [J]. The Journal of Agricultural Science，96 (3)：691 – 693.

McAllan A B，1982. The fate of nucleic acids in ruminants [J]. Proceedings of the Nutrition Society (41)：309 – 317.

McAllan A B，Smith R H，1973a. Degradation of nucleic acids by rumen bacteria *in vitro* [J]. British Journal of Nutrition，29：467 – 474.

McAllan A B，Smith R H，1973b. Degradation of nucleic acids in the rumen [J]. British Journal of Nutrition，29：331 – 345.

McDonald P，Edwards R A，Greenhalgh J F D，et al，1995. Animal nutrition [M].5th ed. New York：Longman Scientific and Technical.

Menke K H，Raab L，Salewski A，et al，1979. The estimation of the digestibility and metabolizable energy content of ruminant feedingstuffs from the gas production when they are incubated with rumen liquor *in vitro* [J]. The Journal of Agricultural Science，93 (1)：217 – 222.

Moorby J M，Dewhurst R J，Evans R T，et al，2006. Effects of dairy cow diet forage proportion on duodenal nutrient supply and urinary purine derivative excretion [J]. Journal of Dairy Science，89：3552 – 3562.

Morris S，Ray S C，1939. The fasting metabolism of ruminants [J]. Journal of Biochemistry，33：1217 – 1230.

Mota M，Balcells J，OzdemirBaber N H，et al，2008. Modeling purine derivative excretion in dairy goats：endogenous excretion and the relationship between duodenal input and urinary output [J]. Animal，2 (1)：44 – 51.

Navaratne H，Ibrahim M，Schiere J B，1990. Comparison of four techniques for predicting digestibility of tropical feeds [J]. Animal Feed Science and Technology，29 (3)：209 – 221.

NRC，1989. Nutrient requirements of dairy cattle [M].6th ed. Washington，DC：National Academic Press.

NRC，2007. Nutrient requirements of small ruminants：sheep，goats，cervids and new world camelids [M]. Washington，DC：National Academy Press.

NRC，1985. Ruminant nitrogen usage [M]. Washington，DC：National Academic Press.

Orellanaboero P，Balcells J，Martín – Orúe S M，et al，2000. Excretion of purine derivatives in cows：Endogenous contribution and recovery of exogenous purine bases [J]. Livestock Production Science，8：243 – 250.

Ørskov E R，Grubb D A，Wenham G，et al，1979. The sustenance of growing and fattening ruminants by intragastric infusion of volatile fatty acid and protein [J]. British Journal of Nutrition，41：553 – 558.

Ørskov E R, McDonald I, 1979. The estimation of protein degradability in the rumen from incubation measurements weighed according to rate of passage [J]. Journal of Agricultural Science, 92: 499 – 503.

Owens F N, Hanson C F, 1992. External and internal markers for appraising site and extent of digestion in ruminants [J]. Journal of Dairy Science, 75 (9): 2605 – 2617.

Puchala R, Kulasek G, 1992. Estimation of microbial protein flow from the rumen of sheep using microbial nucleic acid and urinary excretion of purine derivatives [J]. Canadian Journal of Animal Science, 72: 821 – 830.

Razzaque M A, Topps J H, 1978. Determination of hypoxanthine, xanthine and uric acid in ruminant's urine [J]. Journal of Science of Food and Agriculture, 29: 935 – 939.

Razzaque M A, Topps J H, Kay R N B, et al, 1981. Metabolism of the nucleic acids of rumen bacteria by preruminant and ruminant lambs [J]. British Journal of Nutrition, 45: 517 – 527.

Rys R, Antoniewicz A, Maciejewicz J. 1975. Allantoin in urine as an index of microbial protein in the rumen [C]// Tracer studies on non – protein nitrogen for ruminants. 2, IAEA, Vienna.

Tilley J, Terry R A, 1963. A two – stage technique for the *in vitro* digestion of forage crops [J]. Grass and Forage Science, 18 (2): 104 – 111.

Valadares R F D, Broderick G A, Valadares S C, et al, 1999. Effect of replacing alfalfa silage with high moisture corn on ruminal protein synthesis estimated from excretion of total purine derivatives [J]. Journal of Dairy Science, 82: 2686 – 2696.

Wales W J, Doyle P T, Dellow D W, 1999. Degradabilities of dry matter and crude protein from perennial herbage and supplements used in dairy production systems in Victoria [J]. Animal Production Science, 39 (6): 645 – 656.

Webster A J F, Dewhurst R J, Waters C J. 1988. Alternative approaches to the characterization of feedstuffs for ruminants [M]// Recent advances in animal nutrition. Bristol: University of Bristo.

Webster A J F, Kaya S, Djouvinov D S, et al, 2003. Purine excretion and estimated microbial protein yield in sheep fed diets differing in protein degradability [J]. Animal Feed Science and Technology, 105: 123 – 134.

Zinn R A, Owens F N, 1986. A rapid procedure for purine measurement and its use for estimating net ruminal protein synthesis [J]. Canadian Journal of Animal Science, 66: 157 – 166.

第十章
肉羊常用饲料营养价值数据库的建立

第一节　肉用羊常用饲料营养价值概述

饲料是能被家畜采食，并为其生长、发育、生产提供营养的物质，是家畜生命和生产活动的物质基础。了解肉羊常用饲料的营养特点及其饲用价值，对于科学、合理地利用饲料、降低成本、提高饲养效果、增加收益具有十分重要的意义。总结国内外肉用绵羊营养物质代谢规律及营养需要的研究发现，许多国家在该研究领域都有着十分细致的探索和卓越的研究成果。1953 年 NRC 首次推出绵羊营养需要量，1965 年英国农业研究委员会进一步完善了绵羊饲喂标准。此后，畜牧业发达国家（如美国、英国、法国、澳大利亚等）相继制定了本国的营养需要量标准，并随着研究的深入不断修订和完善。这些营养需要量标准均针对本国的绵山羊品种、饲料资源及生态环境特点，提出了不同生理阶段、不同管理条件、不同生产水平下，动物对能量、蛋白质、矿物质和维生素的需要量，并附有饲料营养价值数据库。而我国在 2004 年颁布的农业行业标准"肉羊饲养标准（NY/T 816—2004）"中并没有介绍我国的饲料营养价值数据库。熊本海等编撰的《中国饲料成分及营养价值表》（第 28 版）是目前我国最为全面的饲料营养成分价值表，但该表没有提供全面的肉羊常用饲料原料类型及其营养消化利用情况数据，如 ME 数值，配方师和技术人员用以参考时无法凭借此表全面评价所需饲料原料的营养价值进而制定合理的饲料配方，对每种饲料原料有效能的估测仍需参考国外数据库资料，使用国外的估测模型。在这一点上，我国仍处于落后水平。因此，建立数据翔实、可靠的肉羊常用饲料营养价值数据库迫在眉睫。

建立具有一定参考价值的饲料原料数据库，应基于大量的饲料原料资料，通过体内、体外试验和常规营养成分分析来评价其营养价值，最终将原料采集信息和这些测定的数值整合形成一个饲料营养价值表，通过长期的理论、试验数据积累进行动态变化模拟，形成一个数据库。然而，通过试验得出每种饲料原料的所有评价参数虽是最为理想的结果，但过程十分复杂且受多方面因素影响，实际操作将是大量人力、物力和财力的耗费，难度很大。因此，通过建立模型对饲料原料的消化利用情况进行估测是目前国际公认的最佳方法。建立模型的方法多种多样，其核心是基于有效估测饲料原料在动物体内消化代谢情况的前提下，选择简便易行、低成本、高效率的方法找出较易得的预测因子去估测较复杂的营养价值评价指标。中农科反刍动物团队经过了 10 年的试验，积累了大量的肉羊常用饲料原料营养价值评定数据及有效能的估测模型。本章对肉羊能量评价体系及数据库中各评价指标的评定方法进行论述，对中农科反刍动物团队肉羊常用饲料的分类、整合，以及有效能估测模型的筛选进行阐述，最终建立肉羊常规饲料营养价值数据库，使人们能准确了解饲料的营养价值及其在肉羊体内的利用效率和饲养效果，旨在为指导人们合理设计饲料配方、充分利用各种饲料资源及开发新的饲料提供参考。

第二节　肉羊常用饲料营养价值评定方法及其研究现状

一、肉羊常用饲料营养价值评定方法

肉羊常用饲料的营养价值是指饲料所含的营养成分及这些营养成分被肉羊利用后所产生的物质转换效果。肉羊常用饲料营养价值的评定就是分析饲料中的营养成分及其含量、测定，并评估这些营养成分在肉羊体内被利用的效率和饲养效果，为评价饲料的质量及合理利用饲料资源提供依据。

（一）测定肉羊常用饲料化学成分的方法

1. Weende 系统分析法　Weende 系统分析法即饲料常规成分分析法，是德国学者 Hennebery 和 Stohmann 于 1862 年在德国哥廷根 Weende 实验站提出的，又称概略养分分析方法。该方法将饲料营养成分划分为水分、粗蛋白、粗纤维、粗脂肪、粗灰分和无氮浸出物六大营养成分来评定饲料的营养价值。

Weende 分析方法自诞生以来在饲料营养价值的评定中起了十分重要的作用，是饲料营养价值评定的基础。但是该方法在粗纤维评价中具有明显的缺陷，它测出的 CF 在化学上不是一个明确的化学实体，而是几种物质的混合物。CF 中部分半纤维素和木质素在其测定过程中因被溶解而划归成 NFE，因此 NFE 含量的估测值偏高。

2. van Soest 分析方法　van Soest 分析方法（van Soest 等，1964）是在 Weende 分析方法的基础上建立起来的，将 CF 和 NFE 这两个指标进行了修正和重新划分，提出了 NDF、ADF 及半纤维素的概念和分析方法。该方法将粗饲料中可被动物利用的、可溶性的细胞内容物与不易消化的细胞壁区分开，使饲料营养成分的划分更科学、合理。

van Soest 体系虽然在 Weende 体系的基础上有了进一步的提高和完善，但是仅根据化学分析并不能说明饲料被反刍动物消化和利用的情况，因而不能较好地反映饲料的营养价值，在使用过程中存在一定局限性。

3. CNCPS 分析方法　CNCPS 是美国康奈尔大学众多科学家提出的牛用动态能量、蛋白质及氨基酸体系，能够客观地反映奶牛采食的碳水化合物与蛋白质在瘤胃内的降解率、消化率、外流数量，以及能量、蛋白质的吸收效率等情况（Sniffen，1992）。该体系研究目的是设计一个对牛进行营养诊断和提供饲粮评价标准的计算体系。到目前为止，CNCPS 已发展到第 6 版（Fox 等，2004），在美国和加拿大的规模化牛场得到广泛应用。

　　根据饲料在瘤胃的降解程度，CNCPS 将碳水化合物划分为快速降解部分 CA、中速降解部分 CB$_1$、慢速降解部分 CB$_2$ 和不可利用的纤维类 CC 四部分（图 10-1）；将蛋白质划分为非蛋白氮 PA、真蛋白和不可利用氮 PC（图 10-2）。真蛋白又被进一步划分为 PB$_1$、PB$_2$、PB$_3$ 三部分。PA 和 PB$_1$ 可在缓冲液中溶解，PB$_1$ 在瘤胃中可快速降

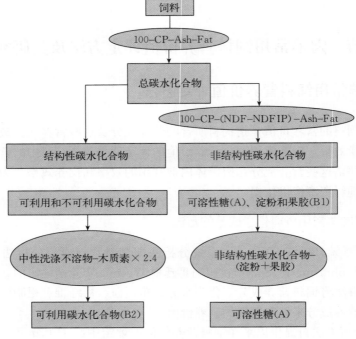

图 10-1　CNCPS 对碳水化合物的划分

（资料来源：Sniffen 等，1992）

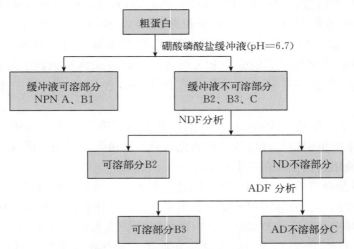

图 10-2　CNCPS 对蛋白质的划分

（资料来源：Roe 等，1990）

解。PC 含有与木质素结合的蛋白质、单宁蛋白质复合物和其他高度抵抗微生物和哺乳类酶类的成分，是酸性洗涤纤维不溶性蛋白能被溶解（acid detergent fiber insoluble protein，ADFIP），在瘤胃中不能被瘤胃细菌降解，在瘤胃后消化道也不能被消化。PB_3 是中性洗涤纤维不溶性蛋白（neutral detergent fiber insoluble protein，NDFIP），但可在酸性洗涤剂中溶解，由于 PB_3 与细胞壁结合在一起，因而在瘤胃中缓慢降解，其中大部分可逃脱瘤胃降解。缓冲液不溶蛋白减去中性洗涤剂不溶蛋白，剩余部分为 PB_2，PB_2 部分在瘤胃中被降解，部分流入后肠道中。

CNCPS 虽然也是一种化学分析方法，但该方法将化学分析和反刍动物的消化利用结合起来，比 Weende 体系、尼龙袋技术更为真实地反映饲料营养特性，使分析结果更具有参考价值。

（二）评定饲料能量可消化性的方法

饲料化学成分是评定饲料营养价值的物质基础，但仅仅通过化学成分评定饲料的营养价值是片面的，因为它不能反映饲料的营养成分被畜体消化吸收的程度，因此必须进一步通过试验以确定各种营养成分在动物体内的消化利用情况。测定消化率的方法主要有体内法（in vivo）、半体内法（in situ）和体外法（in vitro）。

1. 体内法　体内法（in vivo），又称活体法，是利用活体动物直接评定饲料营养价值的方法。利用真胃瘘管和十二指肠瘘管结合示踪元素标记技术，研究饲料在动物体内的消化利用情况。主要用于测定饲料蛋白质的瘤胃降解率、MCP 合成效率、碳水化合物在瘤胃中的降解率和评定能氮平衡等。

体内法比较准确，具有可靠性和真实性，是其他方法测定结果准确与否的标准。缺点是方法复杂、费时费力、测定费用高，不适于大量样本的常规测定。

2. 半体内法　半体内法（in situ），也叫原位法，通常主要是指尼龙袋技术（nylon bag technique），是评定饲料在瘤胃内降解率的一种常用的方法。将被测饲料样品定量地装入统一规格的尼龙袋中，然后把尼龙袋通过瘤胃瘘管放入瘤胃进行培养，并在一定的时间间隔取出尼龙袋，分析发酵后的残渣，得到该时间点的降解率。如果测定多个时间点的降解率，就可以计算出瘤胃发酵参数。

半体内法成本低，操作简单，便于推广应用。但许多因素会影响尼龙袋试验的结果，如饲粮精粗比、动物个体差异、样品的量和颗粒大小、尼龙袋的洗涤方法、微生物的污染及尼龙袋的规格等。

3. 体外产气技术　体外产气技术（in vitro gas production technique）是 Raab 和 Menke 等（1983）建立的，该方法广泛用于饲草饲料饲用价值的评价。

体外产气法的原理是，消化率不同的各种饲料，在相应的时间内（一般为 24 h）产气量与产气率不同。用该法测得的有机物消化率与在绵羊活体内测定的结果呈显著正相关。

体外产气法简便、快捷、数据重复性好。但由于发酵容器不同于真正的瘤胃，不具有瘤胃食糜的外流功能，其内容物不能外移，发酵终产物容易积累，致使发酵容器环境发生改变，从而影响结果的稳定性和准确性。

二、肉羊常用饲料营养价值评定方法的研究进展

(一) CNCPS 理论体系的研究进展

赵广永 (1999) 首次运用 CNCPS 的分析方法对西安、上海和杭州等地的 32 种饲料样品进行研究，认为 CNCPS 比 Weende 分析方法和尼龙袋技术更为精确，能更好地反映饲料的特性。靳玲品 (2013) 按照 CNCPS 的评定方法对我国北方常用粗饲料共 3 类 7 种 33 个样品进行了研究。结果表明，CNCPS 测定的指标较多，可一定程度上反映动物对饲料利用的情况，对饲料营养价值的评价比较精确。

CNCPS 模型可以比较精确地预测奶牛的产奶量和 DM 采食量 (于震，2007)，以及中国杂种肉牛的 DM 采食量和日增重 (杜晋平等，2010)。吴健豪 (2010) 应用 CNCPS 的原理和方法对黑龙江省大庆地区 15 种主要奶牛饲料的营养成分进行了分析，同时借鉴 CNCPS 的 CPM - Dairy 3 version 模型对奶牛的饲粮进行评估，从而验证了 CPM 模型对奶牛饲粮的评价效果。曲永利等 (2010) 也作了相似的研究，结果表明在国内奶牛场应用 CPM - Dairy 3 version 模型可更精确地满足奶牛的营养需要，科学地对奶牛饲粮进行营养诊断，调整能氮平衡，减少氮的排泄，节约饲料成本，并可较准确地预测奶牛的产奶量。

中国对 CNCPS 模型的应用研究始于 1999 年，经过十几年的研究，在 CNCPS 模型的验证及改进方面取得了一定的进展。但这些研究都是以牛为实验动物，尚未见到 CNCPS 模型预测肉羊的生产性能及采食量的研究报道。我国是肉羊养殖大国，很有必要开展这项研究。

(二) 尼龙袋法的研究进展

Quin 等 (1938) 第一次把饲料放入天然丝袋中研究了饲料在羊瘤胃中的消化，开创了尼龙袋技术应用的新时代。Schoeman 等 (1972) 应用聚酯袋研究了甲醛对蛋白质补充料在瘤胃中降解率的影响。Ørskov 和 McDonald (1979) 提出了蛋白质动态降解模型 $p=a+b$ $(1-e^{-a})$，使尼龙袋技术进入模型时代。在我国，继冯仰廉等 (1984) 首次用尼龙袋法测定了精饲料在黑白花奶牛瘤胃中降解规律之后，许多学者用尼龙袋技术对一些常规和非常规饲料的可消化蛋白质、粗蛋白质、粗纤维、淀粉和氨基酸等成分的降解规律进行了研究。笔者和屠焰 (2005) 以瘘管牛为实验动物，采用半体内法测定了 6 种饲料的瘤胃降解特性，发现饼粕类饲料蛋白质 24 h 降解率大小依花生粕、葵花粕、大豆粕、大豆饼、棉籽粕、菜籽粕和胡麻粕的顺序降低。霍小凯等 (2009) 以 3 头安装有永久性瘤胃瘘管的利木赞×鲁西黄牛杂交阉牛为实验动物，采用尼龙袋法测定了大麦、玉米和苜蓿干草等 10 种饲料中淀粉的瘤胃降解率和过瘤胃淀粉含量。结果表明，能量饲料的过瘤胃淀粉含量较高，粗饲料的过瘤胃淀粉含量较低，副产品饲料和蛋白质饲料的过瘤胃淀粉含量居中。邰玉钢和马丽娟 (1996) 用尼龙袋法研究了 49 种鹿常用饲料的瘤胃降解规律，发现同类不同种饲料及同种饲料因收获期、处理和部位等不同其 DM、CP、OM 降解率差异较大；同种不同产地饲料间的 DM、CP

降解率亦有差别。

有些学者将尼龙袋技术用于研究氨基酸的瘤胃降解规律。李建国等（2004）和么学博等（2007）用尼龙袋法对 6 种饼粕总氨基酸的瘤胃降解规律进行了研究。结果表明，赖氨酸、谷氨酸和精氨酸瘤胃降解率较高，而亮氨酸和异亮氨酸等支链氨基酸降解率较低；饲料瘤胃总氨基酸的降解率与其蛋白质总氮的降解率相关。

尼龙袋技术也被用于研究饲料瘤胃非降解蛋白在小肠的消化吸收情况。周荣等（2010）选用 3 头装有瘤胃、十二指肠瘘管的干奶期奶牛，采用移动尼龙袋法对反刍动物常用饲料蛋白质的表观小肠消化率进行了研究。结果表明，不同饲料的瘤胃降解和消化特性不同，过瘤胃蛋白提供小肠可消化吸收蛋白质的潜力也不同。

（三）体外产气法的研究进展

人工瘤胃产气量法自 1979 年由德国霍恩海姆大学 Menke 等（1979）建立以来，由于简单、快捷、重复性好等优点，因此被广泛用于测定饲草饲料的产气特性、预测饲料能量价值、有机物的消化率、评定组合效应及抗营养因子的影响等方面的研究。汤少勋等（2005）采用改进的体外产气技术对 10 种不同牧草的体外产气特性进行了研究，获得了 Gompertz 模型的发酵参数（理论最大产气量、产气速率常数和延滞时间），并分析了发酵参数与营养成分之间的关系，结果发现不同品种牧草间产气动力学参数差异显著。理论最大产气量、产气速率常数和产气延滞时间分别以苏丹草、黑麦草和桂牧 1 号最高，而以鲁梅克斯、鲁梅克斯和苏丹草最低。牧草中非结构性碳水化合物与蛋白质比例决定了体外发酵产气的特性。郭彦军等（2003）用体外产气法测定了几种牧草和灌木的产气量，并利用 PEG 研究了缩合单宁对产气量的影响，结果发现牧草和灌木 12 h 的产气量与 48 h 的 DM 降解率之间呈正相关（r，0.814 和 0.378）。产气量与缩合单宁含量呈不显著的负相关。植物中的缩合单宁对牦牛瘤胃微生物有一定的抑制作用。

另有一些学者认为，不同类型的饲料产气量不同，产气量并不能直接衡量不同种饲料之间降解程度，还需要结合 DM、NDF 降解率等指标综合评定其营养价值（任莹等，2009）。

三、肉羊常用饲料营养价值测定指标与方法

肉羊常用饲料是由各种元素组成的无机化合物与有机化合物。这些化合物具有一定的养生作用，因而称之为营养物质。例如，蛋白质、脂肪、碳水化合物、矿物质、维生素和水分等，分别称为营养成分，简称"养分"。

（一）肉羊常用饲料常规营养成分分析

1. 肉羊常用饲料常规营养成分概述 常用的饲料养分是指概略养分，其分类和描述是基于饲料的常规分析。主要测定指标有：干物质、粗蛋白质、粗脂肪、粗纤维、粗灰分及无氮浸出物。按照国家标准，将饲料分为 6 个组分进行分析测定（表 10-1）。

表 10 - 1 常规/概略养分组成

编 号	组 分	过 程	主要成分
1	DM	以刚超过水的沸点温度（100 ℃）加热至恒重，所保留的质量为 DM 含量	除去水和挥发性物质
2	CP	凯氏定氮，然后 CP 含量据公式 $\omega(CP)=\omega(N)\times6.25$ 计算获得，（6.25 根据 CP 平均含氮量 16% 换算）	CP 和 NPN
3	EE	乙醚浸提	脂肪、油、蜡、色素和树脂
4	CF	分别经弱酸、弱碱煮沸 30 min 后过滤，残渣烘干称重、灼烧等	纤维素、半纤维素和木质素
5	Ash	在 500~600 ℃烧灼 2~3 h	矿物质
6	NFE	$\Omega(NFE)=\omega(DM)-\omega(CP)-\omega(EE)-\omega(CF)-\omega(ash)$	淀粉、糖、部分纤维素、半纤维素和木质素

2. 饲料常规分析的局限性 饲料概略养分法分析的饲料成分，限定了测定内容和种类。随着养殖业发展的需要，以及动物生理营养技术的更新和高效养殖技术的需要，上述常规成分的分析已经远远不能满足现代营养和饲料学的需要，如纯蛋白质、氨基酸、维生素及各种矿物质元素等的测定已经成为必须的营养素指标。表 10-2 中列出了 6 种概略养分所包含的物质，从此表可以看出，营养成分之间存在严格定性问题，在常规饲料分析中是忽略的，而这些物质对动物的消化生理作用和营养功能都具有重要性。因此，采用常规饲料分析方案对于全面、精确地评价饲料营养价值而言，只是一个初步的评价，不能全面地反映饲料的营养价值。在一些情况下，仍有待于进一步或者附加一些分析方法来更深入、更全面地进行饲料营养价值的评价，如利用尼龙袋技术和 CNCPS 对饲料营养价值进行客观的评价。

表 10 - 2 饲料概略分析中 6 种养分的物质组成

概略养分		各种养分的物质组成
水分		水和可能存在的挥发性物质
干物质	有机物 粗蛋白质	纯蛋白质、氨基酸、硝酸盐、含氮的糖苷、糖脂肪、B 族维生素
	粗脂肪	油脂、油、蜡、有机酸、固醇类、色素、脂溶性维生素
	粗纤维	纤维素、半纤维素、木质素
	无氮浸出物	纤维素、半纤维素、木质素、单糖、双糖、淀粉、果胶、有机酸类、树枝、单宁类、色素、水溶性维生素
	无机物 灰分	常量元素：钙、钾、镁、钠、硫、磷、氯 微量元素：铁、锰、铜、钴、碘、锌、铝、硒

（二）康奈尔净碳水化合物和蛋白质体系组分分析

NDF、ADF、ADL、NDIP 和 ADIP 的分析按照 van Soest 等（1981）方法进行；SP 按照 Krishnamoorthy 等（1983）方法测定，NPN、淀粉的分析按照 AOAC（1976）

方法进行测定。当今滤袋法测定纤维素物质被广泛应用，具有省时、省力、操作简单的特点。

1. NDF 的测定（滤袋法）　选用特制滤袋，用 2B 铅笔编号，烘箱中 105 ℃烘干，称重。准确称取 0.5 g 饲料样品直接装入滤袋中，同时称取 2 只空袋作为空白，测定空白袋的校正系数（C）。用封口机封口（距袋口边缘 0.5 cm 处）。将滤袋放入高脚烧杯中，加入 200 mL 中性洗涤剂、2 mL 十氢化萘和 0.5 g 无水亚硫酸钠，并放置压块。将高脚烧杯立即置于电炉上，装上冷凝装置，煮沸，并保持微沸 1 h。煮沸完毕，取出滤袋，用热水冲洗，然后用自来水冲洗至洗液中无泡沫，再用 20 mL 丙酮冲洗 2 次。将滤袋置于烘箱中，105 ℃烘干 6 h，冷却，称重。中性洗涤纤维含量的计算公式如下：

$$NDF（\%）=[(m_1-m_2\times C)/m]\times 100$$

式中，m_1 指提取后滤袋和 NDF 残渣的重量；m_2 指滤袋的重量；C 指空白滤袋校正系数（提取后空白袋烘干质量/提取前空白袋质量）；m 指样品重。

2. ADF 的测定（滤袋法）　选用特制的滤袋，用 2B 铅笔编号，在烘箱中 105 ℃烘干，称重。准确称取 0.5 g 饲料样品直接装入滤袋中，同时称取 2 只空袋，测定空白袋的校正系数（C）。用封口机封口（距袋口边缘 0.5 cm 处）。将滤袋放入高脚烧杯中，加入酸性洗涤剂 200 mL、十氢化萘 2 mL，并放置压块。将高脚烧杯立即置于电炉上，装上冷凝装置，煮沸，并保持微沸 1 h。煮沸完毕，取出滤袋，用热水冲洗，然后用自来水冲洗至洗液中无泡沫，再用 20 mL 丙酮冲洗 2 次。将滤袋置于烘箱中，105 ℃烘干 6 h，冷却，称重。酸性洗涤纤维含量的计算公式如下：

$$ADF（\%）=[(m_3-m_4\times C)/m]\times 100$$

式中，m_3 指提取后滤袋和 ADF 残渣的重量；m_4 指滤袋的重量；C 指空白滤袋校正系数（提取后空白袋烘干质量/提取前空白袋质量）；m 指样品重。

3. NPN 的测定　准确称取 0.5 g 饲料样品于 125 mL 三角瓶中，每个处理 2 个重复，加冷蒸馏水 50 mL、10%的钨酸钠溶液 8 mL，于 20～25 ℃培养 30 min。加 0.5 mol/L 硫酸溶液 10 mL 调节 pH 至 2.0，室温下放置过夜。过滤，用蒸馏水冲残渣两遍，将滤纸及残渣转移到凯氏瓶中测残留氮（Licitra 等，1996）。NPN 含量的计算公式如下：

$$NPN（\%DM）=总 CP-残余 CP$$

4. SP 的测定　准确称取 0.5 g 饲料样品于 125 mL 的锥形瓶中，每个处理 3 个重复，加硼酸-磷酸缓冲液 50 mL、叠氮化钠 1 mL，室温放置 3 h。♯54 滤纸过滤，用 250 mL 缓冲液冲洗残渣。105 ℃烘干滤纸及残渣，将滤纸及残渣转移到凯氏瓶中，用凯氏法测定残余物中氮含量。SCP 含量的计算公式如下：

$$SCP（\%DM）=总 CP-残余 CP$$

5. NDIP 的测定（不加无水亚硫酸钠）　按照 NDF 分析步骤，准确称取饲料样品 1 g 于 125 mL 锥形瓶中，加入中性洗涤剂 100 mL 和数滴十氢化萘，加热至沸腾，微沸 1 h。用♯54 滤纸过滤。先用热水冲洗，然后用冷水洗涤，最后用丙酮冲洗。105 ℃烘干滤纸，然后将滤纸及残渣置于凯氏瓶中，测量残留物中的蛋白质含量。NDIP 含量的计算公式如下：

$$NDIP（\%DM）=残余 CP$$

6. ADIP 的测定　按照 ADF 分析步骤，准确称取饲料样品 1.0 g 于 125 mL 锥形瓶

中，加入酸性洗涤剂 100 mL 和十氢化萘数滴，加热至沸腾，并保持微沸 1 h。用♯54
滤纸过滤，热水冲洗后再用冷水洗涤，直到冲洗溶液呈中性，最后用丙酮冲洗。将滤纸
及残渣于 105 ℃烘干 6 h，然后将滤纸及残渣置于凯氏瓶中，测量残留物中的蛋白质含
量。ADIP 含量的计算公式如下：

$$ADIP（\%DM）＝残余 CP$$

7. 木质素（Lignin）的测定　按照 ADF 的分析测定步骤处理样品。准确称取饲料
样品 1 g 于 125 mL 三角瓶中，每个处理 3 个重复。加入酸性洗涤剂 100 mL 和数滴十氢
化萘，将三角瓶置于电炉上加热至沸腾，并保持微沸 1 h。将纤维残渣转移到已知重量
的坩埚中，加入 1.0 g 酸洗石棉，将坩埚放在浅磁盘中，加入 15 ℃72％硫酸溶液至半
满，用玻璃棒搅拌，20～23 ℃培养 3 h，随时补充硫酸溶液。然后抽滤，用热水洗涤，
将坩埚置于烘箱中于 105 ℃烘干，冷却，称重（m_5）。将坩埚放电炉碳化至无烟，然后
转移到茂福炉中于 550 ℃中灼烧 4 h，冷却，称重（m_6）。

空白试验：称取 1.0 g 石棉于坩埚中，用 72％硫酸处理，处理方法同上，石棉的失
重为（m_7）。计算公式如下：

$$lignin（\%DM）＝(m_5－m_6－m_7)/m×100\%$$

8. 粗饲料淀粉（Starch）含量的测定

（1）原理　利用耐高温淀粉酶将淀粉水解为双糖，然后再用淀粉葡萄糖苷酶水解为
单糖，以 2-羟基-3，5-二硝基苯甲酸（DNS）为显色剂，用分光光度计测定吸光度，
求得淀粉含量。

（2）测定步骤

1）标准曲线的绘制　取 20 mL 试管 8 支，分别加入葡萄糖标准液 0、0.1 mL、
0.2 mL、0.3 mL、0.4 mL、0.5 mL、0.6 mL、0.8 mL，然后加入蒸馏水至 2 mL，冰
水中冷却 2 min；加入 6.0 mL 蒽酮-硫酸溶液，摇匀，冰水中冷却 2 min；浸入沸水浴
中，煮沸 5 min；取出，流水冷却，室温放置 10 min 左右，用 752 分光光度计在 620 nm
波长处比色，测吸光度 A 值。以吸光度 A 值为横坐标，糖的 μg 含量为纵坐标作标准
曲线。

2）样品测定

①淀粉糊化　粪样可直接糊化，饲料原料要经去可溶性糖处理。即：准确称取样
品适量（粉碎至 100 目），置于 100 mL 三角瓶中，加无水乙醚 30 mL，充分振荡
15 min，过滤，残留物用 10％乙醇溶液洗涤 3～4 次去可溶性糖。将滤纸展开，用
50 mL蒸馏水将残渣冲入烧杯。将烧杯置沸水浴上，加热 15 min，使淀粉糊化，然后取
出冷却。

②淀粉水解为双糖　加 α-淀粉酶液 3 mL，55～60 ℃水浴 1 h，并不断搅拌。冷却
后加一滴碘液应不显蓝色。若显蓝色，应将试管放入沸水中 2 min 使蓝色褪去，冷却后
再加酶液，直至淀粉完全水解。

③双糖水解成单糖　淀粉水解后，在试管中加 6 mol/L 盐酸 5 mL，煮沸 1～2 h，
使双糖水解为单糖，试管要加塞以防蒸发；取出，冷却后加甲基红指示剂 2 滴，用
5 mol/L氢氧化钠溶液中和至淡红色；再加 0.5 mol/L 氢氧化钠调至中性（黄色），定容
至 25 mL，混匀、静置备用。

④ 定容比色　从已定容的试管中取 5 mL 溶液至 250 mL 容量瓶中，加水定容至刻度，摇匀。从容量瓶中取 1～2 mL 至试管中，加蒸馏水至 2 mL，加 6 mL 蒽酮-硫酸溶液，余下操作同"标准曲线的绘制"。空白采用 2 mL 蒸馏水加 6 mL 蒽酮-硫酸溶液，余下同。

注：此方法要求分析样品的细度要过 100 目分析筛，而且要摇匀，经多次测定，每个平行样品的变异系数必须小于 5%。

3）计算方法　根据 Sniffen 等（1992）等的方法，分类计算 PA、PB_1、PB_2、PB_3、PC、CC、CB_2、NSC、CB_1 和 CA 的含量。具体计算公式如下：

$$PA（\%CP）=NPN（\%SP）\times 0.01 \times SP（\%CP）$$
$$PB_1（\%CP）=SP（\%CP）-PA（\%CP）$$
$$PB_2（\%CP）=100-PA（\%CP）-PB_1（\%CP）-PB_3（\%CP）-PC（\%CP）$$
$$PB_3（\%CP）=NDFIP（\%CP）-ADFIP（\%CP）$$
$$PC（\%CP）=ADFIP（\%CP）$$

式中，$CP（\%DM）$ 为粗蛋白质占干物质的百分比；$NPN（\%SP）$ 为非蛋白氮占可溶性蛋白的百分比；$SP（\%CP）$ 为可溶性蛋白质占粗蛋白质的百分比；$NDIP（\%CP）$ 为中性洗涤不溶性蛋白质占粗蛋白质的百分比；$ADIP（\%CP）$ 为酸性洗涤不溶性蛋白质占粗蛋白质的百分比；$PA（\%CP）$ 为非蛋白氮占粗蛋白质的百分比；$PB_1（\%CP）$ 为快速降解蛋白占粗蛋白质的百分比；$PB_2（\%CP）$ 为中速降解蛋白占粗蛋白质的百分比；$PB_3（\%CP）$ 为慢速降解蛋白占粗蛋白质的百分比；$PC（\%CP）$ 为不可降解蛋白占粗蛋白质的百分比。因式中百分号仅作为单位，并不参与乘法运算，故两数值相乘后需乘以 0.01，使得出的单位为百分数。

$CHO（\%DM）=100-CP（\%DM）-fat（\%DM）-ash（\%DM）$

$CC（\%CHO）=100\times[NDF（\%DM）\times 0.01 \times lignin（\%NDF）\times 2.4]/CHO（\%DM）$

$CB_2（\%CHO）=100\times\{[NDF（\%DM）-NDIP（\%CP）\times 0.01 \times CP（\%DM）-NDF（\%DM）\times 0.01 \times lignin（\%NDF）\times 2.4]/CHO（\%DM）\}$

$CNSC（\%CHO）=100-CB_2（\%CHO）-CC（\%CHO）$

$CB_1（\%CHO）=starch（\%NSC）\times[100-CB_2（\%CHO）-CC（\%CHO）]/100$

$CA（\%CHO）=[100-starch（\%NSC）]\times[100-B_2（\%CHO）-C（\%CHO）]/100$

式中，$CHO（\%DM）$ 为碳水化合物占饲料 DM 的百分比；$fat（\%DM）$ 为粗脂肪占饲料干物质的百分比；$NDIP（\%CP）$ 为中性洗涤不溶性蛋白质占饲料粗蛋白质的百分比；$lignin（\%NDF）$ 为木质素占 NDF 的百分比；$starch（\%NSC）$ 为淀粉占非结构性碳水化合物的百分比；$CA（\%CHO）$ 为糖类占碳水化合物的百分比；$CB_1（\%CHO）$ 为淀粉和果胶占碳水化合物的百分比；$CB_2（\%CHO）$ 为可利用纤维占碳水化合物的百分比；$CC（\%CHO）$ 为不可利用纤维占碳水化合物的百分比；$CNSC（\%CHO）$ 为非结构性碳水化合物占碳水化合物的百分比。

（三）尼龙袋技术

尼龙袋技术又称半体内法，是评定饲料在瘤胃内的降解率的一种常用的方法。将饲料样品装入尼龙袋后，经瘘管放入瘤胃内进行培养，并在一定的时间间隔取出尼龙袋，分析发酵后的残渣，得到该时间点的降解率。如果测定多个时间点的降解率，就可以计算出瘤胃发酵参数。根据饲料的瘤胃降解规律及降解参数来进行瘤胃降解特性的研究。

1. 试验操作过程

（1）实验动物及饲养管理　采用单因子试验设计，将 3 只成年羊（体重 50 kg）装有永久瘤胃瘘管，通常预饲期 2 周。试验羊单圈饲养，每日基础饲粮供给量为 1.3 倍维持需要，饲粮精粗比为 4:6，每日于 8:00 和 18:00 饲喂 2 次，中午添加干草 1 次，自由饮水。基础饲粮组成及营养水平见表 10-3。

表 10-3　基础饲粮组成及营养水平（风干基础）

饲料组成	含　量	营养水平	含　量
羊草（%）	60.0	DM（%）	92.6
玉米（%）	25.0	OM（%）	91.2
豆粕（%）	12.4	ME（MJ/kg）	8.0
磷酸氢钙（%）	0.4	CP（%）	12.5
石粉（%）	0.7	NDF（%）	37.8
食盐（%）	0.5	ADF（%）	22.2
预混料（%）	1.0	Ca（%）	0.6
合计（%）	100.0	P（%）	0.3

注：1. 预混料为每千克饲粮提供 VA 15 000 IU、VD 5 000 IU、VE 50 mg、Fe 90 mg、Cu 12.5 mg、Mn 30 mg、Zn 100 mg、Se 0.3 mg、I 1.0 mg、Co 0.5 mg。

2. 营养水平均为实测值。

（2）尼龙袋规格　将孔径为 300 目（0.05 mm）裁成 12 cm×8 cm 的尼龙布对折，然后用细涤纶线缝双道，制成 10 cm×6 cm 的尼龙袋。散边用酒精灯烤焦，防止尼龙布脱丝。

① 样品与放袋　试验采用"同时放入，分别取出"的方法。即 8:00 饲喂前把 10 只袋子同时放入一只羊的瘤胃里，分别在 6 h、12 h、24 h、48 h、72 h 从每只羊瘤胃中取出 2 只袋子。

将牧草的风干样品粉碎过 2.5 mm 筛，准确称取待测样品 2～4 g（精确到 0.000 1 g，精饲料样品 4 g 左右、粗饲料样品 3 g 左右）装入尼龙袋中，每个样品每个时间点设置 2 个平行，将 2 只尼龙袋固定在一端有开口的长约 25 cm 的半软塑料管上，借助细木棍将尼龙袋送入瘤胃的腹囊处。塑料管的另一端通过尼龙绳与瘘管塞连接在一起，固定。每只羊的瘤胃内放置 5 根塑料软管。

② 培养时间与取袋　尼龙袋在瘤胃内停留的时间为 0、6 h、12 h、24 h、48 h、72 h，于清晨饲喂前 1 h 放入尼龙袋，在不同的时间点依次放入瘤胃内，最终在同一时间点取出。尼龙袋从瘤胃内取出后立即放入冷水中终止反应，再用自来水冲洗至水澄清。将洗净后的尼龙袋放入 65 ℃ 干燥箱中烘干 48 h 至恒重，回潮 24 h。将同一时间点的 2 个尼龙袋残渣合在一起装入自封袋，干燥处保存备用。

2. 测定指标 DM 和 OM 参照张丽英（2010）的方法，CP 采用全自动凯氏定氮仪测定，NDF 和 ADF 采用 van Soest 方法。

（1）不同时间点营养物质降解率（dp） 计算公式为：

$$dp = [(B-C)/B] \times 100\%$$

式中，dp 为待测饲料的 DM、OM、CP 瘤胃某一时间的降解率；B 为待测样品中 DM、OM、CP 含量；C 为待测样品尼龙袋残渣中 DM、OM、CP 含量。

（2）瘤胃降解模型参数 参照 Ørskov 和 McDonald（1979）提出的瘤胃动力学数学模型，计算公式为：

$$dP = a + b\,(1 - e^{-ct})$$

式中，dP 为待测饲料的 DM 或 CP 瘤胃某一时间的降解率；a 为快速降解部分（%）；b 为慢速降解部分（%）；c 为 b 的降解速率常数（h^{-1}）；t 为瘤胃内培养时间（h）。

（3）有效降解率 计算公式为：

$$ED\,(\%) = a + (b \times c)/(k+c)$$

式中，ED 指有效降解率；k 为待测饲料的瘤胃外流速率，本试验中 k 值取 $0.031\ h^{-1}$。

3. 数据整理与统计分析 DM、OM 和 CP 各时间点的降解率数据用 Excel 2010 进行初步整理后，用 SAS 9.2 非线性回归程序计算 a、b、c 值，降解率及降解参数采用单因素方差分析（ANOVA）显著性检验，duncan 多重比较差异性。当 $P < 0.05$ 时为差异显著。

第三节 肉羊常用饲料的分类

一、饲料分类的研究进展

"饲料"即动物的食品，是指在合理饲喂条件下能为动物提供营养物质、调控生理机制、改善动物产品品质，且不发生有毒、有害作用的物质。从来源上，可分为植物性、动物性、矿物质和人工合成或提纯的产品；从形态上分，可分为固体、液体、胶体、粉状、颗粒及块状等类型；从饲用价值上，可分为粗饲料、青饲料、青贮饲料、能量饲料、蛋白质饲料、矿物质饲料、维生素饲料、营养性添加剂及非营养性添加剂等。随着现代动物营养学在饲料工业及养殖业的普及与应用，传统的饲料概念也在不断改变，发达国家均根据本国生产实际、饲料工业与养殖业发展的需要及饲料的属性进行分类，并规定相应的标准含义。国际分类法是美国学者哈理斯（Harris，1956）根据饲料的营养特性，将饲料分成八大类，对每类饲料冠以相应的国际饲料编码（international feeds number，IFN），并应用数学模型原理建立了国际饲料数据管理系统，这一分类系统在国际上已有近 30 个国家采用或赞同。但多数国家仍采取国际饲料分类原则与本国生产实际相结合的饲料分类方法，或按照饲料来源、或按传统习惯进行分类。

中国饲料数据库情报网中心（1987）根据国际饲料分类原则与我国传统饲料分类法相结合，建立了中国的饲料数据库管理系统及分类方法。首先根据国际饲料分类原则将饲料分成 8 大类，然后结合中国传统饲料分类习惯分成 16 亚类。两者结合，形成中国饲料分类法及其编码系统，迄今可能出现的类别有 37 类，对每类饲料冠以相应的中国饲料编码（Chinese feeds number，CFN），共 7 位数，首位为国际饲料编码（IFN），第 2～3 位为 CFN 亚类编号，第 4～7 位为顺序号。今后根据饲料科学及计算机软件的发展仍可以拓宽。这一分类方法的特点是，用户既可以根据国际饲料分类原则判定饲料性质；又可以根据传统习惯，从亚类中检索出饲料资源出处，是对国际饲料分类（IFN）系统的合理补充及修正。

2013 年 1 月 1 日，我国发布了"中华人民共和国农业部公告第 1773 号"，公布了《饲料原料目录》（以下简称"《目录》"）。《目录》将我国现有饲料原料分为了 13 类，并附有相对应的饲料编码及饲料原料特征描述。这一公告的制定和发布，既规范了我国饲料原料的分类方法，又明确了原料的特征属性。同年 12 月 19 日，农业部依据《饲料和饲料添加剂管理条例》，组织全国饲料评审委员会对部分饲料企业和行业协会提出的《目录》修订建议进行了评审，并发布了"中华人民共和国农业部公告 第 2038 号"。此公告在将多种饲料原料增补进入《目录》的同时，又对《目录》内原有部分饲料原料的名称或特征描述进行了修订，更体现了《目录》与时俱进、不断完善的动态性。

二、数据库中饲料原料的整理和分类

中农科反刍动物团队经过长期的试验，基于大量饲料原料数据的积累，按照中国饲料分类法进行初步整理和分类（图 10-3），参照《饲料原料目录》（农业部公告第 1773、2038 号文件）对饲料原料进行分类、编码，并对部分饲料原料缺失的养分数据通过实验室分析法进行补充；通过参考其他文献资料对部分中农科反刍动物团队缺失的饲料原料进行补充（表 10-4）。

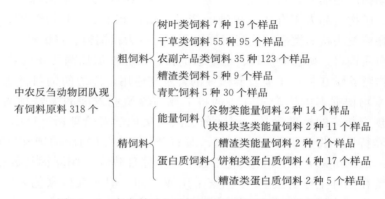

图 10-3　中农科反刍动物团队饲料原料整理分类图

表 10-4　中农科反刍动物团队饲料原料整理分类

表 序	名 称	分 类	饲料品种	样本容量
1	谷物及其加工产品	9 类	19 种	$n=30$
2	油料籽实及其加工产品	9 类	22 种	$n=43$
3	豆科作物籽实及其加工产品	—	—	—
4	块根、块茎及其加工产品	2 类	2 种	$n=4$
5	其他籽实、果实类产品及其加工产品	1 类	3 种	$n=5$
6	饲草、粗饲料及其加工产品	4 类	84 种	$n=242$
7	其他植物、藻类及其加工产品	2 类	6 种	$n=13$
8	乳制品及其副产品	3 类	3 种	$n=2$
9	陆生动物产品及其副产品	—	—	—
10	鱼、其他水生生物及其副产品	—	—	—
11	矿物质	参照《中国饲料成分及营养价值表》（2016 年第 27 版）表 7 中"常用矿物质饲料中矿物质元素的含量（以饲喂状态为基础）"		
12	微生物发酵产品及其副产品	1 类	1 种	$n=1$
13	其他饲料原料	2 类	6 种	$n=10$
总计		10 类	146 种	$n=350$

目前共有肉羊常规饲料原料 10 类、146 种、共 350 个饲料原料数据。本数据库为反刍动物肉羊常用饲料营养价值数据库，因此不包含我国《饲料原料目录》13 个表中的动物性饲料原料，即表 9、表 10。表 11 "矿物质"参照《中国饲料成分及营养价值表》（2016 年第 27 版）表 7 是"常用矿物质饲料中矿物质元素的含量"；此外，表 3 "豆科作物籽实及其加工产品"中所给出的原料品种，属于资料性数据。

第四节　肉羊常用饲料消化能、代谢能、消化蛋白质与代谢蛋白质最佳估测模型的确定

一、估测模型的来源

（一）肉羊常用饲粮消化能和代谢能估测模型的来源

表 10-5 中有效能估测模型源于刘洁（2012）配合饲料有效能的部分估测模型。由表 10-5 可见，体外法可以有效预测饲料原料的有效能。基于饲粮精粗比为（0∶100）～（88∶12）的范围内所建立的有效能估测模型中，常规营养成分中 NDF 是最佳的预测因子，可消化养分中 DE 是估测 ME 的最佳预测因子。基于刘洁（2012）的试验研究结果，筛选出其中决定系数 R^2 中最高的三个估测模型如下：

$$DE=17.211-0.135NDF$$
$$ME=13.670-0.101NDF$$
$$ME=0.046+0.820DE$$

表 10-5 肉羊常用饲粮消化能和代谢能的估测模型（MJ/kg DM）

预测方程	R^2	P
$DE=17.211-0.135NDF$	0.972	<0.001
$ME=2.773+0.116IVOMD$	0.683	<0.001
$ME=2.645+0.166GP24$	0.875	<0.001
$ME=3.328-0.078IVOMD+0.259GP24$	0.908	<0.001
$ME=13.670-0.101NDF$	0.880	<0.001
$ME=0.046+0.820DE$	0.972	<0.001

（二）单一粗饲料原料消化能和代谢能估测模型的来源

表 10-6 中有效能估测模型源于赵明明（2016）粗饲料有效能的部分估测模型。由表 10-6 可见，常规营养成分预测单一粗饲料原料的有效能时，OM 是重要的预测因子，可消化养分中 DE 是估测饲料 ME 的最佳预测因子。表中三个模型均纳入模型的选择范围。

表 10-6 单一粗饲料原料消化能和代谢能的估测模型（MJ/kg DM）

预测方程	R^2	P
$DE=-30.715+0.463OM$	0.925	<0.001
$ME=-24.030+0.365OM$	0.894	<0.001
$ME=0.132+0.796DE$	0.884	<0.01

（三）单一精饲料原料消化能和代谢能估测模型的来源

表 10-7 中有效能估测模型源于赵江波（2016）精饲料有效能的部分估测模型。由表 10-7 可见，常规营养成分预测单一精饲料原料的有效能时，ADF 和 NDF 是重要的预测因子，可消化养分中 DE 是估测饲料 ME 大的最佳预测因子。表中两个模型纳入选择范围。

表 10-7 单一精饲料原料消化能和代谢能的估测模型（MJ/kg DM）

预测方程	R^2	P
$DE=-17.910-13.103ADF-4.421NDF$	0.751	<0.01
$ME=0.901DE-1.626$	0.77	<0.01

（四）肉羊常用饲粮消化蛋白质和代谢蛋白质估测模型的来源

由表 10-8 可见，利用饲料的常规营养成分或可消化养分均可有效预测饲料原料的 DP 和 MP。用常规营养成分估测饲料原料 DP、MP 时，最佳预测因子为 CP；用可消化养分估测 MP 时，最佳预测因子为 DP。由于 DP 的测定较为繁琐，因此初步筛选出常规营养成分估测饲料 DP、MP 的模型，已备进一步比较和筛选。

表 10 - 8　概略养分和可消化养分预测可代谢蛋白质方程

递推回归方程	R^2	P
$MP=5.323CP-14.374$	0.994	<0.001
$MP=5.268CP+0.532DM-62.319$	0.995	<0.001
$MP=5.290CP+0.669DM-0.173ADF-71.664$	0.995	<0.001
$MP=5.318CP+1.262DM-0.877ADF+0.376NDF-126.679$	0.995	<0.001
$MP=5.373CP+1.481DM-0.827ADF+0.404NDF+0.254OM-174.198$	0.995	<0.001
$MP=5.899DP+2.077$	0.984	<0.001
$MP=5.710DP-0.530DOM-37.165$	0.986	<0.001
$MP=5.500DP-1.741DOM+1.371DDM+38.005$	0.989	<0.001
$MP=5.678DP-1.550DOM+1.344DDM-1.129DNDF+32.093$	0.990	<0.001
$MP=5.791DP-1.587DOM+1.552DDM-1.871DNDF+0.443DADF+19.832$	0.990	<0.001
$DP=0.895CP-2.663$	0.994	<0.001

二、估测模型的比较和筛选

选用 NRC（2007）饲料成分及营养价值表（NRC）涉及的饲料原料种类有 200 种，以及中国饲料营养价值表（Chinese feed nutrition value table：CFNVT）涵盖的饲料原料种类 101 种。其中，根据 CF 的含量分为：NRC［全部饲料原料（0＜CF＜100%）］（$n=200$），NRC［精饲料（CF＜18%）］（$n=89$），NRC［粗饲料（CF≥18%）］（$n=111$）；CFNVT［全部饲料原料（0＜CF＜100%）］（$n=101$），CFNVT［精饲料（CF＜18%）］（$n=54$），CFNVT［粗饲料（CF≥18%）］（$n=47$）；共 6 组。涵盖范围内的饲料原料均为具备粗蛋白质、灰分或有机物、中性洗涤纤维、酸性洗涤纤维及其相应能值数据的非动物性饲料原料，否则予以剔除，以保证数据的有效性与完整性。通过代入模型计算估测值，并与实际值的相对偏差和变异系数来筛选最佳模型。所有数据先采用 Excel 2016 整理后，使用 SPSS22.0 对试验材料中 3 项碳水化合物组分（CF、NDF、ADF）进行 Pearson 相关性分析和引入线性回归分析。

表 10 - 9 是将上述筛选出的肉羊常用饲料 DE 估测模型估测值与 NRC、中国饲料营养价值表中的 DE 进行相对偏差和变异系数比较的结果。从表中可以看出，在 3 种 DE 的估测模型中，刘洁（2012）以 NDF 为预测因子估测饲料 DE 估测模型的相对偏差、变异系数最低，用该模型估测 NRC 中饲料原料，其相对偏差为 7.3，变异系数 11.41%。而估测我国饲料原料的 DE 时，无论是精饲料还是粗饲料，其相对偏差均小于 1，变异系数小于 8%。赵明明（2016）以 OM 为预测因子估测饲料 DE 估测模型的相对偏差、变异系数较之均略高。赵江波（2016）以 NDF、ADF 为预测因子所建估测

模型在比较其相对偏差、变异系数时发现仅适用于我国饲料营养价值数据库中精饲料DE 的估测。

表 10-9　肉羊常用饲料原料消化能估测模型的筛选

估测模型		刘洁（2012）	赵明明（2016）	赵江波（2016）
	预测因子	NDF	OM	NDF＋ADF
NRC	相对偏差	7.3	7.9	—
	变异系数%	11.41	21.93	—
中国（精）	相对偏差	0.97	1.09	1.075
	变异系数（%）	7.3	7.9	7.69
中国（粗）	相对偏差	0.71	1.35	—
	变异系数（%）	8.0	14.71	—

注："—"指未开展此项研究，表 10-10 注释与此同。

表 10-10 是将前文中筛选出的肉羊常用饲料 ME 估测模型估测值与 NRC、中国饲料营养价值表中 ME 进行相对偏差和变异系数比较的结果。从表中可以看出，在 5 种 ME 的估测模型中，刘洁（2012）以 DE 为预测因子估测饲料 ME 估测模型的相对偏差、变异系数最低，以 NDF 为预测因子的略高。这两种模型估测 NRC 中饲料原料时，其相对偏差分别为 1.09、1.1，变异系数分别为 11.19%、11.38%；而估测我国饲料原料的 ME 时，无论是精饲料还是粗饲料，其相对偏差均小于 1，变异系数小于 10%。赵明明（2016）以 OM 为预测因子估测我国饲料 ME 估测模型的相对偏差、变异系数较高于刘洁以 DE 为预测因子预测有效能时的相对偏差和变异系数，但以 DE 为预测因子时仅适用于对我国粗饲料原料 ME 的估测。赵江波（2016）以 DE 为预测因子所建立的估测模型则仅适用于我国饲料营养价值数据库中精饲料 ME 的估测。

表 10-10　肉羊常用饲料原料代谢能估测模型的筛选

估测模型		刘洁（2012）	刘洁（2012）	赵明明（2016）	赵明明（2016）	赵江波（2016）
	预测因子	NDF	DE	OM	DE	DE
NRC	相对偏差	1.1	1.09	2.07		—
	变异系数（%）	11.38	11.19	22.3		—
中国（精）	相对偏差	0.80	0.03	2.04		0.4
	变异系数（%）	7.12	0.30	22.27		3.75
中国（粗）	相对偏差	0.80	0.03	0.77	1.18	—
	变异系数（%）	8.1	0.46	7.14	10.25	—

DP、MP 模型的筛选方法与上文中 DE、ME 估测模型的筛选方法相同，最终选择相对偏差及变异系数最低的模型，用以对中农科反刍动物团队肉羊常规饲料营养价值数据库中饲料原料 DP、MP 的估测。具体模型如下：

$$DP＝0.895CP－2.663$$
$$MP＝5.323CP－14.374$$

三、饲料能量估测模型的适用范围

基于大量测定结果可知，反刍动物对饲料的消化率与营养水平成强相关（拜尔等，2008）。由于反刍动物的饲粮由青粗饲料和精饲料组成，饲料种类繁多，因此很难准确评定出单一饲料的消化代谢情况，国内外饲料营养价值表中的消化能也多是用计算方法或体外法得出（冯仰廉和陆治年，2007）。不同的饲料原料有着不同的能量消化情况。刘洁（2012）建立的配合饲料有效能估测模型中，最佳预测因子为 NDF。赵江波（2016）建立精饲料有效能估测模型中 DE 的最佳预测因子为 NDF 和 ADF。这正是由于能量消化率的高低主要受纤维含量变化的影响（CF、洗涤纤维或其他）。研究认为，NDF 对于饲料 ME 的预测效果较佳，而且在以 NDF 为主要预测因子的方程内，如果再引入相关性高的其他成分，方程的准确度可以进一步提高（刘彩霞，1998；李明元等，2000；Losada 等，2010）。其具体原因与瘤胃的发酵过程有关，纤维含量会显著影响瘤胃发酵时所产生的挥发性脂肪酸的比例，若乙酸产量高于正常水平，则大量乙酸与较为平衡的乙酸、丙酸和丁酸比例相比，其利用效率较低。此外，回归模型中，能量与饲料养分化学分析值、体外消化率等预测因子的相关系数及预测值的标准误应在可接受的范围内（张吉鹍等，2004）。因此针对饲料类型的不同，需要建立适用于该种饲料的模型。此外，在使用估测模型时应注意用回归方法求得的模型不适用于回归范围以外的饲料预测。综观研究结果可知，使用精饲料或粗饲料建立的有效能估测模型并不能通用于精、粗饲料有效能的估测，而使用不同精粗比饲粮所建的有效能估测模型在预测不同种类饲料有效能时则具有更小的变异系数。这是因为该模型基于的饲粮涵盖了生产中所有可能的饲料纤维含量范围，从而使该模型更具有适应范围广的特点。

四、我国肉羊饲料代谢能估测模型较国外估测模型的优越性

本研究结果表明，参与比较的三种 DE 估测模型和四种 ME 估测模型在用以估测 NRC、中国饲料营养价值表（精饲料）和中国饲料营养价值表（粗饲料）中有效能时，对 NRC 中饲料原料 DE、ME 的估测值与给出值的相对偏差和变异系数均显著高于对我国饲料原料 DE、ME 估测值与给出值的相对偏差和变异系数。这说明，利用我国饲料原料建立的模型更适用于估测我国饲料原料的有效能。换言之，外国饲料原料有效能估测模型并不很适用于我国饲料原料有效能的估测，外国的肉羊饲养标准也不适合我国肉用羊饲养的饲料配制。刘洁等（2012）使用我国饲料原料配制成不同精粗比的配合饲料，建立了有效能估测模型，该模型与 AFRC、NRC 中所给出的 ME 估测模型十分相似；使用体外法所建 ME 估测模型与 Menke 提出的配合饲料的代谢能预测方程虽在计算结果上略有差异，却更接近于实测值。万凡等（2016a）的试验表明，与 NRC、AFRC 及我国肉羊饲养行业标准相比，参照中农科反刍动物团队依照我国肉羊产业实际情况所建标准（CARS）中能量和蛋白质需要参数进行饲养试验，提高了肉羊对能量和

氮的利用率，表明该标准更具有优势。许贵善等（2012b）的试验研究表明，在饲粮中CP 为 11.90％、ME 为 8.89 MJ/kg 的营养条件下，20～35 kg 体重的杜寒杂交公羔自由采食可以达到 324.22 g 的平均日增重，40％自由采食量可以满足其维持需要，与 NRC（2007）推荐量有差异，表明外国饲养标准并不能准确估测我国肉羊的饲养情况。大量研究均表明，我国的肉羊养殖业急需符合我国实际条件的肉羊饲养标准，以及更为准确的肉羊常用饲料原料有效能的估测模型。

五、建立我国肉羊常用饲料营养价值数据库的必要性

数据库是科技信息管理的重要手段之一，在发达国家已广泛用于经济、文化、军事、科研及办公自动化等领域。一些先进国家的畜禽养殖业应用这项技术早已建立了饲料数据库，国际饲料数据库情报网中心于 1971 年建立，而我国在数据库的建立上还未完善。我国是一个人多地少的国家，能量饲料和蛋白质饲料严重不足，养殖畜禽必需利用大量农副产物及青绿饲料，饲料资源丰富，其中有相当一部分饲料资源及数据资料是国外没有的，因此立足发展我国的养羊产业必需建设自己的数据库，中国饲料数据库的建成将给饲料工业养殖业带来革命。中国工程院院士李德发曾道：饲料原料数据库建设是提高饲料利用的基础。在制作饲料配方前获得准确的饲料原料的营养价值指标可以使动物生产更加高效，畜牧业急需包含大量饲料原料营养价值数据的动态数据库，从而降低饲料配方成本，提高饲料的利用效率。我国是养羊大国却不是养羊强国，建立符合我国实际现状的肉羊饲养标准和饲料营养价值数据库，是我国走向养羊强国的基础。

本 章 小 结

本章对肉羊能量评价体系及数据库中各评价指标的评定方法进行了综述；对中农反刍动物团队经过 10 年的试验所积累的大量肉羊常用饲料原料营养价值评定数据，以及 DE、ME、DP、MP 的估测模型进行了归纳和总结；对其所建肉羊常规饲料营养价值数据库中肉羊常用饲料的分类方法、估测模型的比较和筛选过程进行了较为详细的介绍。

中农科反刍动物团队参照《饲料原料目录》（农业部公告第 1773、2038 号文件）对大量饲料原料进行分类、编码；通过参考其他文献、书籍对部分没有的饲料原料进行补充，初步建立了肉羊常规饲料营养价值数据库。通过与 NRC、中国饲料营养价值表中的数值进行变异性分析，筛选出以饲料常规营养成分为预测因子预测饲料原料 DE、DP、MP 的最佳估测模型，和以可消化营养成分为预测因子预测饲料原料 ME 的最佳估测模型。这些模型如下：

$$DE = 17.211 - 0.135NDF$$
$$DP = 0.895CP - 2.663$$
$$MP = 5.323CP - 14.374$$
$$ME = 0.046 + 0.820DE$$

将这些估测模型应用于数据库中，确定了饲料原料的 DE、ME、DP、MP，最终建

立了具有一定参考价值的肉羊饲料营养价值数据库。这一研究弥补了我国肉羊常规饲料营养价值数据库的空白，为其今后的不断更新和完善奠定了基础，为我国肉羊饲料配方的制定提供了基础理论依据。

参考文献

陈丹丹，屠焰，马涛，等，2014. 桑叶黄酮和白藜芦醇对肉羊气体代谢及甲烷排放的影响 [J]. 动物营养学报，26（5）：1221-1228.

陈喜斌，冯仰廉，1996. 瘤胃 VFA 产量与瘤胃可发酵有机物质关系的研究 [J]. 动物营养学报，（2）：32-36.

刁其玉，屠焰，2005. 奶牛常用饲料粗蛋白质在瘤胃的降解参数 [J]. 乳业科学与技术，2：70-74.

杜晋平，杨晓林，殷裕斌，等，2010. 利用 CNCPS V5.0 预测我国杂种肉牛干物质采食量的效果评价 [J]. 长江大学学报（自然科学版：农学卷），7（1）：19-24.

冯仰廉，2004. 反刍动物营养学 [M]. 北京：科学出版社.

冯仰廉，Ørskov E R，1984. 反刍动物降解率的研究（一）：用尼龙袋法测定几种中国精饲料在瘤胃中的降解率及该方法稳定性的研究 [J]. 中国畜牧杂志，5：2-5.

冯仰廉，陆治年，2007. 奶牛营养需要和饲料成分 [M].3 版. 北京：中国农业出版社.

郜玉钢，马丽娟，1996. 尼龙袋法评定鹿常用饲料的营养价值 [J]. 中国畜牧杂志，32（6）：15-18.

郭彦军，龙瑞军，张德罡，等，2003. 利用体外产气法测定高山牧草和灌木的干物质降解率 [J]. 草业学报，12（2）：54-60.

霍小凯，王加启，卜登攀，等，2009. 瘤胃尼龙袋法测定 10 种饲料过瘤胃淀粉量和淀粉瘤胃降解率 [J]. 中国饲料，23：13-15.

靳玲品，2013. 反刍动物常用粗饲料营养价值评定方法的比较研究 [D]. 北京：中国农业科学院.

李长彪，彭延明，李荫泉，1988. 反刍动物新型饲料添加剂——磷酸脲 [J]. 中国畜牧兽医（3）：15.

李建国，赵洪涛，王静华，等，2004. 不同蛋白质饲料在绵羊瘤胃中蛋白质和氨基酸降解率的研究 [J]. 河北农业大学学报，27（3）：89-92.

李明元，王康宁，2000. 用纤维等饲料成分预测植物性蛋白饲料的猪消化能值 [J]. 西南农业学报，13（S1）：41-50.

李欣新，2016. 双低菜粕和豆粕分子结构与营养特性和奶牛生产性能的关系 [D]. 哈尔滨：东北农业大学.

李滋睿，2005. 我国畜牧科技关键技术与重点领域预测研究 [D]. 北京：中国农业科学院.

刘彩霞，1998. 用中性洗涤纤维、酸性洗涤纤维和粗纤维在预测猪饲粮消化能值比较的研究 [D]. 雅安：四川农业大学.

刘洁，2012. 肉用绵羊饲料代谢能与代谢蛋白质预测模型的研究 [D]. 北京：中国农业科学院.

刘洁，刁其玉，赵一广，等，2012. 肉用绵羊饲料养分消化率和有效能预测模型的研究 [J]. 畜牧兽医学报，43（8）：1230-1238.

楼灿，姜成钢，马涛，等，2014b. 饲养水平对肉用绵羊妊娠期消化代谢的影响 [J]. 动物营养学报，26（1）：134-143.

么学博，杨红建，谢春元，等，2007. 反刍家畜常用饲料蛋白质和氨基酸瘤胃降解特性和小肠消化率评定研究 [J]. 动物营养学报，19（3）：225-231.

曲永利，吴健豪，李铁，2010. 应用康奈尔净碳水化合物-蛋白质体系评定东北农区奶牛饲料营养价值 [J]. 动物营养学报，22 (1)：201-206.

任莹，赵胜军，唐兴，等，2009. 利用体外产气法评定刍动物饲料的营养价值 [J]. 中国饲料，23：16-19.

四川省分行课题组，2011. 饲料加工行业发展情况及支持策略 [J]. 农业发展与金融 (1)：77-79.

孙朋朋，韩子华，宋春阳，2013. 浅谈饲料中有效能的测定技术 [J]. 饲料博览，12：23-25.

汤少勋，姜海林，周传社，等，2005. 不同牧草品种对体外发酵产气特性的影响 [J]. 草业学报，14 (3)：72-77.

田少彬，2002. 利用纤维因子预测糟渣、糠麸类副产品饲料猪消化能值的研究 [D]. 雅安：四川农业大学.

万凡，马涛，马晨，等，2016a. 不同饲养标准对杜寒杂交肉羊营养物质消化利用的影响 [J]. 动物营养学报，28 (12)：3819-3827.

万凡，马涛，马晨，等，2016b. 不同饲养标准对杜寒杂交肉用绵羊生产和屠宰性能的影响 [J]. 动物营养学报，28 (11)：3483-3492.

王学媛，1990. 中国饲料数据库建成并通过鉴定 信息将给饲料工业养殖业带来革命—访"中国饲料数据库"项目主持人张子仪研究员 [J]. 饲料研究，6：7-8.

吴健豪，2010. CNCPS体系在奶牛生产中应用效果的研究 [D]. 大庆：黑龙江八一农垦大学.

熊本海，2007. 中国饲料数据库与畜牧信息学科发展的过去、现状与展望 [C]//中国农业信息科技创新与学科发展大会论文汇编.

许贵善，刁其玉，纪守坤，等，2012a. 20～35 kg 杜寒杂交公羔羊能量需要参数 [J]. 中国农业科学，45 (24)：5082-5090.

许贵善，刁其玉，纪守坤，等，2012b. 不同饲喂水平对肉用绵羊能量与蛋白质消化代谢的影响 [J]. 中国畜牧杂志，48 (17)：40-44.

许贵善，刁其玉，纪守坤，等，2012c. 不同饲喂水平对肉用绵羊生长性能、屠宰性能及器官指数的影响 [J]. 动物营养学报，24 (5)：953-960.

杨凤，2006. 动物营养学 [M]. 北京：中国农业出版社.

于震，2007. CNCPS在奶牛饲粮评价和生产预测上的应用 [D]. 哈尔滨：东北农业大学.

翟夏杰，2014. 内蒙古荒漠草原放牧季绵羊呼吸及羊圈 CH_4 排放研究 [D]. 呼和浩特：内蒙古农业大学.

张吉鹢，卢德勋，胡明，等，2004. 建立各种饲料能量预测模型方法的比较研究 [J]. 畜牧与饲料科学，3：7-10.

张丽英，2010. 饲料分析及饲料质量检测技术 [M]. 北京：中国农业大学出版社.

张子仪，1994. 中国现行饲料分类编码系统说明 [J]. 中国饲料，4：19-21.

张子仪，2009. 我国动物营养与饲料科学百年回顾与历史任务 [J]. 中国饲料，18：9-11.

赵广永，1999. 用净碳水化合物-蛋白质体系评定反刍动物饲料营养价值 [J]. 中国农业大学学报，4：71-76.

赵江波，2016. 肉用绵羊精料代谢能预测模型的研究 [D]. 兰州：甘肃农业大学.

赵明明，2016. 肉用绵羊常用粗饲料原料代谢能的预测模型研究 [D]. 乌鲁木齐：新疆农业大学.

赵一广，刁其玉，邓凯东，等，2011. 反刍动物甲烷排放的测定及调控技术研究进展 [J]. 动物营养学报，23 (5)：726-734.

赵一广，刁其玉，刘洁，等，2012. 肉羊甲烷排放测定与模型估测 [J]. 中国农业科学，45 (13)：2718-2727.

中华人民共和国农业部，2014. 肉羊饲养标准：NY/T 816—2004 [S].

周荣，王加启，张养东，等，2010. 移动尼龙袋法对常用饲料蛋白质小肠消化率的研究 [J]. 东北农业大学学报，1：81 - 85.

Beyer M，Chudy A，Hoffmann L，et al，2008. 德国罗斯托克饲料饲料评价体系：以能量为基础的饲料价值参数及营养需要量 [M]. 赵广永，译. 北京：中国农业大学出版社.

Abate A L，Mayer M，1997. Prediction of the useful energy in tropical feeds from proximate composition and *in vivo* derived energetic contents 1. Metabolisable energy [J]. Small Ruminant Research，25：51 - 59.

AFRC，1993. Energy and protein requirements of ruminants [M]. Wallingford，UK：CAB International.

Agnew R E，Yan T，2000. Impact of recent research on energy feeding systems for dairy cattle [J]. Livestock Production Science，66 (3)：197 - 215.

AOAC，1976. Association of official analytical chemist [M]// Offical methods of analysis. Washington，DC：National Academy Press.

CSIRO，2007. Nutrient requirements of domesticated ruminants [M]. Collingwood：CSIRO Publishing.

Deng K D，Diao Q Y，Jiang C G，et al，2013. Energy requirements for maintenance and growth of German mutton Merino crossbred lambs [J]. Journal of Integrative Agriculture，12：670 - 677.

Deng K D，Jiang C G，Tu Y，et al，2014. Energy requirements of Dorper crossbred ewe lambs [J]. Journal of Animal Science，92：2161 - 2169.

Fox D G，Tedeschi L O，Tylutki T P，et al，2004. The Cornell Net Carbohydrate and Protein System model for evaluating herd nutrition and nutrient excretion [J]. Animal Feed Science and Technology，112 (1)：29 - 78.

Hristov A N，Oh J，Firkins J L，et al，2013. Special topics—mitigation of methane and nitrous oxide emissions from animal operations：I. A review of enteric methane mitigation options [J]. Journal of Animal Science，91：5045 - 5069.

INRA，1989. Ruminant nutrition，recommended allowance and feed table [M]. Paris：John Libbey Eurotex.

Krishnamoorthy U，Sniffen C J，Stern M D，et al，1983. Evaluation of a mathematical model of rumen digestion and an *in vitro* simulation of rumen proteolysis to estimate the rumen-undegraded nitrogen content of feedstuffs [J]. British Journal of Nutrition，50 (3)：555 - 568.

Licitra G，Hernandez T M，van Soest P J，1996. Standardization of procedures for nitrogen fractionation of ruminant feeds [J]. Animal Feed Science and Technology，57 (4)：347 - 358.

Losada B，García - Rebollar P，álvarez C，et al，2010. The prediction of apparent metabolisable energy content of oil seeds and oil seed by - products for poultry from its chemical components，*in vitro* analysis or near - infrared reflectance spectroscopy [J]. Animal Feed Science and Technology，160 (1/2)：62 - 72.

Ma T，Deng K D，Jiang C G，et al，2013. The relationship between microbial N synthesis and urinary excretion of purine derivatives in Dorper×Thin - Tailed Han crossbred sheep [J]. Small Ruminant Research，112：49 - 55.

Ma T，Deng K D，Tu Y，et al，2014a. Effect of Forage - to - concentrate ratios on urinary excretion of purine derivatives and microbial nitrogen yields in the rumen of Dorper crossbred sheep [J]. Livestock Science，160：37 - 44.

Ma T, Deng K D, Tu Y, et al, 2014b. Effect of dietary concentrate: forage ratios and undegraded dietary protein on nitrogen balance and urinary excretion of purine derivatives in Dorper×Thin－Tailed Han crossbred lambs [J]. Asian－Australasian Journal of Animal Sciences, 27 (2): 161－168.

Menke K H, Raab L, Salews K I, et al, 1979. The estimation of the digestibility and metabolizable energy countent of ruminant feeding stuffs from the gas production when they are incubated with rumen liquor *in vitro* [J]. Agricultural Science, 93 (1): 217－222.

NRC, 2007. Nutrient requirements of small ruminants: sheep, goats, cervids and new world camelids [M]. Washington, DC: National Academy Press.

Ørskov E R, McDonald I, 1979. The estimation of protein degradability in the rumen from incubation measurements weighted according to rate of passage [J]. The Journal of Agricultural Science, 92 (2): 499－503.

Quin J I, van der Wath J G, Myburgh S, 1938. Studies on the alimentary tract of Merino sheep in South Africa. IV. Description of experimental technique [J]. Onderstepoort Journal of Veterinary Science and Animal Industry, 11: 341－360.

Quin J I, van der Wath J G, Myburgh S, 1938. Studies on the alimentary tract of Merino sheep in South Africa. IV. Description of experimental technique [J]. Onderstepoort Journal of Veterinary Science and Animal Industry, 11: 341－360.

Raab L, Cafantaris B, Jilg T, et al, 1983. Rumen protein degradation and biosynthsis [J]. British Journal of Nutrition, 50 (3): 569－582.

Ramin M, Huhtanen P, 2013. Development of equations for predicting methane emissions from ruminants [J]. Journal of Dairy Science, 96: 2476－2493.

Schoeman E A, de Wet P J, Burger W J, 1972. The evaluation of digestibility of free protein [J]. Agroanimaklia, 4: 35－46.

Sniffen C J, O' connor J D, van Soest P J, et al, 1992. A net carbohydrate and protein system for evaluating cattle diets: II. Carbohydrate and protein availability [J]. Journal of Animal Science, 70 (11): 3562－3577.

van Soest P J, 1964. Symposium on nutrition and forage and pastures: new chemical procedures for evaluating forages [J]. Journal of Animal Science, 23 (3): 838－845.

van Soest P J, 1967. Development of a comprehensive system of feed analyses and its application to forages [J]. Journal of Animal Science, 26 (1): 119－128.

van Soest P J, Sniffen C J, Mertens D R, et al, 1981. A net protein system for cattle: the rumen submodel for nitrogen [C]//Owens F N. Protein requirements for cattle: proceedings of an international symposium. Stillwater: Oklahoma State University.

附表　肉羊常用饲料营养价值数据库

说明：本数据库中列出的肉羊常用粗饲料营养成分表包含：饲料名称、常规成分、消化能、代谢能、消化蛋白、代谢蛋白。"—"表示该数据信息不详；DE、ME、DP、MP 均为估测值，估测模型依次为：DE = 17.211 − 0.135NDF；ME = 0.046 + 0.820DE；DP = 0.895CP − 2.663；MP = 5.323CP − 14.374。

附表 1　谷物及其加工产品

项目	样品名称	饲料编码	采样地点	干物质 DM (%)	有机物 OM (%DM)	粗蛋白质 CP (%DM)	粗脂肪 EE (%DM)	中性洗涤纤维 NDF (%DM)	酸性洗涤纤维 ADF (%DM)	粗灰分 Ash (%DM)	钙 Ca (%DM)	磷 P (%DM)	总能 GE (MJ/kg DM)	消化能 DE (MJ/kg DM)	代谢能 ME (MJ/kg DM)	消化蛋白质 DP (%DM)	代谢蛋白质 MP (%DM)
1.1 大麦及其加工产品	大麦（皮）	1.1.1	—	87.0	97.6	11.0	1.70	18.4	6.80	2.40	0.09	0.33	—	14.7	12.1	7.18	4.42
1.2 稻谷及其加工产品	糙米	1.2.2	—	87.0	98.7	8.80	2.00	1.60	0.80	1.30	0.03	0.35	—	17.0	14.0	5.21	3.25
	米糠	1.2.13	—	87.0	92.5	12.8	16.5	22.9	13.4	7.50	0.07	1.43	—	14.1	11.6	8.79	5.38
	统糠	1.2.18	新疆	90.5	86.2	11.9	5.60	62.9	40.4	13.8	0.15	0.52	—	8.72	7.20	7.99	4.90
1.3 高粱及其加工产品	高粱	1.3.1	—	88.6	98.3	9.00	3.40	17.4	8.00	1.80	0.13	0.36	—	14.9	12.2	5.39	3.35
1.4 黑麦及其加工产品	黑麦	1.4.1	—	88.0	98.2	9.50	1.50	12.3	4.60	1.80	0.05	0.30	—	15.5	12.8	5.84	3.62
1.5 酒糟类	干啤酒糟	1.5.5	—	88.0	95.8	24.3	5.30	39.4	24.6	4.20	0.32	0.42	—	11.9	9.80	19.1	11.5
	DDGS	1.5.6	安徽	93.7	96.0	32.1	14.5	34.1	12.7	4.03	0.17	0.55	—	12.6	10.4	26.0	15.6
			山东	90.8	95.7	24.0	14.4	24.4	8.00	4.32	0.14	0.59	—	13.9	11.5	18.8	11.3

（续）

项目	样品名称	饲料编码	采样地点	干物质 DM (%)	有机物 OM (% DM)	粗蛋白质 CP (% DM)	粗脂肪 EE (% DM)	中性洗涤纤维 NDF (% DM)	酸性洗涤纤维 ADF (% DM)	粗灰分 Ash (% DM)	钙 Ca (% DM)	磷 P (% DM)	总能 GE (MJ/kg DM)	消化能 DE (MJ/kg DM)	代谢能 ME (MJ/kg DM)	消化蛋白质 DP (% DM)	代谢蛋白质 MP (% DM)
1.10 小黑麦及其加工产品	麸粉	1.10.3	—	88.0	98.5	15.4	2.20	18.7	4.30	1.50	0.08	0.48	—	14.7	12.1	11.1	6.76
1.11 小麦及其加工产品	小麦	1.11.1	—	87.6	98.3	11.6	1.80	13.9	3.66	1.67	0.18	0.43	—	15.3	12.6	7.69	4.72
	面粉	1.11.8	新疆	87.4	98.5	13.7	1.70	10.9	2.20	1.50	0.08	0.31	—	15.7	12.9	9.60	5.86
	麸皮	1.11.10	山东、江苏、安徽	92.5	94.1	17.9	5.31	30.1	11.7	5.94	0.24	1.04	—	13.1	10.8	13.3	8.07
1.12 燕麦及其加工产品	燕麦	1.12.1	—	86.3	97.9	12.1	5.30	10.2	3.30	2.10	0.09	0.29	16.2	15.8	13.0	8.21	5.03
1.13 玉米及其加工产品	玉米	1.13.1	河南	88.8	98.7	8.93	3.74	10.1	3.02	1.35	0.07	0.23	17.6	15.9	13.0	5.33	3.32
	喷浆玉米皮	1.13.2	新疆	91.9	95.1	19.6	1.90	53.9	15.1	4.88	0.13	0.45	—	9.93	8.19	14.9	8.99
	玉米蛋白粉	1.13.7	—	90.1	99.0	63.5	5.40	8.70	4.60	1.00	0.07	0.44	—	16.0	13.2	54.2	32.4
	玉米胚芽饼	1.13.13	—	90.0	93.4	16.7	9.60	28.5	7.40	6.60	0.04	0.50	—	13.4	11.0	12.3	7.45
	玉米皮	1.13.15	新疆	93.6	98.4	10.0	1.76	55.8	16.2	1.65	0.09	0.11	—	9.68	7.99	6.31	3.90

附表 2　油料籽实及其加工产品

项目	样品名称	饲料编码	采样地点	干物质 DM (%)	有机物 OM (% DM)	粗蛋白质 CP (% DM)	粗脂肪 EE (% DM)	中性洗涤纤维 NDF (% DM)	酸性洗涤纤维 ADF (% DM)	粗灰分 Ash (% DM)	钙 Ca (% DM)	磷 P (% DM)	总能 GE (MJ/kg DM)	消化能 DE (MJ/kg DM)	代谢能 ME (MJ/kg DM)	消化蛋白质 DP (% DM)	代谢蛋白质 MP (% DM)
2.2 菜籽及其加工产品	菜籽饼	2.2.2	—	88.0	92.8	35.7	7.40	33.3	26.0	7.20	0.59	0.96	—	12.7	10.5	29.3	17.6
	菜籽皮	2.2.4	贵州	91.8	87.8	10.7	2.88	65.1	42.6	12.2	0.63	0.17	17.9	8.42	6.95	6.94	4.28
			安徽	91.6	92.7	8.85	3.12	80.2	59.4	7.28	—	—	18.3	6.39	5.28	5.26	3.27
	菜籽粕	2.2.5	华东地区	91.0	91.2	36.7	2.35	28.2	19.4	8.80	0.56	0.92	—	13.4	11.0	30.2	18.1
			四川	92.1	91.8	38.4	—	43.0	31.7	8.19	—	—	—	11.4	9.40	31.7	19.0
2.3 大豆及其加工产品	大豆	2.3.1	—	87.0	95.8	35.5	17.3	7.90	7.30	4.20	0.27	0.48	—	16.1	13.3	29.1	17.5
	大豆皮	2.3.8	江苏	89.94	95.31	13.2	9.89	64.06	46.31	4.69	5.1	1.4	17.19	8.6	7.1	—	5.58
	豆饼	2.3.13	—	89.0	94.1	41.8	5.80	18.1	15.5	5.90	0.31	0.50	—	14.8	12.2	34.8	20.8
	豆粕	2.3.14	华东地区	92.8	93.3	45.6	2.98	11.7	7.74	6.69	0.54	0.53	—	15.6	12.9	38.2	22.9
	豆渣	2.3.15	河北	93.3	95.1	18.1	3.34	43.0	28.7	4.88	0.77	0.20	20.1	11.4	9.40	13.6	8.22
2.9 花生及其加工产品	花生饼	2.9.2	—	88.0	94.9	44.7	7.20	14.0	8.70	5.10	0.25	0.53	—	15.3	12.6	37.3	22.4
	花生壳	2.9.5	安徽	94.0	95.8	5.08	0.90	50.7	34.7	4.22	0.80	0.05	18.2	10.4	8.55	1.88	1.27
	花生粕	2.9.6	—	88.0	94.6	47.8	1.40	15.5	11.7	5.40	0.27	0.56	—	15.1	12.4	40.1	24.0

（续）

项 目	样品名称	饲料编码	采样地点	干物质 DM (%)	有机物 OM (% DM)	粗蛋白质 CP (% DM)	粗脂肪 EE (% DM)	中性洗涤纤维 NDF (% DM)	酸性洗涤纤维 ADF (% DM)	粗灰分 Ash (% DM)	钙 Ca (% DM)	磷 P (% DM)	总能 GE (MJ/kg DM)	消化能 DE (MJ/kg DM)	代谢能 ME (MJ/kg DM)	消化蛋白质 DP (% DM)	代谢蛋白质 MP (% DM)
2.11 葵花籽及其加工产品	葵花头粉	2.11.2	内蒙古	92.2	99.0	5.94	2.29	26.4	13.3	0.98	—	—	16.0	13.7	11.2	2.65	1.72
	葵花籽仁饼	2.11.4	—	88.0	95.3	29.0	2.90	41.4	29.6	4.70	0.24	0.87	—	11.6	9.58	23.3	14.0
	葵花籽仁粕	2.11.5	—	88.0	94.4	36.5	1.00	14.9	13.6	5.60	0.27	1.13	—	15.2	12.5	30.0	18.0
2.12 棉籽及其加工产品	棉籽	2.12.1	山东	92.1	95.7	28.6	18.6	41.8	20.8	4.32	0.01	0.71	21.2	11.6	9.53	23.0	13.8
	棉仁饼	2.12.2	—	88.0	94.3	36.3	7.40	32.1	22.9	5.70	0.21	0.83	—	12.9	10.6	29.8	17.9
	棉籽粕	2.12.7	江苏	90.3	93.4	46.6	1.20	26.3	17.1	6.56	0.32	1.18	—	13.7	11.2	39.0	23.4
2.18 亚麻籽及其加工产品	亚麻籽	2.18.1	—	88.0	93.4	34.8	1.80	21.6	14.4	6.60	0.42	0.95	—	14.3	11.8	28.5	17.1
	亚麻饼	2.18.2	—	88.0	93.8	32.2	7.80	29.7	27.1	6.20	0.39	0.88	—	13.2	10.9	26.2	15.7
2.22 芝麻及其加工产品	芝麻饼	2.22.2	—	92.0	89.6	39.2	10.3	18.0	13.2	10.4	2.24	1.19	—	14.8	12.2	32.4	19.4
2.23 紫苏及其加工产品	紫苏籽	2.23.1	山东	94.5	96.0	24.2	32.0	34.8	22.8	4.08	—	—	25.1	12.5	10.3	19.0	11.4

附表 3　块根块茎及其加工产品

项　目	样品名称	饲料编码	采样地点	干物质 DM (%)	有机物 OM (% DM)	粗蛋白质 CP (% DM)	粗脂肪 EE (% DM)	中性洗涤纤维 NDF (% DM)	酸性洗涤纤维 ADF (% DM)	粗灰分 Ash (% DM)	钙 Ca (% DM)	磷 P (% DM)	总能 GE (MJ/kg DM)	消化能 DE (MJ/kg DM)	代谢能 ME (MJ/kg DM)	消化蛋白质 DP (% DM)	代谢蛋白质 MP (% DM)
4.6 菊芋及其加工产品	菊芋渣	4.6.2	山东	96.4	91.8	13.0	2.19	7.48	3.64	8.22	—	0.41	16.3	16.2	13.3	8.98	5.48
4.9 木薯及其加工产品	木薯渣	4.9.2	安徽	93.5	79.8	11.2	2.34	63.4	41.3	20.2	—	0.13	15.9	8.65	7.14	7.40	4.55
			广西	91.2	97.6	5.56	2.57	58.8	21.3	2.43	0.67	0.03	16.7	9.27	7.65	2.31	1.52

附表 4　其他籽实、果实类及其加工产品

项　目	样品名称	饲料编码	采样地点	干物质 DM (%)	有机物 OM (% DM)	粗蛋白质 CP (% DM)	粗脂肪 EE (% DM)	中性洗涤纤维 NDF (% DM)	酸性洗涤纤维 ADF (% DM)	粗灰分 Ash (% DM)	钙 Ca (% DM)	磷 P (% DM)	总能 GE (MJ/kg DM)	消化能 DE (MJ/kg DM)	代谢能 ME (MJ/kg DM)	消化蛋白质 DP (% DM)	代谢蛋白质 MP (% DM)
5.2 水果或坚果及其加工产品	芭蕉	5.2.3	贵州	92.8	62.8	13.1	1.97	58.3	34.6	15.7	1.28	0.28	14.9	9.34	7.70	9.03	5.51
	苹果渣	5.2.4	安徽	89.9	94.7	7.31	5.75	56.6	40.9	5.34	0.39	0.16	20.0	9.57	7.89	3.88	2.45
			安徽	94.1	97.5	9.56	5.78	70.6	53.5	2.52	1.19	0.23	21.1	7.68	6.35	5.89	3.65
	梨渣		安徽	94.6	98.4	4.91	2.84	58.4	33.0	1.63	0.34	0.10	18.9	9.33	7.69	1.73	1.18

附表 5　饲草、粗饲料及其加工产品

项　目	样品名称	饲料编码	产地采样地点	干物质 DM (%)	有机物 OM (% DM)	粗蛋白质 CP (% DM)	粗脂肪 EE (% DM)	中性洗涤纤维 NDF (% DM)	酸性洗涤纤维 ADF (% DM)	粗灰分 Ash (% DM)	钙 Ca (% DM)	磷 P (% DM)	总能 GE (MJ/kg DM)	消化能 DE (MJ/kg DM)	代谢能 ME (MJ/kg DM)	消化蛋白质 DP (% DM)	代谢蛋白质 MP (% DM)
6.1 干草及其加工产品	苜蓿草粉 (CP<15%)	6.1.2	北京、内蒙古、吉林	92.8	92.7	14.5	1.73	56.7	38.4	7.32	1.35	0.16	18.4	9.55	7.88	10.3	6.28

（续）

项　目	样品名称	饲料编码	产地采样地点	干物质 DM (%)	有机物 OM (% DM)	粗蛋白质 CP (% DM)	粗脂肪 EE (% DM)	中性洗涤纤维 NDF (% DM)	酸性洗涤纤维 ADF (% DM)	粗灰分 Ash (% DM)	钙 Ca (% DM)	磷 P (% DM)	总能 GE (MJ/kg DM)	消化能 DE (MJ/kg DM)	代谢能 ME (MJ/kg DM)	消化蛋白质 DP (% DM)	代谢蛋白质 MP (% DM)
	苜蓿草粉 (15%<CP<20%)	6.1.2	北京	93.6	87.0	18.0	1.70	45.7	29.7	13.0	1.86	0.18	17.6	11.04	9.10	13.4	8.14
	苜蓿草粉 (CP>20%)	6.1.2	黑龙江、河南、河北	92.8	89.3	21.8	1.93	47.4	28.9	10.7	1.48	0.33	18.1	10.81	8.91	16.8	10.1
	羊草 (1%<EE<2%)	6.1.2	河北、辽宁、吉林	93.0	93.6	6.26	1.75	73.5	41.1	6.37	0.49	0.07	18.3	7.29	6.03	2.94	1.89
	羊草 (4%<EE<5%)	6.1.2	内蒙	91.8	94.0	6.21	4.34	75.2	42.0	6.00	0.51	0.10	18.7	7.06	5.83	2.89	1.87
6.1 干草及其加工产品	青干草 (CP<10%)	6.1.2	新疆、内蒙古	93.0	—	8.97	2.24	61.1	38.4		—	—	17.6	8.96	7.40	5.37	3.34
	青干草 (CP>10%)	6.1.2	新疆、内蒙古	92.7	—	11.0	2.44	58.7	38.2		—	—	18.0	9.28	7.66	7.23	4.44
	谷草 (CP>12%)	6.1.2	河北	92.2	88.2	13.0	1.40	61.3	31.4	11.8	0.42	0.15	16.7	8.93	7.37	9.00	5.50
	谷草 (CP<8%)	6.1.2	河北	92.4	88.1	7.42	1.28	67.3	40.4	11.9	0.78	0.12	16.5	8.12	6.71	3.98	2.51
	黑麦草 (CP>10%)	6.1.2	安徽、吉林	92.0	93.5	8.66	1.67	55.2	37.3	6.48	—	—	16.2	9.76	8.05	5.09	3.17

（续）

项目	样品名称	饲料编码	产地采样地点	干物质 DM (%)	有机物 OM (% DM)	粗蛋白质 CP (% DM)	粗脂肪 EE (% DM)	中性洗涤纤维 NDF (% DM)	酸性洗涤纤维 ADF (% DM)	粗灰分 Ash (% DM)	钙 Ca (% DM)	磷 P (% DM)	总能 GE (MJ/kg DM)	消化能 DE (MJ/kg DM)	代谢能 ME (MJ/kg DM)	消化蛋白质 DP (% DM)	代谢蛋白质 MP (% DM)
6.1 干草及其加工产品	黑麦草 (CP<10%)	6.1.2	安徽、吉林	92.9	90.7	15.6	1.82	57.5	31.6	9.35	—	—	16.2	9.45	7.79	11.3	6.87
	印尼草	6.1.2	吉林、河北	95.9	99.0	7.64	1.20	73.2	41.0	1.03	—	—	17.2	7.33	6.05	4.17	2.63
	狗尾草	6.1.2	吉林、河北	93.4	91.0	9.40	1.23	65.7	37.3	8.97	0.54	0.19	17.0	8.34	6.89	5.75	3.57
	象草	6.1.2	云南、广西	94.8	89.7	9.94	3.11	72.5	43.9	10.3	0.39	0.28	17.5	7.42	6.13	6.23	3.85
	青稞草	6.1.2	青海	89.2	94.3	3.36	1.22	84.0	53.5	5.71	0.63	0.05	18.1	5.87	4.86	—	—
	中华羊茅	6.1.2	青海	92.9	96.7	2.55	1.73	86.9	52.9	3.26	0.53	0.07	18.4	5.48	4.54	—	—
	扭黄茅	6.1.2	云南	95.4	92.4	3.70	2.94	87.1	53.0	7.61	0.35	0.14	18.2	5.46	4.52	0.65	0.53
	双花草	6.1.2	云南	94.9	91.3	3.74	2.54	83.1	48.5	8.74	0.37	0.12	18.3	5.99	4.96	0.69	0.56
	旗草	6.1.2	云南	94.9	92.3	3.91	0.74	77.1	42.8	7.67	0.42	0.39	18.6	6.80	5.62	0.84	0.64
	雀稗	6.1.2	云南	93.4	89.2	3.99	3.06	76.0	42.0	10.8	0.77	0.37	17.6	6.95	5.75	0.91	0.69
	披碱草	6.1.2	青海	92.0	95.5	4.11	1.46	87.2	53.8	4.52	0.70	0.08	19.2	5.44	4.51	1.02	0.75
	臂形草	6.1.2	云南	95.1	90.4	4.26	1.80	83.6	48.2	9.63	0.44	0.48	18.0	5.93	4.91	1.15	0.83
	高丹草	6.1.2	安徽	94.9	99.0	4.38	1.75	59.6	32.9	0.98	—	—	17.3	9.16	7.56	1.25	0.89
	孔颖草	6.1.2	云南	96.0	89.7	4.47	2.44	78.6	44.6	10.3	0.49	0.19	17.4	6.61	5.46	1.34	0.94
	老芒麦	6.1.2	青海	93.1	96.5	4.60	2.28	76.1	45.7	3.54	0.53	0.10	18.7	6.94	5.73	1.45	1.01
	兰草	6.1.2	云南	95.1	90.7	5.50	4.56	84.7	51.6	9.28	0.40	0.17	18.0	5.77	4.78	2.26	1.49
	皇竹草	6.1.2	安徽	94.7	99.1	6.14	1.60	77.2	45.7	0.95	—	—	17.4	6.79	5.61	2.83	1.83
	高粱草	6.1.2	河北	91.8	87.3	6.21	0.32	66.7	37.6	12.7	0.79	0.09	17.0	8.20	6.77	2.89	1.87
	坚尼草	6.1.2	云南	94.1	86.3	7.60	2.62	83.6	51.5	13.7	0.63	0.41	17.2	5.93	4.91	4.14	2.61

（续）

项　目	样品名称	饲料编码	产地采样地点	干物质 DM (%)	有机物 OM (% DM)	粗蛋白质 CP (% DM)	粗脂肪 EE (% DM)	中性洗涤纤维 NDF (% DM)	酸性洗涤纤维 ADF (% DM)	粗灰分 Ash (% DM)	钙 Ca (% DM)	磷 P (% DM)	总能 GE (MJ/kg DM)	消化能 DE (MJ/kg DM)	代谢能 ME (MJ/kg DM)	消化蛋白质 DP (% DM)	代谢蛋白质 MP (% DM)
	冷蒿	6.1.2	内蒙古	93.3	94.7	8.38	2.60	66.6	49.1	5.35	—	—	17.9	8.22	6.79	4.84	3.03
	冷地早熟禾	6.1.2	青海	92.8	95.1	8.97	2.35	79.5	45.5	4.89	0.60	0.11	18.7	6.48	5.36	5.37	3.34
	沙打旺	6.1.2	辽宁	92.4	70.5	9.03	3.36	55.4	38.9	29.5	2.29	0.22	13.8	9.73	8.03	5.42	3.37
	蔓草虫豆	6.1.2	云南	95.3	88.4	9.61	2.54	62.2	39.0	11.6	1.35	0.29	17.6	8.82	7.28	5.94	3.68
	白莎蒿	6.1.2	内蒙古	91.0	95.0	9.77	2.92	49.7	33.3	5.00	—	—	17.4	10.51	8.66	6.08	3.76
	蜈蚣草	6.1.2	贵州	93.5	94.5	10.3	1.62	60.8	47.5	5.50	0.51	0.17	18.8	9.00	7.43	6.53	4.03
	野艾蒿	6.1.2	内蒙古	92.9	92.2	10.4	3.58	57.5	33.5	7.76	—	—	17.4	9.45	7.79	6.66	4.10
	皇竹草	6.1.2	贵州	93.6	91.0	11.7	1.28	67.1	36.0	8.98	3.06	0.24	17.1	8.15	6.73	7.81	4.79
	柱花草	6.1.2	云南	94.6	91.5	12.4	2.18	79.5	48.3	8.46	1.42	0.49	18.1	6.48	5.36	8.42	5.15
	针茅	6.1.2	内蒙古	94.0	93.3	12.8	2.44	63.2	33.0	6.75	1.36	0.15	17.5	8.68	7.16	8.81	5.39
	莜麦草	6.1.2	河北	90.6	86.4	14.7	2.88	68.6	35.5	13.7	0.63	0.26	18.2	7.95	6.57	10.46	6.37
	雀麦	6.1.2	贵州	92.4	90.4	15.0	1.52	59.0	32.5	9.61	1.53	0.28	16.4	9.26	7.64	10.8	6.56
	木豆	6.1.2	云南	95.8	93.8	15.0	8.14	57.3	34.2	6.20	1.02	0.46	20.7	9.48	7.82	10.8	6.57
	白花刺	6.1.2	贵州	93.3	95.4	16.6	2.13	41.7	24.0	4.60	—	—	18.6	11.6	9.54	12.2	7.40
	紫云英	6.1.2	安徽	90.8	94.9	16.6	2.97	59.6	36.0	5.14	0.58	0.27	16.9	9.17	7.56	12.2	7.42
	玉米草	6.1.2	河北	91.5	92.9	16.8	0.66	53.5	29.8	7.07	0.72	0.20	17.8	9.99	8.24	12.4	7.51
	百脉根	6.1.2	贵州	92.4	91.0	21.8	2.33	40.0	22.3	9.00	1.95	0.24	17.8	11.8	9.73	16.8	10.1
	红三叶	6.1.2	贵州	92.5	86.4	22.3	3.3	39.1	20.8	13.6	2.26	0.32	17.4	11.9	9.83	17.3	10.4
6.1 干草及其加工产品	谷稗	6.1.2	吉林	92.3	93.1	3.11	0.76	81.2	67.7	6.87	0.44	0.29	16.0	6.25	5.17	—	—
	稗草	6.1.2	安徽	94.2	87.8	8.51	1.53	45.2	26.5	12.2	—	—	15.4	11.1	9.15	4.95	3.09

（续）

6.2　秸秆及其加工产品

样品名称	饲料编码	产地采样地点	干物质 DM (%)	有机物 OM (% DM)	粗蛋白质 CP (% DM)	粗脂肪 EE (% DM)	中性洗涤纤维 NDF (% DM)	酸性洗涤纤维 ADF (% DM)	粗灰分 Ash (% DM)	钙 Ca (% DM)	磷 P (% DM)	总能 GE (MJ/kg DM)	消化能 DE (MJ/kg DM)	代谢能 ME (MJ/kg DM)	消化蛋白质 DP (% DM)	代谢蛋白质 MP (% DM)
小麦秸	6.2.3	山东、河南、河北、新疆、贵州	93.7	91.2	3.94	0.94	78.9	48.4	8.93	0.34	0.07	17.2	6.56	5.42	0.86	0.66
玉米秸 (CP≤6%)	6.2.3		92.4	91.5	4.52	1.31	76.2	43.5	8.53	0.64	0.08	16.9	6.92	5.72	1.38	0.97
玉米秸 (CP>6%)	6.2.3	山东	91.9	91.5	8.00	1.61	63.5	34.2	8.49	0.68	0.17	17.4	8.64	7.13	4.50	2.82
大豆秸 (CP≤5%)	6.2.3	山东、安徽、河北、河南、贵州	90.5	94.3	5.22	1.03	77.4	56.8	5.72	0.99	0.15	18.3	6.76	5.59	2.01	1.34
大豆秸 (CP>5%)	6.2.3	山东、安徽、河北、河南、贵州	90.7	93.6	6.94	0.82	65.0	44.1	6.39	1.09	0.13	17.9	8.43	6.96	3.55	2.26
稻草秸 (CP≤4%)	6.2.3	河南、安徽、广西、宁夏、辽宁	92.0	86.0	3.67	1.51	71.9	43.2	14.0	0.35	0.09	16.3	7.51	6.20	0.62	0.52
稻草秸 (4%<CP≤5%)	6.2.3	河南、安徽、广西、宁夏、辽宁	93.5	86.3	4.56	1.72	68.4	42.3	13.7	0.50	0.12	16.1	7.98	6.59	1.42	0.99
稻草秸 (CP>5%)	6.2.3	河南、安徽、广西、宁夏、辽宁	91.4	88.5	5.55	1.55	61.3	34.7	11.5	0.49	0.17	15.8	8.94	7.38	2.30	1.52

（续）

项目	样品名称	饲料编码	产地采样地点	干物质 DM (%)	有机物 OM (% DM)	粗蛋白质 CP (% DM)	粗脂肪 EE (% DM)	中性洗涤纤维 NDF (% DM)	酸性洗涤纤维 ADF (% DM)	粗灰分 Ash (% DM)	钙 Ca (% DM)	磷 P (% DM)	总能 GE (MJ/kg DM)	消化能 DE (MJ/kg DM)	代谢能 ME (MJ/kg DM)	消化蛋白质 DP (% DM)	代谢蛋白质 MP (% DM)
6.2 秸秆及其加工产品	油菜秸秆	6.2.3	安徽	91.9	97.2	3.30	1.16	91.4	67.2	2.81	—	—	19.1	4.88	4.05	—	—
	薏仁米秸秆	6.2.3	贵州	92.6	90.1	10.1	1.01	80.2	48.8	9.89	—	0.24	17.5	6.39	5.28	6.38	3.94
	绿豆秸	6.2.3	吉林	94.3	83.0	6.80	1.54	66.3	49.8	17.0	1.36	0.14	17.4	8.27	6.83	3.42	2.18
	高粱秸	6.2.3	河南	94.3	92.9	4.90	1.40	79.3	52.8	7.14	0.53	0.18	17.7	6.50	5.38	1.72	1.17
	燕麦秸	6.2.3	青海	94.6	95.6	6.85	4.46	52.6	27.5	4.42	0.56	0.13	19.7	10.1	8.34	3.47	2.21
	花豆秸	6.2.3	贵州	92.5	94.1	8.38	0.52	71.5	54.6	5.89	0.92	0.11	18.1	7.56	6.25	4.84	3.02
	山地蕉茎秆	6.2.3	云南	93.7	99.1	5.83	1.14	51.3	28.3	0.86	—	—	13.7	10.29	8.48	2.56	1.67
	巨菌草	6.2.3	山东	91.5	89.4	7.18	0.76	70.5	38.9	10.6	0.28	0.23	15.9	7.70	6.36	3.76	2.38
	菊芋秆	6.2.3	山东	94.1	87.8	8.17	2.42	60.1	36.3	12.2	2.08	0.13	16.7	9.10	7.51	4.65	2.91
	山药秆	6.2.3	山东	93.9	91.2	7.73	1.61	68.5	41.7	8.85	1.71	0.11	17.2	7.96	6.57	4.26	2.68
6.4 青贮饲料	玉米秸青贮（CP<7%）	6.4.3	河北、山东、北京、新疆、上海、河南、辽宁	93.5	93.5	6.60	1.40	74.7	31.8	6.51	—	—	17.8	7.13	5.90	3.24	2.08
	玉米秸青贮（7%<CP≤9%）	6.4.3	华东、华北、华中、西北、东北	93.7	90.8	7.96	1.92	67.8	41.2	9.20	1.15	0.16	17.6	8.05	6.65	4.46	2.80
	玉米秸青贮（CP>9%）	6.4.3	河北、山东、北京、新疆、上海、河南、辽宁	93.6	91.3	9.09	2.34	60.9	34.8	8.67	0.89	0.19	17.6	8.99	7.42	5.47	3.40
	甘蔗梢叶青贮	6.4.3	广州	93.0	91.6	6.70	3.03	68.6	38.0	8.36	—	0.13	17.8	7.95	6.57	3.33	2.13

（续）

项目	样品名称	饲料编码	产地采样地点	干物质 DM (%)	有机物 OM (% DM)	粗蛋白质 CP (% DM)	粗脂肪 EE (% DM)	中性洗涤纤维 NDF (% DM)	酸性洗涤纤维 ADF (% DM)	粗灰分 Ash (% DM)	钙 Ca (% DM)	磷 P (% DM)	总能 GE (MJ/kg DM)	消化能 DE (MJ/kg DM)	代谢能 ME (MJ/kg DM)	消化蛋白质 DP (% DM)	代谢蛋白质 MP (% DM)
	麻叶 (CP≤15%)	6.5.1	贵州、湖南	94.2	86.8	12.1	2.47	70.2	48.8	13.2	2.96	0.17	16.6	7.74	6.39	8.17	5.00
	麻叶 (15%<CP≤20%)	6.5.1	贵州、湖南	95.0	86.0	17.8	2.59	65.1	38.7	14.0	1.57	0.25	17.1	8.43	6.96	13.3	8.03
	麻叶 (CP>20%)	6.5.1	贵州、湖南	93.7	86.1	21.5	2.57	61.9	37.7	13.9	2.93	0.33	17.2	8.85	7.31	16.5	9.98
	木薯叶	6.5.1	广西	92.4	93.1	16.5	4.22	53.9	36.4	6.90	0.09	0.25	19.1	9.94	8.20	12.1	7.35
	甘蔗叶 (CP>5%)	6.5.1	广西	93.1	94.3	5.12	1.59	76.6	43.0	5.70	0.00	0.08	18.1	6.87	5.68	1.92	1.29
6.5 其他粗饲料	甘蔗叶 (CP≤5%)	6.5.1	广西	92.4	95.1	2.83	0.92	88.1	61.0	4.90	0.00	0.03	18.7	5.32	4.41	—	—
	玉米叶 (CP≤10%)	6.5.1	广西	91.3	87.5	8.97	0.51	75.7	43.3	12.5	0.05	0.24	17.4	6.99	5.78	5.37	3.34
	玉米叶 (CP>10%)	6.5.1	广西	92.0	90.0	10.6	0.91	73.2	39.5	10.1	0.32	0.06	17.8	7.34	6.06	6.82	4.20
	香蕉叶 (CP≤5%)	6.5.1	广西	92.6	90.3	4.35	9.60	75.7	49.4	9.70	1.78	0.03	19.8	6.99	5.78	1.23	0.88
	香蕉叶 (CP>8%)	6.5.1	广西	93.6	89.7	8.73	8.85	67.9	41.3	10.3	1.92	0.19	19.7	8.05	6.65	5.15	3.21
	杂交构树	6.5.1	广西	95.8	89.0	16.5	3.84	43.5	27.4	11.1	1.83	0.67	17.5	11.3	9.34	12.1	7.34

（续）

项目	样品名称	饲料编码	产地采样地点	干物质 DM (%)	有机物 OM (% DM)	粗蛋白质 CP (% DM)	粗脂肪 EE (% DM)	中性洗涤纤维 NDF (% DM)	酸性洗涤纤维 ADF (% DM)	粗灰分 Ash (% DM)	钙 Ca (% DM)	磷 P (% DM)	总能 GE (MJ/kg DM)	消化能 DE (MJ/kg DM)	代谢能 ME (MJ/kg DM)	消化蛋白质 DP (% DM)	代谢蛋白质 MP (% DM)
	花生秧（CP≤10%）	6.5.1	辽宁、山东、河南、广西	90.9	90.2	7.41	1.11	69.6	54.2	9.80	0.78	0.19	17.3	7.82	6.46	3.97	2.51
	花生秧（CP>10%）	6.5.1	辽宁、山东、河南、广西	91.5	89.6	10.1	1.77	60.6	43.2	10.4	0.94	0.14	17.2	9.03	7.45	6.37	3.93
	地瓜秧（CP≤12%）	6.5.1	辽宁、河南、安徽	90.5	89.1	12.0	3.03	46.6	32.1	10.9	1.93	0.18	17.2	10.9	9.00	8.05	4.93
	地瓜秧（CP>12%）	6.5.1	辽宁、河南、安徽	90.5	83.9	13.4	2.20	56.8	42.5	16.1	1.36	0.34	16.1	9.55	7.88	9.29	5.67
6.5 其他粗饲料	板栗叶	6.5.1	河北	90.7	93.2	9.35	3.03	61.6	35.5	6.78	—	—	19.8	8.89	7.34	5.70	3.54
	杜仲叶	6.5.1	贵州	89.6	87.2	12.7	4.90	47.3	34.1	12.8	—	0.16	18.8	10.8	8.92	8.74	5.34
	辣木叶	6.5.1	海南	92.7	90.2	32.9	6.19	59.0	—	9.77	—	0.00	—	9.24	7.62	26.80	16.1
	山地蕉叶片	6.5.1	云南	93.9	99.1	13.9	4.27	48.5	23.9	0.91	—	—	16.6	10.7	8.79	9.73	5.93
	辣木枝	6.5.1	海南	89.9	93.2	7.76	4.85	56.6	41.0	6.78	0.28	0.23	—	9.57	7.89	4.28	2.69
	香蕉树干	6.5.1	广西	92.8	71.8	16.5	1.22	41.4	7.74	0.76	2.08	0.13	—	11.6	9.57	12.1	7.32
	巨菌草	6.5.1	广西	91.5	—	7.18	0.76	70.5	38.9	10.6	1.71	0.11	15.9	7.70	6.36	3.76	2.38
	菊芋秆	6.5.1	广西	94.1	—	8.17	2.42	60.1	36.3	12.2	0.58	0.11	16.7	9.10	7.51	4.65	2.91
	山药秆	6.5.1	广西	93.9	96.0	7.73	1.61	68.5	41.7	8.85	—	0.08	17.2	7.96	6.57	4.26	2.68
	芦笋秆	6.5.1	广西	95.3	—	8.31	2.29	60.1	36.5	5.42	—	0.21	19.2	9.09	7.50	4.78	2.99
	粉桑枝	6.5.1	广西	94.5	96.2	6.25	1.43	75.7	54.6	3.77	—	—	17.6	6.99	5.77	2.93	1.89
	膨桑枝	6.5.1	广西	95.2	93.0	8.02	2.13	56.4	47.7	6.98	—	—	17.9	9.60	7.92	4.51	2.83
	牡丹饼	6.5.1	山东	94.8	96.0	27.3	5.74	21.3	5.85	4.03	0.16	0.59	18.9	14.3	11.8	21.8	13.1
	牡丹籽皮	6.5.1	山东	91.3	96.5	4.58	4.04	44.3	29.9	3.55	0.59	0.09	18.6	11.2	9.25	1.44	1.0
	大蒜皮	6.5.1	山东	90.3	91.6	6.00	0.66	51.3	36.0	8.41	0.30	0.14	16.1	9.64	7.94	5.37	17.5

附表 6　其他植物、藻类及其加工产品

项目	样品名称	饲料编码	采样地点	干物质 DM (%)	有机物 OM (% DM)	粗蛋白质 CP (% DM)	粗脂肪 EE (% DM)	中性洗涤纤维 NDF (% DM)	酸性洗涤纤维 ADF (% DM)	粗灰分 Ash (% DM)	钙 Ca (% DM)	磷 P (% DM)	总能 GE (MJ/kg DM)	消化能 DE (MJ/kg DM)	代谢能 ME (MJ/kg DM)	消化蛋白质 DP (% DM)	代谢蛋白质 MP (% DM)
7.1 甘蔗加工产品	甘蔗渣	7.1.2	广西	99.4	97.4	1.30	0.36	93.5	51.8	2.57	—	—	19.1	4.59	3.81	—	—
	膨化甘蔗渣	7.1.2	广西	99.3	93.0	3.23	0.87	72.4	57.3	6.97	—	—	18.3	7.44	6.15	—	—
7.6 其他可饲用天然植物	车前草	7.6.11	安徽	93.5	83.6	18.0	1.52	72.5	45.0	16.4	—	0.16	14.9	7.42	6.13	13.5	8.17
	杜仲叶	7.6.24	贵州	89.6	87.2	12.7	4.90	47.3	34.1	12.8	1.92	0.42	18.8	10.8	8.92	8.74	5.34
	桑叶（CP>20%）	7.6.77	重庆、江苏	90.7	90.5	23.9	2.90	33.0	17.3	9.51	2.16	0.22	18.0	12.8	10.5	18.7	11.3
	桑叶（CP<20%）	7.6.77	重庆、江苏	89.6	89.1	18.1	5.09	47.2	16.5	11.0	2.19	0.54	17.8	10.8	8.93	13.5	8.18
	紫苏叶	7.6.115	—	91.8	83.0	24.0	2.51	39.9	15.2	17.0	2.10	—	16.6	11.8	9.74	18.8	11.3

附表 7　乳制品及其副产品

项目	样品名称	饲料编码	干物质 DM (%)	有机物 OM (% DM)	粗蛋白质 CP (% DM)	粗脂肪 EE (% DM)	中性洗涤纤维 NDF (% DM)	酸性洗涤纤维 ADF (% DM)	粗灰分 Ash (% DM)	钙 Ca (% DM)	磷 P (% DM)	总能 GE (MJ/kg DM)	消化蛋白质 DP (% DM)	代谢蛋白质 MP (% DM)
8.2 酪蛋白及其加工产品	酪蛋白（脱水，来源于牛奶）	8.2.1	91.7	—	89.0	0.20	—	—	2.10	0.20	0.68	—	77.0	45.9
8.4 乳及乳粉	全脂奶粉（干燥的全脂奶粉）	8.4.3	96.4	—	23.4	25.8	—	—	6.00	12.0	7.60	22.7	18.3	11.0
	脱脂奶粉（干燥的脱脂奶）	8.4.3	94.7	—	34.1	1.60	—	—	8.2	14.7	10.2	17.3	27.9	16.7
8.5 乳清及其加工产品	乳清粉（乳清、脱水，乳糖含量73%）	8.5.1	97.2	—	11.5	0.80	—	—	8.00	0.62	0.69	—	7.63	4.68

附表 8　矿物质饲料

序号	中国饲料号 CFN	饲料名称	化学分子式	钙 Ca (%)	磷 P (%)	磷利用率	钠 Na (%)	氯 Cl (%)	钾 K (%)	镁 Mg (%)	硫 S (%)	铁 Fe (%)	锰 Mn (%)
1	6-14-0001	碳酸钙、饲料级轻质	$CaCO_3$	38.4	0.02		0.08	0.02	0.08	1.61	0.08	0.06	0.02
2	6-14-0002	磷酸氢钙	$CaHPO_4$	29.6	22.8	95.0~100.0	0.18	0.47	0.15	0.80	0.80	0.79	0.14
3	6-14-0003	磷酸氢钙	$CaHPO_4 \cdot 2H_2O$	23.3	18.0	95.0~100.0							
4	6-14-0004	磷酸二氢钙	$Ca(H_2PO_4)_2 \cdot H_2O$	15.9	24.6	100.0	0.2	0.02	0.16	0.90	0.80	0.75	0.01
5	6-14-0005	磷酸钙	$Ca_3(PO4)_2$	38.8	20.0								
6	6-14-0006	石灰石、方解石等		35.8	0.01		0.06	0.02	0.11	2.06	0.04	0.35	0.02
7	6-14-0007	骨粉、脱脂		29.8	12.5	80.0~90.0	0.04		0.20	0.30	2.40		0.03
8	6-14-0008	贝壳粉		32.0~35.0									
9	6-14-0009	蛋壳粉		30.0~40.0	0.10~0.40								
10	6-14-0010	磷酸氢铵	$(NH_4)_2HPO_4$	0.35	23.5	100.0	0.20		0.16	0.75	1.50	0.41	0.01
11	6-14-0011	磷酸二氢铵	$NH_4 \, H_2PO_4$		26.9	100.0							
12	6-14-0012	磷酸氢二钠	Na_2HPO_4	0.09	21.8	100.0	31.0		0.01				
13	6-14-0013	磷酸二氢钠	NaH_2PO_4		25.8	100.0	19.2	0.02	0.01	0.01			
14	6-14-0014	碳酸钠	Na_2CO_3				43.3						
15	6-14-0015	碳酸氢钠	$NaHCO_3$	0.01			27.0						
16	6-14-0016	氯化钠	$NaCl$	0.30			39.5	59.0		0.005	0.2	0.01	
17	6-14-0017	氯化镁	$MgCl_2 \cdot 6H_2O$							12.0			
18	6-14-0018	碳酸镁	$MgCO_3 \cdot Mg(OH)_2$	0.02				0.01		34.0			0.01
19	6-14-0019	氧化镁	MgO	1.69						55.0	0.1	1.06	
20	6-14-0020	硫酸镁	$MgSO_4 \cdot 7H_2O$	0.02					0.02	9.86	13.0		
21	6-14-0021	氯化钾	KCl	0.05			1.00	47.6	52.4	0.23	0.32	0.06	0.001
22	6-14-0022	硫酸钾	K_2SO_4	0.15			0.09	1.5	44.9	0.60	18.4	0.07	0.001

注：① 数据来源于中国饲料成分及营养价值表 [2016 年第 27 版表 7 中"常用矿物质饲料中矿物质元素的含量（以饲喂状态为基础）"]；② 饲料中使用的矿物质添加剂一般不是化学纯化合物，其组成成分的变异较大。如果能得到，一般应采用原料供给商的分析结果。例如，饲料级的磷酸氢钙原料中往往含有一些磷酸二氢钙，而磷酸二钙中含有一些磷酸氢钙。a. 在大多数来源的磷酸氢钙、磷酸二氢钙、磷酸三钙、脱氟磷酸钙、碳酸钙、硫酸钙和方解石粉中，估计钙的生物学利用率为 90%~100%，在高镁量的石粉或白云石石粉中磷的生物学效价估计值偏低，为 50%~80%；b. 生物学效价估计值常以相当于磷酸钠或磷酸氢钠中的磷的生物学效价来表示；c. 大多数方解石石粉中钙有 38% 或高于本表中所示的钙和低于本表中所示的镁。

附表 9　微生物发酵产品及其副产品

项　目	样品名称	饲料编码	采样地点	干物质 DM (%)	有机物 OM (% DM)	粗蛋白质 CP (% DM)	粗脂肪 EE (% DM)	中性洗涤纤维 NDF (% DM)	酸性洗涤纤维 ADF (% DM)	粗灰分 Ash (% DM)	钙 Ca (% DM)	磷 P (% DM)	总能 GE (MJ/kg DM)	消化能 DE (MJ/kg DM)	代谢能 ME (MJ/kg DM)	消化蛋白质 DP (% DM)	代谢蛋白质 MP (% DM)
12.4 糟渣类发酵副产物	柠檬酸渣	12.4.3	安徽	93.0	95.6	12.9	4.20	65.9	33.1	4.37	—	0.12	19.1	8.31	6.86	8.86	5.41

附表 10　其他饲料原料

项　目	样品名称	饲料编码	采样地点	干物质 DM (%)	有机物 OM (% DM)	粗蛋白质 CP (% DM)	粗脂肪 EE (% DM)	中性洗涤纤维 NDF (% DM)	酸性洗涤纤维 ADF (% DM)	粗灰分 Ash (% DM)	钙 Ca (% DM)	磷 P (% DM)	总能 GE (MJ/kg DM)	消化能 DE (MJ/kg DM)	代谢能 ME (MJ/kg DM)	消化蛋白质 DP (% DM)	代谢蛋白质 MP (% DM)
13.1 淀粉及其加工产品	木薯淀粉渣	13.1.1	海南	80.4	97.8	1.48	0.16	38.1	21.4	2.35			17.4	6.00	4.96	—	—
13.2 食品类及其副产品	柚子皮	13.2.1	广西	90.9	95.7	7.01	1.25	30.2	19.8	4.29	0.07	0.07	16.7	13.1	10.8	3.61	2.30
	杂交油菜	13.2.1	贵州	93.0	94.8	6.94	2.83	74.8	51.6	5.20	1.58	0.11	18.8	7.11	5.88	3.55	2.26
	甘蔗	13.2.1	贵州	93.8	90.3	8.87	1.60	72.6	38.1	9.70	0.53	0.17	17.5	7.41	6.12	5.27	3.28
	山地蕉果轴	13.2.1	云南	93.7	99.2	8.95	1.44	45.9	28.0	0.77			12.6	11.0	9.08	5.34	3.32